RAT

Reglamento de Instalaciones Eléctricas de Alta Tensión

CASOS PRÁCTICOS Y APLICACIONES

R. D. 337/2014, de 9 de mayo, actualizado

- Guía de la ITC-RAT-03 (Rev 2)
- Guía de la ITC-RAT-07 (Rev 1)
- Guía aclaratoria de la ITC-RAT-14.
- Guía de la ITC-RAT-23 (Rev 1)
- Adaptado al Reglamento Europeo (UE) n.º 548/2014
- Notas informativas
- Ejemplos de cálculos aplicando distintas normas nacionales e internacionales
- Incluye más de 250 figuras, planos y esquemas de instalaciones en color

2.ª EDICIÓN

Jesús Trashorras Montecelos

Paraninfo

Reglamento de Instalaciones Eléctricas de Alta Tensión. Casos prácticos y aplicaciones

Gerente Editorial
María José López Raso

Equipo Técnico Editorial
Paola Paz Otero
Sofía Durán Tamayo

Editora de Adquisiciones
Carmen Lara Carmona

Producción
Nacho Cabal Ramos

Diseño de Cubierta
Ediciones Nobel

Preimpresión
Diseño y Control Gráfico

2.ª edición, 2021

C/ Velázquez 31, 3.° Dcha./28001 Madrid (ESPAÑA)
Teléfono: 902 995 240/Fax: 914 456 218
clientes@paraninfo.es/www.paraninfo.es

ISBN: 978-84-136-7875-7
Depósito legal: M-26261-2021

(23.755)

Impreso en España/*Printed in Spain*
Gráficas Summa (Llanera, Asturias)

ÍNDICE

ITC-RAT-20 Anteproyectos y proyectos 507

ITC-RAT-21 Instaladores y empresas instaladoras para instalaciones de alta tensión 521

ITC-RAT-22 Documentación y puesta en servicio de las instalaciones de alta tensión 533

Los contenidos de este libro se irán actualizando según vayan apareciendo nuevas modificaciones legislativas en la ficha web del libro (en **www.paraninfo.es**). Puedes acceder mediante un sencillo registro desde la sección «Recursos previo registro» que encontrarás en ella.

INTRODUCCIÓN

El Reglamento sobre Condiciones Técnicas y Garantías de Seguridad en Instalaciones Eléctricas de Alta Tensión fue promulgado a través del Real Decreto 337/2014, de 9 de mayo, y publicado en el BOE el 9 de junio de 2014, a propuesta del Ministro de Industria, Energía y Turismo, de acuerdo con el Consejo de Estado, previa deliberación del Consejo de Ministros en su reunión del día 9 de mayo de 2014.

Este Real Decreto entra en vigor a los seis meses de su publicación en el «Boletín Oficial del Estado», es decir, el 9 de diciembre de 2014, con excepción de las disposiciones adicionales sexta y séptima, que entraron en vigor al día siguiente de la publicación del Real Decreto en el BOE, es decir, el 10 de junio de 2014.

Con los comentarios (Notas y Ejemplos) que se indican a través de las distintas instrucciones técnicas complementarias se pretende facilitar su lectura a las personas encargadas de diseñar, instalar y mantener las instalaciones eléctricas de alta tensión.

Con las figuras que se utilizan en este RAT comentado, se intenta que los distintos contenidos incluidos resulten más familiares, sobre todo a las personas que se inician en este tipo de instalaciones, como pueden ser los estudiantes de ciclos formativos o de escuelas técnicas.

Agradecimientos

Este Reglamento de Instalaciones Eléctricas de Alta Tensión (RAT) comentado ha sido posible gracias a la información que ofrecen una serie de empresas comerciales dedicadas al sector de la electricidad.

La elaboración por parte del autor tiene por objeto que los distintos contenidos que en él figuran puedan ser mejor entendidos por aquellas personas no profesionales, pero sí relacionadas con dicho RAT; me refiero a los alumnos de ciclos formativos o escuelas técnicas, así como a los electricistas en general.

Mi sincero agradecimiento a:

UFD Naturgy.
Iberdrola.
Endesa.
EDP.
ABB.
Siemens.
MESA.
Lekunbide.
Prysmian.
Reinhausen.
RS Isolsec.
Sagova.
Ormazabal.
Circutor.
Ingesco.
Arteche.
Schneider Electric.

REAL DECRETO 337/2014

de 9 de mayo, por el que se aprueban el Reglamento sobre Condiciones Técnicas y Garantías de Seguridad en las Instalaciones Eléctricas de Alta Tensión y sus Instrucciones Técnicas Complementarias ITC-RAT 01 a 23

El vigente Reglamento sobre Condiciones Técnicas y Garantías de Seguridad en Centrales Eléctricas, Subestaciones y Centros de transformación fue aprobado por el Real Decreto 3275/1982, de 12 de noviembre. La autorización administrativa previa a su realización se regía entonces por el Decreto 2617/1966, de 20 de octubre, sobre instalaciones eléctricas; la expropiación forzosa se posibilitaba por la Ley 10/1966, de 18 de marzo, y su Reglamento, aprobado por Decreto 2619/1966, de 20 de octubre, los cuales, a su vez, regulaban el ejercicio de la potestad sancionadora. Asimismo, para determinar las condiciones de mantenimiento e inspecciones periódicas se recurría al artículo 92 del Reglamento de Verificaciones Eléctricas y Regularidad en el Suministro de Energía, aprobado por Decreto de 12 de marzo de 1954, en la redacción dada por el Real Decreto 724/1979, de 2 de febrero.

El propio marco técnico en que se promulgó ese reglamento ha variado considerablemente con la introducción de nuevos materiales, técnicas, procedimientos y necesidades sociales.

Mucho mayor aún ha sido la variación experimentada en el ordenamiento jurídico, como consecuencia, fundamentalmente, de la adhesión de España a la Comunidad Europea, el progresivo traspaso de las funciones de autorización administrativa desde la Administración General del Estado a las comunidades autónomas cuando se trata de instalaciones ubicadas exclusivamente en sus respectivos territorios, y la necesidad de coordinación en los demás casos, o la necesidad de cumplir la liberalización económica que, como en otros campos, se ha materializado de manera espectacular en el ámbito energético en general y el sector eléctrico en particular, obligando a adaptar todos los procedimientos y agentes intervinientes.

En el desarrollo constitucional hay que considerar la promulgación de dos leyes básicas que se aplican a las instalaciones incluidas en el Reglamento sobre Condiciones Técnicas y Garantías de Seguridad en Instalaciones Eléctricas de Alta Tensión que ahora se aprueba: con carácter sectorial, la reciente Ley 24/2013, de 26 de diciembre, del Sector Eléctrico, y con carácter horizontal, pero especialmente en materia de seguridad, la Ley 21/1992, de 16 de julio, de Industria. La referida Ley de Industria fue modificada por la Ley 25/2009, de 22 de diciembre, como consecuencia de la aplicación de la Directiva 2006/123/CE del Parlamento Europeo y del Consejo, de 12 de diciembre de 2006, relativa a los servicios en el mercado interior, traspuesta al ordenamiento legal español por la Ley 17/2009, de 23 de noviembre, sobre el libre acceso a las actividades de servicios y su ejercicio.

Así, por ejemplo, el artículo 3 de la Ley 24/2013, de 26 de diciembre, confiere a la Administración General del Estado la competencia para establecer los requisitos de calidad y seguridad que han de regir el suministro de energía eléctrica, así como autorizar las instalaciones siguientes eléctricas:

- Instalaciones peninsulares de producción de energía eléctrica, incluyendo sus infraestructuras de evacuación, de potencia eléctrica instalada superior a 50 MW eléctricos, instalaciones de transporte primario peninsular y acometidas de tensión igual o superior a 380 kV.
- Instalaciones de producción incluyendo sus infraestructuras de evacuación, transporte secundario, distribución, acometidas y líneas directas, que excedan del ámbito territorial de una comunidad autónoma, así como las líneas directas conectadas a instalaciones de generación de competencia estatal.
- Instalaciones de producción ubicadas en el mar territorial.
- Instalaciones de producción de potencia eléctrica instalada superior a 50 MW eléctricas ubicadas en los territorios no peninsulares, cuando sus sistemas eléctricos estén efectivamente integrados con el sistema peninsular.
- Instalaciones de transporte primario y acometidas de tensión nominal igual o superior a 380 kV ubicadas en los territorios no peninsulares, cuando estas estén conectadas eléctricamente con el sistema peninsular.

Por otra parte, el artículo 53.9 de la referida Ley del Sector Eléctrico remite a lo previsto en la citada Ley 21/1992 de 16 de julio, ya que establece que las instalaciones de producción, transporte, distribución de energía eléctrica y líneas directas, las destinadas a su recepción por los usuarios, los equipos de consumo, así como los elementos técnicos y materiales para las instalaciones eléctricas deberán ajustarse a las correspondientes normas técnicas de seguridad y calidad industriales, de conformidad a lo previsto en la Ley 21/1992, de 16 de julio, de Industria, y demás normativa que resulte de aplicación. El mismo artículo 53, en su apartado 6 indica igualmente que las autorizaciones administrativas serán otorgadas por la Administración competente, sin perjuicio de las concesiones y autorizaciones que sean necesarias de acuerdo con otras disposiciones que resulten aplicables y en especial las relativas a la ordenación del territorio y al medioambiente.

Otros aspectos a destacar de la referida Ley del Sector Eléctrico son que su título X incorpora un régimen sancionador que cubre infracciones también en el ámbito del reglamento que ahora se aprueba.

En lo que se refiere a la Ley 21/1992, de 16 de julio, de Industria, su título III regula la seguridad y calidad industriales y, más concretamente, el Capítulo I de dicho título está dedicado a la seguridad industrial, definiéndola y determinando sus objetivos.

Así, el artículo 12 de la referida Ley de Industria se refiere, específicamente, a los reglamentos de seguridad, los cuales deberán establecer los requisitos de seguridad de las instalaciones, los procedimientos de conformidad con las mismas, las responsabilidades de los titulares y las condiciones de equipamiento, medios y capacidad técnica que deben reunir los agentes intervinientes en las distintas fases en relación con las instalaciones, así como la posibilidad de su control mediante inspecciones periódicas.

De acuerdo con el apartado 5 del citado artículo 12, los reglamentos de seguridad de ámbito estatal se aprobarán por el Gobierno de la Nación, sin perjuicio de que las comunidades autónomas puedan introducir requisitos adicionales sobre las mismas materias, cuando se trate de instalaciones radicadas en su territorio.

Por su parte, el artículo 15 de la Ley 21/1992, de 16 de julio, de Industria, define las características y requisitos que deben reunir los organismos de control como entidades encargadas de llevar a cabo las inspecciones reglamentarias.

Además, en su título V, esta misma norma legal determina el régimen de infracciones y sanciones en materia de industria y, en particular, sobre cuestiones relacionadas con la seguridad de las instalaciones.

El transporte, la distribución y la generación de energía eléctrica en alta tensión requiere de instalaciones singulares como son las centrales eléctricas, las subestaciones y los centros de transformación, que se unen entre sí mediante líneas eléctricas de alta tensión. El Real Decreto 223/2008 de 15 de febrero, aprobó el Reglamento sobre Condiciones Técnicas y Garantías de Seguridad en Líneas Eléctricas de Alta Tensión, estableciendo o actualizando las condiciones técnicas para garantizar la seguridad de cualquier línea de alta tensión, sea aérea o subterránea. Para disponer de un cuerpo normativo completo, resulta necesario complementar dicha reglamentación con los requisitos de seguridad industrial adaptados al progreso de la técnica, aplicables a las instalaciones de alta tensión.

Teniendo en cuenta este marco legal, mediante este real decreto se aprueba un conjunto normativo que, en línea con otros vigentes en materia de seguridad industrial, adopta la forma de un reglamento que contiene las disposiciones técnicas y administrativas generales, así como unas instrucciones técnicas complementarias (denominadas ITC-RAT) que desarrollan y concretan las previsiones del primero para materias específicas.

El Reglamento sobre Condiciones Técnicas y Garantías de Seguridad en Instalaciones Eléctricas de Alta Tensión que se aprueba establece que sus prescripciones y las de sus instrucciones técnicas complementarias deben tener la consideración de mínimos, de acuerdo con el estado de la técnica, pero admite ejecuciones distintas de las previstas siempre que ofrezcan niveles de seguridad que puedan considerarse, al menos, equivalentes. Igualmente declara de obligado cumplimiento ciertas normas relativas, especialmente, al diseño de materiales y equipos. Dado que dichas normas proceden en su mayor parte de las normas europeas (EN) y de la Comisión Electrotécnica Internacional (IEC), se consigue rápidamente disponer de soluciones técnicas en sintonía con lo aplicado en los países más avanzados y que reflejan un alto grado de consenso en el sector.

Con la finalidad de permitir su puesta al día, en el texto de las instrucciones únicamente se citan las normas por sus números de referencia, sin el año de edición. En una instrucción elaborada con dicho propósito se recoge toda la lista de las normas, esta vez con el año de edición, a fin de que, cuando aparezcan nuevas versiones se puedan hacer los respectivos cambios en dicha lista, quedando automáticamente actualizadas en el texto dispositivo, sin necesidad de otra intervención. En ese momento también se pueden establecer los plazos para la transición entre las versiones, de manera que los fabricantes y distribuidores de material eléctrico puedan dar salida, en un tiempo razonable, a los productos fabricados de acuerdo con la versión de la norma anulada.

Para poner de manifiesto que los materiales y equipos que vayan a incorporarse en las instalaciones eléctricas de alta tensión cumplen con las normas y especificaciones reglamentarias el fabricante deberá preparar un expediente técnico de construcción, tal como se exige para otros equipos dentro del ámbito de aplicación de numerosas directivas europeas, como por ejemplo, la directiva de baja tensión.

La conformidad de los equipos y materiales con las normas y especificaciones técnicas aplicables se presupondrá cuando estos dispongan de marcas o certificados de conformidad emitidos con respecto a dichas normas por entidades acreditadas para tal fin, según los procedimientos establecidos en el Real Decreto 2200/1995, de 28 de diciembre, por el que se aprueba el Reglamento de la Infraestructura para la Calidad y la Seguridad Industrial.

No obstante, una vez más, el reglamento resulta flexible en su exigencia, ya que permite la utilización de otros materiales y equipos que no se ajusten a dichas normas pero que confieran una seguridad equivalente, con expreso reconocimiento de aquellos que se comercialicen legalmente en los Estados signatarios del Acuerdo sobre el Espacio Económico Europeo y en cualquier otro con el cual exista un acuerdo al efecto.

Serán las empresas de producción, transporte y distribución de energía eléctrica las que se responsabilicen de la ejecución, mantenimiento y verificación de las instalaciones de su propiedad.

Con el objetivo de posibilitar la ejecución de las instalaciones eléctricas de alta tensión que no sean propiedad de empresas de producción, transporte y distribución de energía eléctrica, se introducen las figuras de instalador y empresa instaladora de instalaciones de alta tensión, que hasta ahora no habían sido definidas, estableciendo dos categorías, según se pretenda ejecutar instalaciones con tensión nominal hasta 30 kV o de más de 30 kV. Se exige también que el titular contrate el mantenimiento de la instalación, a fin de garantizar su debido estado de conservación y funcionamiento. Complementariamente, se prevé la inspección periódica de las instalaciones, cada tres años, como mínimo, por organismos de control.

Todo ello, con independencia de la necesidad de un proyecto previo y dirección de obra por titulado competente.

El real decreto encarga al centro directivo competente en materia de seguridad industrial del Ministerio de Industria, Energía y Turismo, la elaboración de una guía técnica, como ayuda a los distintos agentes afectados, para la mejor comprensión de las prescripciones reglamentarias.

La ITC-RAT-21 regula la actividad de los profesionales y empresas instaladoras de instalaciones de alta tensión, en línea con la Directiva 2006/123/CE del Parlamento Europeo y del Consejo, de 12 de diciembre de 2006, relativa a los servicios en el mercado interior, y con la Ley 17/2009, de 23 de noviembre, sobre el libre acceso a las actividades de servicios y su ejercicio. Con relación a la libre prestación de servicios en España por parte de las empresas instaladoras legalmente establecidas en otros Estados miembros de la Unión Europea se requiere una declaración responsable sobre el cumplimiento de los requisitos de:

- Ejercicio de la actividad.
- Cualificación profesional de los profesionales que se desplazan acorde con el Real Decreto 1837/2008, de 8 de noviembre, por el que se incorporan al ordenamiento jurídico español la Directiva 2005/36/CE del Parlamento Europeo y del Consejo, de 7 de septiembre de 2005, y la Directiva 2006/100/CEE del Consejo, de 20 de noviembre de 2006, relativas al reconocimiento de

cualificaciones profesionales, así como a determinados aspectos del ejercicio de la profesión de abogado.

- Empleo de medios técnicos específicos acordes con este Reglamento.
- Disponibilidad de un seguro o garantía profesional de la empresa instaladora.

Tales requisitos se consideran necesarios y proporcionados para proteger riesgos para la salud y seguridad inherentes a estas instalaciones.

Esta regulación tiene carácter de normativa básica y recoge previsiones de carácter exclusiva y marcadamente técnico, por lo que la ley no resulta un instrumento idóneo para su establecimiento y se encuentra justificada su aprobación mediante real decreto.

Este real decreto constituye una norma reglamentaria sobre seguridad industrial en instalaciones energéticas que, de acuerdo con lo establecido en la Ley 21/1992, de 16 de julio, de Industria, y Ley 24/2013, de 26 de diciembre, del Sector Eléctrico, se dicta al amparo de lo dispuesto en las reglas 13.ª y 25.ª del artículo 149.1 de la Constitución española, que atribuyen al Estado las competencias exclusivas sobre bases y coordinación de la planificación general de la actividad económica y sobre bases del régimen minero y energético, respectivamente.

Durante su tramitación, este real decreto ha sido sometido al trámite de audiencia que prescribe la Ley 50/1997, de 27 de noviembre, del Gobierno, y al procedimiento de información de normas y reglamentaciones técnicas y de reglamentos relativos a la sociedad de la información, regulado por Real Decreto 1337/1999, de 31 de julio, a los efectos de dar cumplimiento a lo dispuesto en la Directiva 98/34/CE del Parlamento Europeo y del Consejo, de 22 de junio, modificada por la Directiva 98/48/CE del Parlamento Europeo y del Consejo, de 20 julio.

En su virtud, a propuesta del Ministro de Industria, Energía y Turismo, de acuerdo con el Consejo de Estado, previa deliberación del Consejo de Ministros en su reunión del día 9 de mayo de 2014,

DISPONGO:

Artículo único. *Aprobación del Reglamento y sus instrucciones técnicas complementarias*

Se aprueba el Reglamento sobre Condiciones Técnicas y Garantías de Seguridad en Instalaciones Eléctricas de Alta Tensión y sus instrucciones técnicas complementarias ITC-RAT 01 a 23, que se incluyen a continuación.

Disposición adicional primera. *Cobertura de garantía de responsabilidad civil suscrita en otro Estado*

Cuando una empresa instaladora de alta tensión que se establece o ejerce la actividad en España, ya esté cubierta por un seguro de responsabilidad civil profesional u otra garantía equivalente o comparable en lo esencial en cuanto a su finalidad y a la cobertura que ofrezca en términos de riesgo asegurado, suma asegurada o límite de la garantía en otro Estado miembro de la UE en el que ya esté establecido, se considerará cumplida la exigencia establecida en el apartado c) del artículo 5.8 de la ITC-RAT-21 aprobada por este real decreto. Si la equivalencia con los requisitos es solo parcial, la empresa instaladora deberá ampliar el seguro o garantía equivalente hasta completar las condiciones exigidas. En el caso de seguros u otras garantías suscritas con entidades aseguradoras y entidades de crédito autorizadas en otro Estado miembro, se aceptarán a efectos de acreditación los certificados emitidos por estas.

Disposición adicional segunda. *Aceptación de documentos de otros Estados miembros a efectos de acreditación del cumplimiento de requisitos*

A los efectos de acreditar el cumplimiento de los requisitos exigidos a las empresas instaladoras de alta tensión, se aceptarán los documentos procedentes de otro Estado miembro de los que se desprenda que se cumplen tales requisitos, en los términos previstos en el artículo 17 de la Ley 17/2009, de 23 de noviembre, sobre el libre acceso a las actividades de servicios y su ejercicio.

Disposición adicional tercera. *Modelo de declaración responsable*

Corresponderá a las comunidades autónomas elaborar y mantener disponibles los modelos de declaración responsable para las empresas instaladoras de alta tensión. A efectos de facilitar la introducción de datos en el Registro Integrado Industrial, regulado en el título IV de la Ley 21/1992, de 16 de julio, de Industria, y en su Reglamento de desarrollo, aprobado por Real Decreto 559/2010, de 7 de mayo, el órgano competente en materia de seguridad industrial del Ministerio de Industria, Energía y Turismo elaborará y mantendrá actualizada una propuesta de modelo de declaración responsable, que deberá incluir los datos que se suministrarán al indicado Registro, y que estará disponible en la sede electrónica de dicho Ministerio.

Disposición adicional cuarta. *Obligaciones en materia de información y de reclamaciones*

Las empresas instaladoras de alta tensión deberán cumplir las obligaciones de información de los prestadores y las obligaciones en materia de reclamaciones establecidas, respectivamente, en los artículos 22 y 23 de la Ley 17/2009, de 23 de noviembre, sobre el libre acceso a las actividades de servicios y su ejercicio.

Disposición adicional quinta. *Guía técnica*

El órgano directivo competente en materia de seguridad industrial del Ministerio de Industria, Energía y Turismo elaborará y mantendrá actualizada una guía técnica de carácter no vinculante para la aplicación práctica del Reglamento sobre Condiciones Técnicas y Garantías de Seguridad en Instalaciones Eléctricas de Alta Tensión y sus instrucciones técnicas complementarias, la cual podrá establecer aclaraciones a conceptos incluidos en uno y otras.

Disposición adicional sexta. *Regularización administrativa de líneas en explotación en el ámbito del Reglamento sobre Condiciones Técnicas y Garantías de Seguridad de Líneas de Alta Tensión en la fecha de obligado cumplimiento de este real decreto*

Las líneas de alta tensión incluidas en el ámbito del Reglamento sobre Condiciones Técnicas y Garantías de Seguridad de Líneas de Alta Tensión, aprobado por Real Decreto 223/2008, de 15 de febrero, que en la fecha de obligado cumplimiento de este real decreto estuvieran en explotación y que, por su antigüedad, destrucción de archivos por causas de fuerza mayor, traspasos de activos entre empresas o por otras causas no dispusieren del acta de puesta en servicio, podrán ser regularizadas administrativamente siempre que su titular lo solicite en el plazo de dos años desde la fecha de publicación de este real decreto en el «Boletín Oficial del Estado» y se siga el procedimiento indicado en la disposición transitoria tercera. Si se tratase de una línea que afecte a diferentes provincias, se extenderán nuevas actas de puesta en servicio por cada una de ellas, o en caso de que exista legislación autonómica que lo permita se extenderá una sola acta de puesta en servicio válida para toda la comunidad autónoma. En el caso de líneas cuya autorización corresponda a la Administración General del Estado, será esta Administración la encargada de la regulación y emisión, en su caso, del acta de puesta en servicio.

Disposición adicional séptima. *Líneas de alta tensión en fase de tramitación en la fecha de obligado cumplimiento del Reglamento de Líneas de Alta Tensión*

Para aquellas líneas cuyo anteproyecto haya sido realizado de conformidad con el Reglamento de Líneas Eléctricas Aéreas de Alta Tensión aprobado por el Decreto 3151/1968, de 28 de noviembre, y disposiciones que lo desarrollan, y hubiere sido presentado ante la Administración Pública competente antes de los dos años posteriores a la fecha de publicación en el «Boletín Oficial del Estado» del Real Decreto 223/2008, de 15 de febrero, por el que se aprueban el Reglamento sobre Condiciones Técnicas y Garantías de Seguridad en Líneas Eléctricas de Alta Tensión y sus instrucciones técnicas complementarias ITC-LAT 01 a 09, el titular podrá solicitar una prórroga para la puesta en servicio de la instalación.

La Administración Pública competente resolverá expresa e individualizadamente, pudiendo otorgar un plazo de un máximo de dos años, a contar desde la fecha de publicación del presente real decreto en el «Boletín Oficial del Estado», para la consecución del acta de puesta en servicio.

Disposición adicional octava. *Habilitación de instaladores y de empresas instaladoras en alta tensión autorizados o habilitados en el ámbito del Reglamento sobre Condiciones Técnicas y Garantías de Seguridad en Líneas Eléctricas de Alta Tensión*

Los instaladores y empresas instaladoras autorizados o habilitados en el ámbito del Reglamento sobre Condiciones Técnicas y Garantías de Seguridad en Líneas Eléctricas de Alta Tensión, aprobado por Real Decreto 223/2008, de 15 de febrero, que fueron asimismo habilitados o autorizados, de acuerdo con lo indicado por la disposición transitoria cuarta de dicho real decreto, para actuar en el ámbito del Reglamento sobre Condiciones Técnicas y garantías de Seguridad en Centrales Eléctricas, Subestaciones y Centros de Transformación, aprobado por Real Decreto 3275/1982, de 12 de noviembre, quedarán habilitados de forma indefinida para el Reglamento sobre Condiciones Técnicas y Garantías de Seguridad en Instalaciones Eléctricas de Alta Tensión y sus instrucciones técnicas complementarias ITC-RAT 01 a 23, que se aprueban mediante este real decreto, en las categorías AT1 o AT2, según corresponda.

Disposición transitoria primera. ***Exigibilidad de lo dispuesto en el reglamento y sus instrucciones técnicas complementarias***

1. Lo dispuesto en el Reglamento sobre Condiciones Técnicas y Garantías de Seguridad en Instalaciones Eléctricas de Alta Tensión, así como en sus instrucciones técnicas complementarias ITC-RAT-01 a ITC-RAT-23, será de obligado cumplimiento para todas las instalaciones incluidas en su ámbito de aplicación, a partir de los dos años de la fecha de su publicación en el «Boletín Oficial del Estado», a excepción del apartado 5 de la ITC-RAT-07, en cuyo caso será a partir de los tres años. Hasta entonces seguirá siendo aplicable el Reglamento sobre Condiciones Técnicas y garantías de Seguridad en Centrales Eléctricas, Subestaciones y Centros de Transformación, aprobado por Real Decreto 3275/1982, de 12 de noviembre.
2. No obstante, el Reglamento sobre condiciones técnicas y garantías de seguridad que se aprueba por este real decreto, así como sus instrucciones técnicas complementarias ITC-RAT-01 a ITC-RAT-23, se podrán aplicar voluntariamente desde la entrada en vigor de este real decreto.

Disposición transitoria segunda. ***Instalaciones en fase de tramitación en la fecha de obligado cumplimiento del reglamento***

Para aquellas instalaciones cuyo anteproyecto haya sido realizado de conformidad con el Reglamento sobre Condiciones Técnicas y garantías de Seguridad en Centrales Eléctricas, Subestaciones y Centros de Transformación, aprobado por Real Decreto 3275/1982, de 12 de noviembre y disposiciones que lo desarrollan y modifican, y hubiere sido presentado ante la Administración Pública competente antes de la fecha de obligado cumplimiento indicada en la disposición transitoria primera, se concede un plazo de dos años, que se contará a partir de la obtención de la autorización administrativa previa y autorización administrativa de construcción, para la consecución de la autorización de explotación. Para aquellas instalaciones que no requieran de autorización administrativa previa, ni de autorización administrativa de construcción, el plazo de dos años se contará a partir de la fecha y registro del proyecto de la instalación ante la Administración Pública competente.

Una vez transcurrido el plazo anterior de dos años, el titular podrá solicitar una prórroga adicional de hasta un máximo de dos años para la puesta en servicio de la instalación. La Administración Pública competente resolverá expresa e individualmente sobre dicha prórroga.

Disposición transitoria tercera. *Regularización administrativa de instalaciones en explotación en la fecha de obligado cumplimiento del reglamento*

Las instalaciones que por su antigüedad, destrucción de archivos por causas de fuerza mayor, traspasos de activos entre empresas o por otras causas no dispusieren del acta de puesta en servicio podrán ser regularizadas administrativamente, en el plazo de dos años desde la fecha de publicación de este real decreto, siempre que se siga el procedimiento siguiente:

1.° El titular de las instalaciones presentará solicitud de acta de puesta en servicio para la regularización administrativa ante la Administración Pública competente. A dicha solicitud se le acompañará un certificado firmado por técnico titulado competente donde se haga constar:

- **a)** Los datos referentes a las principales características técnicas de la instalación.
- **b)** Declaración expresa de que la instalación cumple con la legislación y reglamento aplicable en el momento de su puesta en servicio.
- **c)** La referencia a una memoria anexa al certificado y suscrita por un técnico titulado en la que se detallen las características técnicas, incluyendo al menos ubicación y esquema unifilar.
- **d)** La referencia al acta de inspección favorable en vigor realizada por un organismo de control habilitado en el campo, o al acta de verificación en vigor de la instalación realizada por la empresa titular de la misma si se trata de empresas de producción, transporte o distribución de energía eléctrica, anexa al certificado.
- **e)** Vida útil asignada de la instalación.
- **f)** Medidas urbanísticas y ambientales con objeto de respetar la ordenación de zonas verdes y espacios libres previstos en la legislación del suelo.

2.° La nueva acta de puesta en servicio se extenderá por el órgano competente en el plazo de un mes, previas las comprobaciones técnicas que se consideren oportunas. Si se tratase de una instalación que afecte a diferentes provincias, se extenderán nuevas actas de puesta en servicio por cada una de ellas, o en caso de que exista legislación autonómica que lo permita se extenderá una sola acta de puesta en servicio válida para toda la comunidad autónoma. En el caso de instalaciones cuya autorización corresponda a la Administración General del Estado, será esta Administración la encargada de la regulación y emisión, en su caso, del acta de puesta en servicio.

Disposición transitoria cuarta. *Adecuación de otros instaladores y empresas instaladoras*

Los instaladores y empresas instaladoras que a la fecha de entrada en vigor de este real decreto vengan realizando instalaciones eléctricas de alta tensión en el ámbito de aplicación del Reglamento sobre condiciones técnicas y garantías de seguridad en centrales eléctricas, subestaciones y centros de transformación y sus instrucciones técnicas complementarias ITC-RAT-01 a 19, aprobados por Real Decreto 3275/1982, de 12 de noviembre, y no se hubieran acogido a la disposición transitoria cuarta del Real Decreto 223/2008, de 15 de febrero, dispondrán del plazo de un año, a partir de la citada fecha de entrada en vigor, para cumplir los requisitos establecidos en la ITC-RAT-21 «Instaladores y empresas instaladoras de alta tensión».

Disposición derogatoria única. *Derogación normativa*

1. Queda derogado, sin perjuicio de su aplicación en los términos de la disposición transitoria primera, el Real Decreto 3275/1982, de 12 de noviembre, sobre condiciones técnicas y garantías de seguridad en centrales eléctricas, subestaciones y centros de transformación.

2. Asimismo, quedan derogadas cuantas disposiciones de igual o inferior rango contradigan lo dispuesto en este real decreto.

Disposición final primera. *Título competencial*

Este real decreto tiene el carácter básico y se dicta al amparo de la competencia que las reglas 13.ª y 25.ª del artículo 149.1 de la Constitución, atribuyen al Estado en materia de bases y coordinación de la planificación general de la actividad económica y sobre bases del régimen energético, respectivamente.

Disposición final segunda. *Desarrollo y ejecución*

El Ministro de Industria, Energía y Turismo dictará, en el ámbito de sus competencias, cuantas disposiciones sean necesarias para el desarrollo y ejecución del presente real decreto.

Disposición final tercera. *Autorización para la modificación de las instrucciones técnicas complementarias*

Se autoriza al Ministro de Industria, Energía y Turismo para modificar las instrucciones técnicas complementarias del Reglamento sobre condiciones técnicas y garantías de seguridad en instalaciones eléctricas de alta tensión, que se aprueban por el presente real decreto, a fin de mantenerlas adaptadas al progreso de la técnica y en todo caso a las normas del Derecho de la Unión Europea y a las del Derecho internacional.

Disposición final cuarta. *Entrada en vigor*

Este real decreto entrará en vigor a los seis meses de su publicación en el «Boletín Oficial del Estado», con excepción de las disposiciones adicionales sexta y séptima que entrarán en vigor al día siguiente de la publicación del real decreto en el «Boletín Oficial del Estado».

Dado en Madrid, el 9 de mayo de 2014.

JUAN CARLOS R.

El Ministro de Industria, Energía y Turismo,

JOSÉ MANUEL SORIA LÓPEZ

CAPÍTULO I

Disposiciones generales

Artículo 1. *Objeto*

Este reglamento tiene por objeto establecer las condiciones técnicas y garantías de seguridad a que han de someterse las instalaciones eléctricas de alta tensión, a fin de:

a) Proteger las personas y la integridad y funcionalidad de los bienes que pueden resultar afectados por las mismas.

b) Conseguir la necesaria calidad en los suministros de energía eléctrica y promover la eficiencia energética.

c) Establecer la normalización precisa para reducir la extensa tipificación que existe en la fabricación de material eléctrico.

d) Facilitar desde la fase de proyecto de las instalaciones su adaptación a los futuros aumentos de carga racionalmente previsibles.

Artículo 2. *Ámbito de aplicación*

1. Las disposiciones de este reglamento se aplican a las instalaciones eléctricas de alta tensión, entendiéndose como tales las de corriente alterna trifásica de frecuencia de servicio inferior a 100 Hz, cuya tensión nominal eficaz entre fases sea superior a 1 kV. Aquellas instalaciones en las que se prevea utilizar corriente continua, corriente alterna polifásica o monofásica, deberán ser objeto de una justificación especial por parte del proyectista, el cual deberá adaptar las prescripciones y principios básicos de este reglamento a las peculiaridades del sistema propuesto.

A efectos de este reglamento se consideran incluidas todas las instalaciones eléctricas de conjuntos o sistemas de elementos, componentes, estructuras, aparatos, máquinas y circuitos de trabajo entre los límites de tensión y frecuencia especificados que se utilicen para la producción y transformación de la energía eléctrica o para la realización de cualquier otra transformación energética con intervención de la energía eléctrica.

También se incluyen los circuitos auxiliares asociados a las instalaciones de alta tensión con fines de protección, medida, control, mando y señalización, independientemente de su tensión de alimentación, así como los cuadros de distribución de baja tensión que puedan ser objeto de requisitos técnicos adicionales por el hecho de estar dentro de una instalación de alta tensión.

No será de aplicación este reglamento a líneas de alta tensión, ni a cualquier otra instalación que dentro de su ámbito de aplicación se rija por una reglamentación específica que establezca las condiciones técnicas y garantías de seguridad de la instalación, salvo las instalaciones eléctricas de centrales nucleares que quedan sometidas a las prescripciones de este reglamento y además a su normativa específica.

2. El reglamento se aplicará:

a) A las nuevas instalaciones, a sus modificaciones y a sus ampliaciones.

b) A las instalaciones existentes antes de su entrada en vigor que sean objeto de modificaciones, afectando las disposiciones de este reglamento exclusivamente a la parte de instalación modificada.

c) A las instalaciones existentes antes de su entrada en vigor, en lo referente al régimen de inspecciones que se establecen en el reglamento sobre periodicidad y agentes intervinientes, si bien los criterios técnicos aplicables en dichas inspecciones serán los correspondientes a la reglamentación con la que se aprobaron.

d) A las instalaciones existentes antes de su entrada en vigor, cuando a juicio del órgano competente de la comunidad autónoma, su estado, situación o características impliquen un riesgo grave para las personas o los bienes, o produzcan perturbaciones en el normal funcionamiento de otras instalaciones, salvo que dicho riesgo pueda subsanarse mediante la aplicación de la reglamentación con la que se autorizó la instalación original.

3. Las prescripciones de este reglamento y sus instrucciones técnicas complementarias (en adelante también denominadas ITC) son de carácter general, unas, y específico, otras. Las específicas sustituirán, modificarán o complementarán a las generales, según los casos.

4. Las prescripciones de este reglamento y sus ITC se aplicarán sin perjuicio de las disposiciones establecidas en la normativa de prevención de riesgos laborales y en particular, en el Real Decreto 614/2001, de 8 de junio, sobre disposiciones mínimas para la protección de la salud y seguridad de los trabajadores frente al riesgo eléctrico, así como cualquier otra normativa aplicable.

Artículo 3. *Tensiones nominales. Clasificación de las instalaciones*

Las instalaciones eléctricas incluidas en este reglamento se clasificarán, atendiendo a su tensión nominal, en las categorías siguientes:

a) Categoría especial: las instalaciones de tensión nominal igual o superior a 220 kV y las de tensión inferior que formen parte de la Red de Transporte de acuerdo con lo establecido en la Ley 24/2013, de 26 de diciembre, del Sector Eléctrico.

b) Primera categoría: las de tensión nominal inferior a 220 kV y superior a 66 kV.

c) Segunda categoría: las de tensión nominal igual o inferior a 66 kV y superior a 30 kV.

d) Tercera categoría: las de tensión nominal igual o inferior a 30 kV y superior a 1 kV.

Si en una instalación existen circuitos o elementos en los que se utilicen distintas tensiones, el conjunto de la instalación se considerará, a efectos administrativos, referido al de mayor tensión nominal.

Cuando en el proyecto de una nueva instalación se considere necesaria la adopción de una tensión nominal superior a 400 kV, la Administración Pública competente establecerá la tensión que deba autorizarse.

Artículo 4. *Frecuencia de la red eléctrica nacional*

La frecuencia nominal obligatoria para las redes de transporte y distribución es de 50 Hz.

Artículo 5. *Compatibilidad con otras instalaciones*

Las instalaciones de alta tensión deben estar dotadas de los elementos necesarios para que su explotación e incidencias no produzcan perturbaciones anormales en el funcionamiento de otras instalaciones.

Artículo 6. *Cumplimiento de las prescripciones y excepciones*

1. Se considerará que las instalaciones realizadas de conformidad con las prescripciones de este reglamento proporcionan las condiciones de seguridad que, de acuerdo con el estado de la técnica, son exigibles, a fin de cumplir los objetivos descritos en el artículo 1, cuando se utilizan de acuerdo a las condiciones de funcionamiento previstas.

2. Las prescripciones establecidas en el presente reglamento tendrán la condición de mínimos obligatorios, en el sentido de lo indicado por el artículo 12.5 de la Ley 21/1992, de 16 de julio, de Industria.
3. La Administración Pública competente, en atención a situaciones objetivas excepcionales y a solicitud de parte interesada, podrá aceptar, mediante resolución motivada relativa al caso de que se trate, soluciones diferentes a las contenidas en el presente reglamento, cuando impliquen un nivel de seguridad equivalente.
4. A efectos estadísticos y con objeto de prever las eventuales correcciones en la reglamentación, los órganos competentes de la Administración Pública remitirán anualmente al órgano competente en materia de seguridad industrial del Ministerio de Industria, Energía y Turismo las soluciones aceptadas basadas en la aplicación del principio de seguridad equivalente.

Artículo 7. *Equivalencia de requisitos*

Sin perjuicio de lo establecido en el artículo 11 a los efectos de este reglamento, y para la comercialización de productos, sometidos a las reglamentaciones nacionales de seguridad industrial, provenientes de otros Estados, la Administración Pública competente deberá reconocer la validez de los certificados y marcas de conformidad con las normas de seguridad industrial y de los protocolos de evaluación de dicha conformidad procedentes o utilizados en Estados miembros de la Unión Europea, Estados signatarios del Acuerdo del Espacio Económico Europeo, Turquía u otros Estados con los cuales existan los correspondientes acuerdos de reciprocidad, siempre que se declare por la mencionada Administración que los agentes que los realizan ofrecen garantías técnicas, profesionales y de independencia e imparcialidad equivalentes a las exigidas por la legislación española y que las disposiciones legales vigentes del Estado, que sirven de base para evaluar la conformidad, comportan unas condiciones técnicas y una garantía de seguridad equivalentes a las exigidas por las correspondientes disposiciones españolas.

Artículo 8. *Normas de obligado cumplimiento*

1. Las ITC establecen el cumplimiento obligatorio de normas UNE u otras reconocidas internacionalmente, de manera total o parcial, a fin de facilitar la adaptación al estado de la técnica en cada momento.

   En la ITC-RAT-02 se recogerá el listado de todas las normas citadas en el texto de las Instrucciones, identificadas por sus títulos y numeración, incluyendo el año de edición.

En las restantes ITC dicha referencia se realizará, por regla general, sin indicar el año de edición de las normas en cuestión.

2. Cuando una o varias normas varíen su año de edición, o se editen modificaciones posteriores a las mismas, deberán ser objeto de actualización en el listado de normas, mediante resolución del órgano directivo competente en materia de seguridad industrial del Ministerio de Industria, Energía y Turismo, en la que deberá hacerse constar la fecha a partir de la cual la utilización de la antigua edición de la norma dejará de tener efectos reglamentarios.

   A falta de resolución expresa, se entenderá que también cumple las condiciones reglamentarias la edición de la norma posterior a la que figure en el listado de normas, siempre que la misma no modifique criterios básicos y se limite a actualizar ensayos o incremente la seguridad intrínseca del material correspondiente.

Artículo 9. *Accidentes*

Cuando se produzca un accidente o una anomalía en el funcionamiento de una instalación que ocasione víctimas, daños a terceros o situaciones de riesgo, y además de las comunicaciones previstas en la legislación laboral, el propietario de la instalación deberá redactar un informe descriptivo del accidente o anomalía, tanto para determinar sus posibles causas como a efectos estadísticos y de corrección, en su caso, de la reglamentación aplicable. En un tiempo no superior a tres meses desde el accidente o anomalía el propietario de la instalación deberá remitir a los órganos competentes del Ministerio de Industria, Energía y Turismo y de las comunidades autónomas, copia de todos los informes realizados.

Artículo 10. *Infracciones y sanciones*

Los incumplimientos de lo dispuesto en este reglamento se sancionarán de acuerdo con lo dispuesto en el título V de la Ley 21/1992, de 16 de julio, de Industria y, si procede, de lo establecido en el título X de la Ley 24/2013, de 26 de diciembre, del Sector Eléctrico.

Artículo 11. *Equipos y materiales*

1. Los materiales, aparatos, conjuntos y subconjuntos, integrados en las instalaciones de alta tensión, a las que se refiere este reglamento, cumplirán las normas y especificaciones técnicas que les sean de aplicación y que se establezcan como de obligado cumplimiento en la ITC-RAT-02.

2. Antes de comercializar un equipo o aparato, el fabricante elaborará un expediente técnico que contendrá la documentación necesaria para demostrar el cumplimiento del producto con los requisitos establecidos en las normas y especificaciones técnicas que le sean de aplicación y que se establecen como de obligado cumplimiento en la ITC-RAT-02, así como los requisitos técnicos establecidos en su caso en las instrucciones técnicas del reglamento.

3. El fabricante deberá comercializar el equipo o aparato acompañado de una declaración de conformidad con este reglamento.

4. Si no hubiera norma o especificación aplicable en la ITC-RAT-02, o cuando la aplicación estricta de tales normas no permitiera la solución óptima a un problema, el proyectista de la instalación deberá justificar las variaciones necesarias o proponer otras normas o especificaciones cuya aplicación considere más idónea. En estos casos, el proyectista deberá obtener de forma previa a la elaboración del proyecto de la instalación la autorización de la Administración Pública competente.

5. Se incluirán junto con los equipos y materiales las indicaciones necesarias para su correcta instalación y uso, debiendo marcarse con la información que determine la norma de aplicación que se establece en la correspondiente ITC, con las siguientes indicaciones mínimas:

   a) Identificación del fabricante: razón social y dirección completa del fabricante y en su caso, de su representante legal o del responsable de su comercialización.

   b) Marca y modelo, si procede.

   c) Tensión e intensidad asignada, si procede.

6. Se presumirá la conformidad de los equipos y materiales con las normas y especificaciones técnicas aplicables cuando estos dispongan de marcas o certificados de conformidad emitidos por una entidad acreditada en este ámbito.

7. La Administración Pública competente verificará en sus campañas de inspección de mercado el cumplimiento de las exigencias técnicas de los materiales y equipos sujetos a este reglamento.

Artículo 12. *Proyecto de las instalaciones*

1. Será obligatoria la presentación de proyecto suscrito por técnico titulado competente para la realización de toda clase de instalaciones de alta tensión, a que se refiere este reglamento.

2. La definición y contenido mínimo de los proyectos y anteproyectos, se determinará en la ITC-RAT 20, sin perjuicio de la facultad de la Administración pública competente para solicitar los datos adicionales que considere necesarios.

Cuando se trate de instalaciones, o parte de las mismas, de carácter repetitivo, propiedad de las empresas de transporte y distribución de energía eléctrica, o para aquellas de los clientes que vayan a ser cedidas, los proyectos tipo podrán ser aprobados y registrados por los órganos competentes de las Comunidades Autónomas, en caso de que se limiten a su ámbito territorial, o por el Ministerio de Industria, Comercio y Turismo, en caso de aplicarse en más de una comunidad autónoma. Estos proyectos tipo incluirán las condiciones técnicas de carácter concreto que sean precisas para conseguir mayor homogeneidad en la seguridad y el funcionamiento de las instalaciones de alta tensión, sin hacer referencia a prescripciones administrativas o económicas. Los proyectos tipo deberán ser completados, inexcusablemente, con los datos específicos concernientes a cada caso, tales como: ubicación, accesos, circunstancias locales, clima, entorno, dimensiones específicas, características de las tierras y de la conexión a la red, así como cualquier otra correspondiente al caso particular.

3. El procedimiento de información pública, aprobación y registro de los proyectos tipo será igual al procedimiento de información pública, aprobación y registro de las especificaciones particulares de las empresas de transporte y distribución eléctrica, descrito en el artículo 14.

Artículo 13. *Interrupción y alteración del servicio*

1. En los casos o circunstancias en los que se observe riesgo grave e inminente para las personas o cosas se deberá interrumpir el funcionamiento de las instalaciones.

2. La interrupción del funcionamiento de las instalaciones de transporte y distribución de energía eléctrica será decidida, en todo caso, por el operador del sistema y gestor de la red de transporte o por el gestor de la red de distribución, según proceda, conforme los procedimientos de operación vigentes.

Para otras instalaciones, un técnico titulado competente, empresa instaladora u Organismo de Control Habilitado, con la autorización del propietario de la instalación, podrá adoptar, en situación de emergencia, las medidas provisionales que resulten aconsejables, dando cuenta inmediatamente a la Administración Pública competente, que fijará el plazo para restablecer las condiciones reglamentarias.

3. Las consecuencias derivadas de cualquier intervención de terceros en instalaciones de las que no sean titulares, siempre que afecte a los requisitos de este reglamento, sin la expresa autorización de su titular, serán responsabilidad del causante.

CAPÍTULO II

Disposiciones aplicables a instalaciones propiedad de entidades de producción, transporte y distribución de energía eléctrica

Artículo 14. *Especificaciones particulares de las instalaciones propiedad de las entidades de transporte y distribución de energía eléctrica*

1. Las empresas de transporte y distribución de energía eléctrica podrán establecer especificaciones particulares para sus instalaciones o para aquellas de los clientes que les vayan a ser cedidas. Estas especificaciones serán únicas para todo el territorio de distribución de la empresa distribuidora y podrán definir aspectos de diseño, materiales, construcción, montaje y puesta en servicio de instalaciones eléctricas de alta tensión, señalando en ellas las condiciones técnicas de carácter concreto que sean precisas para conseguir mayor homogeneidad en la seguridad y el funcionamiento de las redes de alta tensión.

En ningún caso estas especificaciones incluirán marcas o modelos de equipos o materiales concretos que aboquen al consumidor a un único proveedor, ni prescripciones de tipo administrativo o económico que supongan para el titular de la instalación privada, cargas adicionales a las previstas en este reglamento, o en otra normativa que pueda ser de aplicación.

En todo caso, las especificaciones incluirán la posibilidad de que, ante situaciones debidamente justificadas, previa acreditación de seguridad equivalente, el titular de la instalación pueda dar soluciones alternativas a situaciones concretas en que sea imposible cumplir los requisitos de las especificaciones aprobadas por la Administración.

2. Dichas especificaciones deberán ajustarse, en cualquier caso, a los preceptos del reglamento, y previo cumplimiento del procedimiento de información pública, deberán ser aprobadas y registradas por los órganos competentes de las Comunidades Autónomas, en caso de que se limiten a su ámbito territorial, o por el Ministerio de Industria, Comercio y Turismo, en caso de aplicarse en más de una comunidad autónoma.

3. Una persona técnica competente de la empresa de transporte o distribución certificará que las especificaciones particulares cumplen todas las exigencias técnicas y de seguridad reglamentariamente establecidas.

Asimismo, dichas normas deberán contar con un informe técnico de un órgano cualificado e independiente que certificará que dichas especificaciones cumplen con todos los requisitos de la reglamentación de seguridad aplicable, que no se incluyen prescripciones de tipo administrativo o económico que supongan para el titular de la instalación privada una carga adicional a lo establecido reglamentariamente, y que tampoco se incluyen sobredimensionamientos técnicamente no justificados de la instalación, salvo aquellos derivados de la utilización de las series normalizadas de materiales.

4. Las empresas de transporte o distribución que quieran proponer las especificaciones particulares, a las que hace referencia el apartado 1, y que no se limiten al ámbito territorial de una única Comunidad Autónoma, deberán remitir solicitud de aprobación al Ministerio de Industria, Comercio y Turismo, acompañada de la siguiente documentación:

a) El texto de las especificaciones para las que se solicita la aprobación.

b) Certificado por persona técnica competente referido en el punto 3.

c) Informe técnico emitido por un organismo cualificado, referido en el punto 3.

d) Listado de las Comunidades Autónomas donde la empresa distribuidora lleve a cabo su actividad.

Presentada la solicitud por medios electrónicos, el Ministerio de Industria, Comercio y Turismo realizará el trámite de información pública de dicha especificación o proyecto y solicitará informe a la Comisión Nacional de los Mercados y la Competencia, al órgano competente de las Comunidades Autónomas en las que la empresa de transporte o distribución desarrolle su actividad y a la Secretaría de Estado de Energía del Ministerio para la Transición Ecológica y el Reto Demográfico.

Recibidos los informes, o cumplido el plazo marcado en el artículo 80 de la 39/2015, de 1 de octubre, del Procedimiento Administrativo Común para su emisión, procederá a su aprobación siempre que se garantice el cumplimiento reglamentario, la uniformidad de los requisitos en todas las zonas de implantación de la empresa de transporte o distribución y que no se adopten barreras técnicas que aboquen al consumidos a un único proveedor, publicándose la resolución correspondiente en el «Boletín Oficial del Estado».

Una vez presentadas las especificaciones ante el Ministerio de Industria, Comercio y Turismo, junto con los documentos mencionados, el plazo para la aprobación será de tres meses, considerándose el silencio administrativo como aprobatorio.

5. Las normas así aprobadas se publicarán en la página web del Ministerio de Industria, Comercio y Turismo, sin perjuicio de la publicidad que las empresas de transporte o distribución hagan de las mismas.
6. En caso de modificación o ampliación de especificaciones ya aprobadas, la empresa de transporte o distribución de energía eléctrica solicitara aprobación de la ampliación o modificación de dichas especificaciones, siguiendo el mismo procedimiento indicado anteriormente.

Artículo 15. *Capacidad técnica de las entidades de producción, transporte y distribución de energía eléctrica para la ejecución y mantenimiento de instalaciones eléctricas de su propiedad*

Las empresas de producción, transporte y distribución de energía eléctrica que realicen las actividades de construcción o mantenimiento de instalaciones eléctricas de su propiedad por medios propios, no precisan presentar la declaración responsable según lo establecido en la ITC-RAT-21, por entenderse a los efectos de este reglamento que dichas empresas de producción, transporte y distribución cuentan con la capacidad técnica acreditada suficiente para la realización de las citadas actividades. En cualquier caso, las entidades de producción, transporte y distribución de energía eléctrica deberán cumplir en cada momento, las condiciones reglamentarias establecidas para la ejecución y mantenimiento de sus instalaciones eléctricas, incluida su puesta en funcionamiento.

En el supuesto de que las entidades de producción, transporte y distribución efectúen las citadas actividades a través de una empresa contratada, esta deberá ostentar la condición de empresa instaladora según lo establecido en la ITC-RAT-21.

Artículo 16. *Documentación y puesta en servicio de las instalaciones propiedad de entidades de producción, transporte y distribución de energía eléctrica*

1. La construcción, ampliación, modificación y explotación de las instalaciones eléctricas de alta tensión propiedad de entidades de producción, transporte y distribución de energía eléctrica se condicionarán al procedimiento de autorización establecido por la legislación sectorial vigente sin perjuicio de las disposiciones autonómicas en esta materia.

2. Las empresas de producción, transporte y distribución de energía eléctrica se responsabilizarán de la ejecución de las instalaciones de su propiedad.

3. Las instalaciones eléctricas propiedad de empresas de producción, transporte y distribución de energía eléctrica deberán disponer de la siguiente documentación:

a) Proyecto que defina las características de la instalación, según determina la ITC-RAT-20, elaborado previamente a la ejecución.

b) Certificado final de obra, según modelo establecido por la Administración Pública competente, emitido por técnico titulado competente una vez finalizadas las obras. El citado certificado y los informes de verificación surtirán los efectos previstos en el artículo 132 del Real Decreto 1955/2000, de 1 de diciembre o, en su caso, se aplicará la normativa autonómica en esta materia.

Artículo 17. *Mantenimiento, verificaciones periódicas e inspecciones de las instalaciones propiedad de entidades de producción, transporte y distribución de energía eléctrica*

1. Las entidades de producción, transporte y distribución de energía eléctrica se responsabilizarán del mantenimiento y verificación periódica de las instalaciones de su propiedad y de aquellas que les sean cedidas. Si el mantenimiento o la verificación fuera realizado por empresas mandatadas, estas deberán ser empresas instaladoras habilitadas en alta tensión, según ITC-RAT-21.

2. La verificación periódica de las instalaciones se realizará, al menos cada tres años. La entidad titular conservará el acta de la verificación y la remitirá a la Administración Pública competente.

3. En la ITC-RAT-23 se detalla el proceso para las verificaciones e inspecciones periódicas.

CAPÍTULO III

Disposiciones aplicables a instalaciones que no sean propiedad de entidades de producción, transporte y distribución de energía eléctrica

Artículo 18. *Empresas instaladoras para instalaciones de alta tensión*

Las instalaciones eléctricas de alta tensión se ejecutarán por empresas instaladoras que reúnan los requisitos y condiciones establecidos en la ITC-RAT-21 y hayan presentado la correspondiente declaración responsable de inicio de actividad según lo prescrito en el apartado 5 de dicha ITC.

De acuerdo con la Ley 21/1992, de 16 de julio, de Industria, la declaración responsable habilita por tiempo indefinido a la empresa instaladora, desde el momento de su presentación ante la Administración Pública competente, para el ejercicio de la actividad en todo el territorio español, sin que puedan imponerse requisitos o condiciones adicionales.

Artículo 19. *Explotación y mantenimiento de instalaciones privadas que forman parte de instalaciones de transporte o distribución de energía eléctrica*

En el caso de que la instalación privada esté integrada en un conjunto que incorpore otros elementos de maniobra de la red propiedad de entidades de transporte o distribución de energía eléctrica, se establecerá un acuerdo escrito en el que fijen las responsabilidades de explotación y mantenimiento entre los titulares de las instalaciones.

Artículo 20. *Documentación, puesta en servicio y mantenimiento de las instalaciones*

1. La construcción, ampliación, modificación y explotación de las instalaciones que no sean propiedad de entidades de producción, transporte y distribución de energía eléctrica, correspondientes a instalaciones de producción, evacuación, líneas directas y acometidas cuyo aprovechamiento afecte a más de una comunidad autónoma, así como las líneas directas conectadas a instalaciones de generación de competencia estatal y cualquier otra instalación eléctrica cuya autorización corresponda según la Ley 24/2013 del Sector eléctrico a la Administración General del Estado, se condicionará al procedimiento de autorización establecido por la legislación sectorial vigente, sin perjuicio de las disposiciones autonómicas en esta materia.
2. Las restantes instalaciones eléctricas de alta tensión que no sean propiedad de entidades de producción, transporte y distribución de energía eléctrica y que no vayan a ser cedidas estarán sujetas al procedimiento de puesta en servicio descrito en la ITC-RAT-22, no siendo necesaria la autorización administrativa.
3. Las instalaciones promovidas por terceros, que posteriormente deban ser cedidas antes de su puesta en servicio, y, por tanto, vayan a formar parte de la

red de transporte y distribución, deberán someterse al régimen de autorizaciones establecido por el título VII del Real Decreto 1955/2000, de 1 de diciembre. Para su puesta en servicio deberán presentar la documentación prevista en la ITC-RAT-22.

Artículo 21. *Inspecciones periódicas de las instalaciones*

1. Para alcanzar los objetivos señalados en el artículo 1 de este reglamento, en relación con la seguridad, se efectuarán inspecciones periódicas de las instalaciones. Estas inspecciones se realizarán cada tres años, pudiéndose establecer condiciones especiales en las ITC de este reglamento. El titular de la instalación cuidará de que dichas inspecciones se efectúen en los plazos previstos.

Las inspecciones periódicas se realizarán por organismos de control habilitados en este campo reglamentario, de acuerdo con lo establecido en el Real Decreto 2200/1995, de 28 de diciembre, por el que se aprueba el Reglamento de la Infraestructura para la Calidad y la Seguridad Industrial.

2. Los organismos de control conservarán las actas de las inspecciones que realicen y entregarán una copia de las mismas al titular o, en su caso, al arrendatario de la instalación, así como a la Administración Pública competente.

La Administración Pública competente podrá efectuar controles para garantizar el correcto funcionamiento del sistema, tales como el control por muestreo estadístico de las inspecciones realizadas por los organismos de control.

3. En la ITC-RAT-23 se detalla el proceso que deberá seguirse para las inspecciones periódicas.

ÍNDICE. INSTRUCCIONES TÉCNICAS COMPLEMENTARIAS

Aclaración: las tablas y figuras que se indican en los apartados de NOTA y EJEMPLO llevan una numeración independiente respecto a las que figuran en el RAT.

ITC-RAT-01

TERMINOLOGÍA

En esta instrucción se recogen los términos más generales utilizados en el presente Reglamento sobre Condiciones Técnicas y Garantías de Seguridad en Instalaciones Eléctricas de Alta Tensión y en sus instrucciones técnicas complementarias. Se han seguido, en lo posible, las definiciones que figuran para estos términos en las normas UNE.

Alta tensión

Se considera alta tensión toda tensión nominal superior a 1 kV.

Aparamenta

Término general aplicable a los aparatos de conexión, desconexión o maniobra, y a su combinación con aparatos de mando, medida, protección y regulación asociados, así como los conjuntos de tales aparatos con las conexiones, accesorios, envolventes y soportes correspondientes.

NOTA

Desde el punto de vista de la protección de las personas y de la instalación, podemos clasificar la aparamenta de media tensión (MT) en los siguientes bloques:

- **Protección de personas:**
  - Seccionador.
  - Seccionador de puesta a tierra (p.a.t.).
- **Maniobra o conexión:**
  - Interruptor.
  - Contactor.
  - Interruptor-seccionador.
  - Interruptor automático.
- **Protección de la instalación:**
  - Fusible.
  - Interruptor con fusibles (ruptofusible).
  - Interruptor automático.

Aparato extraíble

Aparato que posee dispositivos de conexión que permiten, bajo tensión, pero sin carga, separarlo del conjunto de la instalación y colocarlo en una posición de seguridad en la cual sus circuitos de alta tensión permanecen sin tensión.

NOTA

En general la aparamenta puede ser fija o extraíble.

En la figura se muestra un interruptor automático extraíble.

Figura 1.1. *Interruptor automático extraíble.*

Aparato mecánico de conexión con disparo libre

Aparato mecánico de conexión cuyos contactos móviles vuelven a la posición abierta y permanecen en ella cuando se ordena la maniobra de apertura, incluso una vez iniciada la maniobra de cierre y aunque se mantenga la orden de cierre.

Nota: a fin de asegurar una interrupción correcta de la corriente que pueda haberse establecido, puede ser necesario que los contactos alcancen momentáneamente la posición cerrada.

Autoextinguibilidad

Cualidad de un material que, en las condiciones establecidas por la norma correspondiente, deja de quemarse cuando cesa la causa externa que provocó la combustión.

Autoseccionador

Seccionador que abre un circuito automáticamente en condiciones predeterminadas, cuando dicho circuito está sin tensión.

NOTA

El autoseccionador también se conoce como **seccionador electrónico** o **seccionalizador**.

Bajo condiciones de carga normales, el circuito electrónico permanece inerte. Sin embargo, si la corriente de línea aumenta por encima de un cierto valor preestablecido (corriente de activación) el circuito lógico se activará.

El reconectador o interruptor de cabecera abre y el fallo en la línea desaparece temporalmente. El circuito lógico almacena el incidente durante unos 25 segundos (tiempo de restablecimiento).

Cuando el interruptor de cabecera se vuelve a reconectar (entre 3 y 10 segundos después) si la corriente de fallo ha desaparecido, el autoseccionador ignorará el incidente después de un tiempo determinado (tiempo de bloqueo). Sin embargo, si la corriente de fallo está aún presente, el circuito lógico interpreta que es un fallo permanente y el autoseccionador actuará.

El circuito lógico no actuará hasta que el interruptor de cabecera haya abierto por segunda vez y hasta que la corriente en la línea se haya mantenido por debajo de 250 mA (corriente de seguridad) durante un periodo de al menos 0,1 segundos. Así, el autoseccionador actuará durante el tiempo muerto del interruptor de cabecera de forma rápida, sin generación de arcos, sin emisión de gases ionizados y sin erosión de los contactos. El circuito lógico está diseñado para no actuar ante impulsos de corrientes magnéticas del transformador.

Figura 1.2. *Reconectador de cabecera de línea de una subestación.*

Las principales ventajas del autoseccionador son:

- Reducir las interrupciones del suministro eléctrico causadas por fallos transitorios no dañinos, especialmente debidas a rayos, los cuales provocarían la innecesaria fusión de los fusibles de expulsión.

- Reducir los avisos innecesarios debido a molestos fallos transitorios.
- Producir el seccionamiento y el aislamiento de la red, reduciendo de ese modo el número de usuarios desconectados por fallos permanentes.
- Proporcionar una identificación visual de un fallo aguas abajo del autoseccionador y, por tanto, permitir la rápida restauración del suministro.

Existen dos tipos de autoseccionadores: unipolares y tripolares.

(Unipolar)

(Tripolar)

Figura 1.3. *Autoseccionadores.*

Canalización eléctrica

Conjunto constituido por uno o varios conductores eléctricos, por los elementos que los fijan y por su protección mecánica, si la hubiere.

Central eléctrica

Lugar y conjunto de instalaciones, incluidas las construcciones de obra civil y edificios necesarios, utilizados directa e indirectamente para la producción de energía eléctrica.

Centro de transformación

Instalación que comprende uno o varios transformadores, aparamenta de alta tensión y de baja tensión, conexiones y elementos auxiliares, para suministrar energía en BT a partir de una red de AT o viceversa.

NOTA

Los principales tipos de centros de transformación de distribución (MT/BT) se indican en la Figura 1.4.

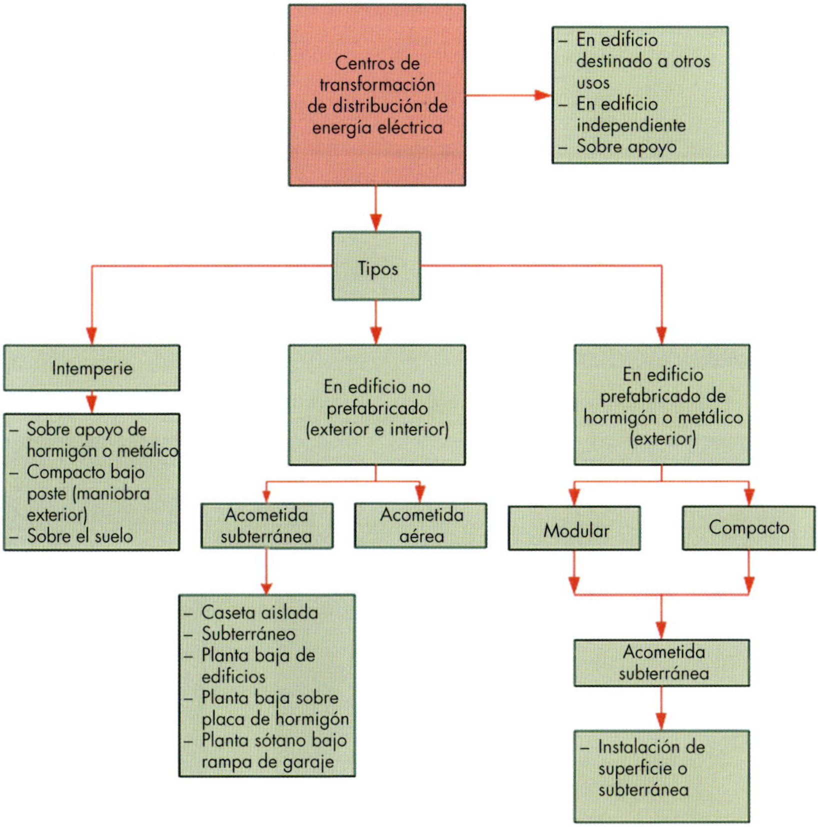

Figura 1.4. *Tipos de centros de transformación de distribución (MT/BT).*

Centro de transformación prefabricado

Centro de transformación fabricado dentro de una envolvente común fabricado en serie que ha sido sometido a ensayos de tipo. El centro de transformación prefabricado incluye además la parte interna de la instalación de puesta a tierra correspondiente. Los centros de transformación prefabricados pueden estar situados a nivel del suelo o parcial o completamente bajo el mismo.

NOTA

En las figuras siguientes se aprecian algunos tipos de centros de transformación.

CT no prefabricado

CT compacto bajo poste

CT de intemperie

CT prefabricado

Figura 1.5. *Ejemplos de centros de transformación.*

Circuitos

Conjunto de materiales eléctricos (conductores, aparamenta, etc.) alimentados por la misma fuente de energía y protegidos contra las sobreintensidades por el o los mismos dispositivos de protección. No quedan incluidos en esta definición los circuitos que forman parte de los aparatos de utilización o receptores.

Conductores activos

En toda instalación se consideran como conductores activos los destinados normalmente a la transmisión de energía eléctrica. Esta consideración se aplica a los conductores de fase y al conductor neutro.

Conexión equipotencial

Conexión que une dos partes conductoras de manera que la corriente que pueda pasar por ella no produzca una diferencia de potencial sensible entre ambas.

NOTA

En la Figura 1.6 se pueden apreciar varias conexiones equipotenciales.

Figura 1.6. *Conexiones equipotenciales.*

Conjunto prefabricado para centro de transformación

Equipo de serie constituyendo una sola unidad constructiva, que ha sido sometido a los ensayos correspondientes y que forma parte de un centro de transformación. Puede comprender los siguientes componentes: aparamenta de alta tensión, transformador, aparamenta de baja tensión, conexiones y elementos auxiliares.

Conmutador

Aparato destinado a modificar las conexiones entre varios circuitos.

Contactos directos

Contactos de personas y animales con partes activas.

Contactos indirectos

Contactos de personas o animales con partes que sean puestas bajo tensión como resultado de un fallo de aislamiento o defecto de la instalación.

Corriente de contacto

Corriente que pasa a través del cuerpo humano o de un animal cuando está sometido a una tensión eléctrica.

Corriente de cortocircuito máxima admisible

Valor eficaz máximo de la corriente de cortocircuito que puede soportar un elemento de la red durante una corta duración especificada.

Corriente de defecto o de falta

Corriente que circula debido a un defecto de aislamiento.

Corriente de defecto a tierra

Es la corriente que, en caso de un solo punto de defecto a tierra, se deriva por el citado punto desde el circuito averiado a tierra o a partes conectadas a tierra.

Corriente de puesta a tierra

Es la corriente total que se deriva a tierra a través de la puesta a tierra.

Nota: la corriente de puesta a tierra es la parte de la corriente de defecto que provoca la elevación de potencial de una instalación de puesta a tierra.

Corriente nominal (de una máquina o de un aparato)

Corriente que figura en las especificaciones de una máquina o de un aparato, a partir de la cual se determinan las condiciones de calentamiento o de funcionamiento de esta máquina o de este aparato.

Corte omnipolar

Corte de todos los conductores activos de un mismo circuito.

Defecto a tierra (o a masa)

Defecto de aislamiento entre un conductor y tierra (o masa).

Defecto franco

Conexión accidental, de impedancia despreciable, entre dos o más puntos con distinto potencial.

Dispositivo antibombeo

Dispositivo que impide un nuevo cierre inmediatamente después de una maniobra de cierre-apertura mientras se mantenga la orden de cierre.

Electrodo de tierra

Conductor o conjunto de conductores enterrados que sirven para establecer una conexión con tierra. Los conductores no aislados, colocados en contacto con tierra para la conexión al electrodo, se considerarán parte de este.

Elementos conductores

Todos aquellos elementos no previstos como conductores activos que pueden encontrarse en una instalación, edificio, aparato, etc., y que son susceptibles, en determinadas circunstancias, de transferir una tensión, por ejemplo: estructuras metálicas o de hormigón armado utilizadas en la construcción de edificios (armaduras, paneles, carpintería metálica, suelos y paredes conductoras, etc.), canalizaciones metálicas de agua, gas, calefacción. etc., y los aparatos no eléctricos conectados a ellas, si la unión constituye una conexión eléctrica.

Factor de defecto a tierra

El factor de defecto a tierra en un punto *P* de una instalación trifásica es el cociente U_{PF}/U_P, siendo U_{PF} la tensión eficaz entre una fase sana del punto *P* y tierra durante una falta a tierra, y U_P la tensión eficaz entre cualquier fase del punto *P* y tierra en ausencia de falta.

Las tensiones U_{PF} y U_P lo serán a la frecuencia industrial.

La falta de tierra referida puede afectar a una o más fases en un punto cualquiera de la red.

El factor de defecto a tierra en un punto es, pues, una relación numérica superior a la unidad que caracteriza, de un modo general, las condiciones de puesta a tierra del neutro del sistema desde el punto de vista del emplazamiento considerado, independientemente del valor particular de la tensión de funcionamiento en este punto.

Los factores de defecto a tierra se pueden calcular a partir de los valores de las impedancias de la red en el sistema de componentes simétricas, vistas desde el punto considerado y tomando para las maquinas giratorias las reactancias subtransitorias, o cualquier otro procedimiento de cálculo de suficiente garantía.

Cuando para cualquiera que sea el esquema de explotación, la reactancia homopolar es inferior al triple de la reactancia directa y la resistencia homopolar no excede a la reactancia directa, el factor de defecto a tierra no sobrepasa 1,4.

Frecuencia nominal (de una máquina o de un aparato)

Frecuencia que figura en las especificaciones del aparato, de la que se deducen las condiciones de prueba y las frecuencias límites de utilización de esta máquina o de este aparato.

Fuente de energía

Aparato generador o sistema suministrador de energía eléctrica.

Impedancia

Cociente de la tensión en los bornes de un circuito entre la corriente que fluye por ellos. Esta definición solo es aplicable a corrientes sinusoidales.

Instalación de tierra

Es el conjunto formado por electrodos y líneas de tierra de una instalación eléctrica.

Instalación de tierra general

Es la instalación de tierra resultante de la interconexión de todas las puestas a tierra de protección y de servicio de una instalación.

Instalaciones de tierra independientes

Se considera independiente una toma de tierra respecto a otra cuando una de las tomas de tierra no alcance, respecto a un punto de potencial cero, una tensión superior a 50 V cuando por la otra circula la máxima corriente de defecto a tierra prevista.

Instalaciones de tierras separadas

Dos instalaciones de tierra se denominan separadas cuando entre sus electrodos no existe una conexión específica directa.

Instalación eléctrica

Conjunto de aparatos y de circuitos asociados, previstos para un fin particular: producción, conversión, rectificación, transformación, transmisión, distribución o utilización de la energía eléctrica.

Instalación eléctrica de exterior

Instalación eléctrica expuesta a la intemperie.

Instalación eléctrica de interior

Instalación eléctrica realizada en el interior de un local o envolvente que la protege contra la intemperie.

Instalación privada

Es la instalación destinada, por un único usuario, a la producción o utilización de la energía eléctrica en locales o emplazamientos de su uso exclusivo.

Interruptor

Aparato de conexión capaz de establecer, de soportar y de interrumpir las corrientes en las condiciones normales del circuito, que pueden incluir las condiciones especificadas de sobrecarga en servicio, así como soportar durante un tiempo especificado las corrientes en las condiciones anormales especificadas del circuito, tales como las de cortocircuito.

Interruptor automático

Interruptor que además es capaz de interrumpir corrientes en condiciones anormales especificadas del circuito, tales como las del cortocircuito.

Interruptor de maniobra automática

Interruptor en el que la apertura o cierre del circuito se produce automáticamente en condiciones predeterminadas.

NOTA

La clasificación de los interruptores automáticos se indica en la Figura 1.7.

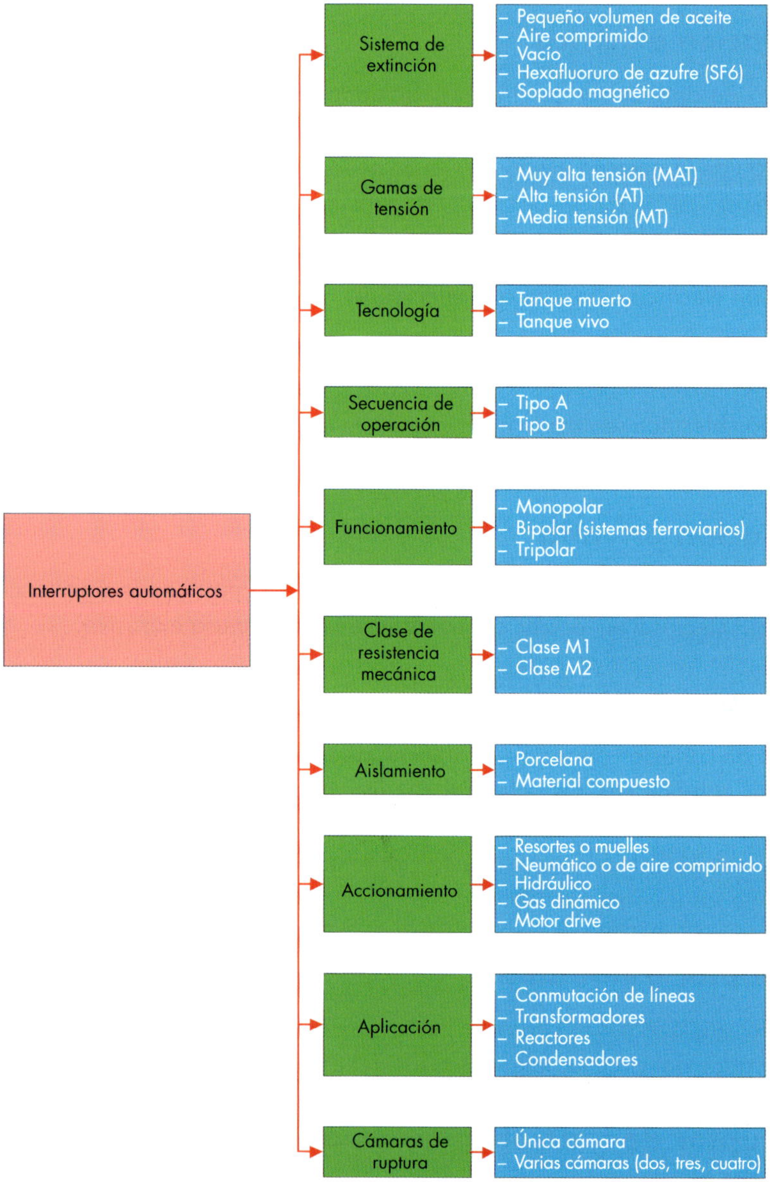

Figura 1.7. *Clasificación de los interruptores automáticos de alta tensión.*

En las figuras siguientes se muestran algunos tipos de interruptores automáticos de alta tensión de exterior.

(Interruptor monopolar de SF6)

(Interruptor de pequeño volumen de aceite con dos cámaras de ruptura)

(Interruptor de tanque vivo)

(Interruptor de tanque muerto)

Figura 1.8. *Interruptores automáticos de alta tensión de exterior.*

Un valor característico de los interruptores automáticos de alta tensión es el poder de corte y el poder de cierre en cortocircuito.

El poder de cierre en cortocircuito es siempre superior al poder de corte en cortocircuito en una proporción de aproximadamente 2,5 (P_{cierre} = 2,5 P_{corte}).

La razón de que el poder de corte sea inferior al poder de cierre es debida a la forma de presentarse la corriente cuando existe un cortocircuito. El valor máximo de la corriente inmediatamente después de producirse un cortocircuito se llama **corriente de cortocircuito dinámica.**

El proceso de un cortocircuito se indica en la Figura 1.9.

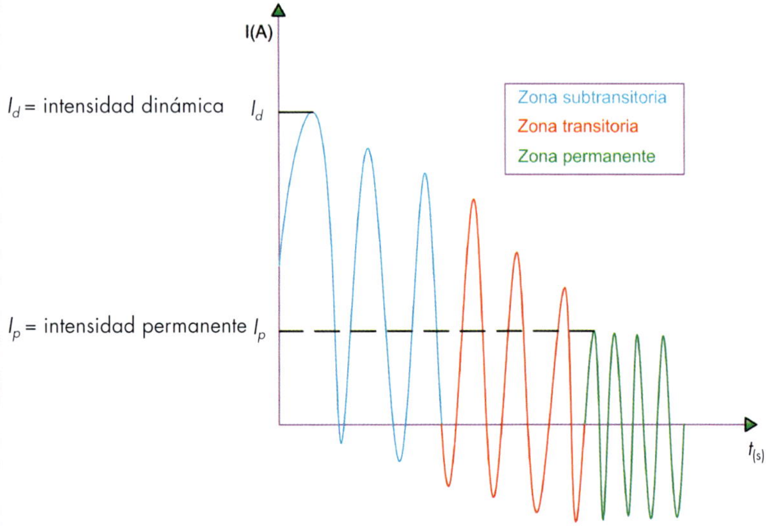

Cuando el interruptor cierra con cortocircuito existe la corriente I_d; por tanto, debe tener poder para cerrar ese valor de corriente.

Si abre con cortocircuito la corriente que debe cortar será la intensidad permanente (I_p), pues el propio interruptor tiene un cierto tiempo de espera entre que comienza a actuar y el momento de cortar.

La corriente permanente produce esfuerzos térmicos y es la que tendría que soportar el circuito en el supuesto de que la protección no actuase.

Figura 1.9. *Representación del proceso de un cortocircuito.*

En general, los interruptores automáticos de alta tensión no tienen poder de seccionamiento, por lo que es frecuente asociarlos a seccionadores.

Línea de enlace con el electrodo de tierra

Cuando existiera punto de puesta de tierra, se denomina línea de enlace con el electrodo de tierra a la parte de la línea de puesta a tierra comprendida entre el punto de puesta a tierra y el electrodo, siempre que el conductor esté fuera del terreno o colocado aislado del mismo.

Línea de puesta a tierra

Es el conductor o conjunto de conductores que une el electrodo de tierra con una parte de la instalación que se haya de poner a tierra, siempre y cuando los conductores estén fuera del terreno o colocados en él, pero aislados del mismo.

Local de pública concurrencia

Son locales de espectáculos y actividades recreativas y locales de reunión, trabajo y usos sanitarios, con las limitaciones siguientes.

Locales de espectáculos y actividades recreativas, cualquiera que sea su capacidad de ocupación, como, por ejemplo, cines, teatros, auditorios, estadios, pabellones deportivos, plazas de toros, hipódromos, parques de atracciones y ferias fijas, salas de fiesta, discotecas, salas de juegos y de azar.

Los siguientes locales de reunión, trabajo y usos sanitarios cualquiera que sea su ocupación: templos, museos, salas de conferencias y congresos, casinos, hoteles, hostales, bares, cafeterías, restaurantes o similares, zonas comunes en agrupaciones de establecimientos comerciales, aeropuertos, estaciones de viajeros, estacionamientos cerrados y cubiertos para más de 5 vehículos, hospitales, ambulatorios y sanatorios, asilos y guarderías. Si la ocupación prevista es de más de 50 personas también se consideran locales de pública concurrencia las bibliotecas, centros de enseñanza, consultorios médicos, establecimientos comerciales, oficinas con presencia de público, residencias de estudiantes, gimnasios, salas de exposiciones, centros culturales, clubes sociales y deportivos.

Masa de un aparato

Conjunto de las partes metálicas de un aparato que en condiciones normales están aisladas de las partes activas.

Nivel de aislamiento nominal

Para un aparato o material eléctrico determinado, característica definida por un conjunto de tensiones especificadas de su aislamiento.

a) Para materiales cuya tensión más elevada para el material sea menor que 300 kV el nivel de aislamiento está definido por las tensiones soportadas nominales a los impulsos tipo rayo y las tensiones soportadas nominales a frecuencia industrial de corta duración.

b) Para materiales cuya tensión más elevada para el material sea igual o mayor que 300 kV el nivel aislamiento está definido por las tensiones soportadas nominales a los impulsos tipo maniobra y rayo.

No propagación de la llama

Cualidad de un material por la que deja de arder en cuanto cesa de aplicársele el calor que provoca su combustión. En el caso de los cables esta característica se comprueba mediante los ensayos correspondientes descritos en las normas de producto que resulten aplicables.

No propagador del incendio

Cualidad de un material por la que no propaga el fuego a lo largo de la instalación, incluso cuando esta consta de un gran número de cables, ya que el fuego se autoextingue cuando la llama causante del incendio se retira o se apaga. En el caso de los cables esta característica se comprueba mediante los ensayos correspondientes descritos en las normas de producto que resulten aplicables.

NOTA

Cables eléctricos en el CPR

Antes de aplicarse el CPR los cables (AS) tenían las siguientes características: no propagador de la llama, libre de halógenos, bajo en emisión de humos, no propagador del incendio.

A los cables (AS+) además de las características de los cables (AS) se les suma la de resistencia al fuego.

El Reglamento de Productos de la Construcción (CPR) se aplica para cables eléctricos de instalaciones fijas que se incorporen permanentemente a las obras (cables de AT, BT, control, datos, energía, comunicaciones, entre otros) en edificios o en infraestructuras (líneas ferroviarias, entre otros).

Están excluidos aquellos cables eléctricos destinados a la conexión de aparatos o de cableado interno de equipos o aparatos eléctricos.

Las prestaciones de los cables que serán regulados por la CPR son:

- *La reacción ante el fuego:* contribución de un cable (por descomposición de los materiales que lo componen durante un fuego) a la propagación del mismo.
- *La resistencia al fuego:* capacidad de un cable para mantener su funcionamiento en condiciones de fuego.
- Las emisiones de sustancias peligrosas.

Se definen las siguientes clases:

- **Contribución al desarrollo del fuego:** propagación de la llama, propagación del incendio y parámetros de emisión de calor. Se definen siete clases

Aca B1ca B2ca Cca Dca Eca Fca

Mayor prestación ⟶ Menor prestación

- **Consecuencias dañinas:** se definen tres clases adicionales (solo para las clases B1ca, B2ca, Cca y Dca).
- Emisión de humos opacos.

s1a s1b s1 s2 s3

Mayor prestación ⟶ Menor prestación

Nota: las clasificaciones adicionales s1a y s1b incluyen ensayo de transmitancia.

- Caída de gotas/partículas inflamadas.

d0 d1 d2

Mayor prestación ⟶ Menor prestación

- Acidez y conductividad.

a1 a2 a3

Mayor prestación ⟶ Menor prestación

En la Figura 1.10 se muestra un resumen de las distintas clases del CPR.

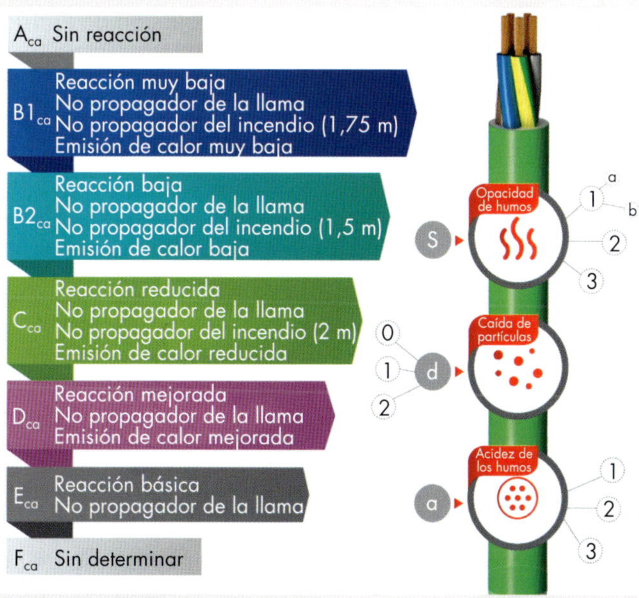

Figura 1.10. *Clases del CPR.* Fuente: *RCT*

Ejemplos de designación de cables de media tensión con certificado CPR:

- Al HEPRZ1. CPR (Fca)
- HEPRZ1(S). CPR (Eca)
- RHZ1 (AS). CPR (Cca-s1b, d2, a1)

Organismo cualificado e independiente

Entidad sin ánimo de lucro y con reconocida experiencia en el sector de la alta tensión, independiente y designada por la Administración Pública competente para emitir un informe técnico de conformidad con el Reglamento sobre Condiciones Técnicas y Garantías de Seguridad en Instalaciones Eléctricas de Alta Tensión.

Poner o conectar a masa

Unir eléctricamente un conductor al armazón de una máquina o a una masa metálica.

Poner o conectar a tierra

Unir eléctricamente con la tierra una parte del circuito eléctrico o una parte conductora no perteneciente al mismo por medio de la instalación de tierra.

Puesta a tierra de protección

Es la conexión directa a tierra de las partes conductoras de los elementos de una instalación no sometidos normalmente a tensión eléctrica, pero que pudieran ser puestos en tensión por averías o contactos accidentales, a fin de proteger a las personas contra contactos con tensiones peligrosas.

Puesta a tierra de servicio

Es la conexión que tiene por objeto unir a tierra temporalmente parte de las instalaciones que están normalmente bajo tensión o permanentemente ciertos puntos de los circuitos eléctricos de servicio.

Estas puestas a tierra pueden ser:

- **Directas:** cuando no contienen otra resistencia que la propia de paso a tierra.
- **Indirectas:** cuando se realizan a través de resistencias o impedancias adicionales.

EJEMPLO DE APLICACIÓN 1

En el caso de un centro de transformación en edificio los sistemas de puesta a tierra son:

- **Puesta a tierra de protección o de herrajes.**

  Se conectan a esta tierra las partes metálicas interiores del CT que normalmente están sin tensión, pero que pueden estarlo a consecuencia de averías, accidentes, descargas atmosféricas o sobretensiones. Son, por tanto:

  - Carcasas de los transformadores.
  - Chasis y bastidores de los aparatos de maniobra.
  - Armaduras metálicas interiores del edificio prefabricado.
  - Envolventes y armazones de los conjuntos de aparamenta de MT (cabinas, celdas).
  - Pantallas o enrejados de protección.
  - Armarios y cofres con aparatos y elementos de BT.
  - Pantallas o blindajes de los cables de MT.
  - Bornes de tierra de los detectores de tensión.
  - Bornes de protección de los dispositivos portátiles de puesta a tierra.
  - Pararrayos de alta tensión.

  Se exceptúan de conectar a esta tierra de protección, según el método de UNESA, los elementos metálicos del CT accesibles desde el exterior, que no contienen ni soportan partes en tensión. Por tanto, las puertas y sus marcos, las persianas con sus rejillas para la entrada y salida del aire de ventilación, entre otros.

- **Puesta a tierra de servicio o de neutro.**

  Se conectan a esta puesta a tierra, puntos o elementos que forman parte de los circuitos eléctricos de MT y de BT. Son, por tanto:

  - En los transformadores, el neutro del secundario de BT, cuando esto proceda, o sea, directamente cuando se trata de distribuciones con régimen de neutro TN o TT, o través de una impedancia cuando son con régimen IT.
  - Circuitos de baja tensión de los transformadores de medida.
  - Pararrayos de baja tensión.
  - En los seccionadores de puesta a tierra, el punto de cierre en cortocircuito de las tres fases y desconexión a tierra.

Punto a potencial cero

Punto del terreno a una distancia tal de la instalación de toma de tierra, que el gradiente de tensión en dicho punto resulta despreciable cuando pasa por dicha instalación una corriente de defecto.

Punto de puesta a tierra

Es un punto situado generalmente fuera del terreno, que sirve de unión de las líneas de tierra con el electrodo, directamente o a través de líneas enlace con él.

Punto neutro

Es el punto de un sistema polifásico que, en las condiciones de funcionamiento previstas, presenta la misma diferencia de potencial con relación a cada uno de los polos o fases del sistema.

Reactancia

Es un dispositivo que se instala para modificar la impedancia de un circuito, con distintos objetos, por ejemplo: arranque de motores, conexión en paralelo de transformadores, regulación de corriente o regulación de tensión. Reactancia limitadora es la que se usa para limitar la corriente cuando se produce un cortocircuito.

NOTA

Las reactancias limitadoras de corriente reducen los niveles de corriente de cortocircuito a valores adecuados para los equipos aguas debajo de la reactancia.

También pueden:

- Compensar la impedancia de líneas de alimentación en paralelo (reactor serie).
- Compensar la energía capacitiva de las líneas.
- Conectar a tierra y a través de una impedancia en serie, el neutro de las tres fases en estrella de un transformador.
- Instalarse como supresores de arco.

En la Figura 1.11 se muestran unas reactancias limitadoras de corriente.

Figura 1.11. *Reactancias limitadoras de corriente.*

Red compensada mediante bobina de extinción

Red en la que uno o varios puntos neutros están puestos a tierra por reactancias que compensan aproximadamente la componente capacitiva de la corriente de falta monofásica a tierra.

Nota: en una red con neutro puesto a tierra a través de bobina de extinción, la corriente en la falta se limita de tal manera que el arco de la falta se autoextingue.

NOTA

También llamada **puesta a tierra resonante.**

En este sistema se introduce una reactancia variable (ajustada) de forma que compense la capacidad total de fase a tierra del sistema. De esta forma, la corriente de defecto será cercana a cero en caso de que se produzca un fallo a tierra.

Este sistema se utiliza para compensar la corriente capacitiva en el sistema eléctrico. Una corriente es inductiva (circuito de tierra) y la otra, capacitiva (capacidades de las fases libres de apoyo).

La reactancia de compensación se denomina **bobina de extinción de arco** o **bobina Petersen**. Es un sistema de puesta a tierra muy utilizado en Europa central en las redes de media tensión (MT).

En la Figura 1.12 se muestra una puesta a tierra con reactancia de compensación.

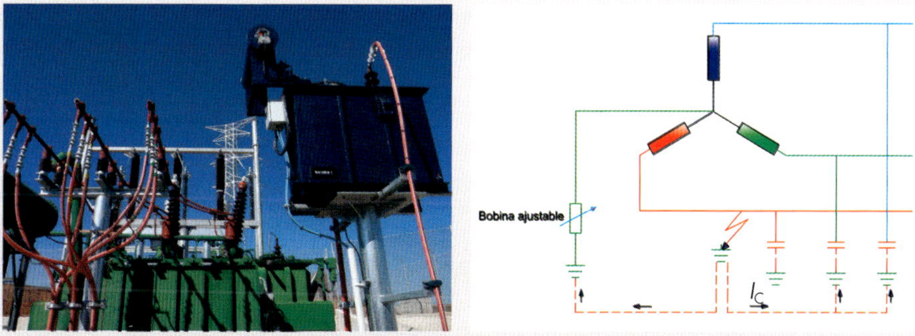

Figura 1.12. *Puesta a tierra con reactancia de compensación.*

Red con neutro a tierra

Red cuyo neutro está unido a tierra, bien directamente o bien por medio de una resistencia o de una inductancia de pequeño valor.

NOTA

Una red con neutro a tierra puede ser:

- **Puesta a tierra por resistencia.**

  En este sistema se conecta intencionadamente una resistencia entre el punto neutro y tierra. Esta resistencia mantiene la limitación de la corriente de defecto a tierra y, además, permite la evacuación de las sobreintensidades a tierra.

  En la Figura 1.13 se muestra una resistencia de neutro a tierra.

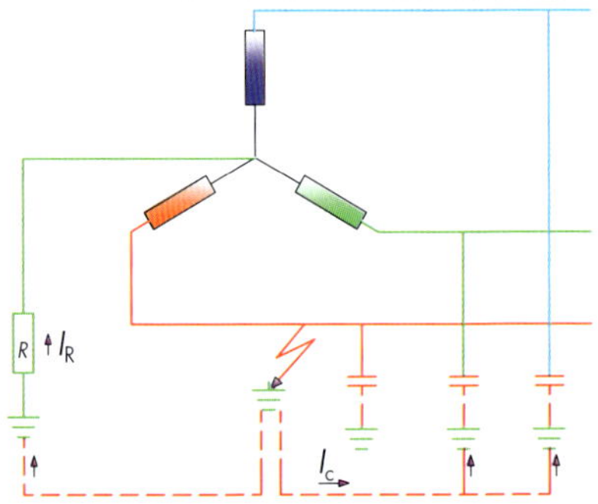

Figura 1.13. *Resistencia de neutro a tierra.*

- **Puesta a tierra por baja reactancia.**

  Este sistema conecta una reactancia entre el punto neutro y tierra.

  Cuando la tensión de la red es superior a 40 kV, es preferible utilizar una reactancia en lugar de una resistencia debido a los problemas de potencia disipada por la resistencia al producirse un fallo.

  Si el punto neutro está accesible, la reactancia de puesta a tierra se puede conectar directamente entre el punto neutro y tierra o bien, se puede conectar una bobina trifásica en zigzag con su neutro conectado a tierra a través de una reactancia. Cuando el neutro no es accesible, solo se puede emplear una bobina en zigzag.

  Cuando se emplea la bobina en zigzag se puede añadir una resistencia limitadora entre el punto neutro de la bobina y la tierra para reducir la amplitud de la corriente de defecto.

  En la Figura 1.14 se muestra una puesta a tierra de neutro con reactancia.

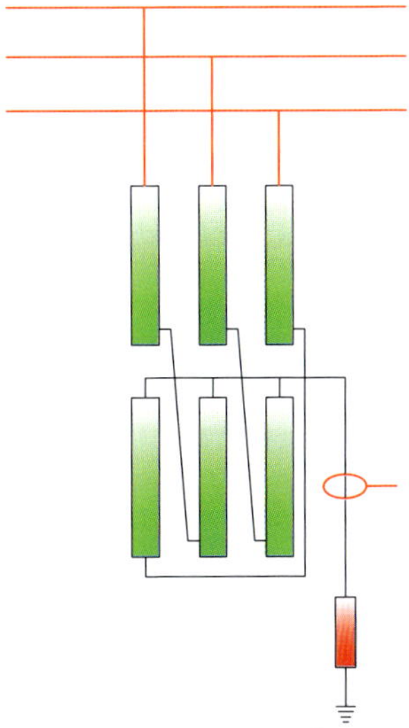

Figura 1.14. *Puesta a tierra de neutro con reactancia.*

- Puesta a tierra por reactancia de compensación: Este sistema ya se comentó anteriormente.

Red con neutro aislado

Red desprovista de conexión intencional a tierra, excepto a través de dispositivos de indicación, medida o protección, de impedancias muy elevadas.

NOTA

En este sistema no existe puesta a tierra intencional del punto neutro, excepto para dotar de potencial de referencia a los dispositivos de medida o protección. En realidad, los sistemas aislados están puestos a tierra a través de las capacidades a tierra de los elementos del sistema.

Un fallo de fase a tierra produce una baja corriente que se cierra a través de las capacidades de fase a tierra de las fases sanas.

Su uso está, generalmente, restringido a sistemas de distribución de media tensión. Requiere de detección de falta a tierra.

Entre fase y tierra existe una capacidad que representamos por un condensador.

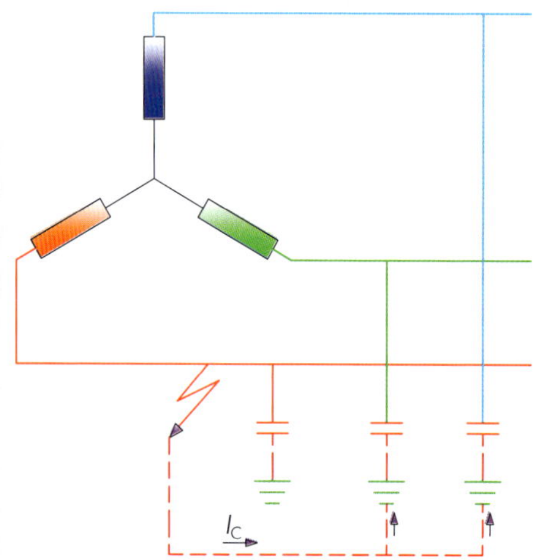

Figura 1.15. *Sistema de puesta a tierra de neutro aislado.*

Reenganche automático

Secuencia de maniobras por las que a continuación de una apertura se cierra automáticamente un aparato mecánico de conexión después de un tiempo predeterminado.

Resistencia global o total a tierra

Es la resistencia de tierra considerando la acción conjunta de la totalidad de las puestas a tierra.

Resistencia de tierra

Es la resistencia entre un conductor puesto a tierra y un punto de potencial cero.

Seccionador

Aparato mecánico de conexión que, por razones de seguridad, en posición abierto, asegura una distancia de seccionamiento que satisface unas condiciones específicas de aislamiento.

Nota: un seccionador es capaz de abrir y cerrar un circuito cuando es despreciable la corriente a interrumpir o a establecer, o bien cuando no se produce cambio apreciable de tensión en los bornes de cada uno de los polos del seccionador.

Es también capaz de soportar corrientes de paso en las condiciones normales del circuito, así como durante un tiempo especificado en condiciones anormales, tales como las de cortocircuito.

NOTA

La clasificación de los seccionadores se muestra en la Figura 1.16.

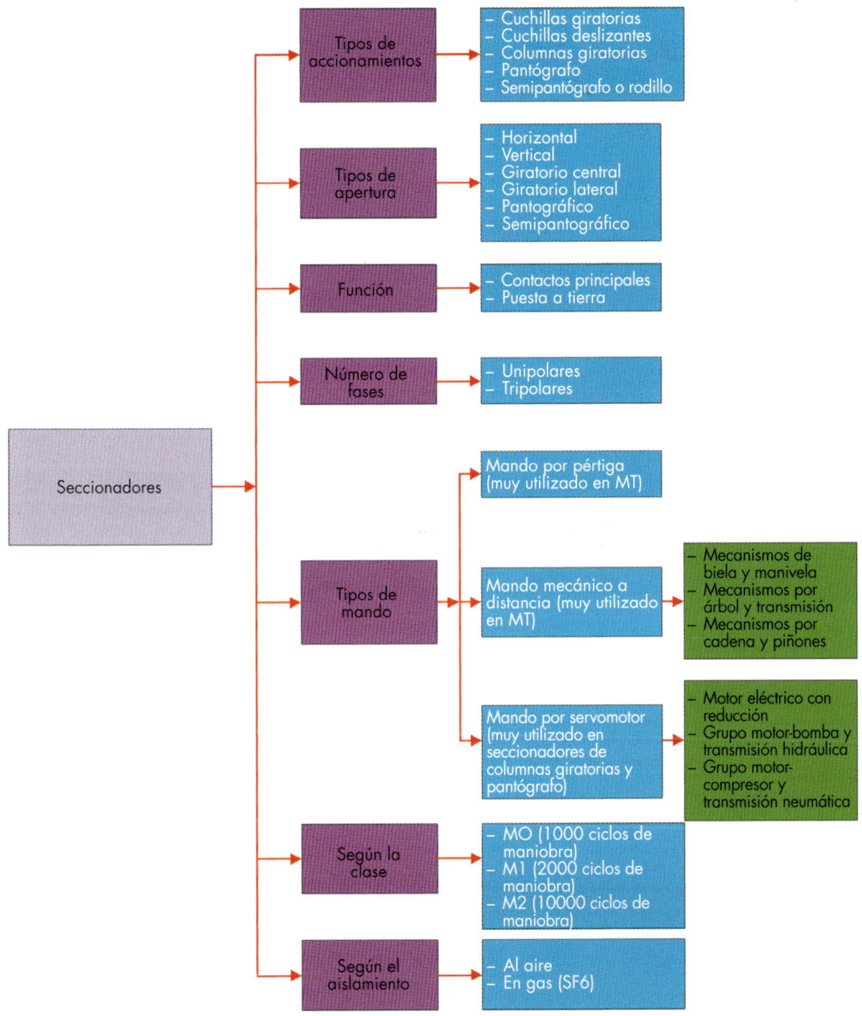

Figura 1.16. *Clasificación de los seccionadores.*

En la Figura 1.17 se muestran seccionadores de alta tensión de exterior.

(Seccionador tripolar de cuchillas giratorias)

(Seccionador de tres columnas de apertura de central con cuchilla de puesta a tierra)

(Seccionador de tres columnas en «V» con la central giratoria)

Pantógrafo

Figura 1.17. *Seccionadores de alta tensión de exterior.*

NOTA

Los seccionadores no pueden abrir o cerrar circuitos en carga, a no ser que disponga de algún sistema de extinción del arco. Este tipo de seccionador se llama **interruptor-seccionador** o **seccionador bajo carga.** No tiene función de protección, a no ser que se combine con fusibles.

Las situaciones posibles de un circuito son:

- Hay corriente *(I)* y tensión *(U)*.
- No hay corriente *(I)*, pero hay tensión *(U)*.

- No hay corriente *(I)* ni tensión *(U)*.

En la Figura 1.18 se muestran las distintas situaciones de un circuito eléctrico.

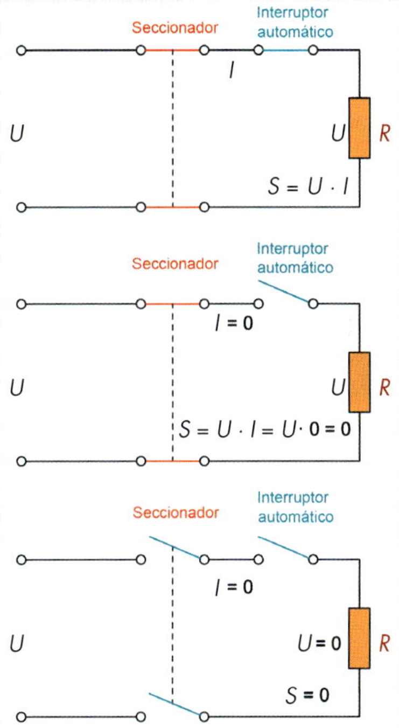

Figura 1.18. *Situaciones posibles de un circuito receptor (R).*

En las siguientes figuras se muestran algunos tipos de seccionadores bajo carga.

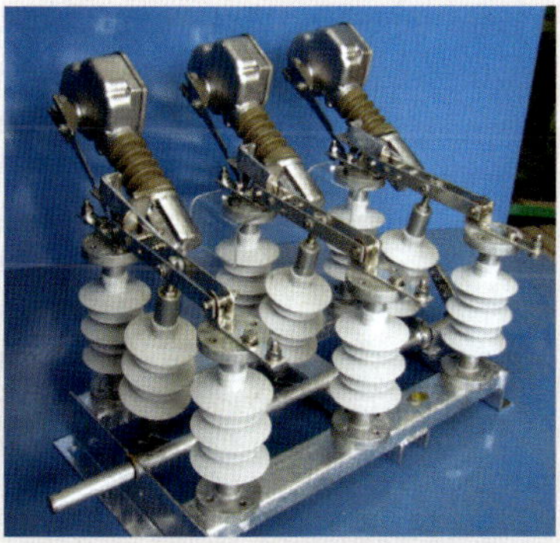

(Seccionador bajo carga con cámara de extinción)

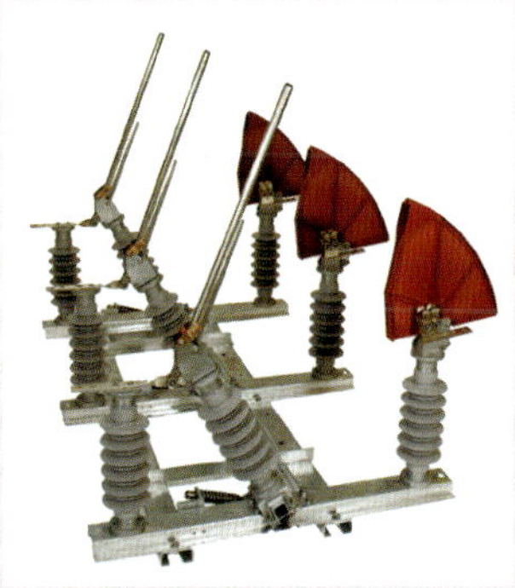

(Seccionador bajo carga de tipo basculante)

(Seccionador bajo carga en SF6)

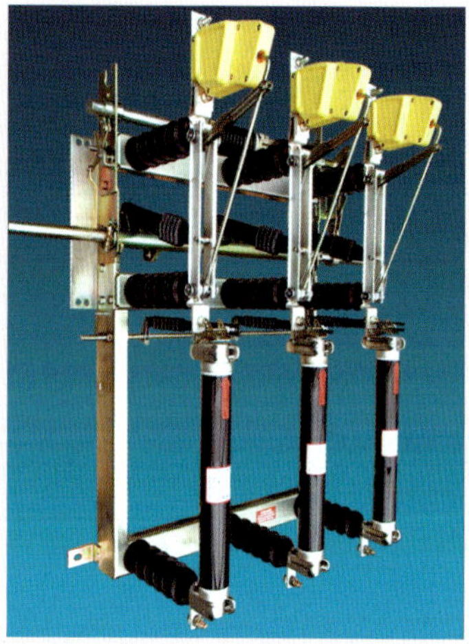

(Seccionador bajo carga con fusibles)

Figura 1.19. *Seccionadores bajo carga.*

Sobretensión

Tensión anormal existente entre dos puntos de una instalación eléctrica, superior al valor máximo que puede existir entre ellos en servicio normal.

Nota: véase definición de tensión más elevada de una red trifásica.

Sobretensión temporal

Es la sobretensión entre fase y tierra o entre fases en un lugar determinado de la red, de duración relativamente larga y que no está amortiguada, o solo lo está débilmente.

NOTA

Una sobretensión temporal o permanente es originada por incrementos en la tensión de la red, generalmente superiores al 10 % de su valor nominal y duraciones variables entre décimas de segundo y minutos.

Son variaciones lentas de tensión y de larga duración.

Se producen por:

- Reducción súbita de la carga.

- Conexión de condensadores.
- Regulación de tensión en instalaciones aisladas.
- Transitorio de paso a situación de isla en instalaciones con generación (ejemplo: cogeneración).

En la Figura 1.20 se muestra una representación de una sobretensión temporal o permanente.

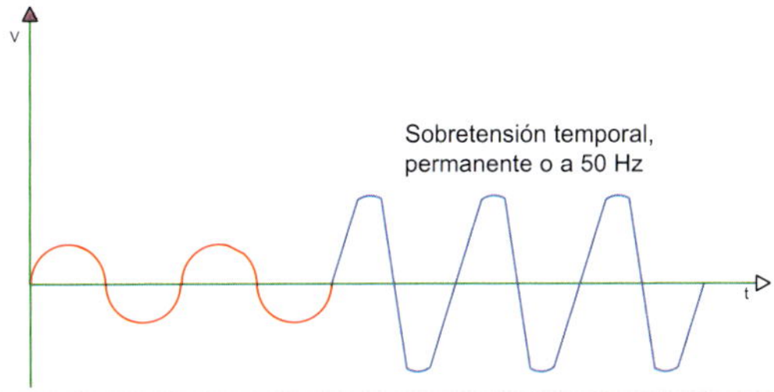

Figura 1.20. *Sobretensión temporal.*

Sobretensión transitoria tipo maniobra

Es la sobretensión entre fase y tierra o entre fases en un lugar determinado de la red debida a una maniobra, defecto u otra causa y cuya forma puede asimilarse, en lo relativo a la coordinación de aislamiento, a la de los impulsos normalizados utilizados para los ensayos de impulso tipo maniobra.

Sobretensión transitoria tipo rayo

Es la sobretensión entre fase y tierra o entre fases en un lugar determinado de la red debido a una descarga atmosférica u otra causa y cuya forma puede asimilarse, en lo relativo a la coordinación de aislamiento, a la de los impulsos normalizados utilizados para los ensayos de impulso tipo rayo.

NOTA

Las sobretensiones transitorias se caracterizan por su corta duración, crecimiento rápido y valores de cresta muy elevados.

Son producidas por fenómenos atmosféricos (rayos), conmutaciones de máquinas de gran potencia, conmutaciones de las compañías eléctricas, descargas electrostáticas, condensadores, semiconductores de potencia, entre otros.

Los principales tipos de onda que se producen en las sobretensiones transitorias son las ondas de corriente 8/20 μs y 10/350 μs.

En la Figura 1.21 se muestra una representación de las sobretensiones transitorias y en la Figura 1.22 la de una onda de corriente del tipo 8/20 µs.

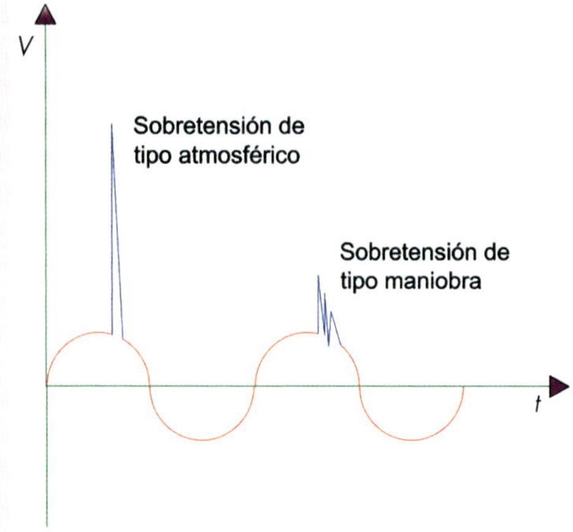

Figura 1.21. *Sobretensión transitoria.*

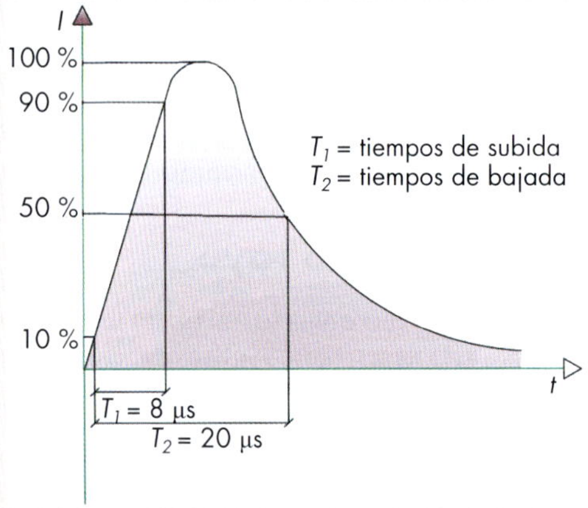

Figura 1.22. *Onda de corriente 8/20 µs.*

Subestación

Conjunto situado en un mismo lugar, de la aparamenta eléctrica y de los edificios necesarios para realizar alguna de las funciones siguientes: transformación de la tensión, de la frecuencia, del número de fases, rectificación, compensación del factor de potencia y conexión de dos o más circuitos.

Quedan excluidos de esta definición los centros de transformación.

NOTA

- Tipos de subestaciones eléctricas.

En la Figura 1.23 se muestra una clasificación de subestaciones eléctricas.

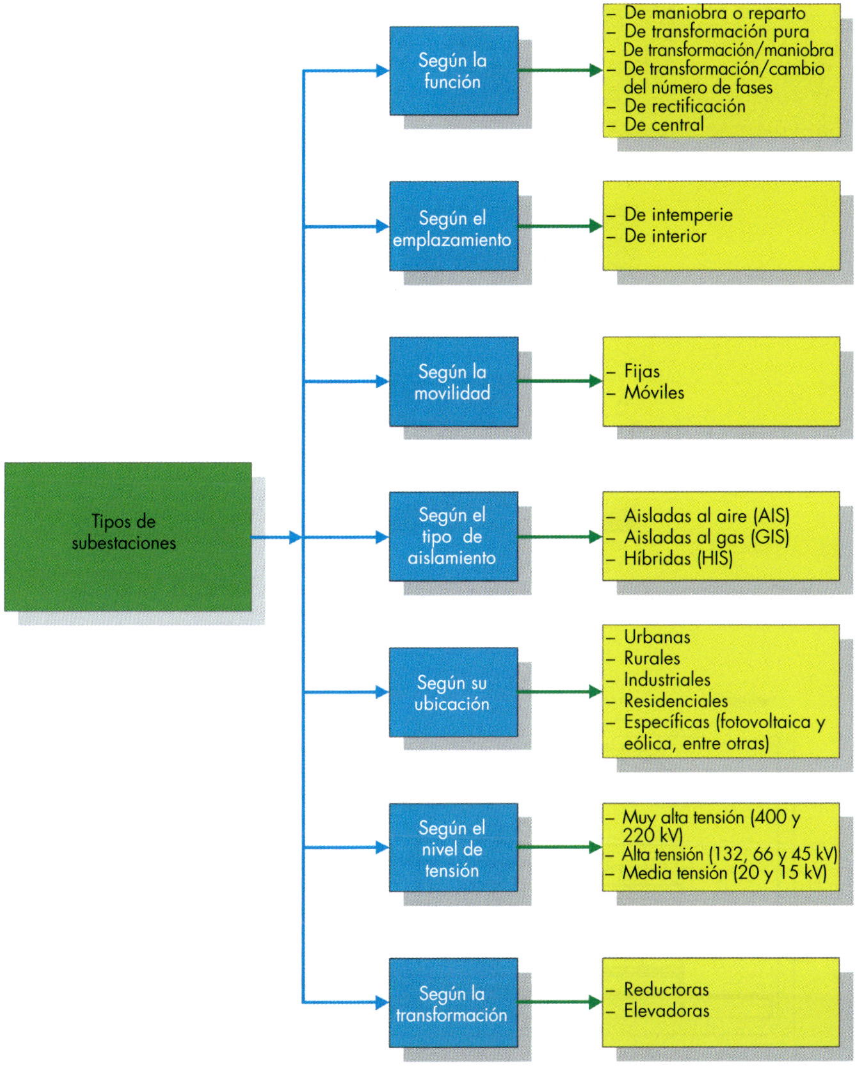

Figura 1.23. *Tipos de subestaciones eléctricas.*

En las siguientes figuras se muestran algunos tipos de subestaciones eléctricas.

(Subestación de tipo intemperie)

(Subestación de tipo GIS)

(Subestación móvil). Fuente: *Tecmove*

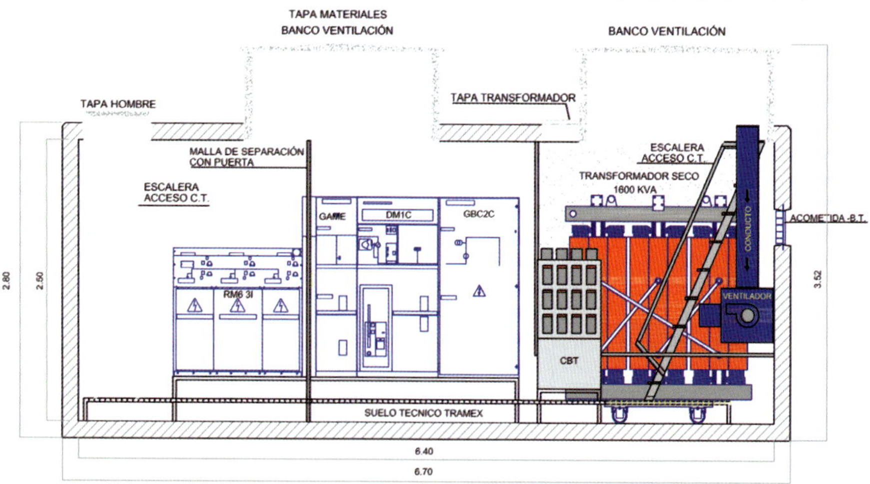

(Subestación subterránea). Fuente: *Lekunbide*

Figura 1.24. *Subestaciones eléctricas.*

Subestación de maniobra

Es la destinada a la conexión entre dos o más circuitos y su maniobra.

Subestación de transformación

Es la destinada a la transformación de energía eléctrica mediante uno o más transformadores cuyos secundarios se emplean en la alimentación de otras subestaciones o centros de transformación.

Subestación móvil

Subestación de carácter móvil cuya finalidad principal es el socorro temporal de la red de alta tensión ante contingencias o situaciones especiales de servicio, prevista para la conexión de uno o más circuitos, formada por un conjunto de aparamenta eléctrica con o sin transformador de potencia y concebida para su conexión a la red mediante un procedimiento rápido de puesta en servicio. Puede tener uno o varios niveles de tensión. Se podrá instalar conectada a una subestación existente en su interior o de forma adyacente, o bien constituyendo una subestación independiente.

Tensión

Diferencia de potencial entre dos puntos. En los sistemas de corriente alterna se expresará por su valor eficaz, salvo indicación en contra.

Tensión a tierra o con relación a tierra

Es la tensión que aparece entre un elemento conductor y la tierra:

a) En instalaciones trifásicas con neutro no unido directamente a tierra, se considerará como tensión a tierra la tensión entre fases.

b) En instalaciones trifásicas con neutro unido directamente a tierra es la tensión entre fase y neutro.

Tensión a tierra transferida

Es la tensión de paso o de contacto que puede aparecer en un lugar cualquiera transmitida por un elemento metálico desde una instalación de tierra lejana.

Tensión de contacto

Es la fracción de la tensión de puesta a tierra que puede ser puenteada por una persona entre la mano y un punto del terreno situado a un metro de separación o entre ambas manos.

Tensión de contacto aplicada

Es la parte de la tensión de contacto que resulta directamente aplicada entre dos puntos del cuerpo humano, considerando todas las resistencias que intervienen en el circuito y estimándose la del cuerpo humano en 1000 ohmios.

Tensión de defecto

Tensión que aparece a causa de un defecto de aislamiento, entre dos masas, entre una masa y un elemento conductor o entre una masa y tierra.

Tensión de paso

Es la parte de la tensión a tierra que aparece en caso de un defecto a tierra entre dos puntos del terreno separados un metro.

Tensión de paso aplicada

Es la parte de la tensión de paso que resulta directamente aplicada entre los pies de un hombre, teniendo en cuenta todas las resistencias que intervienen en el circuito y estimándose la del cuerpo humano en 1000 ohmios.

NOTA

En la Figura 1.25 se representa un ejemplo de los distintos valores que puede tener la tensión de paso y la tensión de contacto.

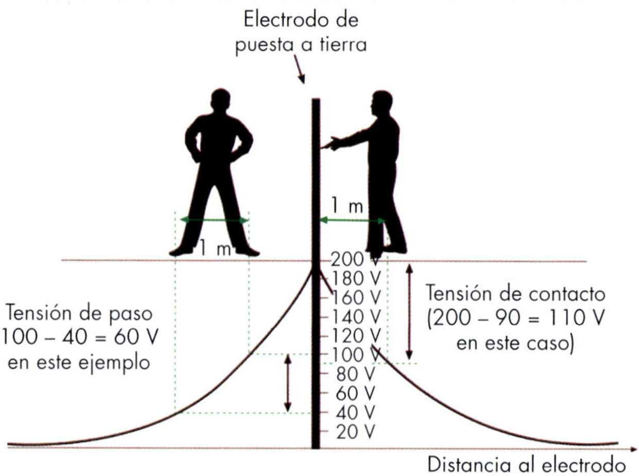

Figura 1.25. *Tensión de paso y contacto.*

Tensión de puesta a tierra

Tensión que aparece a causa de un defecto de aislamiento, entre una masa y tierra (*ver* Tensión de defecto).

Tensión de servicio

Es el valor de la tensión realmente existente en un punto cualquiera de una instalación en un momento determinado.

Tensión de suministro

Es el valor o valores de la tensión que constan en los contratos que se establecen con los usuarios y que sirven de referencia para la comprobación de la regularidad en el suministro. La tensión de suministro puede tener varios valores distintos, en los diversos sectores de una misma red, según la situación de estas y demás circunstancias.

Tensión más elevada de una red trifásica *(Us)*

Es el valor más elevado de la tensión entre fases, que puede presentarse en un instante y en un punto cualquiera de la red, en las condiciones normales de explotación. Este valor no tiene en cuenta las variaciones transitorias (por ejemplo, maniobras en la red) ni las variaciones temporales de tensión debidas a condiciones anormales de la red (por ejemplo, averías o desconexiones bruscas de cargas importantes).

Tensión más elevada para el material *(Um)*

La mayor tensión eficaz entre fases para la cual se define el material, en lo que se refiere al aislamiento y determinadas características que están eventualmente relacionadas con esta tensión, en las normas propuestas para cada material.

Tensión nominal

Valor convencional de la tensión con la que se denomina un sistema o instalación y para el que ha sido previsto su funcionamiento y aislamiento.

La tensión nominal expresada en kilovoltios se designa en el presente Reglamento sobre Condiciones Técnicas y Garantías de Seguridad en Instalaciones Eléctricas de Alta Tensión por *Un*.

Tensión nominal de una red trifásica

Valor de la tensión entre fases por el cual se denomina la red, y a la cual se refieren ciertas características de servicio de la red.

Tensión asignada o nominal para el material

Es la tensión asignada por el fabricante para el material.

Nota: en las normas de aparamenta la tensión nominal del material se denomina tensión asignada y coincide con la tensión más elevada del material.

Tensión soportada

Es el valor de la tensión especificada, que un aislamiento debe soportar sin perforación ni contorneamiento, en condiciones de ensayo preestablecidas.

Tensión soportada nominal a los impulsos tipo maniobra o tipo rayo

Es el valor de cresta de tensión soportada a los impulsos tipo maniobra o tipo rayo prescrita para un material, el cual caracteriza el aislamiento de este material en lo relativo a los ensayos de tensión soportada.

Tensión soportada nominal a frecuencia industrial

Es el valor eficaz de una tensión alterna sinusoidal a frecuencia industrial, que el material considerado debe ser capaz de soportar sin perforación ni contorneamiento durante los ensayos realizados en las condiciones especificadas.

EJEMPLO DE APLICACIÓN 2

Los datos facilitados por el fabricante de un seccionador pantógrafo de hasta 420 kV son los siguientes:

- Tensión nominal = 170 kV.
- Intensidad nominal = 2000 A.
- Tensión de ensayo:
  - A tierra y entre polos a frecuencia industrial bajo lluvia = 325 kV.
  - A tierra y entre polos a impulso tipo rayo = 750 kV.
  - Sobre la distancia de seccionamiento a frecuencia industrial bajo lluvia = 375 kV.
  - Sobre la distancia de seccionamiento a impulso tipo rayo = 860 kV.
- Intensidad de corta duración (valor eficaz) = 40 kA. Este valor indica el poder de corte en cortocircuito.

- Valor de cresta de la intensidad = 100 kA. Este valor indica el poder de cierre en cortocircuito.

En la Figura 1.26 se muestra un equipo para generar los impulsos.

Figura 1.26. *Laboratorio de ensayos con generador de impulsos.* Fuente: *Noja Power.*

Tierra

Es la masa conductora de la tierra, o todo conductor unido a ella por una impedancia despreciable.

Transformador para distribución

Es el que transforma un sistema de corrientes en alta tensión en otro en baja tensión.

NOTA

En función del nivel de tensión los transformadores pueden ser:

- Transformador de potencia: AT/AT o AT/MT.
- Transformador de distribución: MT/BT.

Zona de protección

Es el espacio comprendido entre los límites de los lugares accesibles, por un lado, y los elementos que se encuentran bajo tensión, por otro.

ANOTACIONES

ITC-RAT-02

NORMAS Y ESPECIFICACIONES TÉCNICAS DE OBLIGADO CUMPLIMIENTO

Se declaran de obligado cumplimiento las siguientes normas y especificaciones técnicas:

NOTA

En este apartado se indican las normas actualizadas y no figuran las normas que dejaron de aplicarse y que se incluían en el R. D. 337/2014.

Generales

Norma	Título
UNE-EN-60060-1:2012	Técnicas de ensayo de alta tensión. Parte 1. Definiciones generales y requisitos de ensayo.
UNE-EN-60060-2:2012	Técnicas de ensayo en alta tensión. Parte 2. Sistemas de medida.
UNE-EN-IEC 60071-1:2020	Coordinación de aislamiento. Parte 1. Definiciones, principios y reglas.
UNE-EN 60071-1:2006/A1:2010	Coordinación de aislamiento. Parte 1. Definiciones, principios y reglas.
UNE-EN-IEC 60071-2:2018	Coordinación de aislamiento. Parte 2. Guía de aplicación.
UNE-EN-60027-1:2009	Símbolos literales utilizados en electrotecnia. Parte 1. Generalidades.
UNE-EN-60027-1:2009/A2:2009	Símbolos literales utilizados en electrotecnia. Parte 1. Generalidades.
UNE-EN-60027-4:2011	Símbolos literales utilizados en electrotécnica. Parte 4. Maquinas eléctricas rotativas.
UNE-207020:2012 IN	Procedimiento para garantizar la protección de la salud y la seguridad de las personas en instalaciones eléctricas de ensayo y de medida de alta tensión.

Aisladores y pasatapas

Norma	Título
UNE-EN-60168:1997	Ensayos de aisladores de apoyo, para interior y exterior, de cerámica o de vidrio, para instalaciones de tensión nominal superior a 1000 V.
UNE-EN-60168/A1:1999	Ensayos de aisladores de apoyo, para interior y exterior, de cerámica o de vidrio, para instalaciones de tensión nominal superior a 1 kV.
UNE-EN-60168/A2:2001	Ensayos de aisladores de apoyo, para interior y exterior, de cerámica o de vidrio, para instalaciones de tensión nominal superior a 1 kV.
UNE-21110-2:1996	Características de los aisladores de apoyo de interior y de exterior para instalaciones de tensión nominal superior a 1000 V.
UNE-21110-2 ERRATUM:1997	Características de los aisladores de apoyo de interior y de exterior para instalaciones de tensión nominal superior a 1000 V.
UNE-EN-60137:2018	Aisladores pasantes para tensiones alternas superiores a 1000 V.
UNE-EN-60507:2014	Ensayos de contaminación artificial de aisladores para alta tensión destinados a redes de corriente alterna.

Aparamenta

Norma	Título
UNE-EN-62271-1:2019	Aparamenta de alta tensión. Parte 1. Especificaciones comunes para aparamenta de corriente alterna.
UNE-EN-61439-5:2015	Conjuntos de aparamenta de baja tensión. Parte 5. Conjuntos de aparamenta para redes de distribución pública.

Seccionadores

Norma	Título
UNE-EN-IEC 62271-102:2021	Aparamenta de alta tensión. Parte 102. Seccionadores y seccionadores de puesta a tierra de corriente alterna.

Interruptores, contactores e interruptores automáticos

Norma	Título
UNE-EN-62271-103:2012	Aparamenta de alta tensión. Parte 103. Interruptores para tensiones asignadas superiores a 1 kV e inferiores o iguales a 52 kV.
UNE-EN-62271-104:2015	Aparamenta de alta tensión. Parte 104. Interruptores de corriente alterna para tensiones asignadas iguales o superiores a 52 kV.

UNE-EN-62271-106:2012	Aparamenta de alta tensión. Parte 106. Contactores, controladores y arrancadores de motor con contactores, de corriente alterna.
UNE-EN-62271-100:2011	Aparamenta de alta tensión. Parte 100. Interruptores automáticos de corriente alterna.

Aparamenta bajo envolvente metálica o aislante

Norma	Título
UNE-EN 62271-200:2012/AC: 2015	Aparamenta de alta tensión. Parte 200. Aparamenta bajo envolvente metálica de corriente alterna para tensiones asignadas superiores a 1 kV e inferiores o iguales a 52 kV.
UNE-EN-62271-201:2015	Aparamenta de alta tensión. Parte 201. Aparamenta bajo envolvente aislante de corriente alterna para tensiones asignadas superiores a 1 kV e inferiores o iguales a 52 kV.
UNE-EN-62271-203:2013	Aparamenta de alta tensión. Parte 203. Aparamenta bajo envolvente metálica con aislamiento gaseoso para tensiones asignadas superiores a 52 kV.
UNE-EN 60529:2018	Grados de protección proporcionados por las envolventes (código IP).
UNE-EN 60529:2018/A1:2018	Grados de protección proporcionados por las envolventes (código IP).
UNE-EN-50102:1996	Grados de protección proporcionados por las envolventes de materiales eléctricos contra los impactos mecánicos externos (código IK).
UNE-EN-50102 CORR:2002	Grados de protección proporcionados por las envolventes de materiales eléctricos contra los impactos mecánicos externos (código IK).
UNE-EN-50102/A1:1999	Grados de protección proporcionados por las envolventes de materiales eléctricos contra los impactos mecánicos externos (código IK).
UNE-EN-50102/A1 CORR:2002	Grados de protección proporcionados por las envolventes de materiales eléctricos contra los impactos mecánicos externos (código IK).

Transformadores de potencia

Norma	Título
UNE-EN-60076-1:2013	Transformadores de potencia. Parte 1. Generalidades.
UNE-EN-60076-2:2013	Transformadores de potencia. Parte 2. Calentamiento de transformadores sumergidos en líquido.
UNE-EN-60076-3:2014	Transformadores de potencia. Parte 3. Niveles de aislamiento, ensayos dieléctricos y distancias de aislamiento en el aire.

UNE-EN-60076-5:2008	Transformadores de potencia. Parte 5. Aptitud para soportar cortocircuitos.
UNE-EN-60076-11:2005	Transformadores de potencia. Parte 11. Transformadores de tipo seco.
UNE-EN-50708-1-1:2021	Transformadores de potencia. Requisitos europeos adicionales. Parte 1-1. Parte común. Requisitos generales.
UNE-EN-50708-2-1:2021	Transformadores de potencia. Requisitos europeos adicionales. Parte 2-1. Transformadores de media potencia. Requisitos generales.
PNE 21428-1	Transformadores trifásicos de distribución sumergidos en un líquido aislante, 50 Hz, de 25 kVA a 3150 kVA con tensión más elevada para el material hasta 36 kV. Parte 1: Requisitos generales. Complemento nacional.
PNE 21428-1-1	Transformadores trifásicos de distribución sumergidos en un líquido aislante, 50 Hz, de 25 kVA a 3150 kVA con tensión más elevada para el material hasta 36 kV. Parte 1: Requisitos generales. Sección 1: Requisitos para transformadores bitensión en alta tensión.
PNE 21428-1-2	Transformadores trifásicos de distribución sumergidos en un líquido aislante, 50 Hz, de 25 kVA a 3150 kVA con tensión más elevada para el material hasta 36 kV. Parte 1: Requisitos generales. Sección 2: Requisitos para transformadores bitensión en baja tensión.
UNE-EN 50588-2:2019	Transformadores de media potencia a 50 Hz, con tensión más elevada para el material no superior a 36 kV. Parte 2: Transformadores con cajas de cable en el lado de alta y/o baja tensión. Requisitos generales para transformadores con potencia asignada inferior o igual a 3150 kVA.
UNE-EN 50588-3:2018	Transformadores de media potencia a 50 Hz, con tensión más elevada para el material no superior a 36 kV. Parte 3: Transformadores con cajas de cable en el lado de alta y/o baja tensión. Cajas de cable tipo 1 para transformadores que cumplan con los requisitos de la norma EN 50588-2.
UNE-EN 50588-4:2018	Transformadores de media potencia a 50 Hz, con tensión más elevada para el material no superior a 36 kV. Parte 4: Transformadores con cajas de cable en el lado de alta y/o baja tensión. Cajas de cable tipo 2 para transformadores que cumplan con los requisitos de la norma EN 50588-2.
UNE-EN-50464-3:2010	Transformadores trifásicos de distribución sumergidos en aceite 50 Hz, de 50 kVA a 2500 kVA, con tensión más elevada para el material hasta 36 kV. Parte 3. Determinación de la potencia asignada de transformadores con corrientes no sinusoidales.
UNE-EN-50541-1:2012	Transformadores trifásicos de distribución tipo seco 50 Hz, de 100 kVA a 3150 kVA, con tensión más elevada para el material de hasta 36 kV. Parte 1. Requisitos generales.

UNE-EN 21538-1:2018	Transformadores trifásicos de distribución tipo seco 50 Hz, de 100 kVA a 3150 kVA, con tensión más elevada para el material de hasta 36 kV. Parte 1. Requisitos generales. Complemento nacional.
UNE-EN-50541-2:2014	Transformadores trifásicos de distribución tipo seco 50 Hz, de 100 kVA a 3150 kVA, con tensión más elevada para el material de hasta 36 kV. Parte 2. Determinación de las características de potencia de un transformador cargado con corrientes no sinusoidales.

Centros de transformación prefabricados

Norma	Título
UNE-EN-62271-202:2015	Aparamenta de alta tensión. Parte 202. Centros de transformación prefabricados de alta tensión/baja tensión.
UNE-EN 62271-212:2017	Aparamenta de alta tensión. Parte 212: Conjuntos compactos de equipos para centros de transformación (CEADS).

Transformadores de medida y protección

Norma	Título
UNE-EN-50482:2009	Transformadores de medida. Transformadores de tensión inductivos trifásicos con *Um* hasta 52 kV.
UNE-EN-61869-2:2013	Transformadores de medida. Parte 2. Requisitos adicionales para los transformadores de intensidad.
UNE-EN-61869-1:2010 (Es corregida por Erratum: 2011)	Transformadores de medida. Parte 1. Requisitos generales.
UNE-EN-61869-5:2012	Transformadores de medida. Parte 5. Requisitos adicionales para los transformadores de tensión capacitivos.
UNE-EN-61869-3:2012	Transformadores de medida. Parte 3. Requisitos adicionales para los transformadores de tensión inductivos.
UNE-EN 61869-4: 2017	Transformadores de medida. Parte 4. Requisitos adicionales para transformadores combinados.

Pararrayos

Norma	Título
UNE-EN-60099-1:1996	Pararrayos. Parte 1. Pararrayos de resistencia variable con explosores para redes de corriente alterna.
UNE-EN-60099-1/A1:2001	Pararrayos. Parte 1. Pararrayos de resistencia variable con explosores para redes de corriente alterna.
UNE-EN-60099-4:2016	Pararrayos. Parte 4. Pararrayos de óxido metálico sin explosores para sistemas de corriente alterna.

Fusibles de alta tensión

Norma	Título
UNE-EN-60282-1:2011	Fusibles de alta tensión. Parte 1. Fusibles limitadores de corriente.
UNE-21120-2:1998	Fusibles de alta tensión. Parte 2. Cortacircuitos de expulsión.

Cables y accesorios de conexión de cables

Norma	Título
UNE-211605:2013	Ensayo de envejecimiento climático de materiales de revestimiento de cables.
UNE-EN-60332-1-2:2005	Métodos de ensayo para cables eléctricos y cables de fibra óptica sometidos a condiciones de fuego. Parte 1-2. Ensayo de resistencia a la propagación vertical de la llama para un conductor individual aislado o cable. Procedimiento para llama premezclada de 1 kW.
UNE-EN-60228:2005	Conductores de cables aislados.
UNE-211002:2017	Cables eléctricos de baja tensión. Cables de tensión asignada inferior o igual a 450/750 V (Uo/U). Cables unipolares sin cubierta, con aislamiento termoplástico, y con altas prestaciones respecto a la reacción al fuego, para instalaciones fijas.
UNE-EN 21027-9:2017	Cables eléctricos de baja tensión. Cables de tensión asignada inferior o igual a 450/750 V (Uo/U). Cables unipolares sin cubierta, con aislamiento reticulado y con altas prestaciones respecto a la reacción al fuego, para instalaciones fijas.
UNE-211006:2010	Ensayos previos a la puesta en servicio de sistemas de cables eléctricos de alta tensión en corriente alterna.
UNE 211620:2018	Cables eléctricos de distribución con aislamiento extruido, de tensión asignada desde 3,6/6 (7,2) kV hasta 20,8/36 (42) kV inclusive. Cables unipolares y unipolares reunidos con aislamiento de XLPE. Cables con pantalla de tubo de aluminio y cubierta de compuesto de poliolefina (tipos 10E-6, 10E-7, 10E-8 y 10E-9).
UNE-211027:2013	Accesorios de conexión. Empalmes y terminaciones para redes subterráneas de distribución con cables de tensión asignada hasta 18/30 (36 kV).
UNE-211028:2013	Accesorios de conexión. Conectores separables apantallados enchufables y atornillables para redes subterráneas de distribución con cables de tensión asignada hasta 18/30 (36 kV).

ITC-RAT-03

DECLARACIÓN DE CONFORMIDAD PARA LOS EQUIPOS Y APARATOS PARA INSTALACIONES DE ALTA TENSIÓN

Índice

1. Requisitos a cumplir

Antes de comercializar un producto, el fabricante del equipo o aparato elaborará un expediente técnico que contendrá la documentación necesaria para demostrar el cumplimiento del producto con los requisitos establecidos en las normas y especificaciones técnicas que le sean de aplicación y que se establecen como de obligado cumplimiento en la ITC-RAT-02, así como los requisitos técnicos establecidos en su caso en las instrucciones técnicas de este Reglamento sobre condiciones técnicas y garantías de seguridad en instalaciones eléctricas de alta tensión.

GUÍA-RAT-03

Salvo las excepciones descritas en el párrafo 5 de este apartado 1.°, en referencia a las pruebas «piloto», el expediente técnico se elaborará y estará disponible antes de la comercialización del producto. Según la definición del Reglamento (CE) No. 765/2008 del Parlamento Europeo y del Consejo, de 9 de julio de 2008 comercialización es «todo suministro, remunerado o gratuito, de un producto para su distribución, consumo o uso en el mercado en el transcurso de una actividad comercial».

La obligación de elaborar el expediente técnico aplica exclusivamente a productos o equipos que estén sujetos a este reglamento, es decir, que deban cumplir alguna de las normas de la ITC-RAT-02 y de los requisitos adicionales que, en su caso, puedan estar indicados en las ITC-RAT-05 a ITC-RAT-18, que le sean de aplicación.

En particular, para los cables de alta tensión y sus accesorios, cuya tensión nominal entre fases sea superior a 1 kV, no se requiere de la elaboración de expediente técnico o declaración de conformidad, ya que no son equipos o aparatos de alta tensión y tienen una reglamentación específica aplicable que es el Reglamento de líneas de alta tensión, aprobado por el R. D. 223/2008.

En general, los productos que no estén cubiertos por este Reglamento (R. D. 337/2014) y se incorporen en los equipos eléctricos como componentes no necesitan disponer de un Expediente Técnico ni Declaración de Conformidad, a menos que lo exija otra reglamentación que les afecte. En ese caso la documentación se atendrá a lo exigido en dicha reglamentación. Por ejemplo, los cables de baja tensión que puedan constituir parte de los circuitos auxiliares asociados a las instalaciones de alta tensión no constituyen propiamente un equipo o aparato y, por tanto, no están sujetos a la elaboración del expediente técnico y declaración de conformidad según esta ITC-RAT-03, aunque sí que los requieren en aplicación de las directivas europeas.

No obstante, existen productos que incorporan componentes que, a su vez, son productos incluidos, en principio, en el reglamento de instalaciones de alta tensión. En estos casos se pueden dar dos supuestos diferentes:

a) El componente se fabrica no para comercialización directa (y, por tanto, no se pone en el mercado como tal) sino para ser incorporado en otro de mayor nivel de integración. En este caso no será necesaria la elaboración de un expediente técnico específico del componente, pero el cumplimiento de los requisitos se incorporará en el expediente del producto superior dentro del cual se incorpora. Ejemplo: una celda de MT en la que se incorpora un interruptor que se fabrica exclusivamente para incorporar en la celda.

b) El componente se comercializa y es puesto en el mercado como tal. Por tanto, el fabricante del componente deberá elaborar el correspondiente expediente técnico y suministrar copia de la declaración de conformidad en cada operación comercial.

A su vez, el fabricante del producto superior que contenga el componente, simplemente incorporará en su expediente técnico la declaración de conformidad de componente. Ejemplo: una celda de MT, en la que se incorpora: a) un interruptor automático de venta en el mercado, sea o no fabricado por el mismo fabricante de la celda. Otro ejemplo: un cuadro de mando y control para la gestión de la red inteligente, que se incorpore en un centro de transformación prefabricado.

A modo de ejemplo otra situación que puede darse se refiere a cuadros de control, monitorización y mando, destinados, por ejemplo, a redes inteligentes. En este caso se pueden dar, a su vez, dos situaciones:

a) El cuadro es un diseño singular que ha sido construido de acuerdo con especificaciones del cliente para su utilización en una ubicación concreta. En ese caso será de aplicación lo establecido en el párrafo 6 del apartado 2, es decir, requerirá la elaboración de un expediente simplificado.

b) El cuadro es de diseño estándar y se comercializa y se pone en el mercado como tal. En ese caso se deberá de elaborar el correspondiente expediente técnico y emitir la declaración de conformidad de acuerdo en este caso con la ITC-RAT-10.

En todo caso los componentes de los cuadros que no están cubiertos por el RAT, no necesitaran expediente técnico ni declaración de conformidad, a menos que les sea exigido por otra reglamentación que les aplique.

Tal como recogen el párrafo 5 del apartado 2.°, y el apartado 3.° de la propia ITC-RAT-03, bajo la denominación genérica de «producto», la declaración de conformidad y el expediente técnico asociado pueden englobar a una familia de productos. En estos casos se podrán utilizar ensayos realizados sobre un miembro de la familia para probar el cumplimiento de las exigencias del reglamento a otro miembro o miembros de la familia, una vez justificada la extensión de la validez de dichos ensayos. En este sentido puede servir de guía la metodología descrita en el documento internacional TR IEC 62271-307, Guía para la extensión de la validez de los ensayos de tipo en aparamenta bajo envolvente metálica de corriente alterna para tensiones superiores a 1 kV hasta 52 kV. Como este documento aplica solo a celdas bajo envolvente metálica, en el caso de otro tipo de productos pudiera utilizarse como referencia de la filosofía a seguir en cada caso concreto.

- **Informe de fallo:**

El objetivo del informe de fallo es la normalización de los registros de los fallos de aparamenta con los siguientes fines: utilizar una terminología común para la descripción de los fallos/proporcionar datos para las estadísticas del usuario/suministrar al fabricante un canal de realimentación de información significativo.

Es conveniente que un informe de fallo incluya:

a) La identificación de la aparamenta que ha fallado: nombre de la subestación/identificación de la aparamenta (fabricante, tipo, número de serie, valores asignados)/la técnica de corte empleada (aire comprimido, volumen mínimo de aceite, SF_6, vacío)/emplazamiento (interior, exterior)/envolvente/mecanismo de mando, si es aplicable (hidráulico, neumático, por muelle, motorizado, manual).

b) El historial de la aparamenta: fecha de puesta en servicio del equipo/fecha del fallo o defecto/número total de ciclos de maniobra, si es aplicable/fecha de la última intervención de mantenimiento/datos relativos a cualquier modificación del equipo posterior a la fabricación/número total de ciclos de maniobra desde la última intervención de mantenimiento/estado de la aparamenta cuando se observó el fallo o defecto (en servicio, en mantenimiento, entre otros).

c) Identificación del componente o subconjunto causante del fallo o defecto principal: componentes sometidos a alta tensión/circuitos eléctricos auxiliares o de mando/mecanismo de mando, si es aplicable/otros componentes.

d) Condiciones que pueden haber contribuido al fallo/defecto: condiciones ambientales (temperatura, viento, nieve, contaminación, rayos, entre otros).

e) Clasificación del fallo/defecto: fallo mayor/fallo menor/defecto.

f) Origen y causa del fallo o defecto: origen (mecánico, eléctrico, estanqueidad, si es aplicable)/causa (diseño, fabricante, instrucciones incorrectas, montaje incorrecto, mantenimiento incorrecto, esfuerzos superiores a los especificados, entre otros).

g) Consecuencias del fallo o defecto: duración del periodo de indisponibilidad de la aparamenta/duración del proceso de reparaciones/coste de la mano de obra/coste de piezas de repuesto.

Un informe de fallo puede incluir la siguiente información: planos, croquis/fotografías de los componentes defectuosos/esquema unifilar de la subestación/secuencia de las maniobras y diagramas de tiempos/registros o curvas/referencias a los manuales de mantenimiento o de funcionamiento.

La documentación técnica y la declaración de conformidad contendrán al menos la información requerida en el apartado 2.

En ausencia de tales normas, o en aquellos casos en los que la aplicación estricta de las normas reglamentarias no permita una solución óptima a un problema, el proyectista de la instalación deberá justificar las variaciones necesarias o proponer otras normas o especificaciones cuya aplicación considere más idónea. En estos casos, el proyectista deberá obtener de forma previa a la elaboración del proyecto de la instalación la autorización de la Administración Pública competente.

GUÍA-RAT-03

En este párrafo la referencia a «tales normas» y «normas reglamentarias» debe entenderse en sentido amplio, incluyendo también los requisitos y exigencias adicionales que puedan existir en la ITC-RAT que corresponda, así como las especificaciones particulares de las compañías eléctricas aprobadas por la Administración, cuando sean aplicables a la instalación.

La expresión solución óptima se refiere a los aspectos técnicos, de seguridad y de prestaciones, no a aspectos puramente económicos.

La solicitud de autorización previa a la elaboración del proyecto incluirá, junto a las variaciones necesarias y las normas o especificaciones alternativas que se proponen, la descripción detallada de las razones por las cuales el reglamento no pueda ser utilizado en su totalidad o en parte y las consecuencias negativas que ello tendría en la seguridad y comportamiento técnico del equipo o instalación.

Debido a que las competencias ejecutivas en materia de industria recaen en las comunidades autónomas, la Administración Pública competente para otorgar la autorización son los servicios territoriales de Industria de la comunidad autónoma en la que se pretende realizar la instalación. En el caso de que estas instalaciones se vayan a llevar a cabo en varias comunidades autónomas, la autorización podrá ser otorgada también por el Ministerio de Industria, Energía y Turismo.

Con el objeto de facilitar la innovación tecnológica y el desarrollo de nuevos equipos de alta tensión y para caracterizar su comportamiento en condiciones reales de servicio, se podrán instalar dichos productos en condiciones de prueba piloto, bajo la vigilancia y supervisión del titular de la instalación, sin necesidad de que dicho producto requiera de expediente técnico o declaración de conformidad. El titular de la instalación entregará una documentación escrita indicando como mínimo las características técnicas de la instalación, su ubicación, las medidas de seguridad adoptadas, verificaciones periódicas a realizar y la duración de la prueba, para justificar ante la Administración Pública competente que se trata de una instalación piloto y que se garantiza la seguridad de las personas y bienes.

GUÍA-RAT-03

El carácter de «prueba piloto» de una instalación no exime del cumplimiento de las normas específicas recogidas por la ITC-RAT-02, o las normas alternativas que, si fuera el caso, se hayan propuesto. Eso aplica tanto para la propia instalación como para los productos novedosos que incorpore, además de los requisitos correspondientes a la seguridad para personas y bienes recogidos en el propio reglamento. En este sentido la documentación escrita que se requiere constituye «de facto» un expediente técnico «preliminar» que deberá incluir no solo características y valores asignados sino también ensayos de rutina o justificaciones técnicas del cumplimiento de mínimas exigencias de seguridad, (ensayos dieléctricos, grados de protección, enclavamientos, puesta a tierra, etc.).

Si la prueba piloto requiere la utilización de más de una unidad del producto, la documentación preliminar deberá indicar el número de unidades que se utilizarán, y se describirán las condiciones de utilización en cada una de las ubicaciones. La duración de la prueba piloto deberá estar definida en la documentación, justificándose la duración mínima para la consecución de los objetivos previstos.

Finalizada la duración prevista de la prueba piloto, se deberá completar la documentación de la instalación conforme a lo requerido en la ITC-RAT-22, y aplicarse el régimen de verificaciones e inspecciones de la ITC-RAT-23.

GUÍA-RAT-03

Para la autorización y la calificación definitiva de una instalación piloto que no se desmonte y que, por tanto, adquiera la condición de instalación permanente, de acuerdo con la ITC-RAT-23 punto 3.3.2 b), se deberá elaborar el expediente o expedientes técnicos que exige la presente ITC-RAT-03, incluyendo las declaraciones de conformidad que se deriven de los productos empleados.

El producto se marcará con la información que determinen las normas o especificaciones técnicas que se establecen como de obligado cumplimiento en la ITC-RAT-02, con las siguientes indicaciones mínimas:

a) Identificación del fabricante.

b) Marca y modelo, si procede.

c) Tensión e intensidad asignadas, si procede.

La Administración Pública competente verificará en sus campañas de inspección de mercado el cumplimiento de las exigencias técnicas de los materiales y equipos sujetos a este reglamento sobre condiciones técnicas y garantías de seguridad en instalaciones eléctricas de alta tensión.

GUÍA-RAT-03

La verificación del cumplimiento de las «exigencias técnicas de los materiales y equipos» puede incluir la verificación y la revisión del contenido del expediente técnico para garantizar no solo el cumplimiento de las características y ensayos asignados al producto de acuerdo a las normativas definidas por la ITC-RAT-02, sino también los requisitos adicionales exigibles que aparezcan en las ITC-RAT que sean aplicables.

Las competencias ejecutivas en las actuaciones de inspección y control recaen en las comunidades autónomas. Igualmente, el Ministerio de Industria, Energía y Turismo podrá promover, en colaboración con las respectivas comunidades autónomas, planes y campañas de carácter nacional, de comprobación, mediante muestreo, de las condiciones de seguridad de los productos industriales objeto de este reglamento.

Los laboratorios encargados de los ensayos de las campañas de inspección de mercado serán laboratorios acreditados por ENAC o por otra organización de acreditación con la que ENAC tenga firmados acuerdos de reconocimiento mutuo.

Se presupondrá la conformidad de los equipos y materiales con las normas y especificaciones técnicas aplicables cuando estos dispongan de marcas o certificados de conformidad con respecto a dichas normas o especificaciones técnicas aplicables, emitidos por entidades acreditadas para tal fin, según los procedimientos establecidos en el Real Decreto 2200/1995, de 28 de diciembre, por el que se aprueba el Reglamento de la Infraestructura para la Calidad y la Seguridad Industrial.

GUÍA-RAT-03

Se entiende que las marcas o certificados de conformidad deben hacer referencia tanto al cumplimiento de la normativa incluida en la ITC-RAT-02 como a las «especificaciones técnicas aplicables», entendiendo como tales los requisitos adicionales contenidos en las ITC-RAT que sean relevantes en cada caso, y en su caso, los contenidos en las especificaciones particulares de compañías eléctricas aprobadas por el Ministerio de Industria, Turismo y Comercio.

Para la comercialización de productos provenientes de los Estados miembros de la Unión Europea, del Espacio Económico Europeo, o de otros Estados con los cuales existan los correspondientes acuerdos de reconocimiento mutuo, que estén sometidos a las reglamentaciones nacionales de seguridad industrial, la Administración Pública competente deberá aceptar la validez de los certificados y marcas de conformidad a normas y las actas o protocolos de evaluación de la conformidad oficialmente reconocidos en dichos Estados, siempre que se reconozca, por la mencionada Administración Pública, que los agentes que los realizan ofrecen garantías técnicas, profesionales y de independencia e imparcialidad equivalente a las exigidas por la legislación española y que las disposiciones legales vigentes del Estado con base en las que se evalúa la conformidad comporten unas condiciones técnicas y una garantía de seguridad equivalentes a las exigidas por las correspondientes disposiciones españolas.

GUÍA-RAT-03

Para el reconocimiento de estas marcas de conformidad, el interesado en la instalación de estos productos debe demostrar ante el Ministerio de Industria, Turismo y Comercio que la entidad de certificación que otorga la marca ha considerado los requisitos de las normas aplicables para el equipo de alta tensión según la ITC-RAT-02, y las especificaciones técnicas adicionales que puedan, en su caso, requerir las correspondientes ITC-RAT. De esta manera el reconocimiento de la marca garantizará que se han tenido en cuenta todos los requisitos aplicables según el reglamento.

La existencia de las marcas de conformidad reconocidas por otros Estados miembros no exime de la obligación de presentar la declaración de conformidad con el RAT, tal como queda establecido en esta ITC-RAT-03.

2. Expediente técnico y declaración de conformidad

El fabricante o su representante autorizado establecido en la Unión Europea deben mantener el expediente técnico a la disposición de la autoridad nacional española de vigilancia de mercado para inspección durante al menos cinco años desde la última fecha de fabricación del producto. La documentación puede guardarse en soporte electrónico, siempre y cuando sea fácilmente accesible para la inspección.

GUÍA-RAT-03

Las comunidades autónomas o el Ministerio de Industria, Turismo y Comercio podrán solicitar al fabricante o representante autorizado el expediente técnico de uno o varios equipos de alta tensión para su verificación. El fabricante deberá aclarar cualquier duda de interpretación que pueda surgir durante esta verificación.

Cuando el fabricante no esté establecido en la Unión Europea, y carezca de representante autorizado en la misma, esta obligación corresponderá al importador o a la persona responsable de comercializar el producto en España.

GUÍA-RAT-03

Adicionalmente, el fabricante, su representante autorizado, o en su defecto el importador o comercializador debe emitir en idioma español la correspondiente «declaración de conformidad», de acuerdo con esta ITC-RAT-03.

La documentación técnica debe incluir los aspectos del diseño, la fabricación y el funcionamiento del producto en la medida en que estos sean necesarios para evaluar su conformidad con los requisitos referidos en el apartado 1, e incluirá lo siguiente:

a) Descripción general del producto.

b) Lista de normas o especificaciones técnicas aplicadas.

c) Condiciones de servicio para las cuales se ha diseñado el producto.

d) Características asignadas según las normas o especificaciones aplicables.

e) Soluciones adoptadas en el diseño y construcción del producto, incluyendo planos de diseño con dimensiones generales, junto con la lista de componentes principales y sus características, así como los esquemas eléctricos.

f) Ensayos de tipo con resultado favorable.

g) Referencia al sistema de calidad de fabricación utilizado para garantizar la conformidad de la producción.

GUÍA-RAT-03

Contenido del expediente técnico:

La información técnica de los apartados a) hasta e) podrá estar recogida en uno o varios documentos, por ejemplo, especificación técnica del producto, manuales de instrucciones, y catálogos.

El apartado f) incluirá una tabla resumen listando el tipo de ensayo aplicable, el número de informe y el laboratorio que emite el informe. De esta manera se facilitará la revisión de los expedientes técnicos por parte de la Administración, con objeto de que pueda solicitar los informes relevantes en cada caso.

Los ensayos de tipo serán, como mínimo, los indicados por las normas de aplicación recogidas en la ITC-RAT-02, siendo dichos ensayos extensibles a otras unidades de la misma familia, siempre y cuando cumplan los requisitos definidos en el TR 62271-307, para el caso de equipos bajo envolvente, o documentos internacionales similares que puedan elaborarse en el futuro para otro tipo de productos. (Por ejemplo, IEC ha puesto en marcha el proceso para elaborar un documento de esta clase para los centros de transformación prefabricados, según la norma IEC 62271-202). En el caso de productos para los que no haya este tipo de documentos soporte, el expediente técnico incluirá la justificación técnica que avale la extensión de aplicabilidad de los ensayos. Los ensayos de tipo se podrán realizar en los laboratorios del fabricante, siempre que tenga las instalaciones necesarias y un sistema de gestión de garantía de calidad.

En el caso en que la aplicación estricta de las normas reglamentarias no permita una solución óptima a un problema, el fabricante deberá indicar las especificaciones aplicadas según la autorización otorgada por la Administración Pública competente, junto con los ensayos con resultado favorable que se establezcan como necesarios en su caso.

GUÍA-RAT-03

La referencia a «normas reglamentarias» debe entenderse en sentido amplio, incluyendo también los requisitos y exigencias adicionales que puedan existir en la ITC-RAT que corresponda, así como las especificaciones particulares de las compañías eléctricas aprobadas por la Administración, cuando sean aplicables al producto.

La expresión «solución óptima» se refiere a los aspectos técnicos, de seguridad y de prestaciones, no a aspectos puramente económicos.

La solicitud de autorización previa a la elaboración del proyecto incluirá, junto a las variaciones necesarias y las normas o especificaciones alternativas que se proponen, la descripción detallada de las razones por las cuales el reglamento no pueda ser utilizado en su totalidad o en parte y las consecuencias negativas que ello tendría en la seguridad y comportamiento técnico del equipo o instalación.

Debido a que las competencias ejecutivas en materia de industria recaen en las comunidades autónomas, la Administración Pública competente para otorgar la autorización son los servicios territoriales de Industria de la comunidad autónoma en la que se pretende realizar la instalación. En el caso de que estos productos o equipos se pretendan comercializar en varias comunidades autónomas, la autorización podrá ser otorgada también por el Ministerio de Industria, Energía y Turismo.

Cuando un fabricante diseñe y construya una gama de productos de alta tensión compuesta por varios modelos que compartan aspectos constructivos comunes, pero con características distintas dentro de un cierto rango de variación en cuanto a su potencia, intensidad, tensión asignada, u otros parámetros relevantes, se podrá considerar que dicha gama de productos pertenece a una misma familia definida en un expediente técnico único a efectos de justificar el cumplimiento con los requisitos de esta instrucción. En estos casos, de entre todos los modelos de la familia se elegirán aquellos que estén sometidos a solicitaciones más elevadas para justificar que se cumplen los requisitos de seguridad aplicables o para la realización de los ensayos de tipo.

GUÍA-RAT-03

Los ensayos de tipo recogidos en el expediente técnico de la familia serán, como mínimo, los indicados por las normas de aplicación recogidas en la ITC-RAT-02, siendo dichos ensayos extensibles a otras unidades de la misma familia.

Los expedientes técnicos de aquellos equipos singulares que contengan partes fabricadas de acuerdo con especificaciones del cliente, y destinados para su instalación en una ubicación concreta, podrán tener un contenido simplificado, incluyendo al menos las especificaciones acordadas con el cliente y las medidas tomadas para garantizar su cumplimiento.

GUÍA-RAT-03

No obstante, un expediente simplificado debería contener también la relación de protocolos de ensayo realizados (con resultado favorable) de acuerdo a las normas de obligado cumplimiento (ITC-RAT-02) que sirvan para probar el cumplimiento con los requisitos del reglamento. Y, asimismo, y cuando corresponda, la justificación de la extensión al equipo o parte del equipo singular de la validez de ensayos realizados sobre otros equipos de la familia.

En todo caso, el equipo debe suministrarse junto con su correspondiente declaración de conformidad.

El fabricante o su representante autorizado establecido en la Unión Europea o, cuando el fabricante no esté establecido en la Unión Europea y carezca de representante autorizado en la misma, el importador o la persona responsable de la comercialización del producto deben conservar una copia de la declaración de conformidad y ponerla a la disposición de la autoridad competente de vigilancia de mercado con fines de inspección, al igual que el expediente técnico. Así pues, la autoridad competente de vigilancia de mercado puede, llegado el caso, pedir una copia de la declaración de conformidad o del expediente técnico que se deberán entregar en un plazo inferior a 15 días hábiles.

GUÍA-RAT-03

Este requisito se entiende que incorpora la obligación de mantener la documentación disponible hasta 5 años desde la finalización de la fabricación del equipo (ver los párrafos 1 y 2 de este apartado).

La declaración de conformidad tendrá el siguiente contenido:

a) Nombre y dirección del fabricante y de su representante autorizado establecido en la Unión Europea, en caso necesario.

b) Descripción del producto.

c) Identificación de las normas o especificaciones técnicas y de las ITC-RAT aplicadas del Reglamento sobre Condiciones Técnicas y Garantías de Seguridad en Instalaciones Eléctricas de Alta Tensión, incluyendo la fecha de edición correspondiente.

d) Identificación, en su caso, del mandatario al que se haya otorgado poderes para representar al fabricante o su representante autorizado establecido en la Unión Europea.

e) Año de la primera comercialización del producto en España.

GUÍA-RAT-03

La declaración de conformidad se adjuntará junto con el manual de instrucciones del producto.

El expediente técnico y la declaración de conformidad deberán estar redactados en español, con la excepción de los informes de ensayo de tipo y planos que se aceptarán en cualquiera de los idiomas oficiales de la Unión Europea.

EJEMPLO DE APLICACIÓN

En este apartado se indica un ejemplo de un expediente técnico correspondiente a unas celdas blindadas con aislamiento en SF6 según la UNE-EN-62271-200.

- **Descripción general:**
  - Tipo de celdas: blindadas con aislamiento en SF6 y distribución primaria.
  - Modelo: CBGS-2.
  - Tensión nominal: 52 kV.
  - Marca: Mesa.

Cada conjunto CBGS-2 está constituido por varias unidades funcionales (celdas) ensambladas entre sí. Cada unidad funcional por su parte contiene todos los elementos necesarios para cumplir su función.

La interconexión entre las diferentes celdas (unidades funcionales) se realiza por medio del embarrado el cual se encuentra dentro de una de las cubas de SF6.

La calidad de la puesta a tierra de todos los compartimentos metálicos de la celda queda asegurada mediante la conexión de la barra de tierras de cada compartimento, al embarrado general colector de tierras de la celda.

Las celdas se componen de los siguientes elementos:

Equipo	Elementos
1. Cajón de baja tensión.	2. Relés de protección y control tipo Sepam o similar (opcional).
3. Embarrado general en cuba metálica de acero inoxidable de 3 mm de grosor con los pasatapas tripolares adecuados.	4. Clapetas de expulsión de gases SF6.
5. Seccionador de dos o tres posiciones (seccionador y seccionador de puesta a tierra).	6. Mando del seccionador. 7. Accesos para la palanca de accionamiento al mando de los seccionadores. 8. Pulsadores mando eléctrico del seccionador (opcional). 9. Indicadores seccionador: abierto/cerrado. 10. Indicador de puesta a tierra: abierto/cerrado.
11. Cuba metálica (3 mm inox.) sellada de por vida.	12. Clapeta de expulsión de gases SF6.
13. Interruptor automático.	14. Mando del interruptor automático. 15. Acceso para la palanca de carga manual de muelles. 16. Pulsador de apertura/cierre. 17. Pulsador mecánico de apertura de emergencia. 18. Indicador de estado (abierto/cerrado). 19. Contador de maniobras.
20. Compartimento para cables de potencia.	21. Conectores de cables de potencia (opcional). 22. Cerradura de bloqueo puesta a tierra de cables de potencia (opcional). 23. Transformadores de intensidad (opcional). 24. Zócalo para transformadores de tensión, autoválvula, etc. (opcional). 25. Cable de conexión de MT para los transformadores de tensión (opcional).
26. Indicadores capacitivos de presencia de tensión en cada fase.	
27. Manómetro indicador de la presión de SF6 en el interior del compartimento del interruptor automático.	
28. Manómetro indicador de la presión de SF6 en los cubículos de barras (1 por cada sección de barras).	
29. Placa de características.	
30. Presostato.	

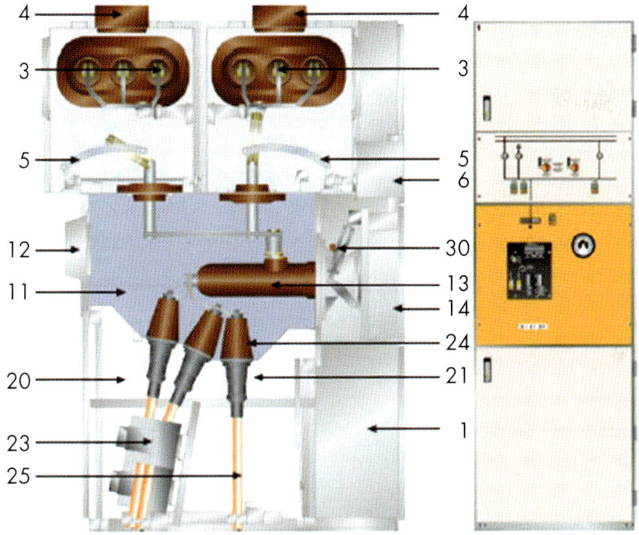

Detalle del panel frontal de mecanismos y sinóptico

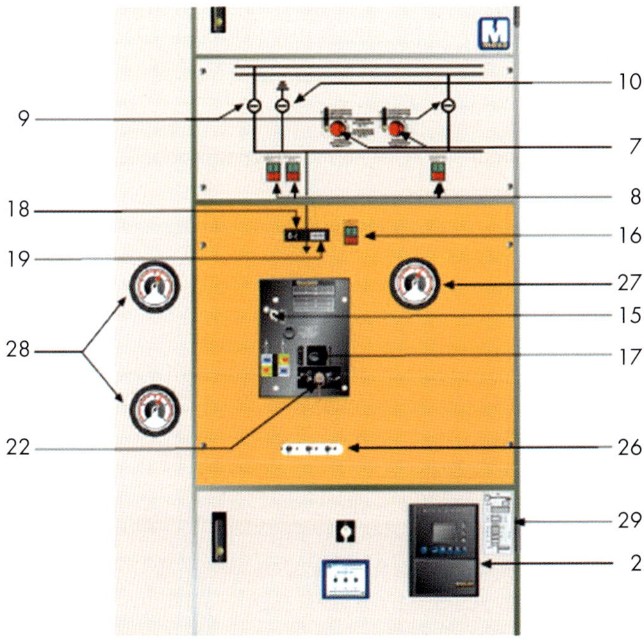

Figura 3.1. *Descripción general de las celdas CBGS-2.* Fuente: *Mesa.*

- **Lista de normas o especificaciones técnicas aplicadas:**
  - Reglamento sobre Condiciones Técnicas y Garantías de Seguridad en Instalaciones Eléctricas de Alta Tensión. R. D. 337/2014.
  - UNE-EN-(62271-1). Aparamenta de alta tensión. Parte1. Especificaciones comunes.
  - UNE-EN-62271-100. Aparamenta de alta tensión. Parte 100. Interruptores automáticos de corriente alterna.
  - UNE-EN-62271-200. Aparamenta de alta tensión. Parte 200. Aparamenta bajo envolvente metálica de corriente alterna para tensiones asignadas superiores a 1 kV e inferiores o iguales a 52 kV.

- **Condiciones de servicio para las cuales se ha diseñado:**

  Las celdas CBGS-2 han sido diseñadas para funcionar en las condiciones ambientales siguientes:
  - Temperatura ambiental:
    - No superior a +40 °C.
    - No superior a +35 °C de media, durante un periodo de 24 horas.
    - No inferior a –5 °C.
  - Vibraciones:
    - Ausencia de vibraciones por causas externas a la propia celda.
  - Altitud:
    - Inferior a 1000 m sobre el nivel del mar.

- **Características asignadas según las normas o especificaciones aplicables:**
  - Características eléctricas generales:

Tensión nominal (kV).	52
Nivel de aislamiento (kV): – A frecuencia industrial, 50 Hz (kV eficaces) – A onda de choque tipo rayo (kV cresta)	 95 250
Intensidad nominal (A): – Embarrado general – Derivaciones	 Máx. 2000 Máx. 1600
Intensidad nominal de cortocircuito (kA)	25
Capacidad de cierre en cortocircuito (kV cresta)	63
Intensidad nominal de corta duración (kA/3 s)	25
Resistencia frente a arcos internos (kA/0,5 s)	25
Presión nominal relativa de gas SF6 a 20 °C (bar)	0,40
Grado de protección: – Compartimentos de AT – Compartimentos de BT	 IP-65 IP-3X

– Características eléctricas del interruptor automático:

Tensión nominal 50/60 Hz (kV)	52
Nivel de aislamiento a frecuencia industrial (50 Hz-1 min)	95
Nivel de aislamiento a onda de choque (1,2/50 μs impulso)	250
Intensidad nominal (A)	2000
Intensidad nominal de corte de cortocircuito (kA valor eficaz)	25
Capacidad de cierre en cortocircuito (kA valor cresta)	63
Intensidad admisible de corta (3 s) duración (kA valor eficaz)	25
Capacidad de corte de la corriente capacitiva a la intensidad nominal (A)	220
Secuencia nominal de operación	O-0,35-CO-3 min-CO
Tiempo aproximado de operación (ms): – Apertura – Corte – Cierre	 35-43 35-58 (tiempo de corte 0-15) 55-65

– Características eléctricas de los transformadores de intensidad:

Tensión máxima de funcionamiento	0,72 kV
Tensión alterna nominal soportada	3 kV/1 min
Frecuencia nominal de funcionamiento	50/60 Hz
Intensidades térmicas: – Permanente (valor máximo) – Nominal de corta duración (3 s)	 1,2 x *In* 25 kA
Intensidades nominales: – Dinámica – Primario – Secundario	 25 x $I_{térmica}$ 40 A a 1.600 A 1 A y 5 A
Posibilidad de conmutación en el secundario: – Desde – Hasta	 100-200 A 800-1600 A
Datos del núcleo dependientes de la In primaria Núcleo de medida: – Potencia – Clase – Factor de sobreintensidad	 2,5 VA a 15 VA 0,5 a 1 FS5
Núcleo de protección: – Potencia – Clase – Factor de sobreintensidad	 2,5 VA a 30 VA 5 o 10 P10 a P30
Dimensiones tipo B: – Alto – Ancho – Profundo	 548 mm 420 mm 243 mm
Temperatura ambiente de funcionamiento	–5 °C/+40 °C
Clase de aislamiento	E

- Soluciones adoptadas en el diseño y construcción del producto, incluyendo planos de diseño con dimensiones generales, junto con la lista de componentes principales y sus características, así como los esquemas eléctricos.
  - Planos de diseño: plano de obra civil, disposición en planta, celdas colocadas frente a frente, celdas en edificio.

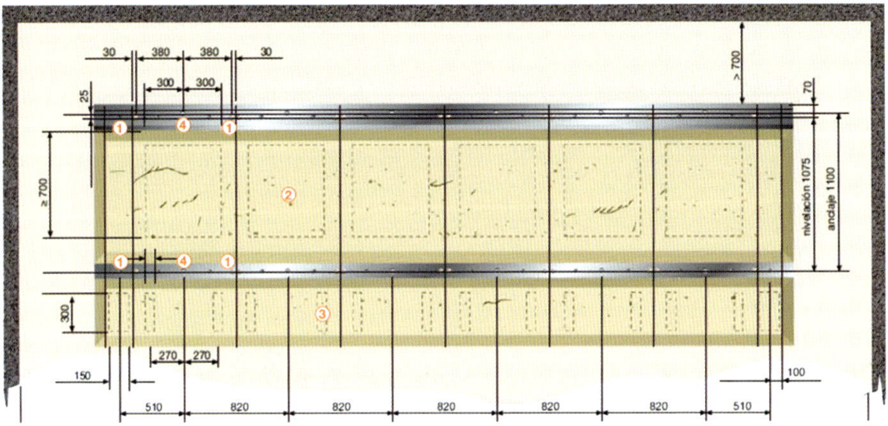

Figura 3.2. *Plano de obra civil.* Fuente: *Mesa.*

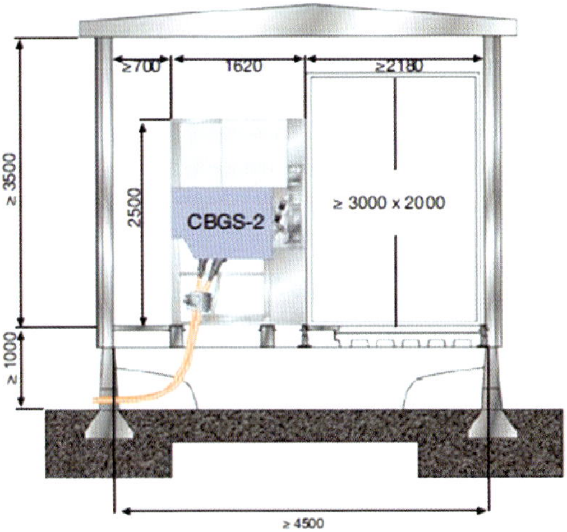

Figura 3.3. *Celdas en edificio.* Fuente: *Mesa.*

- Lista de componentes:
  - Celda: está compuesta exteriormente por un conjunto de paneles RAL 7032 y para el panel frontal del interruptor automático RAL 1007, chapas y bastidor metálico, todos ellos puestos a tierra.

Se compone de cuatro o cinco (simple barra, doble barra) compartimentos metálicos independientes y puestos a tierra. Se consigue así una gran segregación evitando la propagación de daños en caso de un eventual accidente.

- Cajón de baja tensión: separado de la zona de media tensión, está situado en la parte inferior de la celda y contiene opcionalmente los relés tipo Sepam (otros modelos, consultar) y el resto de los elementos auxiliares de protección y control en baja tensión hasta 2000.
- Embarrado principal (hasta 2000): está situado en la parte superior de la celda.

  Este compartimento utiliza gas SF6 como medio de aislamiento y en su interior se encuentran los siguientes elementos:

  - Embarrado interior y conexiones.
  - El seccionador y seccionador de puesta a tierra.
- Compartimento principal: utiliza gas SF6 como medio de aislamiento y contiene el interruptor automático. Está situado en la parte central de la celda y a él se conectan los cables de potencia y el embarrado general a través de pasatapas.
- Compartimento de conexión de cables de entrada/salida en media tensión: está situado en la parte baja de la celda, con acceso desde la zona trasera y contiene:
  - Zócalos adecuados para la conexión de los conectores de los cables de MT.
  - Conectores rectos tipo Pfisterer (opcional).
  - Bridas para la sujeción individual de cada cable de potencia.
  - Zócalo para la prueba de aislamiento de cables MT, sencilla y segura o para transformadores de tensión enchufables (opcional).
  - Transformadores toroidales de intensidad (opcional).
- Mando del interruptor automático: se compone de:
  - Conjunto de muelles que almacenan la energía necesaria para las maniobras de apertura y cierre.
  - Sistema manual de carga de muelles.
  - Dispositivo eléctrico y motorizado de carga de muelles, que recarga los muelles de forma automática en menos de 5 segundos tras el cierre de los contactos principales del interruptor.
  - Pulsador mecánico de apertura con candado opcional en la parte frontal.
  - Sistema eléctrico provisto de:
    - ✓ Bobina de cierre.
    - ✓ Relé de antibombeo.
    - ✓ Bobina doble de disparo.
    - ✓ Bobina de mínima tensión (opcional).

- Contador de maniobras.
- Contacto de señalización de carga de muelles.
- Contactos de señalización de finalización de carga de muelles.
- Indicador mecánico de posición de apertura o cierre.
- Indicador mecánico de señalización de la carga de los muelles.
- Cerradura (opcional) para enclavamiento en abierto del interruptor.
- Contactos auxiliares: el mando está equipado con un bloque de 15 cc. aa. como máximo. El número de contactos disponibles depende de la composición del mecanismo de operación y de las opciones elegidas. En cualquier caso, siempre habrá al menos 3 contactos A/C en el bornero del cajón de BT de la celda, para la salida de las señales.

– Esquemas eléctricos:

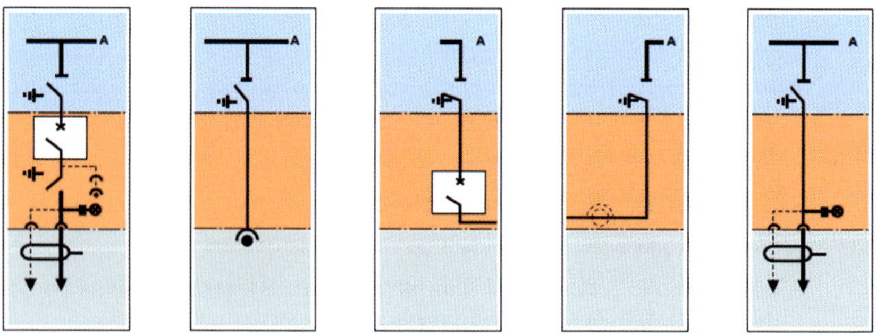

Figura 3.4. *Configuraciones de simple barra.* Fuente: *Mesa.*

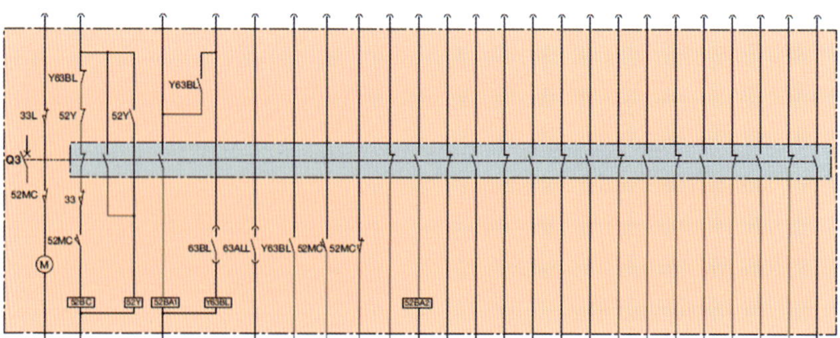

Figura 3.5. *Diagrama auxiliar. Mecanismo de operación del mando del interruptor automático.*

- Ensayos de tipo con resultado favorable:

  Los ensayos tipo realizados conforme con la Norma UNE-EN-62271 son:

  - Ensayos para verificar que la maniobra y la endurancia mecánica son satisfactorias.
  - Ensayos para verificar el nivel de aislamiento del equipo.
  - Ensayos para verificar el calentamiento de cualquier parte del equipo y medida de la resistencia de los circuitos.
  - Ensayos para verificar la capacidad de los circuitos principal y de puesta a tierra a ser sometidos a las corrientes de cresta y admisible de corta duración asignadas.
  - Ensayo para verificar la capacidad de cierre y corte de los dispositivos de maniobra.
  - Ensayos para verificar el código de protección IP.
  - Ensayos para verificar los circuitos auxiliares y de control.
  - Ensayos de resistencia a los arcos internos.

- Referencia al sistema de calidad de fabricación utilizado para garantizar la conformidad de la producción.

  Las celdas CBGS-2 cuentan con certificaciones y homologaciones emitidas por organismos y laboratorios oficiales, tanto locales como internacionales, entre los que se encuentran aseguramiento de la calidad ISO-9001, gestión medioambiental ISO-14001 y sistemas de gestión de salud y seguridad laboral OHSAS-18001.

- Declaración de conformidad:

El fabricante de aparamenta de media tensión hasta 52 kV, ——

Declara que el producto:

CBGS-2 CELDAS BLINDADAS CON AISLAMIENTO EN SF6 DE 52 kV se ha diseñado y fabricado conforme a los requisitos recogidos en la Norma UNE-EN-(62271-1) «Aparamenta de alta tensión. Parte 1. Especificaciones comunes» y UNE-EN-62271-100. «Aparamenta de alta tensión. Parte 100. Interruptores automáticos de corriente alterna».

Primer año de comercialización: 2XXX.

Esta declaración de conformidad está de acuerdo a la ISO/IEC 17050-1 «Evaluación de la conformidad. Declaración de conformidad del proveedor. Parte 1. Requisitos generales» y a ISO/IEC 17050-2 «Evaluación de la conformidad. Declaración de conformidad del proveedor. Parte 2. Documentación de apoyo».

Fdo: ....

Responsable de calidad y medioambiente de

....

3. Criterios para la definición de familias de productos y ensayos a realizar

Una familia de productos de alta tensión está formada por distintos modelos que comparten, no obstante, una serie de características técnicas y constructivas comunes.

Generalmente no es necesario repetir todos los ensayos de tipo y especiales sobre cada uno de los modelos englobados en una familia. Estos ensayos se pueden realizar sobre un modelo de referencia si resultan iguales o más exigentes que para cualquier otro modelo de la familia. Para asegurar que los ensayos son extensibles a todos los modelos de la familia podría ser necesario realizar algún ensayo adicional sobre otro u otros modelos de la familia. El fabricante justificará en cada caso el modelo de referencia dentro de la familia utilizado para la elaboración del expediente técnico, y el criterio técnico usado para aplicar la extensión de validez de los ensayos que prevén las normas y en su caso los ensayos adicionales necesarios.

Independientemente de lo anterior, los ensayos individuales serán realizados por el fabricante para cada uno de los modelos de la familia.

GUÍA-RAT-03

Los ensayos individuales serán realizados a cada una de las unidades fabricadas.

GUÍA-RAT-03

ANEXO 1

Productos puestos en el mercado con anterioridad a la fecha de exigibilidad obligatoria del Reglamento (9 de junio de 2016).

El reglamento exige la entrega de la declaración de conformidad junto con el producto. A su vez, según la ITC-RAT-22, las copias de las declaraciones de conformidad de los equipos cubiertos por este reglamento deben de formar parte de la documentación a presentar para obtener la autorización administrativa para la puesta en servicio. La ausencia de estas declaraciones de conformidad se considera un defecto grave, según se indica en la ITC-RAT-23.

En la práctica, sin embargo, se pueden producir situaciones en la que una instalación, pongamos por ejemplo una subestación o un centro de transformación, incorporen productos que hayan sido puestos en el mercado con anterioridad al 9 de junio de 2016. En este caso el producto no contará con su correspondiente declaración de conformidad.

Este hecho, sin embargo no significa que el producto no satisfaga los requisitos técnicos del reglamento.

Se plantea cómo ha de actuarse con productos comercializados antes del 9 de junio de 2016, por ejemplo, en casos tales como:

a) Caso 1. Producto singular que, al menos en parte se ha fabricado de acuerdo con especificaciones particulares del cliente, ha sido suministrado a este con anterioridad al 9 de junio de 2016, pero va a ser instalado después de esa fecha.

b) Caso 2. Producto actualmente descatalogado, que se ha fabricado con arreglo al reglamento de 1982 y entregado al cliente antes del 9 de junio de 2016, y va a ser instalado después de esa fecha.

c) Caso 3. Producto, actualmente vigente en el catálogo del fabricante, pero que se ha fabricado y entregado al cliente (o a un agente intermedio en la cadena de suministro, por ejemplo un almacenista o un instalador) antes del 9 de junio de 2016, para ser instalado con posterioridad a esa fecha.

Con objeto de dar salida a los posibles *stocks* de productos fabricados y puestos en el mercado antes del 9 de junio de 2016, disponibles en agentes intermedios tales como almacenistas, instaladores o adquiridos por las propias empresas de transporte y distribución de energía eléctrica, se permite la instalación de estos productos después de esta fecha. En todos estos casos, el producto no ha entrado previamente en servicio, por lo que basta con aportar evidencias objetivas, tales como protocolo de ensayos individuales o albarán de entrega, de que el producto ha sido puesto en el mercado antes del 9 de junio de 2016.

En el contexto de las actividades y prácticas habituales de las compañías de distribución y, en menor medida, en instalaciones privadas se pudiera presentar un caso adicional más:

d) Caso 4. Producto que ha estado en servicio antes del 9 de junio de 2016 y que se sustituye por otro para cumplir nuevas necesidades de la red en el punto de instalación. El equipo que ha estado en servicio no necesitará de declaración de conformidad, aunque se reutilice en otra instalación nueva o existente con posterioridad al 9 de junio de 2016.

ANOTACIONES

ITC-RAT-04

TENSIONES NOMINALES

Índice

1. Tensiones nominales normalizadas

Las instalaciones eléctricas incluidas en este Reglamento sobre Condiciones Técnicas y Garantías de Seguridad en Instalaciones Eléctricas de Alta Tensión se clasificarán en las categorías siguientes, atendiendo a su tensión nominal:

a) Categoría especial: las de tensión nominal igual o superior a 220 kV y las de tensión inferior que formen parte de la red de transporte, de acuerdo con lo establecido en la Ley 24/2013, de 26 de diciembre, del Sector Eléctrico.

b) Primera categoría: las de tensión nominal inferior a 220 kV y superior a 66 kV.

c) Segunda categoría: las de tensión nominal igual o inferior a 66 kV y superior a 30 kV.

d) Tercera categoría: las de tensión nominal igual o inferior a 30 kV y superior a 1 kV.

Si en la instalación existen circuitos o elementos en los que se utilicen distintas tensiones, el conjunto de la instalación se considerará, a efectos administrativos, al valor de la mayor tensión nominal.

Cuando en el proyecto de una nueva instalación se considere necesaria la adopción de una tensión nominal superior a 400 kV, la Administración Pública competente establecerá la tensión que deba autorizarse.

NOTA

El artículo 34 de la Ley 24/2013 indica que la red de transporte de energía eléctrica está constituida por la red de transporte primario y la red de transporte secundario.

La red de **transporte primario** está constituida por las líneas, parques, transformadores y otros elementos eléctricos con tensiones nominales iguales o superiores a 380 kV y aquellas otras instalaciones de interconexión internacional y, en su caso, las interconexiones con los sistemas eléctricos de los territorios no peninsulares.

La red de **transporte secundario** está constituida por las líneas, parques, transformadores y otros elementos eléctricos con tensiones nominales iguales o superiores a 220 kV no incluidas en el párrafo anterior y por aquellas otras instalaciones de tensiones nominales inferiores a 220 kV, que cumplan funciones de transporte.

En los sistemas eléctricos de los territorios no peninsulares tendrán consideración de red de transporte secundario todas aquellas instalaciones de tensión igual o superior a 66 kV así como las interconexiones entre islas que por su nivel de tensión no sean consideradas de transporte primario.

Asimismo, se considerarán elementos constitutivos de la red de transporte todos aquellos activos de comunicaciones, protecciones, control, servicios auxiliares, terrenos, edificaciones y demás elementos auxiliares, eléctricos o no, necesarios para el adecuado funcionamiento de las instalaciones específicas de la red de transporte antes definida.

En ningún caso formarán parte de la red de transporte los transformadores de grupos de generación, los elementos de conexión de dichos grupos a las redes de transporte, las instalaciones de consumidores para su uso exclusivo, ni las líneas directas (aquellas que tengan por objeto el enlace directo de un centro de producción con un centro de consumo del mismo titular o de un consumidor cualificado).

- **Según la ITC-RAT-23:**
  - Verificaciones previas a la puesta en servicio: para instalaciones de tensión igual o superior a 220 kV, se verificará el estado del aislamiento y en particular de la rigidez dieléctrica de los aislantes líquidos.
  - Verificaciones periódicas: las instalaciones eléctricas de alta tensión serán objeto de verificaciones periódicas al menos una vez cada tres años, realizando las comprobaciones que permitan conocer el estado de sus diferentes componentes, y en particular, para instalaciones de tensión nominal mayor o igual de 220 kV, la verificación del estado del aislamiento y concretamente de la rigidez dieléctrica de los aislantes líquidos. La verificación periódica deberá llevarse a efecto antes de la finalización de la fecha de validez de la anterior verificación.
- **Según la ITC-RAT-18:**
  - La aparamenta bajo envolvente metálica con aislamiento gaseoso distinto del aire a presión atmosférica; por ejemplo, SF6, para tensión de servicio igual o superior a 72,5 kV, deberá cumplir la ITC-RAT-18.
- **Según ITC-RAT-16:**
  - Los conjuntos prefabricados de aparamenta bajo envolvente metálica de tensión más elevada para el material de hasta 52 kV inclusive, para instalación interior o exterior, deberán cumplir la ITC-RAT-16.

En la Figura 4.1 se muestran algunos ejemplos de instalaciones en función de su tensión nominal.

(Subestación blindada de categoría especial) (Centro de transformación de 3.ª categoría)

(Subestación convencional de 1.ª categoría)

Figura 4.1. *Tipos de instalaciones eléctricas en función de su categoría.*

La tensión más elevada del material *Um* de una instalación de alta tensión será igual o superior al indicado en la Tabla 4.1.

Tabla 4.1. *Tensiones nominales normalizadas*

Tensión nominal de la red *(Un)* kV	Tensión más elevada de la red *(Us)* kV	Tensión más elevada del material *(Um)* kV
3	3,6	3,6
6	7,2	7,2
10	12	12
15	17,5	17,5
20	24	24
25	30	36
30	36	36
45	52	52
66	72,5	72,5
110	123	123
132	145	145
220	245	245
400	420	420

NOTA

Las tensiones de uso preferente en redes eléctricas de compañía son:

- 20 kV.
- 66 kV.
- 132 kV.
- 220 kV.
- 400 kV.

Se recomienda distinguir como:

- Media tensión (MT): 20 kV.
- Alta tensión (AT): 66 kV y 132 kV.
- Muy alta tensión (MAT): 220 kV y 400 kV.

2. Tensiones nominales no normalizadas

Existiendo en el territorio nacional extensas redes a tensiones nominales diferentes de las que como normalizadas figuran en el apartado anterior, se admite su utilización dentro de los sistemas a que correspondan.

EJEMPLO DE APLICACIÓN

Existen otras tensiones no normalizadas como pueden ser la de 13,2 kV y 11 kV, entre otras.

En la Figura 4.2 se muestra un acoplamiento entre dos líneas de 20 kV y 13 kV a través de un transformador de potencia de relación de transformación 20/13 kV.

Figura 4.2. *Transformador de potencia para acoplamiento entre una línea de 20 kV y otra de 13 kV.*

ANOTACIONES

ITC-RAT-05

CIRCUITOS ELÉCTRICOS

Índice

1. Circuitos eléctricos de baja tensión considerados como de alta tensión

Todos los circuitos de baja tensión no conectados a tierra, que estén en contacto con máquinas o aparatos de alta tensión, o que estén muy próximos a otros circuitos de alta tensión, deben ser considerados, a efectos de su disposición y servicio, como si fuesen ellos mismos elementos de alta tensión.

No se considerarán como circuitos de alta tensión los circuitos de baja tensión próximos a otros de alta tensión con neutros o pantallas conectados a tierra directamente o a través de un dispositivo limitador de sobretensiones adecuado.

NOTA

Se recomienda que los circuitos auxiliares (ventilación de transformadores, alumbrado de emergencia, alarmas, entre otros) de baja tensión estén referidos a tierra como ocurre con los sistemas de distribución en baja tensión del tipo TT y TN.

2. Separación de circuitos

Los circuitos correspondientes a tensiones diferentes deberán separarse entre sí y disponerse de modo que se reduzcan al mínimo los riesgos para las personas y la instalación.

3. Conductores eléctricos

Los conductores podrán ser de cualquier material metálico que permita construir cables o perfiles de características adecuadas para su fin, debiendo presentar, además, resistencia a la corrosión.

Los conductores podrán emplearse desnudos o recubiertos de materiales aislantes apropiados.

4. Conexiones

Las conexiones de los conductores a los aparatos, así como los empalmes entre conductores, deberán realizarse mediante dispositivos adecuados, de forma tal que no incrementen sensiblemente la resistencia eléctrica del conductor.

Los dispositivos de conexión y empalme serán de diseño y naturaleza tal que eviten los efectos electrolíticos, si estos fueran de temer, y deberán tomarse las precauciones necesarias para que las superficies en contacto no sufran deterioro que perjudique la resistencia mecánica necesaria.

En estos dispositivos, así como en los de fijación de los conductores a los aisladores, se adoptarán medidas para limitar las posibles pérdidas por histéresis y por corrientes de Foucault, evitando establecer circuitos cerrados de materiales ferromagnéticos alrededor del conductor.

5. Canalizaciones

Los conductores de energía eléctrica en el interior del recinto de la instalación se considerarán divididos en canalizaciones de baja tensión y de alta tensión.

Las canalizaciones de baja tensión deberán ser dispuestas y realizadas de acuerdo con el Reglamento Electrotécnico para Baja Tensión.

Las canalizaciones de alta tensión deberán ser dispuestas y realizadas de acuerdo con el Reglamento sobre Condiciones Técnicas y Garantías de Seguridad en Líneas Eléctricas de Alta Tensión, considerando en la transición a las acometidas de instalaciones de alta tensión lo indicado en el apartado 5.2 de esta instrucción. Se tendrá en cuenta, en su disposición, el peligro de incendio, su propagación y consecuencias, para lo cual se procurará reducir al mínimo sus riesgos adoptando las medidas que a continuación se indican:

a) Las canalizaciones no deberán disponerse sobre materiales combustibles no autoextinguibles, ni se encontrarán cubiertas por ellos.

b) Los cables auxiliares de medida, mando, etc., se mantendrán separados de los cables con tensiones de servicio superiores a 1 kV o deberán estar protegidos mediante tabiques de separación o en el interior de canalizaciones o tubos metálicos puestos a tierra.

c) Las galerías subterráneas, atarjeas, zanjas y tuberías para alojar conductores deberán ser amplias y con ligera inclinación hacia los pozos de recogida de aguas, o bien estarán provistas de tubos de drenaje.

5.1. Canalizaciones con conductores desnudos

Las canalizaciones realizadas con conductores desnudos sobre aisladores de apoyo deberán diseñarse teniendo en cuenta lo siguiente:

a) Tensión nominal entre conductores y entre estos y tierra.

b) Nivel de aislamiento previsto.

c) Grado y tipo de contaminación ambiental.

d) Intensidades admisibles.

e) Diseño mecánico de la instalación bajo los efectos de los esfuerzos dinámicos derivados del cortocircuito.

f) Campo magnético resultante cuando este pueda afectar a elementos situados en las proximidades de la canalización.

El diámetro mínimo de los conductores de cobre será de 0,8 centímetros. Para materiales o perfiles diferentes, los conductores no tendrán una resistencia eléctrica superior ni una rigidez mecánica inferior a las correspondientes a la varilla de cobre de 0,8 cm de diámetro.

5.2. Canalizaciones con conductores aislados

En el diseño de estas canalizaciones se tendrá en cuenta lo especificado en el Reglamento sobre Condiciones Técnicas y Garantías de Seguridad en Líneas Eléctricas de Alta Tensión.

En la transición de las canalizaciones para su acometida a las instalaciones, se podrá reducir la profundidad y separación de los circuitos para adecuarlos a la entrada de la instalación, siendo las distancias al inicio de la transición las aplicables según el Reglamento de Líneas de Alta o Baja Tensión que corresponda. En este tramo, la canalización mantendrá una inclinación tal que no se supere el mínimo radio de curvatura recomendado por el fabricante de los cables, estando los cables protegidos mediante tubos en todo el tramo.

5.2.1. Cables aislados

Las características e instalación de estos cables estarán de acuerdo con la ITC-LAT-06 del Reglamento sobre Condiciones Técnicas y Garantías de Seguridad en Líneas Eléctricas de Alta Tensión.

La instalación de estos cables aislados podrá ser:

a) Directamente enterrados en zanja abierta en el terreno con lecho y relleno de arena debidamente preparado.

b) En tubos debidamente enterrados en zanjas.

c) En atarjeas o canales revisables, con un sistema de evacuación de agua cuando estén a la intemperie. Este tipo de canalizaciones no podrá usarse en las zonas de libre acceso al público, salvo que el acceso al interior de la atarjea o canal revisable requiera de medios mecánicos para su manipulación, llaves o herramientas.

d) En bandejas, soportes, palomillas o directamente sujetos a la pared.

e) Colgados de fijadores, situados a una altura que permita, cuando sea necesario, la libre circulación sin peligro de personas o vehículos, siendo obligatoria la indicación del máximo gálibo admisible.

Cuando cualquiera de estas canalizaciones atraviese paredes, muros, tabiques o cualquier otro elemento que delimite secciones de protección contra incendios, se hará de forma tal que el cierre obtenido presente una resistencia al fuego equivalente.

EJEMPLO DE APLICACIÓN 1

En la Figura 5.1 se muestran algunos tipos de canalizaciones con cables aislados.

(Canalización entubada en zanja) *(Canalización en bandeja)* *(Canalización en atarjea)*

Figura 5.1. *Ejemplos de distintos tipos de canalizaciones con cables aislados.*

5.2.2. Conductores rígidos recubiertos de material aislante

Estos conductores son generalmente barras, pletinas, alambrones o redondos recubiertos de material aislante. Estos conductores, debido a su aislamiento, permiten

NOTA

En la Figura 5.2 se muestra un ejemplo de conductores rígidos recubiertos de material aislante.

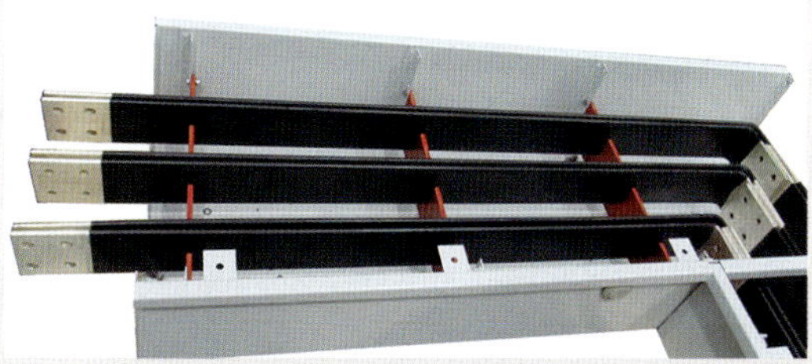

Figura 5.2. *Barras recubiertas de material aislante.*

reducir las distancias entre fases y a tierra, pero a efectos de seguridad a las personas deben considerarse como conductores desnudos, salvo que se incorporen en un conjunto prefabricado de aparamenta, conforme a lo establecido en la ITC-RAT-17.

6. Intensidades admisibles en los conductores

La sección en los conductores desnudos utilizados en instalaciones de alta tensión se determinará de modo tal que la temperatura máxima en servicio (calentamiento más temperatura ambiente) no sea superior a 85 °C, tanto para conductores de cobre como de aluminio. Esta prescripción no es aplicable a los conductores que formen parte de un producto con norma de obligado cumplimiento según la ITC-RAT-02 ni en aquellos casos en los que el proyectista justifique que una temperatura de servicio superior no afecta a los materiales de soporte o aislantes en contacto con los conductores desnudos. Se deberán tomar las medidas apropiadas para compensar las dilataciones de las barras o varillas.

Para los conductores aislados, la sección se determinará teniendo en cuenta lo establecido en la ITC-LAT-06 del Reglamento sobre Condiciones Técnicas y Garantías de Seguridad en Líneas Eléctricas de Alta Tensión.

NOTA

La intensidad máxima admisible se considera aquella que puede circular por un conductor eléctrico en servicio permanente sin que esta sufra daños.

La intensidad máxima admisible no es una característica propia del cable, sino que dependerá directamente de factores de la instalación, como pueden ser: tipo de cable, temperatura ambiente, método de instalación, circuitos activos instalados juntos, longitud de la línea de alimentación, entre otros.

Un valor fundamental para saber la intensidad máxima admisible de un conductor es la temperatura máxima asignada del aislamiento del mismo.

En la Tabla 5.1 se muestra los valores de temperatura máxima del aislamiento en función del tipo de aislamiento del conductor.

Por ejemplo, si la intensidad máxima admisible de un conductor de 120 mm^2 en servicio permanente con aislamiento tipo EPR es de 225 A, indica que, de superar este valor, el conductor le comunicaría al aislamiento una temperatura superior a 90 °C, con lo cual el mismo sufriría daños.

Para conocer las intensidades máximas de cortocircuito (duración inferior a 5 s) admisibles en los conductores, se aplica la fórmula siguiente:

$$\frac{I_{cc}}{S} = \frac{K}{\sqrt{t_{cc}}}$$

Tabla 5.1. *Temperatura máxima de aislamiento*

Tipo de aislamiento seco	Condiciones	
	Servicio permanente (° C)	Cortocircuito ($t \leq 5$ s) en ° C
Policloruro de vinilo (PVC). Solo hasta tensiones asignadas de 6 kV. $S \leq 300\ mm^2$ $S > 300\ mm^2$	 70 70	 160 140
Polietileno reticulado (XLPE)	90	250
Etileno propileno (EPR)	90	250
Etileno propileno de alto módulo (HEPR)	105 para ≤ 18/30 kV 90 para > 18/30 kV	250 250

I_{cc}: intensidad de cortocircuito (A).

S: sección del conductor (mm^2).

K: coeficiente que depende de la naturaleza del conductor y de las temperaturas al inicio y final del cortocircuito. Coincide lógicamente con el valor de la densidad de corriente para cortocircuito de duración 1 s.

$\frac{I_{cc}}{s}$: densidad de corriente para cortocircuito.

t_{cc}: duración del cortocircuito (s) ($0{,}1\ s \leq t_{cc} \leq 5\ s$).

Por ejemplo, si conocemos la corriente de cortocircuito, la sección del cable y la constante K, se puede calcular el tiempo que ese conductor admite esa corriente de cortocircuito, es decir, que no supere la temperatura máxima del aislamiento en cortocircuito.

Este valor (t_{cc}) también nos indica el tiempo máximo de actuación del elemento de protección, que lógicamente no podrá ser superior al mismo.

Si queremos calcular el cortocircuito máximo teniendo en cuenta la temperatura inicial del conductor en régimen permanente, no tendríamos más que utilizar la fórmula anterior afectando el segundo término a un factor que depende de la temperatura inicial y final del conductor, la naturaleza del conductor y su aislamiento.

$$I_{cc} = \frac{K \cdot S}{\sqrt{t_{cc}}} \sqrt{\frac{ln\frac{T_{cc} + ß}{T_i + ß}}{ln\frac{T_{cc} + ß}{T_s + ß}}}$$

T_{cc}: temperatura máxima de cortocircuito admisible (° C).

T_i: temperatura del conductor en régimen permanente (° C).

T_s: temperatura máxima del conductor en régimen permanente (° C).

ß: 235 para cobre y 228 para aluminio.

T_{amb}: temperatura ambiente de la instalación.

I: intensidad que recorre el conductor (A).

$I_{máx}$: intensidad máxima que puede recorrer el conductor en las condiciones de la instalación (aplicación de factores de corrección).

$$T_i = T_{amb} + (T_s - T_{amb})\left(\frac{I}{I_{máx}}\right)^2$$

EJEMPLO DE APLICACIÓN 2

Se trata de averiguar, utilizando varios criterios, si la intensidad de cortocircuito que puede aguantar un conductor en un determinado tiempo es superior a la que se puede producir en la instalación.

Los datos de partida son:

- Potencia de la línea: S = 2000 kVA.
- Potencia de cortocircuito que se puede dar en la instalación: S_{cc} = 400 MVA.
- Tiempo de disparo de las protecciones: t_{cc} = 0,3 s.
- Tensión de la línea subterránea: 20 kV.
- Temperatura del terreno: T_{amb} = 25 °C.
- Factores de corrección por característica de la instalación: 0,97 (profundidad de instalación 1,5 m) y 0,76 (agrupación con otro circuito adicional en contacto).
- Cables unipolares de aluminio con aislamiento HEPR directamente enterrados.

a) Criterio de intensidad admisible:

$$I = \frac{2000}{\sqrt{3} \cdot 20} = 57,73 \text{ A}$$

Aplicando los coeficientes de corrección, tenemos que el valor de la intensidad es:

$$I' = \frac{57,73}{0,97 \cdot 0,76} = 78,31 \text{ A}$$

Utilizando las tablas de intensidades máximas admisibles, se observa que es válido un conductor de 35 mm^2 (mínimo valor aceptable por calentamiento) que admite hasta 125 A.

b) Criterio de corriente cortocircuito:

Para este caso se utiliza la Tabla 5.2, que relaciona los valores máximos de densidad de corriente (A/mm^2) para conductores de aluminio.

Tabla 5.2. *Duración del tiempo en segundos en función del tipo de aislamiento*

Tipo de aislamiento	$\Delta\Phi$ (K)	Duración del cortocircuito, t_{cc}, en segundos									
		0,1	0,2	0,3	0,5	0,6	1,0	1,5	2	2,5	3,0
PVC: sección ≤ 300 mm² sección > 300 mm²	 90 70	 240 215	 170 152	 138 124	 107 96	 98 87	 76 68	 62 55	 53 48	 48 43	 43 39
XLPE, EPR y HEPR	160	298	211	172	133	122	94	77	66	59	54
HEPR $\frac{U_c}{U} \leq$ 18/30 kV	145	281	199	162	126	115	89	73	63	56	51

$\Delta\Phi$: diferencia entre la temperatura de servicio permanente y la temperatura de cortocircuito.

La intensidad máxima de cortocircuito que se puede presentar en la instalación es:

$$I_{cc} = \frac{400.000}{\sqrt{3} \cdot 20} = 11.547 \text{ A}$$

La intensidad máxima de cortocircuito que soporta el conductor en 0,3 s, vale:

$$I_{cc} = 162 \text{ A/mm}^2 \times 35 \text{ mm}^2 = 5.670 \text{ A} < 11.547 \text{ A}$$

Por tanto, la sección de este conductor no es válida.

Comprobamos ahora con otras secciones de conductor; por ejemplo, con la de 95 mm^2:

$$I_{cc} = 162 \text{ A/mm}^2 \times 95 \text{ mm}^2 = 15.390 \text{ A} > 11.547 \text{ A}$$

Por tanto, la sección de este conductor es válida.

c) Criterio de corriente de cortocircuito teniendo en cuenta la temperatura inicial del conductor:

Sabemos que la sección de 95 mm^2 soportaría el cortocircuito. Ahora se trata de averiguar si se puede utilizar otra sección inferior (70 mm^2) utilizando una fórmula más exacta que la anterior.

$$T_{i70} = 25 + (105 - 25) \cdot \left(\frac{57,73}{132,7}\right)^2 = 40,14 \text{ °C}$$

El conductor de 70 mm^2, según tabla del fabricante, admite 180 A. Por tanto,

$$I_{máx70} = 180 \times 0,97 \times 0,76 = 132,7 \text{ A}$$

$$I_{cc} = \frac{89 \cdot 70}{\sqrt{0,3}} \sqrt{\frac{\ln\left(\frac{250 + 228}{40,14 + 228}\right)}{\ln\left(\frac{250 + 228}{105 + 228}\right)}} = 14.392 \text{ A} > 11.547 \text{ A}$$

Por tanto, valdría ahora la sección de 70 mm^2.

ANOTACIONES

ITC-RAT-06

APARATOS DE MANIOBRA DE CIRCUITOS

Índice

1. Maniobra de circuitos

Las maniobras de interrupción y seccionamiento de circuitos deben ser efectuadas mediante aparatos adecuados a la operación a realizar. Los aparatos empleados para realizar estas maniobras cumplirán con las normas de producto aplicables en cada caso.

La intensidad máxima admisible de corta duración de los aparatos de maniobra de circuitos deberá ser adecuada para soportar la intensidad de cortocircuito máxima prevista en su punto de instalación.

2. Interruptores e interruptores automáticos

2.1. Los interruptores, automáticos o no, podrán emplear para la extinción del arco sistemas basados en el uso de dieléctricos como aceites o líquidos aislantes equivalentes, aire comprimido, hexafluoruro de azufre, vacío, y tecnologías basadas en los principios de soplado magnético, autosoplado, o cualquier otro principio que la experiencia aconseje.

Se indicarán claramente las posiciones de «cerrado» y «abierto» por medio de rótulos en el mecanismo de maniobra.

2.2. La maniobra de los interruptores podrá efectuarse de la forma que se estime más conveniente: mecánicamente, por resorte acumulador de energía, eléctricamente por solenoide o motor, por aire comprimido, etc.

Se prohíbe la utilización de interruptores, previstos para apertura y cierre manual, en los que el movimiento de los contactos sea dependiente de la actuación del operador. El interruptor debe tener un poder de cierre y de corte independiente de la actuación del operador.

2.3. En el caso de interruptores de extinción de arco por aire comprimido, los depósitos de aire del propio interruptor deberán estar dimensionados de forma tal que sea posible realizar, por lo menos, el siguiente ciclo: «abrir-cerrar-abrir» partiendo de la posición normal de trabajo (cerrado), sin necesidad de reposición de aire. Será obligatorio instalar un equipo de compresión y almacenamiento de aire, independiente de los depósitos del propio interruptor, cuya capacidad esté prevista teniendo en cuenta el número de interruptores y el ciclo de explotación establecido.

NOTA

Extinción del arco

Los sistemas de extinción de arco deben ser capaces de interrumpirlo en unos pocos milisegundos, para evitar el efecto térmico.

En corriente alterna la corriente se anula a sí misma en el paso por cero de la onda. Hay que evitar un segundo cebado del arco (reencendido) después de un valor de corriente de cero. Esto, se logra con la desionización del entrehierro formado entre los contactos del interruptor.

En corriente continua no existen valores de corriente que sean cero. Por tanto, para lograr la interrupción, la corriente debe ser forzada hasta alcanzar su valor de cero. Esto se logra aumentando la resistencia del arco hasta que su caída de tensión sea igual a la tensión del circuito, lo que se consigue con la elongación del arco o la reducción forzada del arco.

Las formas de extinción de arco son:

- Alargamiento: se basa en separar los contactos lo más posible.
- Fraccionamiento: se produce una subdivisión del arco que facilita su extinción.
- Enfriamiento: se trata de enfriar el arco con la técnica del soplado.

Interruptores de tanque muerto y tanque vivo

La tecnología de tanque muerto se caracteriza porque la cámara del interruptor está alojada en un contenedor metálico conectado a tierra. Las cámaras interruptivas y el medio aislante se alojan en la parte inferior del interruptor. Se conectan al exterior mediante bujes, lo cual permite instalar sobre estos los transformadores de intensidad.

El interruptor de tanque vivo tiene las cámaras interruptivas soportadas por columnas aislantes y estas quedan aislando la parte energizada del potencial de tierra. El nivel de tensión determina la longitud de los aisladores de la cámara del interruptor y de la columna de aisladores. El medio en el cual se extingue el arco se encuentra sometido a tensión.

En la Figura 6.1 se muestra un interruptor automático de tanque vivo.

1. Cámara de ruptura
2. Columna aislante
3. Supervisión de gas
4. Resorte de disparo con gabinete de protección
5. Estructura soporte
6. Mecanismo de operación

Figura 6.1. *Interruptor automático de tanque vivo.*

En la Figura 6.2 se muestra un interruptor automático de tanque muerto.

1. Cámara de ruptura y aislante
2. Buje *(bushing)*
3. Transformador de intensidad (TI)

Figura 6.2. *Interruptor automático de tanque muerto.*

Interruptor automático de aire comprimido

- La utilización es para un gran rango de tensiones.
- Las probabilidades de peligro de incendio son menores respecto a los interruptores de aceite.
- Su mantenimiento es cuidadoso.
- Necesidad de instalación de equipo de aire comprimido, lo que eleva el gasto de la instalación.

En la Figura 6.3 se muestra un interruptor de aire comprimido.

Figura 6.3. *Interruptores automáticos de aire a presión.*

Los interruptores pueden ser monopolares y tripolares. El interruptor tripolar abre y cierra simultáneamente las tres fases del sistema eléctrico trifásico. Por el contrario, el interruptor monopolar solo maniobra una fase; cada posición requiere, por tanto, tres interruptores monopolares.

Los interruptores monopolares se utilizan en las líneas de alta tensión (AT) y muy alta tensión (MAT) ya que permiten el reenganche monofásico que sigue al disparo monofásico producido por una falta fase-tierra (la más común).

Por el desequilibrio que origina en las magnitudes eléctricas, el disparo monofásico solo puede darse cuando se tiene la garantía de un reenganche con éxito en un breve espacio de tiempo. En las demás posiciones, transformadores y acoplamientos no hay reenganche, siendo válido un interruptor tripolar.

También se instalan interruptores monopolares cuya maniobra debe ser siempre tripolar.

2.4. Cualquiera que sea el mecanismo adoptado para la maniobra de los interruptores automáticos, será de disparo libre.

2.5. Todos los interruptores automáticos estarán equipados con un dispositivo de apertura local, actuado manualmente. La apertura será iniciada por un dispositivo que podrá ser eléctrico, mecánico, hidráulico o combinación de los anteriores sistemas.

2.6. Con carácter general, salvo casos especiales justificados por la aplicación, los interruptores automáticos deberán satisfacer con su pleno poder de corte uno de los ciclos de reenganche normalizados en la Norma UNE-EN-62271-100.

Al final del ciclo el interruptor será capaz de soportar permanentemente el paso de su corriente asignada en servicio continuo.

NOTA

- **Secuencia de maniobra asignada:**

  Las características asignadas del interruptor automático están relacionadas a la secuencia de maniobra asignada.

  Existen dos variantes de secuencias de maniobra asignadas correspondientes a las fórmulas siguientes:

  a) *O-t-CO-t´-CO.*

  t = 3 minutos para los interruptores automáticos que no están previstos para el reenganche rápido.

  t = 0,3 segundos para los interruptores automáticos previstos para funcionar con reenganche automático rápido (tiempo de corte-establecimiento).

  t´ = 3 minutos.

  Aclaración: en lugar de *t´* = 3 minutos, otros valores: *t´* = 15 segundos y *t´* = 1 minuto son también utilizados para los interruptores automáticos previstos para funcionar con reenganche automático rápido.

b) *CO-t´´-CO*

t´´ = 15 segundos para interruptores automáticos que ni están previstos para el reenganche automático rápido.

donde

O representa una maniobra de apertura.

CO representa una maniobra de cierre seguida inmediatamente (es decir, sin retardo intencionado) de una maniobra de apertura.

t, *t´* y *t´´* son los intervalos de tiempo entre dos maniobras sucesivas.

Conviene que *t* y *t´* estén siempre expresados en minutos o segundos y que *t´´* esté siempre expresado en segundos.

Si el tiempo de corte-establecimiento es ajustable, los límites de ajuste deben ser especificados.

2.7. Cuando los interruptores estén asociados a seccionadores de puesta a tierra deberán estar dotados de un enclavamiento seguro entre el interruptor y el seccionador de puesta a tierra.

2.8. Cuando en centros de transformación se tenga que acceder a partes activas o se tengan que realizar trabajos cerca de partes en tensión, se asegurará la ausencia de tensión y la puesta a tierra de las partes activas tanto del transformador como del cuadro de BT, teniendo en cuenta la posibilidad de la aparición de tensiones de retorno por el lado de BT. A tal efecto se elaborará un procedimiento de operación que garantice la seguridad o se establecerán los enclavamientos necesarios para lograr el mismo nivel de seguridad.

NOTA

En la Figura 6.4 se muestra un ejemplo de comprobación de ausencia de tensión en celdas de un centro de transformación.

Las celdas antiguas que no tienen lámparas para la comprobación de presencia de tensión suelen disponer de troneras para poder introducir la pértiga con la cabeza detectora de tensión sin abrir la puerta o rejilla.

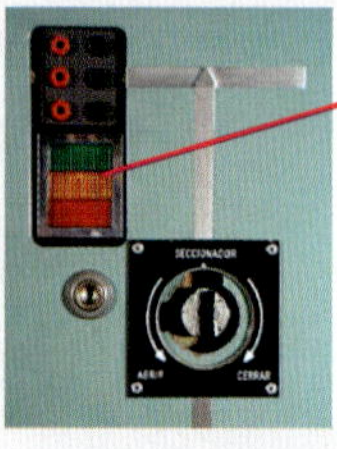

Lámparas neón fijas

Lámparas neón extraíbles

Dispositivo de puenteo

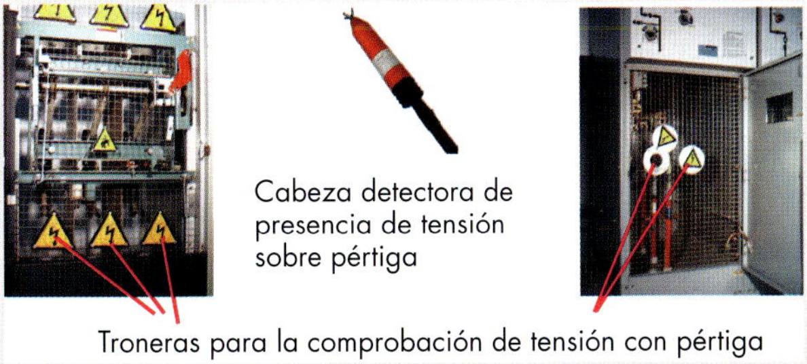

Figura 6.4. *Comprobación de la ausencia de tensión en celdas de un CT.*

En las Figuras 6.5 y 6.6 se muestran algunos ejemplos de esquemas eléctricos con distintos tipos de enclavamiento en un CT.

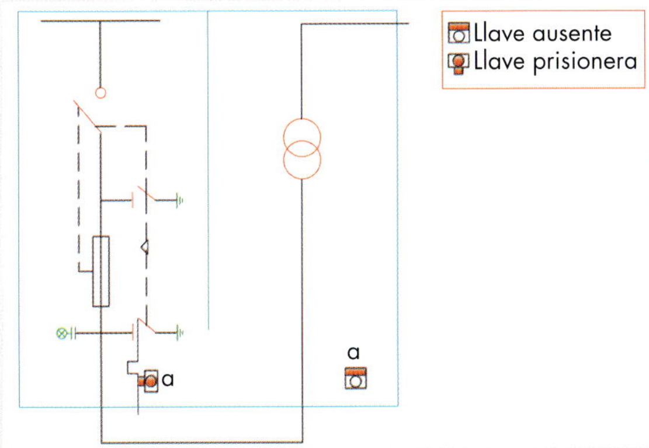

Figura 6.5. *El objeto de este enclavamiento es impedir el acceso al transformador de distribución en tanto que el seccionador de puesta a tierra no esté cerrado y enclavado.*

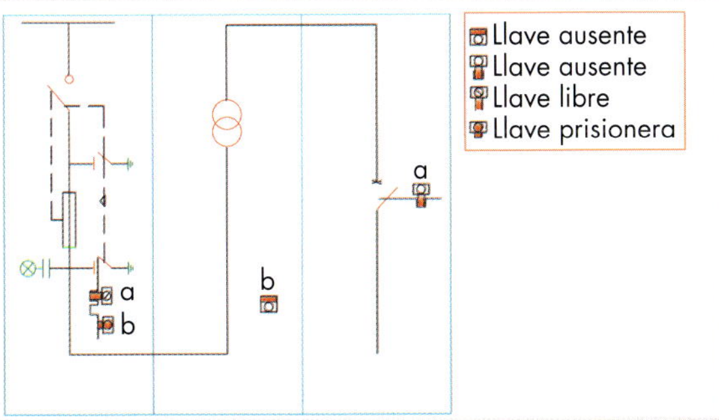

Figura 6.6. *El objeto de este enclavamiento es impedir el cierre del seccionador de puesta a tierra y el acceso a los fusibles en tanto que el interruptor general de BT no esté abierto y enclavado e impedir el acceso al transformador si el seccionador de puesta a tierra no se ha cerrado previamente.*

En la Figura 6.7 se muestra un enclavamiento mediante llave.

Figura 6.7. *Enclavamiento con seccionador de tierra cerrado y bloqueado.*

En cualquier caso, se podrán realizar trabajos en proximidad de tensión o en tensión cuando se cumplan los requisitos de la reglamentación aplicable.

NOTA

Los trabajos en instalaciones eléctricas se establecen teniendo en cuenta:

- La evaluación de riesgos que el trabajo pueda suponer.
- Requisitos de la reglamentación.

Los trabajos pueden ser:

- Trabajos sin tensión (5 reglas de oro):
  - Abrir de forma visible de los circuitos.
  - Prevenir cualquier posible realimentación.
  - Verificar aumento de tensión.
  - Poner a tierra y en cortocircuito.
  - Señalar y delimitar la zona de trabajo.
- Trabajos en tensión:
  - En contacto.
  - A distancia.
  - A potencial.
- Trabajos en proximidad (el trabajador permanecerá fuera de la zona de peligro y lo más alejado posible de ella).

En la Figura 6.8 se muestra un trabajo en tensión en un CT.

Figura 6.8. *Trabajos en tensión en un CT.* Fuente: *Ingemont.*

3. Seccionadores y seccionadores de puesta a tierra

3.1. Los seccionadores y seccionadores de puesta a tierra deberán tener las características adecuadas a la índole de su función, a la instalación y a la tensión y corriente de servicio.

NOTA

Un **seccionador de puesta a tierra** es un aparato mecánico que permite unir eléctricamente la parte activa con masa mediante el movimiento de sus cuchillas. Se utiliza en trabajos sin tensión, para asegurar que cualquier tensión (inducida o directa) que aparezca en los conductores se derive a tierra, protegiendo a las personas.

La principal función es la conexión a tierra de una parte de un circuito. Además, en los seccionadores de puesta a tierra tripolares hay un cierre en cortocircuito de las tres fases de un sistema trifásico.

Puede o no tener poder de cierre. El poder de cierre se consigue con un dispositivo en el accionamiento que asegure una determinada velocidad de cierre. Este mecanismo suele ser de acumulación de energía a base de resortes, la cual se libera bruscamente de manera que la fuerza y la velocidad de cierre son independientes de la acción del operador.

Los seccionadores de puesta a tierra pueden ser de mantenimiento o de cierre rápido.

El **seccionador de puesta a tierra rápido** es resistente al cierre en cortocircuito y el movimiento de cierre se hace rápido y el movimiento de apertura, lentamente. La posición de apertura o cierre se puede ver en el accionamiento por medio de un indicador de posición acoplado mecánicamente.

Los seccionadores de puesta a tierra disponen de un enchufe coaxial para conectar un aparato verificador de ausencia de tensión.

En la Figura 6.9 se muestran algunas instalaciones con seccionadores de puesta a tierra.

(Seccionador de puesta a tierra de apertura vertical)

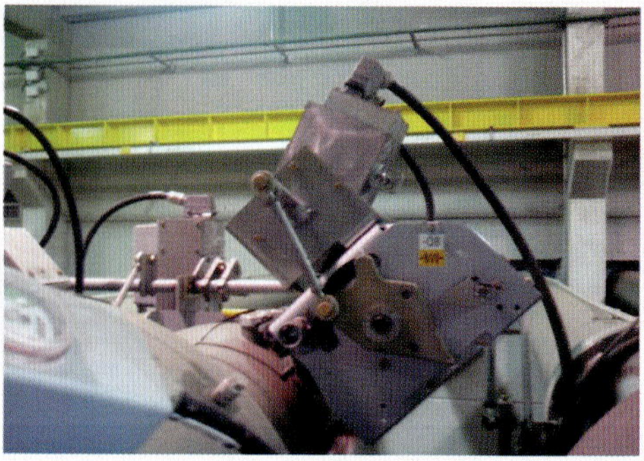
(Seccionador de puesta a tierra rápido en una subestación GIS)

Figura 6.9. *Seccionadores de puesta a tierra.*

3.2. Los seccionadores y seccionadores de puesta a tierra, así como sus accionamientos correspondientes en su caso, tienen que estar dispuestos de manera tal que no puedan producirse maniobras intempestivas por los efectos de la presión o de la tracción ejercida con la mano sobre el varillaje, por la presión del viento, por trepidaciones, por la fuerza de gravedad o bajo esfuerzos electrodinámicos producidos por las corrientes de cortocircuito.

3.3. En el caso de que los seccionadores y seccionadores de puesta a tierra estén equipados con servomecanismos de mando de cualquier tipo, la concepción de estos será tal que no puedan producirse maniobras intempestivas por avería en los elementos de dichos mandos en sus circuitos de alimentación o por falta de la energía utilizada para realizar el accionamiento.

3.4. Cuando los seccionadores estén asociados a seccionadores de puesta a tierra deberán estar dotados de un enclavamiento seguro entre el seccionador y el seccionador de puesta a tierra.

3.5. Los aisladores de los seccionadores estarán dispuestos de tal forma que ninguna corriente de fuga peligrosa circule entre bornes de un lado y cualquiera de los bornes del otro lado del seccionador. Esta prescripción de seguridad se considerará satisfecha cuando esté previsto que toda la corriente de fuga se dirija hacia tierra por medio de una conexión a tierra segura o cuando el aislamiento utilizado esté protegido eficazmente contra la contaminación en servicio.

3.6. Los seccionadores de puesta a tierra que no tengan un enclavamiento que impida su cierre sobre un circuito en tensión, tendrán un poder de cierre igual o mayor que el valor de cresta de la intensidad de cortocircuito prevista en el punto de instalación, o alternativamente existirá un procedimiento de acuerdo con 4.7 que garantice la seguridad de la operación.

3.7. La corriente asignada mínima de los seccionadores será de 200 amperios.

4. Condiciones de empleo

4.1. Para aislar o separar máquinas, transformadores, líneas y otros circuitos, deberán instalarse seccionadores cuya disposición debe ser tal que pueda ser comprobada a simple vista su posición o, de lo contrario, deberá disponerse un sistema seguro que señale la posición del seccionador de acuerdo con la Norma UNE-EN-62271-102.

4.2. Cuando el interruptor presente las características de aislamiento exigidas a los seccionadores y su posición de «abierto» sea visible o señalada por un medio seguro, de acuerdo con lo indicado en la Norma UNE-EN-62271-102, este aparato podrá hacer las funciones del seccionador citado en 4.1.

4.3. Podrán suprimirse los seccionadores en el caso de utilizarse aparatos extraíbles, con los dispositivos de seguridad necesarios para evitar falsas maniobras, e impedir el acceso involuntario a los puntos con tensión que quedasen al descubierto al retirar el aparato.

4.4. Los cortacircuitos fusibles que, al actuar, den lugar automáticamente a una separación de contactos visible y equiparable a las características de aislamiento y seguridad exigidas a los seccionadores, serán considerados como tales, a efectos de lo señalado en 4.1.

4.5. Cuando en los circuitos secundarios de los transformadores existiesen dispositivos que permitan quitar previamente la carga, bastará instalar en el lado de alimentación de los primarios un aparato de corte solamente para la corriente de vacío de los transformadores, siempre que exista un enclavamiento o un procedimiento de actuación de acuerdo con el punto 4.7, que impida la maniobra de este último aparato sin que se haya quitado previamente la carga del transformador.

4.6. En el seccionamiento sin carga de líneas aéreas y cables aislados debe tenerse presente la posible presencia de corrientes capacitivas.

Particularmente, se tendrá en cuenta que estas corrientes, combinadas con las magnetizantes de los transformadores, pueden dar lugar a fenómenos de ferrorresonancia magnética en el caso de seccionamiento unipolar.

4.7. Se recomienda el uso de enclavamientos adecuados para evitar, en las maniobras, la apertura o cierre indebidos de un seccionador o el cierre de un seccionador de puesta a tierra sin poder de cierre. Si no existe tal enclavamiento será necesario elaborar un procedimiento de operación que sea conocido por los operadores y que garantice la seguridad.

4.8. En centros de transformación privados, cuando se pueda acceder a un transformador con partes en tensión accesibles a las personas a través de una puerta o rejilla de acceso, existirá un enclavamiento mecánico con el interruptor del primario del transformador, de tal forma que para acceder al transformador el interruptor del primario tenga que estar abierto, y que no se pueda cerrar dicho interruptor mientras que la puerta permanezca abierta o la rejilla desmontada.

En cualquier caso, se podrán realizar trabajos en proximidad de tensión o en tensión cuando se cumplan los requisitos de la reglamentación aplicable.

ANOTACIONES

ITC-RAT-07

TRANSFORMADORES Y AUTOTRANSFORMADORES DE POTENCIA

Índice

GUÍA-RAT-07

ANEXO I. Interpretación resumida sobre la aplicación del Reglamento (UE) N.° 548/2014 de la Comisión, de 21 de mayo de 2014, por el que se desarrolla la Directiva 2009/125/CE, de ecodiseño para transformadores de potencia.

1. Generalidades

GUÍA-RAT-07

Aplicación del Reglamento (UE) N.° 548/2014 de la Comisión, de 21 de mayo de 2014, por el que se desarrolla la Directiva 2009/125/CE, de ecodiseño para transformadores de potencia

El reglamento europeo aplica a los transformadores de potencia de una potencia mínima de 1 kVA para redes de transmisión y distribución eléctrica de 50 Hz o para aplicaciones industriales, estableciendo unos requisitos mínimos de rendimiento (pérdidas máximas admisibles), más exigentes respecto de los valores habituales hasta la fecha, con objeto de disminuir las emisiones de CO_2 durante toda la vida útil del transformador.

La publicación de este reglamento europeo deja sin efecto automáticamente los requisitos de cualquier disposición nacional, tales como el R. D. 337/2014 en la medida en que exista un solape.

Igualmente, al estar la Directiva 2009/125/CE dictada de acuerdo con el artículo 95 del Tratado de Constitución de la Comunidad Europea *(«...aproximación de las disposiciones legales, reglamentarias y administrativas de los Estados miembros que tengan por objeto el establecimiento y el funcionamiento del mercado interior»)*, no es posible la existencia de regulaciones nacionales con niveles de exigencia superiores a los de la normativa europea, ya que supondrían barreras a la libre circulación de equipos contempladas en el mercado único.

Por tanto, no son aplicables los requisitos de la presente ITC-RAT-07 relativos al rendimiento de los transformadores (pérdidas máximas en carga y en cortocircuito, y sus tolerancias), debiendo cumplirse lo indicado en el Reglamento (UE) N.° 548/2014.

NOTA

El Reglamento (UE) 2019/1783 de la Comisión de 1 de octubre de 2019 modifica el Reglamento (UE) 548/2014, de 21 de mayo de 2014, por el que se desarrolla la Directiva 2009/125/CE del Parlamento Europeo y del Consejo en lo que respecta a los transformadores de potencia pequeños, medianos y grandes.

En general, tanto los transformadores como los autotransformadores de potencia conectados a una red trifásica serán del tipo de máquina trifásica, si bien se admitirán los bancos constituidos por tres unidades monofásicas.

Podrán emplearse transformadores monofásicos o agrupaciones de estos cuando sea aconsejable.

Los transformadores de potencia deberán de cumplir con las Normas UNE-EN-60076.

Los transformadores trifásicos en baño de aceite y los de tipo seco para distribución en baja tensión hasta 2500 kVA y tensión primaria más elevada para el material de hasta 36 kV, cumplirán con las normas aplicables correspondientes de la ITC-RAT-02.

El fabricante deberá entregar el correspondiente protocolo de ensayos realizado para cada transformador.

NOTA

Existe una gran cantidad de transformadores especiales como son, entre otros:

- Autotransformadores.
- Transformador desfasador: es un dispositivo que permite modificar de forma voluntaria los parámetros que regulan la potencia eléctrica que va por una línea eléctrica. Actúa como un limitador de potencia posibilitando que parte de la energía se encamine por otra vía más descongestionada.

  El desfasador que se muestra en la Figura 7.1 es de 220 kV y 550 MVA.
- Transformador para horno eléctrico.
- Transformador para tracción eléctrica.
- Transformador sumergido.
- Transformador de ensayos.
- Transformadores diseñados especialmente para instalaciones de emergencia.
- Transformadores de puesta a tierra, es decir, transformadores trifásicos destinados a proporcionar un punto neutro para la puesta a tierra de sistemas.

En la Figura 7.1 se muestra un banco trifásico de transformadores formado por tres unidades monofásicas y un transformador desfasador.

Figura 7.1. *Banco trifásico (3 monofásicos + 1 de reserva) y transformador desfasador.*

Los transformadores de puesta a tierra se utilizan para proporcionar un punto neutro de puesta a tierra en aquellas instalaciones que no disponen del mismo.

En la Figura 7.2 se muestra un esquema de la formación de un neutro artificial con este tipo de transformador.

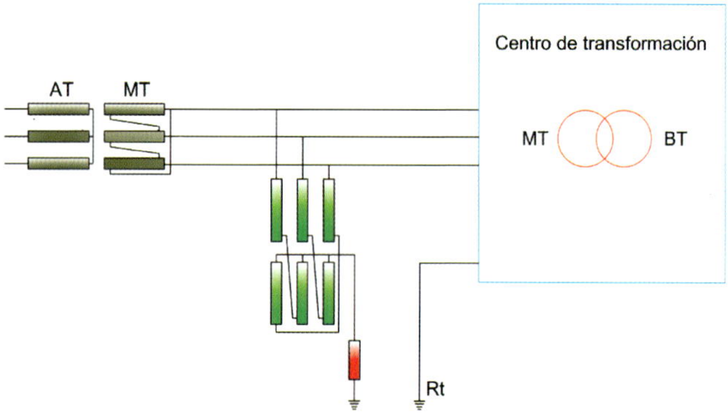

Figura 7.2. *Transformador de puesta a tierra.* Fuente: *IST Power.*

GUÍA-RAT-07

En el Informe UNE-207019-IN, «Modelo único de protocolo de ensayos individuales para transformadores de distribución MT/BT» se establece un modelo de formato unificado para recoger la información de los ensayos individuales de los transformadores.

NOTA

UNE-207019-IN

El protocolo se debe cumplimentar en cada uno de sus apartados, partes y casillas de acuerdo con los requerimientos indicados en el mismo y con las aclaraciones siguientes:

Especificaciones complementarias a la norma que son parte del contrato.

Valor de la garantía. El valor real se puede indicar en el apartado observaciones si se ha realizado el ensayo y se desea que figure en el protocolo.

Tipo de líquido aislante, marca si se solicita, exención de PCB, etc.

Valor en tanto por ciento. La tolerancia debe estar de acuerdo con la norma o especificación técnica.

Medida de las pérdidas y de la corriente en vacío a la tensión asignada.

Medida de las pérdidas y de la corriente en vacío a tensiones diferentes de la asignada, en especificaciones particulares.

Designación de la relación de transformación de la posición; por ejemplo, 22.000/420.

Otras informaciones relevantes que no hayan sido recogidas anteriormente.

La cifra que indica cada aclaración está señala en la casilla correspondiente del protocolo que se indica a continuación:

MARCA DEL FABRICANTE					
PROTOCOLO DE ENSAYOS INDIVIDUALES					
Número de fabricación		Normas		Cliente	
Tipo		Especificación técnica [1]			
Potencia asignada (kVA)		U_m (kV)		Frecuencia (Hz)	
Regulación (%)		Símbolo de acoplamiento		Potencia acústica máxima [dB(A)] [2]	
Tensión asignada AT1 (V)		Corriente asignada AT1 (A)			
Tensión asignada AT2 (V)		Corriente asignada AT2 (A)			
Tensión asignada BT2 (V)		Corriente asignada BT2 (A)			
Tensión asignada BT3 (V)		Corriente asignada BT3 (A)		Factor de reducción K	
Volumen líquido aislante (l)		Masa a desencubar (kg)		Masa total (kg)	
Líquido aislante [3]					

RESULTADOS DE MEDIDA Y GARANTÍAS DE PERDIDAS Y TENSIÓN DE CORTOCIRCUITO												
	AT1/BT2			AT2/BT2			AT1/BT3			AT2/BT3		
	Garantía	Tolerancia Admisible (%) [4]	Resultado obtenido	Garantía	Tolerancia Admisible (%) [4]	Resultado obtenido	Garantía	Tolerancia Admisible (%) [4]	Resultado obtenido	Garantía	Tolerancia Admisible (%) [4]	Resultado obtenido
Po (W)												
Pk. a 75 °C (W)												
P totales (W)												
Uk. a 75 °C (%)												

ENSAYOS DIELÉCTRICOS					
ENSAYO DE TENSIÓN SOPORTADA APLICADA			ENSAYO DE TENSIÓN SOPORTADA INDUCIDA		
Terminales	Tensión (Kv)	Tiempo (s)	Terminales	Tensión (V)	Tiempo (s)
AT/BT + masa		60			
BT/AT + masa		60	Frecuencia (Hz)		

MEDIDA DE LAS PÉRDIDAS Y DE LA CORRIENTE EN VACÍO						
Tensión BT2 (V)	Corriente U (A)	Corriente V (A)	Corriente W (A)	Corriente media(A)	Corriente media (%)	Pérdidas (W)
5)	5)	5)	5)	5)	5)	5)
6)	6)	6)	6)	6)	6)	6)

MEDIDA DE LA TENSIÓN DE CORTOCIRCUITO Y DE LAS PÉRDIDAS DEBIDAS A LA CARGA						Temperatura (°C)	
Relación	Posición	Tensión (V)	Corriente U (A)	Corriente V (A)	Corriente W (A)	Corriente media (A)	Pérdidas (W)
AT1/BT2							
AT2/BT2							
AT1/BT3							
AT2/BT3							

MEDIDA DE LA RESISTENCIA DE LOS ARROLLAMIENTOS (Ω)							2U-2V	2V-2W	2W-2U
Temperatura (°C)		Posición	1U-1V	1V-1W	1W-1U	BT2			
	AT1						3U-3V	3V-3W	3W-3U
	AT2					BT3			

MEDIDA DE RELACIÓN DE TRANSFORMACIÓN Y VERIFICACIÓN DEL ACOPLAMIENTO							
	Posición	Conexión 7)	Valor teórico	Valor medido			Símbolo de acoplamiento
				Fase U	Fase V	Fase W	
AT1/BT2	1						
	2						
	3						
	4						
	5						
	6						
AT2/BT2							
AT1/BT3							
AT2/BT3							

OBSERVACIONES 8)	Fecha: Firma

Figura 7.3. *Protocolo de ensayos individuales para transformadores de distribución MT/BT.*

2. Grupos de conexión

Los grupos de conexión de los transformadores de potencia se fijarán de acuerdo con la Norma UNE-EN-60076, debiéndose elegir el más adecuado para el punto de la red donde se instale el transformador.

El grupo de conexión de los transformadores trifásicos en baño de aceite y los de tipo seco para distribución en baja tensión hasta 2500 kVA y tensión primaria más elevada para el material de hasta 36 kV, estará de acuerdo con las normas sobre transformadores de distribución aplicables de la ITC-RAT-02.

NOTA

Las conexiones de los transformadores trifásicos se realizan a base de las siguientes combinaciones:

- **Conexión estrella:** (Y) para el arrollamiento de alta (AT) e (y) para la tensión intermedia o baja tensión (BT).
- **Conexión triángulo:** (D) para el arrollamiento de alta (AT) y (d) para la tensión intermedia o baja tensión (BT).
- **Conexión zigzag:** (Z) para el arrollamiento de alta (AT) y (z) para la tensión intermedia o baja tensión (BT).
- Si está accesible el punto neutro de un arrollamiento conectado en estrella o zigzag, la indicación es (YN) o (yn) para la estrella y (ZN) o (zn) para la conexión zigzag.
- Para un par de arrollamientos autoconectados, el símbolo del arrollamiento de menor tensión se sustituye por la letra (a).

Algunos ejemplos de conexiones son:

- **Dyn11 20.000/400 V**

  Arrollamiento de alta tensión dimensionado para 20 kV, en conexión triángulo, el arrollamiento de baja tensión es de 400 V en conexión estrella con el neutro accesible. El arrollamiento de baja tensión está 330° (11 x 30) en retraso al de AT.

- **YNyn0d5 123/36/7,2 kV**

  Transformador de tres arrollamientos con el arrollamiento de alta tensión de 132 kV en conexión estrella con el neutro accesible. Un arrollamiento de tensión intermedia de 36 kV en conexión estrella con neutro accesible en fase con el arrollamiento de alta tensión, pero no autoconectado, y un tercer arrollamiento de 7,2 kV en conexión triángulo retrasado 150°.

  En la Figura 7.4 se muestra un esquema eléctrico de una conexión estrella-estrella con devanado terciario.

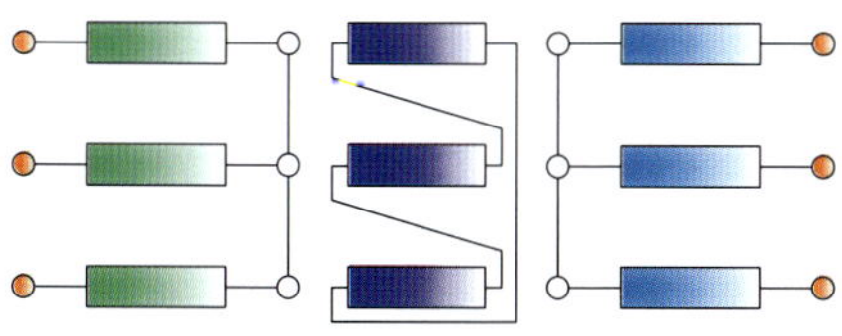

Se utiliza en redes de transporte donde es preciso poner a tierra ambos devanados y es necesario el terciario cuando las cargas son desequilibradas.

El bobinado terciario se conecta en triángulo y se cierra en cortocircuito.

Figura 7.4. *Conexión estrella-estrella con devanado terciario.*

- **YNa0d11 400/130/22 kV**

  Un autotransformador trifásico diseñado para 400 kV en AT y una tensión intermedia de 130 kV con arrollamientos terciarios de 22 kV. Los arrollamientos autoconectados se configuran en estrella, mientras que los arrollamientos terciarios se conectan en triángulo. El arrollamiento en triángulo se retrasa 330° respecto al arrollamiento de alta tensión.

- **YNa0+d 400/130/22 kV**

  Si no se puede acceder a los tres bornes de línea del arrollamiento en triángulo porque solo está previsto como arrollamiento estabilizador, el grupo de conexión debería indicarlo mediante un signo más. No se debería aplicar ninguna notación de desfase para el arrollamiento estabilizador.

- **YNd11 20/8,4 kV**

  Un transformador elevador asociado a un generador, diseñado para una red de 20 kV y 8,4 kV en el lado del generador. Los arrollamientos que se conectan al generador están en triángulo, mientras los arrollamientos del lado de la red se conectan en estrella. El arrollamiento en triángulo se retrasa 330° respecto al arrollamiento de alta tensión.

- **Ynad11 (400/230-138-110 kV, terciario a 33 kV, 25,4 kV y 24 kV)**

  Autotransformador (politrafo) de potencia, trifásico con multitensión en baja y terciario y con conmutador de tomas en carga en el neutro.

  En la Figura 7.5 se muestra un esquema eléctrico de este transformador.

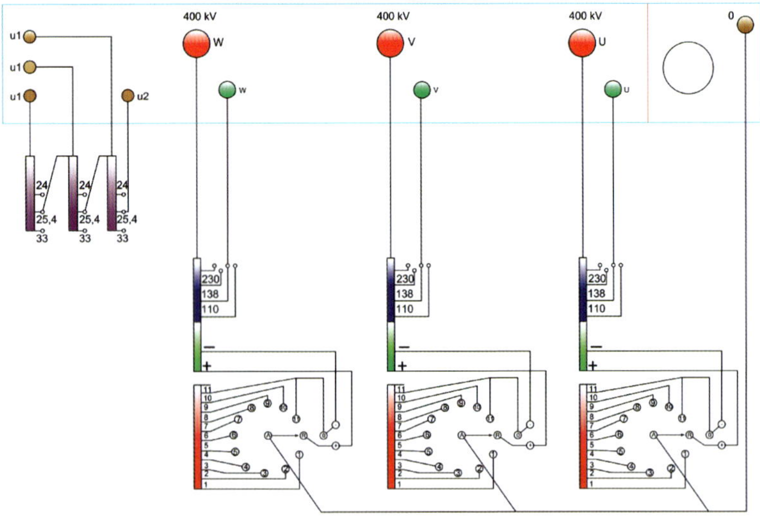

Figura 7.5. *Conexión de un politrafo.*

Para transformadores trifásicos de media potencia con tensión más elevada para el material no superior a 36 kV se recomiendan las siguientes conexiones:

Tabla 7.1. *Conexiones recomendadas para transformadores de media potencia con tensión más elevada para el material no superior a 36 kV*

S ≤ 100 kVA	100 kVA < S < 5000 kVA	S ≥ 5000 kVA
Yzn o Dyn	Dyn	YNd o Dyn o YNyn
El índice horario debería ser: – 5 u 11 para Dyn o Yzn – 0 para Yy		

La conexión de los autotransformadores que no cumplan la función de regulador será en estrella, recomendándose la puesta a tierra directa del neutro, y de no ser esto posible o conveniente, la conexión a tierra se realizará a través de un descargador apropiado.

NOTA

Los pararrayos de los neutros de los transformadores de potencia protegen el aislamiento del neutro contra sobretensiones tipo rayo y tipo maniobra.

En la Figura 7.6 se muestra un dispositivo de protección contra sobretensiones del neutro de un transformador.

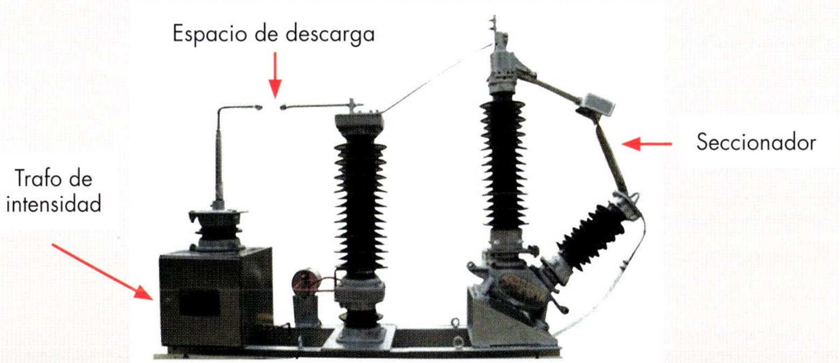

Figura 7.6. *Pararrayos de los neutros de transformadores de potencia.*

Los transformadores conectados directamente a una red de distribución pública deberán tener un grupo de conexión adecuado, de forma que los desequilibrios de la carga repercutan lo menos posible en la red.

3. Regulación

Tanto los transformadores como los autotransformadores podrán disponer de un dispositivo que permita, en escalones apropiados, la regulación en carga de la tensión para asegurar la continuidad del servicio.

Se admite también la existencia de una regulación de tensión, estando la máquina sin tensión, a fin de adaptar su relación de transformación a las exigencias de la red.

GUÍA-RAT-07

Las tomas de regulación de tensión deben cumplir con lo indicado en la Norma UNE-21428-1 para transformadores trifásicos de distribución sumergidos en aceite; y con lo indicado en la Norma UNE-21538-1 para transformadores trifásicos de distribución de tipo seco.

NOTA

Las variaciones de tensión que se presentan en las líneas se controlan mediante dispositivos de cambio de tomas que se instalan en los transformadores y que permiten elevar o disminuir la tensión de salida del transformador, actuando sobre las espiras del bobinado.

La regulación de tensión puede realizarse en el bobinado de alta tensión, en el de baja tensión o en ambos y físicamente el bobinado es el más externo por razones constructivas. En cualquiera de estos casos se puede llevar a efecto mediante un conmutador en vacío, accionable sin carga ni tensión, o bien mediante un conmutador en carga con mando manual o automático.

En los autotransformadores, las tomas se disponen a veces en el neutro.

- **Conmutador de tensión en vacío (sin tensión)**

  Puede actuar sobre cualquiera de los bobinados, aunque lo más usual es que lo haga sobre el bobinado de alta tensión.

  La maniobra se realiza con el transformador desconectado de la red.

  El mando está situado sobre la tapa y actúa directamente sobre el mecanismo cambiador por medio de piñón y cremallera. Bajo pedido puede situarse el mando en un lateral de la cuba.

  Existen varios tipos de conmutadores de tensión de los cuales indicamos algunos ejemplos (Figura 7.7):

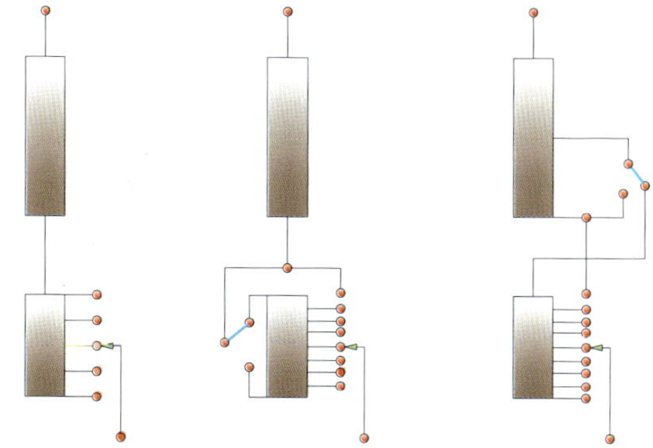

Figura 7.7. *Tipos de conmutadores de tensión.*

Con el conmutador con inversor se obtiene una variación de aproximadamente la tensión nominal del transformador. Esto es debido a que, según la posición del conmutador, se varía el número de espiras desde arriba hacia abajo o al revés, con lo que se consigue sumar o restar magnetismo.

Por ejemplo, un transformador con regulación de tensión 20 000 ± 5 %/420 V, indica que en el primario se puede conmutar a las siguientes tensiones: 19 000, 20 000 o 21 000 V, obteniéndose en todos los casos una tensión en vacío del secundario de 420 V.

Por tanto, este transformador puede utilizarse en cualquier lugar de la red donde la tensión este comprendida entre su banda de regulación.

Figura 7.8. *Mando del conmutador de tensión en vacío.* Fuente: *Weg.*

En la Figura 7.9 se muestra el conmutador de tensión de un transformador de tipo seco.

Figura 7.9. *Conmutador de tensión de un transformador de tipo seco.*

Conmutador de tensión en carga

A través de un cambiador de tomas (sistema Jansem), que permite la maniobra con el transformador en servicio.

El accionamiento del cambiador de tomas en carga se ejecuta bien por sistema manual o automático (motorizado). El tiempo de cambio de toma es de corta duración.

El sistema automático consiste en un armario con un servomotor que actúa en ambos sentidos, realizando el cambio de posición para aumentar o disminuir las tensiones.

En la Figura 7.10 se muestra un transformador con regulación de tensión en carga.

Figura 7.10. *Conmutador de tensión en carga.*

Los conmutadores de tensión en carga eran hasta ahora utilizados casi únicamente en los transformadores de potencia.

Mediante el uso de un transformador de red local regulable, la tensión en la red de media tensión puede desacoplarse de la tensión de la red de baja tensión, de forma que toda la banda de tensión del ±10 % esté disponible en dicha red.

De este modo, en lugar del 3 % en la red de baja tensión se dispone del 11 % para el aumento de tensión mediante la alimentación de energías renovables. Esto corresponde a prácticamente una multiplicación de la capacidad, que favorece especialmente la alimentación a partir de instalaciones fotovoltaicas.

Por lo general, en cuanto un anillo de media tensión se equipa con transformadores de red local regulables, desde un punto de vista técnico también puede suprimirse la limitación de la alimentación en la tensión media a un aumento de tensión del 2 %, puesto que ahora cada una de las estaciones de red local dispone mediante el transformador regulable de las capacidades técnicas para volver a regular la tensión en el margen exigido por la norma.

De este modo, podría aumentarse masivamente sobre todo el potencial de absorción para instalaciones eólicas.

Figura 7.11. *Transformador de distribución con regulación de tensión en carga con accionamiento motorizado.* Fuente: *Reinhausen.*

Regulación de tensión con transformadores

Los reguladores de tensión son autotransformadores con cambiador de etapas, con la habilidad de monitorizar continuamente su tensión de salida y automáticamente ajustarse mediante el cambio de etapas hasta conseguir la tensión de consigna.

El uso de reguladores de tensión trifásicos se limitaba a estaciones transformadoras y los monofásicos, a líneas de distribución en media tensión.

El actual desarrollo de los conmutadores bajo carga de mayor capacidad y reducido tamaño permite la construcción de reguladores de tensión de mayores prestaciones, ampliando la utilidad de estos, incluso remplazando los trifásicos en estaciones transformadoras.

Figura 7.12. *Dos reguladores de tensión en conexión triángulo abierto.*

EJEMPLOS DE APLICACIÓN

En este apartado se muestra una serie de ejemplos de cálculo de regulación de tensión, según la UNE-60076-1.

EJEMPLO DE APLICACIÓN 1

Regulación de tensión a flujo constante (RFC)

- Transformador trifásico con un régimen asignado de 66 kV/20 kV, 40 MVA, y una extensión de tomas de ±10 % sobre el arrollamiento de 66 kV, con 11 posiciones de regulación. Notación abreviada: (66 ±5 x 2 %)/20 kV.
- Categoría de regulación: RFC (la tensión de toma en cualquier arrollamiento sin toma es constante de toma a toma. Las tensiones de toma en el arrollamiento con tomas son proporcionales a los factores de toma).
- Arrollamiento con tomas: 66 kV (extensión de tomas ±10 %).
- Número de posiciones de regulación: 11.

- Si este transformador debe tener tomas de potencia reducida, a partir de la toma –6 %, añadir:
  - Toma de máxima corriente: toma –6 %.

La corriente de toma del arrollamiento de AT se limita entonces a 372 A, a partir de la toma –6 % hasta la toma extrema –10 %, en la que la potencia de toma se reduce a 38,3 MVA.

EJEMPLO DE APLICACIÓN 2

Regulación de la tensión a flujo variable (RFV)

Transformador trifásico con un régimen asignado de 66 kV/6 kV, 20 MVA, y una extensión de tomas de +15 %, –5 %, sobre el arrollamiento de AT, pero que tiene una tensión de toma constante para el arrollamiento de AT y una tensión de toma variable para el arrollamiento de BT, entre:

$$\frac{6}{0{,}95} = 6{,}32 \text{ kV a } \frac{6}{1{,}15} = 5{,}22 \text{ kV}$$

- Categoría de regulación: RFV (la tensión de toma en el arrollamiento con toma es constante toma a toma. Las tensiones de toma en cualquier arrollamiento sin toma son inversamente proporcionales al factor de tomas.
- Arrollamiento con tomas: 66 kV (extensión de tomas +15 % –5 %).
- Número de posiciones de regulación: 13.
- Tensiones de toma del arrollamiento de 6 kV: 6,32 kV, 6 kV, 5,22 kV.
- Si este transformador debe tomar tomas de potencia reducida, añadir, por ejemplo:
  - Toma de corriente máxima: toma +5 %.

La corriente de toma del arrollamiento sin tomas (BT) se limita entonces a 2020 A, a partir de la toma +5 % hasta la toma extrema +15 %, donde la potencia de toma se reduce a 18,3 MVA.

EJEMPLO DE APLICACIÓN 3

Regulación de la tensión combinada (RCB)

- Transformador trifásico con un régimen asignado de 160 kV/20 kV, 40 MVA y una extensión de tomas de ±15 % sobre el arrollamiento de 160 kV. El punto de discontinuidad (toma de tensión máxima), está a +6 %, y también hay una toma de corriente máxima en la extensión de RFV a –9 %.

- Arrollamientos con tomas: 160 kV, extensión de tomas ± 10 x 1,5 %.

Tabla 7.2. *Ejemplo de regulación de la tensión combinada*

Toma	Relación de transformación	U_{AT} (kV)	U_{BT} (kV)	I_{AT} (A)	I_{BT} (A)	Potencia de toma S (MVA)
1 (+15 %)	9,2	169,6	18,43 (1)	125,6	1.155	36,86
7 (+6 %)	8,48	169,6	20	136,2	1.155	40
11 (0 %)	8	160	20	114,4	1.155	40
17 (– 9 %)	7,28	145,6 (2)	20	158,7	1.155	40
21 (– 15 %)	6,8	136	20	158,7 (3)	1.080	37,4 (4)

(1) Para la toma + 15 % le correspondería una tensión en AT de 184 kV y 20 kV en BT, pero como la tensión máxima es de 169,6; por eso le corresponde en BT una tensión de 18,43 kV.
(2) 145,6 = 160 – 0,09 de 160
(3) Como la máxima corriente en BT es 1155 A, implica una corriente máxima en AT de 158,7 A.
(4) $37{,}4 = \sqrt{3} \cdot 1.080 \cdot 20$

EJEMPLO DE APLICACIÓN 4

Transformador especificado con variación de tensión en AT

- Se deben definir los siguientes requisitos específicos:
  - La tensión de funcionamiento.
  - La corriente de carga admisible.
  - La impedancia.

Es un transformador adecuado para funcionamiento como reductor.

- Potencia asignada S_r: 70 MVA sobre la toma principal.
- Tensiones asignadas: 220 kV/90 kV.
- Máxima tensión de funcionamiento: +10 %.
- Número de posiciones de regulación: 26.
- Tamaño del escalón entre tomas: 1 %.
- Variación de la tensión de AT: +10 % –15 %.
- Impedancia: 10 % para todas las tomas con 70 MVA de base.
- Mínimo factor de potencia a plena carga: 0,8.

Tabla 7.3. *Ejemplo de especificación funcional con variación de tensión en AT*

Tomas	Relación de transformación en vacío	Tensión de toma asignada		Tensión máxima permanente (en carga)		Corriente de toma asignada		Potencia de toma	Impedancia de cortocircuito		Corriente de c.c. disponible en BT a 220 kV
		U_{AT} kV	U_{BT} kV	AT kV	BT kV	I_{AT} A	I_{BT} A	S_{toma} MVA	z %[a]	Z_{HV} Ω/fase	kA
1 (+10 %)	2,69	242	90	242	99	167	449	70	10	84	4,08
7 (+5 %)	2,57	231	90	242	99	175	449	70	10	76	4,28
11 (0 %)	2,44	220	90	242	99	184	449	70	10	69	4,49
17 (–5 %)	2,32	209	90	242	99	193	449	70	10	62	4,73
21 (–10 %)	2,20	198	90	242	99	204	449	70	10	56	4,99
27 (–15 %)	2,08	187	90	242	99	216	449	70	10	50	5,28

[a] Referido a 70 MVA

Nota 1: la corriente de cortocircuito disponible en los bornes de BT cuando se aplican 220 kV a los bornes de AT, se calcula suponiendo que la impedancia de la red del sistema es nula, como:

$$I_{SC} = \frac{220}{U_{AT}} \times I_{BT} \times \frac{100}{z} \times \frac{S_r}{S_{toma}}$$

Nota 2: se ha considerado que la impedancia, z, en el ejemplo es constante para simplificar. Pero esto no representa una situación real.

Nota 3: la impedancia del transformador en Ω por fase se calcula como:

$$Z_{HV} = \frac{z}{100} \times \frac{U_{HV}^2}{S_r}$$

EJEMPLO DE APLICACIÓN 5

Transformador especificado con variación de tensión en el lado BT

- Potencia asignada S_r: 70 MVA sobre la toma principal.
- Tensiones asignadas: 220 kV/90 kV.

- Máxima tensión de funcionamiento: +10 %.
- Número de posiciones de regulación: 26.
- Tamaño del escalón entre tomas: 1 %.
- Variación de la tensión de BT: +10 % –15 %.
- Impedancia: 10 % para todas las tomas con 70 MVA de base.
- Mínimo factor de potencia a plena carga: 0,8.

Tabla 7.4. *Ejemplo de especificación funcional con variación de tensión en BT*

Tomas	Relación de transformación en vacío	Tensión de toma asignada		Tensión máxima permanente (en carga)		Corriente de toma asignada		Potencia de toma	Impedancia de cortocircuito		Corriente de c.c. disponible en BT a 220 kV
		U_{AT} kV	U_{BT} kV	AT kV	BT kV	I_{AT} A	I_{BT} A	S_{toma} MVA	z %[a]	Z_{HV} Ω/fase	kA
1 (+10 %)	2,72	220	81	242	99	167	449	63	10	69	4,99
7 (+5 %)	2,57	220	85,5	242	99	175	449	66,5	10	69	4,73
11 (0 %)	2,44	220	90	242	99	184	449	70	10	69	4,49
17 (–5 %)	2,33	220	94,5	242	99	193	449	73,5	10	69	4,28
21 (–10 %)	2,22	220	99	242	99	202	449	77	10	69	4,08
27 (–15 %)	2,13	220	103,5	242	99	211	449	80,5	10	69	3,90

[a] Referido a 70 MVA

4. Anclaje

Se tomarán las medidas apropiadas para evitar que los transformadores de potencia puedan moverse en las condiciones normales de explotación o por efecto de los esfuerzos electrodinámicos a los que pueda estar sometido.

GUÍA-RAT-07

Este requisito complementa al resto de las disposiciones referentes a la instalación de los transformadores recogidas en la ITC-RAT-14 y en la ITC-RAT-15.

5. Pérdidas y niveles de potencia acústica máximos

Para los transformadores trifásicos en baño de aceite para distribución en baja tensión hasta 2500 kVA, los valores de pérdidas y niveles de potencia acústica deben ser como máximo los indicados en las normas de obligado cumplimiento correspondientes que figuran en la ITC-RAT-02, pero en ningún caso podrán ser superiores a los valores de la Tabla 1. Los valores establecidos de impedancia de cortocircuito a 75 °C deben ser los que se indican en la Tabla 1.

GUÍA-RAT-07

Debido a la aplicación del Reglamento (UE) N.° 548/2014, de la Tabla 1 de la ITC-RAT-07, solo quedan en vigor las columnas correspondientes a los valores de tensión de cortocircuito y de potencia acústica máxima para cada tipo de transformador, aunque en 2017 está prevista la revisión del Reglamento Europeo de Ecodiseño para incorporar otros requisitos relativos a la mejora del impacto medioambiental.

Las normas que dan presunción de conformidad para el cumplimiento con el Reglamento (UE) N.° 548/2014 son las siguientes:

- EN 50588-1. *«Medium power transformers 50 Hz, with highest voltage for equipment not exceeding 36 kV. Part 1: General Requirements»*.
- EN 50629. «Energy performance of large power transformers (Um > 36 kV or Sr ≥ ≥ 40 MVA)».

Nota: estas normas incluyen también valores de potencia acústica admisibles y valores de la impedancia de cortocircuito que no coinciden con La tabla 1 de la ITC-RAT-07 y que tampoco son requisitos del Reglamento Europeo de ecodiseño.

Mientras que la ITC-RAT-07 solo dictaba valores de pérdidas máximas para transformadores trifásicos en baño de aceite hasta 2500 kVA, el Reglamento de Ecodiseño prescribe requisitos medioambientales tanto para transformadores de aislamiento en aceite como para los de aislamiento seco, bien fijando pérdidas máximas para cada potencia de transformador hasta 3150 kVA de potencia asignada, o bien definiendo valores mínimos del índice de eficiencia máxima (PEI) calculado para transformadores de potencias superiores.

Debido a la aplicación del Reglamento (UE) N.° 548/2014, de la Tabla 1 de la ITC-RAT-07, solo quedan en vigor las columnas correspondientes a los valores de tensión de cortocircuito y de potencia acústica máxima.

La referencia de la Nota 2 a las tolerancias de las pérdidas queda igualmente sin efecto al indicar el Reglamento (UE) N.° 548/2014 que los valores recogidos en las tablas del propio reglamento son valores máximos; y que las tolerancias aplicables dentro del procedimiento de verificación a realizar por los Estados miembros no pueden ser utilizadas por el fabricante como tolerancias permitidas para los valores presentados en la documentación técnica.

Tabla 1. *Pérdidas debidas a la carga Pk (W) a 75 °C, pérdidas en vacío P_0 (W), nivel de potencia acústica Lw (A) e impedancia de cortocircuito a 75 °C, para transformadores de distribución de Um ≤ 36 kV*

Potencia asignada kVA	Um ≤ 24 kV				Um = 36 kV			
	Pk (W) a 75 °C	P_0 (W)	Lw (A) dB(A)	Zcc (%), a 75°C	Pk (W) a 75 °C	P_0 (W)	Lw (A) dB(A)	Zcc (%), a 75 °C
50	875	110	42	4	1050	160	50	4,5
100	1475	180	44	4	1650	270	54	4,5
160	2000	260	47	4	2150	390	57	4,5
250	2750	360	50	4	3000	550	60	4,5
315	3250	440	52	4	—	—	—	—
400	3850	520	53	4	4150	790	63	4,5
500	4600	610	54	4	—	—	—	—
630	5400	730	55	4	5500	1100	65	4,5
800	7000	800	56	6	7000	1300	66	6
1000	9000	940	58	6	8900	1450	67	6
1250	11000	1150	59	6	11500	1750	68	6
1600	14000	1450	61	6	14500	2200	69	6
2000	18000	1800	63	6	18000	2700	71	6
2500	22000	2150	66	6	22500	3200	73	6

Nota 1: para potencias diferentes de las indicadas en la tabla, los valores de las pérdidas y de la potencia acústica deben determinarse por interpolación.
Nota 2: los valores de la tabla están sujetos a las tolerancias especificadas en la norma de la serie UNE-EN-60076, excepto los niveles de potencia acústica que corresponden a máximos admisibles.

NOTA

- Clases de pérdidas con una clasificación de eficiencia para las pérdidas en vacío y para las pérdidas debidas a la carga. La clase más eficiente para pérdidas en vacío es AAAo, después la AAo y después la Ao. Para las pérdidas debidas a la carga se utiliza la misma lógica con la clase más eficiente Ak, después la Bk y luego la Ck.
- Pérdidas máximas debidas a la carga y en vacío (W) para transformadores de potencia trifásicos medianos sumergidos con una bobina de $Um \leq 24$ kV y otra de $Um \leq 3{,}6$ kV. Reglamento (UE) 548/2014 (modificado por el Reglamento (UE) 2019/1783).

Potencia asignada (kVA)	1.ª etapa (a partir del 1 de julio de 2015)		2.ª etapa (a partir del 1 de julio de 2021)	
	Pérdidas máximas debidas a la carga P_k (W) *	Pérdidas máximas en vacío P_0 (W) *	Pérdidas máximas debidas a la carga P_k (W) *	Pérdidas máximas en vacío P_0 (W) *
≤ 25	C_K (900)	A_0 (70)	A_K (600)	A_0 – 10 % (63)
50	C_K (1.100)	A_0 (90)	A_K (750)	A_0 – 10 % (81)
100	C_K (1.750)	A_0 (145)	A_K (1250)	A_0 – 10 % (130)
160	C_K (2.350)	A_0 (210)	A_K (1750)	A_0 – 10 % (189)
250	C_K (3.250)	A_0 (300)	A_K (2350)	A_0 – 10 % (270)
315	C_K (3.900)	A_0 (360)	A_K (2800)	A_0 – 10 % (324)
400	C_K (4.600)	A_0 (430)	A_K (3250)	A_0 – 10 % (387)
500	C_K (5.500)	A_0 (510)	A_K (3900)	A_0 – 10 % (459)
630	C_K (6.500)	A_0 (600)	A_K (4600)	A_0 – 10 % (540)
800	C_K (8.400)	A_0 (650)	A_K (6000)	A_0 – 10 % (585)
1000	C_K (10.500)	A_0 (770)	A_K (7600)	A_0 – 10 % (693)
1250	B_K (11.000)	A_0 (950)	A_K (9500)	A_0 – 10 % (855)
1600	B_K (14.000)	A_0 (1200)	A_K (12000)	A_0 – 10 % (1080)
2000	B_K (18.000)	A_0 (1450)	A_K (15000)	A_0 – 10 % (1305)
2500	B_K (22.000)	A_0 (1750)	A_K (18500)	A_0 – 10 % (1575)
3150	B_K (27.500)	A_0 (2200)	A_K (23000)	A_0 – 10 % (1980)

* Las pérdidas máximas para potencias asignadas en kVA que quedan entre las indicadas se obtendrán por interpolación lineal.

- Pérdidas máximas debidas a la carga y en vacío (W) para transformadores de potencia trifásicos medianos secos con una bobina de $Um \leq 24$ kV y otra de $Um \leq 3{,}6$ kV. Reglamento (UE) 548/2014 (modificado por el Reglamento (UE) 2019/1783).

Potencia asignada (kVA)	1.ª etapa (a partir del 1 de julio de 2015)		2.ª etapa (a partir del 1 de julio de 2021)	
	Pérdidas máximas debidas a la carga P_k (W) *	Pérdidas máximas en vacío P_0 (W) *	Pérdidas máximas debidas a la carga P_k (W) *	Pérdidas máximas en vacío P_0 (W) *
≤ 50	B_K (1700)	A_0 (200)	A_K (1500)	A_0 – 10 % (180)
100	B_K (2050)	A_0 (280)	A_K (1800)	A_0 – 10 % (252)
160	B_K (2900)	A_0 (400)	A_K (2600)	A_0 – 10 % (360)
250	B_K (3800)	A_0 (520)	A_K (3400)	A_0 – 10 % (468)
400	B_K (5500)	A_0 (750)	A_K (4500)	A_0 – 10 % (675)
630	B_K (7600)	A_0 (1100)	A_K (7100)	A_0 – 10 % (990)
800	A_K (8000)	A_0 (1300)	A_K (8000)	A_0 – 10 % (1170)
1000	A_K (9000)	A_0 (1550)	A_K (9000)	A_0 – 10 % (1395)
1250	A_K (11000)	A_0 (1800)	A_K (11000)	A_0 – 10 % (1620)
1600	A_K (13000)	A_0 (2200)	A_K (13000)	A_0 – 10 % (1980)
2000	A_K (16000)	A_0 (2600)	A_K (16000)	A_0 – 10 % (2340)
2500	A_K (19000)	A_0 (3100)	A_K (19000)	A_0 – 10 % (2790)
3150	A_K (22000)	A_0 (3800)	A_K (22000)	A_0 – 10 % (3420)

* Las pérdidas máximas para potencias asignadas en kVA que quedan entre las indicadas se obtendrán por interpolación lineal.

- Pérdidas máximas debidas a la carga y en vacío (W) para transformadores de potencia medianos sumergidos de montaje en postes.

Potencia asignada (kVA)	1.ª etapa (a partir del 1 de julio de 2015)		2.ª etapa (a partir del 1 de julio de 2021)	
	Pérdidas máximas debidas a la carga (W) *	Pérdidas máximas en vacío (W) *	Pérdidas máximas debidas a la carga (W) *	Pérdidas máximas en vacío (W) *
25	C_K (900)	A_0 (70)	B_K (725)	A_0 (70)
50	C_K (1100)	A_0 (90)	B_K (875)	A_0 (90)
100	C_K (1750)	A_0 (145)	B_K (1475)	A_0 (145)
160	C_K + 32 % (3102)	C_0 (300)	C_K + 32 % (3102)	C_0 – 10 % (270)
200	C_K (2750)	C_0 (356)	B_K (2333)	B_0 (310)
250	C_K (3250)	C_0 (425)	B_K (2750)	B_0 (360)
315	C_K (3900)	C_0 (520)	B_K (3250)	B_0 (440)

* Las pérdidas máximas para potencias asignadas en kVA que quedan entre las indicadas se obtendrán por interpolación lineal.

- Método para calcular el índice de eficiencia máxima (PEI) de los transformadores de potencia medianos y grandes.

El PEI es el valor máximo de la relación entre la potencia transmitida aparente de un transformador menos sus pérdidas eléctricas y la potencia aparente transmitida del transformador.

Un transformador de potencia mediano es un transformador de potencia donde cada una de sus bobinas tiene una potencia asignada inferior o igual a 3150 kVA y una tensión más elevada para los equipos superior a 1,1 kV e inferior o igual a 36 kV

Un transformador de potencia grande es un transformador con al menos una bobina que tiene o bien una potencia asignada superior a 3150 kVA o bien una tensión más elevada para los equipos superior a 36 kV

La fórmula que se debe utilizar para calcular el índice de eficiencia máxima es la siguiente:

$$PEI = 1 - \frac{2}{S_r}\sqrt{(P_0 + P_{CO} + P_{ck}(k_{PEI}))\,P_k}\ (\%)$$

P_0 = Pérdidas en vacío medidas a la tensión y la frecuencia asignadas sobre la toma en cuestión

P_{co} = Potencia eléctrica requerida por el sistema de refrigeración para el funcionamiento en vacío, obtenida a partir de las mediciones efectuadas en los ensayos tipo de la potencia absorbida por el ventilador y los motores de las bombas de líquido (en los sistemas de refrigeración ONAN y ONAN/ONAF, P_{co} es siempre cero)

$P_{ck}(k_{PEI})$ = Potencia eléctrica requerida por el sistema de refrigeración además de P_{co} para funcionar a k_{PEI} veces la carga asignada; P_{ck} está en función de la carga; $P_{ck}(k_{PEI})$ se obtiene a partir de las mediciones efectuadas en los ensayos de tipo de la potencia absorbida por el ventilador y los motores de las bombas de líquido (en los sistemas de refrigeración ONA, P_{ck} es siempre cero)

P_k = Es la pérdida debida a la carga medida a la corriente y la frecuencia asignadas sobre la toma en cuestión, corregida por la temperatura de referencia

S_r = Potencia asignada del transformador o autotransformador sobre cuya base se calcula P_k

k_{PEI} = factor de carga al que se da el índice de eficiencia máxima

6. Cableado auxiliar

Todo el cableado auxiliar instalado exteriormente al transformador o autotransformador y que forme conjunto con él, deberá ser resistente a la degradación por líquidos aislantes, a las condiciones climáticas (según UNE-211605) y no propagarán la llama (según UNE-EN-60332-1-2).

GUÍA-RAT-07

ANEXO 1

Interpretación resumida sobre la aplicación del Reglamento (UE) N.° 548/2014 de la Comisión, de 21 de mayo de 2014, por el que se desarrolla la Directiva 2009/125/CE, de ecodiseño para transformadores de potencia.

El reglamento aplica a los transformadores adquiridos después del 11/06/2014 que es su fecha de entrada en vigor.

Los transformadores adquiridos antes de esta fecha se podrán poner en servicio, aunque no cumplan con los requisitos de pérdidas de este reglamento.

Para demostrar que la compra de un transformador se realizó antes de esta fecha, debe existir un contrato firmado por fabricante y comprador de fecha lógicamente anterior, en el que se especifiquen el tipo y número de transformadores objeto del contrato, así como la fecha de entrega prevista.

Cualquier otro acuerdo firmado entre fabricante y comprador antes del 11/06/2014 en el que no se especifiquen el tipo y número de transformadores, así como la fecha de entrega, no exime de que los transformadores objeto del acuerdo cumplan con el reglamento.

El reglamento describe dos etapas o niveles de pérdidas admisibles distintos, siendo las pérdidas admisibles menores en la etapa 2.ª.

La etapa 1.ª aplica a los transformadores puestos en el mercado a partir del 1/07/2015 y la 2.ª, a los puestos en el mercado a partir del 1/07/2021.

Los transformadores que hayan sido puestos en el mercado antes del 1/07/2015 se podrán poner en servicio después de dicha fecha sin necesidad de cumplir con el nivel de pérdidas de la etapa 1.ª.

Una vez puestos en el mercado antes del 1/07/2015, los transformadores pueden permanecer en la cadena de distribución y ser objeto de reventas posteriores sin necesidad de tener que cumplir por ello con los requisitos de pérdidas de la etapa 1.ª, ya que cuando se pusieron en el mercado por primera vez cumplían con los requisitos exigibles en dicha fecha.

La acreditación de la puesta en el mercado de un transformador en una fecha determinada se puede realizar con:

- La fecha del albarán de entrega del transformador al cliente o distribuidor.
- La fecha del protocolo de ensayos individuales, siempre que exista una comunicación del cliente o distribuidor aceptando este protocolo.
- Una carta del cliente o distribuidor acusando recibo de la puesta a su disposición del transformador por parte del fabricante en una fecha determinada.
- Cualquier otro documento similar a los anteriores que acredite que el transformador se ha puesto a disposición del cliente o distribuidor.

Lo dicho para la aplicación de la etapa 1.ª a partir del 1/07/2015, es válido también para establecer en un futuro la aplicación de la etapa 2.ª, con un nivel de pérdidas admisibles menor, a partir del 1/07/2021.

ANOTACIONES

ITC-RAT-08

TRANSFORMADORES DE MEDIDA Y PROTECCIÓN

Índice

1. Características generales

El ámbito de aplicación de esta instrucción técnica complementaria se refiere a los transformadores de alta tensión para medida o protección, bien sean de intensidad o de tensión. Estos transformadores cumplirán con lo prescrito en las normas de la serie UNE-EN-60044 y tendrán la potencia y grado de precisión correspondientes a las características de los aparatos que van a alimentar.

En los transformadores de tensión e intensidad destinados a la medida de energía suministrada o recibida por una instalación y que ha de ser objeto de posterior facturación se tendrá muy especialmente en cuenta lo que a este respecto determina el vigente Reglamento Unificado de los Puntos de Medida del Sistema Eléctrico, aprobado por Real Decreto 1110/2007, de 24 de agosto.

El proyectista deberá seleccionar los transformadores de intensidad destinados a alimentar relés de protección, de forma que se garantice el funcionamiento del transformador para faltas dentro o fuera de la zona de protección. Se comprobará que la saturación que se produce cuando están sometidos a elevadas corrientes de cortocircuito no hace variar su relación de transformación y ángulo de fase en forma tal que impida el funcionamiento correcto de los relés de protección alimentados por ellos. En los casos en que no se cumpla este requisito el proyectista justificará que el error de medida del transformador no compromete la seguridad de la instalación.

NOTA

Los transformadores de medida y protección se emplean para alimentar los circuitos de protección, control y medida, en los que es necesario reducir la tensión del circuito primario a valores tolerables por los equipos de estos circuitos.

Se definen por su relación de transformación, potencia y clase de precisión.

Los objetivos de los transformadores de medida y protección son:

- Aislar o separar los circuitos y aparatos de medida y protección de la alta tensión.
- Evitar perturbaciones electromagnéticas y reducir las corrientes de cortocircuito en los aparatos de medida.
- Procurar un aislamiento galvánico entre la instalación de alta tensión y los circuitos de protección y medida que son accesibles al operario.
- Obtener intensidades y tensiones proporcionales a las que se desea medir y transmitirlas a los aparatos apropiados.

En la Figura 8.1 se muestra una clasificación de los transformadores de medida y protección.

Deberá conectarse a tierra un punto del circuito o circuitos secundarios de los transformadores de medida y protección, o separarse de los circuitos primarios mediante pantallas metálicas puestas a tierra. Esta puesta a tierra deberá hacerse directamente en las bornas secundarias, o lo más cerca posible de los terminales secundarios de los transformadores de medida y protección, excepto en aquellos casos en que la instalación aconseje otro montaje. Si la puesta a tierra es necesaria en otros puntos, debe ser imposible desconectarla involuntariamente.

NOTA

Los transformadores de medida y protección de AT, tanto de intensidad (TI) como de tensión (TT) deben tener un punto de su circuito secundario puesto a tierra, pues en caso de defecto del aislamiento entre primario y secundario se producirá un cortocircuito a tierra que hará actuar las protecciones del lado de alta tensión, limitando, al mismo tiempo, las posibles tensiones de contacto, dependiendo de las características de puesta a tierra.

Existen varias formas de conexión de los circuitos secundarios de los transformadores de medida a tierra cono son:

- **Conexión serie:** es la menor longitud de cableado, pero es la peor forma de conexión a tierra desde el punto de vista de las interferencias electromagnéticas (Figura 8.2).

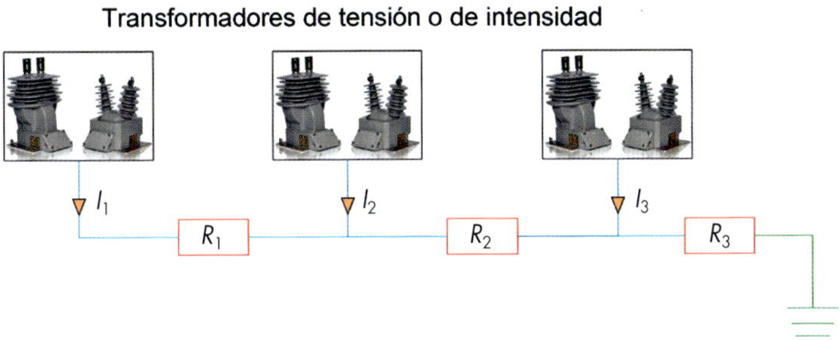

Figura 8.2. *Conexión serie de los secundarios de un transformador de medida a tierra.*

- **Conexión paralelo:** necesita mayor longitud de cableado y presenta problemas de acoplamiento inductivo o capacitivo (Figura 8.3).
- **Conexión distribuida:** es una combinación de las dos anteriores y permite reducir la longitud de los cables de conexión entre el secundario del transformador y el plano de tierra (por ejemplo, una pletina de anchura y sección suficientes, que presente baja resistencia e inductancia; Figura 8.4).

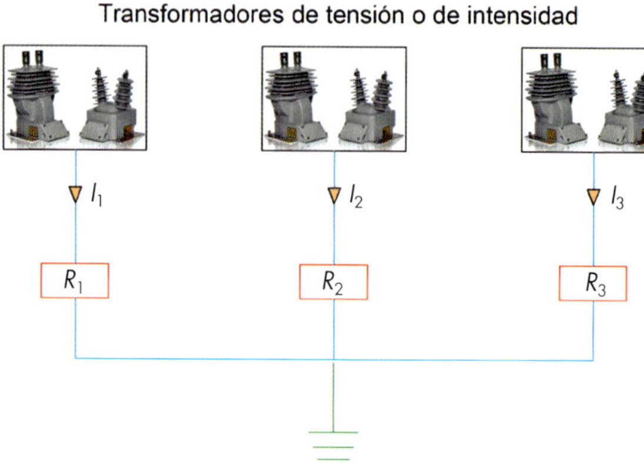

Figura 8.3. *Conexión paralelo de los secundarios de un transformador de medida a tierra.*

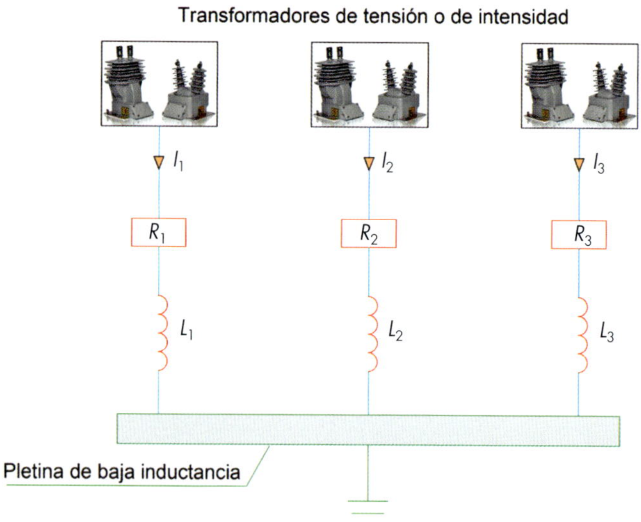

Figura 8.4. *Conexión distribuida de los secundarios de un transformador de medida a tierra.*

El punto del circuito secundario puesto a tierra debe determinarse de forma que se eviten las interferencias eléctricas.

Para conductores de cobre la sección mínima de la puesta a tierra de los circuitos secundarios será de 2,5 mm^2 si el conductor de tierra está mecánicamente protegido

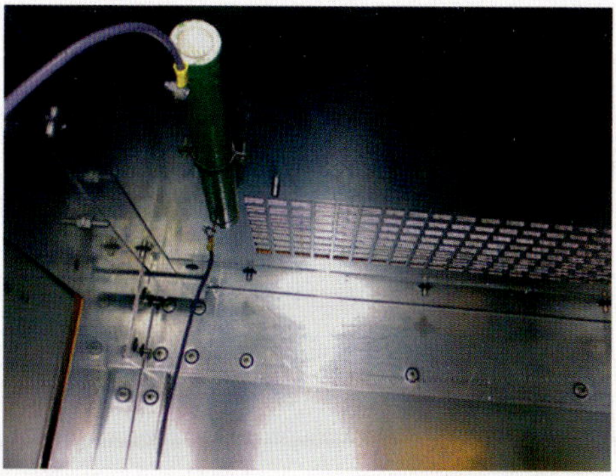

Figura 8.10. *Resistencia ferrorresonancia en una celda de medida de un CT.* Fuente: *Sagova.*

Para transformadores de intensidad de medida, su intensidad asignada se elegirá de forma que la intensidad de carga prevista en el circuito donde se instalen esté comprendida entre el 10 por ciento y el 100 por cien de la intensidad asignada, si se trata de transformadores de clase S, o entre el 50 por ciento y el 100 por ciento, para el resto de clases de transformadores de medida de intensidad.

La carga en el circuito secundario dedicado a medida de los transformadores de intensidad estará entre el 25 % y el 100 % de su potencia de precisión. La relación de transformación de los transformadores de intensidad será tal que, para la potencia de diseño prevista en la instalación eléctrica, la intensidad secundaria se encuentre dentro del rango del 45 % (o del 20 % para transformadores de clase 0,2S o 0,5S) de la intensidad asignada y el 100 % de la intensidad térmica permanente asignada del transformador.

Se prohíbe la instalación de aparatos de medida, bloques de prueba, etcétera, sobre los frentes de las celdas de medida en aquellos casos en los que la proximidad de elementos de alta tensión presenta riesgos de accidentes para el personal encargado de las operaciones de verificación, cambio de horario y lectura. Esto no se aplicará a los conjuntos de aparamenta previstos en las ITC-RAT-16 y 17.

NOTA

- **Características de los transformadores de intensidad (TI)**
  - Definición:

    Transformador de medida en el cual la intensidad secundaria es, en las condiciones normales de empleo, prácticamente proporcional a la intensidad primaria y desfasada con relación a esta un ángulo próximo a cero, para un sentido apropiado de las conexiones.

El devanado primario se conecta en serie con el circuito donde se realiza la medida. Por el circuito primario circula la intensidad de línea.

Según el tipo de conexión, el arrollamiento primario permite conseguir varias intensidades nominales. Las posibilidades de conexión son:

- Un TI para medida y otro para protección.
- Un único TI para medida y protección, con doble secundario.

– Designación de bornes:

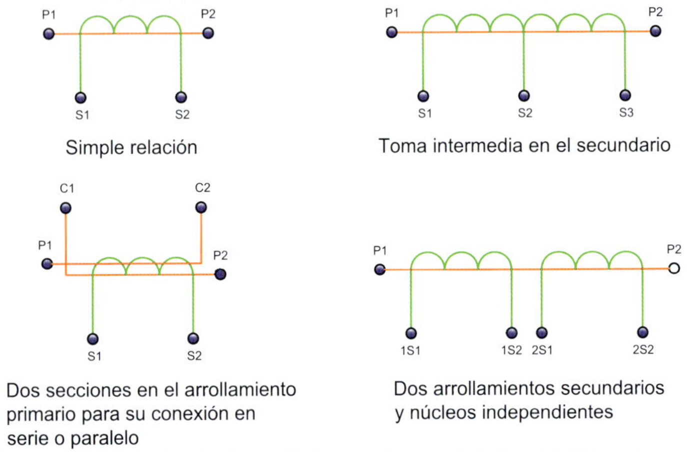

Figura 8.11. *Designación de bornes de un TI según IEC.*

Los transformadores de intensidad pueden tener más de un núcleo del lado secundario, los cuales se utilizan por ejemplo al menos uno para medida y el resto de núcleos para protecciones, por ejemplo, 600/5/5/5.

– Tipos de TI según su aislamiento:

Los distintos tipos de TI según su aislamiento son:

- Aislamiento papel-aceite (Figura 8.12).
- Aislamiento en gas (Figura 8.13).
- Aislamiento seco (Figura 8.14).

– Transformador de intensidad de tipo óptico:

En los últimos años se desarrolló una serie de transformadores de medida como alternativa a los convencionales. Entre ellos figuran el transformador de medida convencional con salida óptica y los transformadores ópticos que utilizan el efecto Faraday.

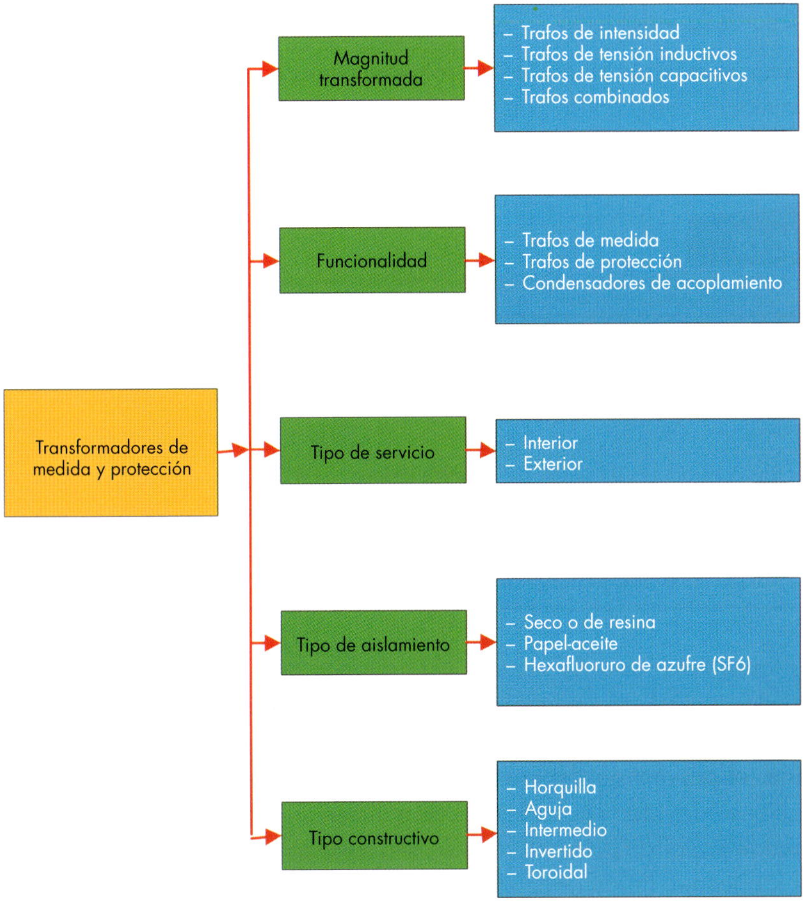

Figura 8.1. *Clasificación de los transformadores de medida y protección.*

Los transformadores de intensidad deberán elegirse de forma que puedan soportar los efectos térmicos y dinámicos de las máximas intensidades que puedan producirse como consecuencia de sobrecargas y cortocircuitos en las instalaciones que están colocados. En aquellos casos excepcionales en los que la corriente de cortocircuito del transformador de intensidad, elegido de acuerdo con el Reglamento Unificado de Puntos de Medida del Sistema Eléctrico, aprobado por Real Decreto 1110/2007, de 24 de agosto, dentro de las series normales de fabricación, no alcance el valor límite de la intensidad de cortocircuito prevista para la instalación, el proyectista deberá justificar dicha circunstancia e incluir en el proyecto las medidas de protección necesarias para evitar daños a las personas o al resto de la instalación.

Asimismo, se tendrán en cuenta las sobretensiones que tengan que soportar, tanto por maniobra como por la puesta a tierra accidental de una fase, en especial en los sistemas de neutro aislado o por otras de origen atmosférico.

NOTA

Los transformadores de medida son los destinados a alimentar los aparatos de medida, contadores y otros aparatos análogos, por lo que necesitan una precisión muy buena en el margen próximo a la corriente nominal, para valores superiores al 20-30 % el valor nominal es conveniente que se saturen e impidan el paso de corriente para proteger los equipos que alimentan.

Los transformadores de protección son los destinados a alimentar los relés de protección. Deben, por tanto, asegurar una precisión suficiente para intensidades de valor igual o varias veces la intensidad nominal, por lo que deben tener su punto de saturación alto, para que en el caso de falta puedan transmitir la información a la protección.

En los transformadores de tensión, el fabricante deberá informar de las características de su producto en la información técnica facilitada al proyectista, y de la duración del cortocircuito soportada en bornes secundarios del transformador. Por su parte, el proyectista deberá comprobar que los tiempos de actuación de las protecciones del lado de baja son compatibles con la duración del cortocircuito que puede soportar el transformador de acuerdo con la información facilitada por el fabricante. En aquellos casos en los que los transformadores de tensión no dispongan de protección en el lado de baja tensión el proyectista deberá justificar dicha circunstancia e incluir en el proyecto las medidas de protección necesarias para evitar daños a las personas o al resto de la instalación.

Se adoptarán medidas de protección para evitar daños a las personas o la instalación en caso de una eventual explosión de los transformadores. La ubicación de los transformadores de tensión o intensidad en el interior de cabinas prefabricadas se considera como una medida de protección aceptable.

2. Instalación

Deberán ponerse a tierra todas las partes metálicas de los transformadores de medida y protección que no se encuentren sometidas a tensión, según lo establecido en la ITC-RAT-13.

y de 4 mm^2 si no lo está. Si el conductor es de un material distinto al cobre, la sección será la que garantice una resistencia eléctrica equivalente.

En los circuitos secundarios de los transformadores de medida se instalarán dispositivos que permitan la separación, para su verificación o sustitución, de aparatos por ellos alimentados o la inserción de otros, sin necesidad de desconectar la instalación y, en el caso de los transformadores de intensidad, sin interrumpir la continuidad del circuito secundario.

La instalación de estos dispositivos será obligatoria en el caso de aparatos de medida de energía que sirvan para la facturación de la misma.

NOTA

Nunca se debe abrir el secundario de un TI cuando el primario está bajo tensión. Ante una intervención sobre el circuito secundario, los bornes secundarios del TI deben estar cortocircuitados.

En los centros de transformación (CT) los TI se cortocircuitan en la regleta de verificación a través de sus correspondientes puentes.

En la Figura 8.5 se muestra una regleta de verificación con los puentes para cortocircuitar los secundarios de los TI.

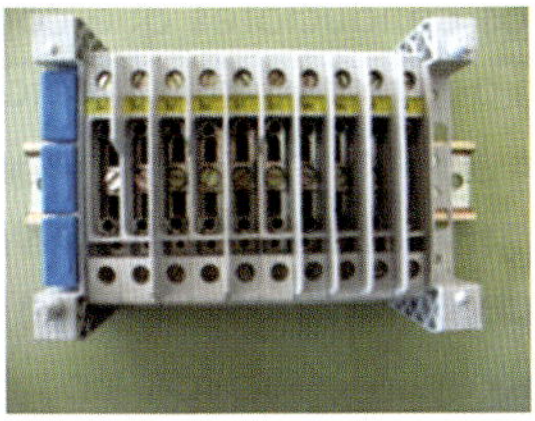

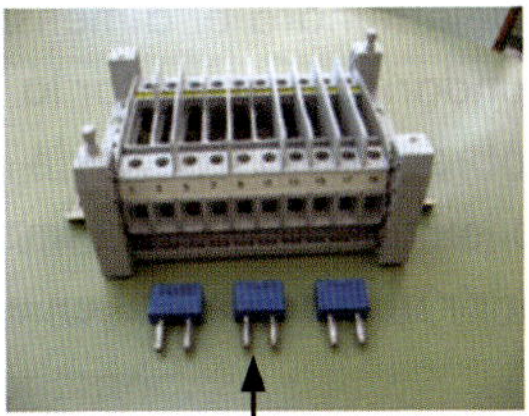

Puentes para cortocircuitar los secundarios de los TI

Figura 8.5. *Regleta de verificación con los puentes para cortocircuitar los secundarios de los TI.*

También se utiliza el llamado **limitador de tensión,** sobre todo para TI con elevada intensidad primaria, que sirve para proteger al transformador contra la apertura inoportuna o fortuita del circuito secundario. El limitador solo sirve una vez y no se rearma. Se comporta como si fuese un fusible.

Cuando el primario del TI está en tensión, en el secundario se produce una sobretensión que puede ser peligrosa para las personas y además, destruir el transformador.

resonancia, paralelo con resultado de calentamiento y serie con resultado de sobretensión, mantenida entre la reactancia saturable que representa el transformador y la capacitancia variable que supone la red.

Los valores mínimos recomendados para el valor de la resistencia *(R)* y la potencia P_R de esta resistencia son:

$$R \geq \frac{3 \cdot \sqrt{3} \cdot U_S^2}{P_e} \qquad P_R = \frac{(3U_S)^2}{R}$$

siendo:

U_S: tensión asignada del secundario del TT, conectado a la resistencia (V).

P_e: potencia de calentamiento del secundario del TT provocado por la resistencia (VA).

Ejemplo:

$TT = 11000/\sqrt{3} - 100/\sqrt{3} - 100/3 \text{ V}$

$P_e = 100 \text{ VA}$

$U_S = 100/3$

$$R = \frac{3\sqrt{3}\,(100/3)^2}{100} = 57{,}7\Omega \qquad P_R = \frac{(3 \times 100/3)^2}{57{,}7} = 173 \text{ W}$$

En la Figura 8.9 (b) se puede apreciar cómo se puede amortiguar este fenómeno con la colocación de una resistencia de valor adecuado en el triángulo abierto de los terciarios de los TT.

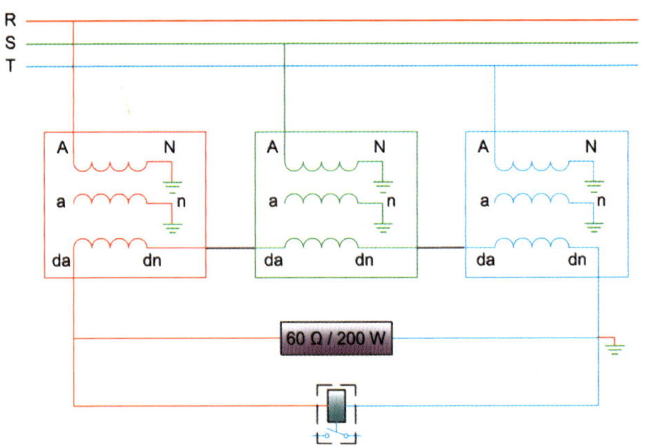

Figura 8.9 (b). *Amortiguamiento de la ferrorresonancia.*

Hay que asegurar que un solo punto está puesto a tierra en conexiones en triángulo abierto para evitar un cortocircuito secundario.

En la Figura 8.10 se muestra una resistencia para protección contra ferrorresonancia.

y de 4 mm^2 si no lo está. Si el conductor es de un material distinto al cobre, la sección será la que garantice una resistencia eléctrica equivalente.

En los circuitos secundarios de los transformadores de medida se instalarán dispositivos que permitan la separación, para su verificación o sustitución, de aparatos por ellos alimentados o la inserción de otros, sin necesidad de desconectar la instalación y, en el caso de los transformadores de intensidad, sin interrumpir la continuidad del circuito secundario.

La instalación de estos dispositivos será obligatoria en el caso de aparatos de medida de energía que sirvan para la facturación de la misma.

NOTA

Nunca se debe abrir el secundario de un TI cuando el primario está bajo tensión. Ante una intervención sobre el circuito secundario, los bornes secundarios del TI deben estar cortocircuitados.

En los centros de transformación (CT) los TI se cortocircuitan en la regleta de verificación a través de sus correspondientes puentes.

En la Figura 8.5 se muestra una regleta de verificación con los puentes para cortocircuitar los secundarios de los TI.

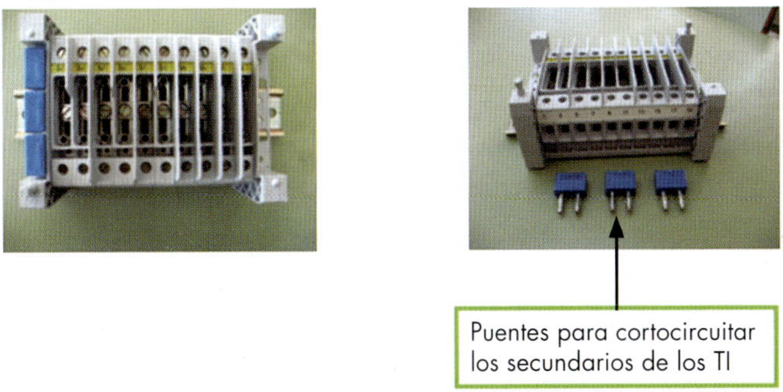

Figura 8.5. *Regleta de verificación con los puentes para cortocircuitar los secundarios de los TI.*

También se utiliza el llamado **limitador de tensión,** sobre todo para TI con elevada intensidad primaria, que sirve para proteger al transformador contra la apertura inoportuna o fortuita del circuito secundario. El limitador solo sirve una vez y no se rearma. Se comporta como si fuese un fusible.

Cuando el primario del TI está en tensión, en el secundario se produce una sobretensión que puede ser peligrosa para las personas y además, destruir el transformador.

Realmente lo que ocurre es que como por el primario del TI puede circular una corriente alta, si la del secundario no fuese también alta no existiría compensación entre ambas corrientes y, por tanto, el magnetismo resultante sería grande y saturaría el núcleo produciéndose su destrucción.

Figura 8.6. *TI con limitador de sobretensión.* Fuente: *RS Isolsec.*

La instalación de los transformadores de medida y protección se hará de forma que sean fácilmente accesibles para su posible verificación o sustitución.

Cuando los aparatos de medida no se instalen cerca de los transformadores de medida, se determinará el dimensionado de los conductores que constituyen los circuitos secundarios para evitar la introducción de errores en la medida, de forma que no se sobrepase la carga de precisión de los transformadores y que en los cables de conexión a los transformadores de tensión no se produzca una caída de tensión superior al 1 por 1000 en el cableado desde el transformador al contador.

EJEMPLO DE APLICACIÓN 1

Se desea conocer la longitud máxima entre el TI y los aparatos de medida para que no existan errores por pasar de su potencia de precisión.

- Potencia de precisión del TI = 50 VA.
- El cable es de una sección de 6 mm^2.
- La corriente nominal secundaria es de 5 A.

Los equipos de medida son:

- 2 contadores = 3 VA.
- 1 vatímetro = 4 VA.

- 1 amperímetro = 2 VA.
- 1 fasímetro = 15 VA.

Tabla 8.1. *Valores de potencias por metro doble en función de la sección de cobre*

Sección de cobre (mm^2) Resistividad a 70 °C = 0,021 ($\Omega \cdot mm^2$)/m	Potencias por metro doble (VA)
1	1,05
1,5	0,70
2,5	0,42
4	0,26
6	0,17
10	0,10

Nota: se considera que la intensidad secundaria del TI es de 5 A.

Tenemos que el cable de 6 mm^2 tiene una potencia de consumo de 0,17 VA, según la Tabla 8.1. Por tanto, la potencia total es de 24 VA.

La longitud máxima es:

$$L_m = \frac{50 - 24}{0,17} = 153 \text{ m}$$

En el caso de transformadores de tensión, la relación de transformación será un número entero tal que la tensión asignada del primario, elegida dentro de las series de tensiones asignadas normalizadas, esté comprendida entre el 100 % y el 120 % de la tensión nominal del circuito de potencia primario.

En los transformadores de tensión, deberán tenerse muy en cuenta tanto sus características y las de la instalación, como los valores de la tensión de servicio, para evitar en lo posible la aparición de los fenómenos de ferrorresonancia.

NOTA

- **Ferrorresonancia**

  La **ferrorresonancia** es un fenómeno oscilatorio que genera sobretensiones importantes debido al acoplamiento (bobina-condensador) entre el TT y la red eléctrica. Este fenómeno es más frecuente en los TT de tipo capacitivo. En el caso de los TT de tipo inductivo, prácticamente se elimina conectando uno de los circuitos secundarios en triángulo abierto y cargado por una resistencia de valor adecuado.

Los conmutadores trifásicos y monofásicos, los fusibles fundidos y los conductores rotos pueden producir sobretensión cuando se produce ferrorresonancia entre la impedancia de magnetización de un transformador y la capacitancia del sistema de la fase o fases aisladas.

Por ejemplo, la capacitancia podría ser tan simple como la longitud del cable conectado al bobinado desencajado de un transformador.

El acoplamiento entre bobina y condensador puede ser en serie (ferrorresonancia serie) o en paralelo (ferrorresonancia paralelo).

- Ferrorresonancia serie.

  La **ferrorresonancia serie** se produce en los TT de tipo capacitivo. También puede aparecer en una red trifásica con neutro a tierra con una fase abierta si la capacidad es elevada.

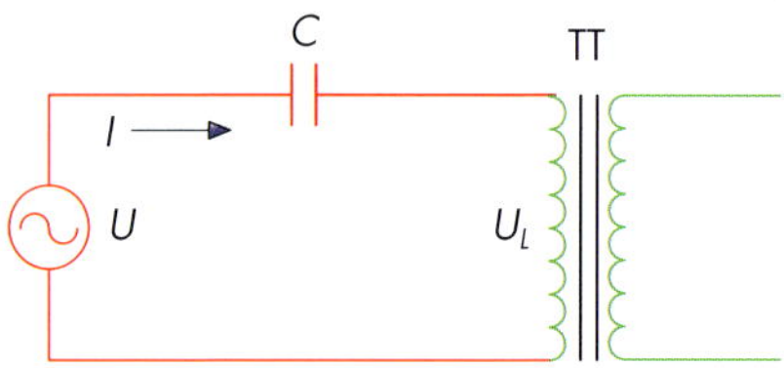

Figura 8.7. *Ferrorresonancia serie.*

- Ferrorresonancia paralelo.

  La **ferrorresonancia paralelo** se produce cuando el neutro está aislado de tierra. Se evita, colocando una resistencia de valor adecuado en el triángulo abierto de los terciarios de los TT.

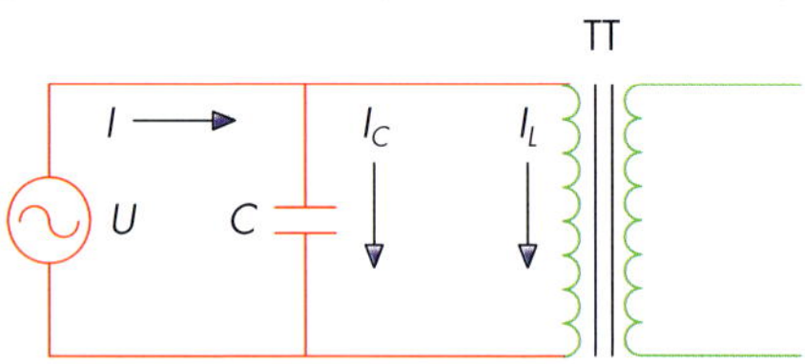

Figura 8.8. *Ferrorresonancia paralelo.*

Método de cálculo de las resistencias de carga

- Caso de TT con devanado secundario: se coloca en el secundario de la carga del TT una resistencia *R* de amortiguamiento si el consumo aguas abajo no es significativo. En este caso, las resistencias absorben permanentemente la potencia mientras los TT están con tensión.

Los valores mínimos recomendados para R y la potencia P_R de esta resistencia son:

$$R = \frac{U_S^2}{k\, P_t - P_m} \qquad\qquad P_R = \frac{U_S^2}{R}$$

siendo:

U_S: tensión asignada secundaria (V).

k: factor comprendido entre 0,25 y 1, de manera que los errores y las condiciones de empleo quedan dentro de los límites especificados.

P_t: potencia de precisión del TT (VA),

P_m: potencia necesaria para la medición (VA).

En la Figura 8.9 (a) se muestra un esquema de dispositivo de protección de riesgos de ferrorresonancia para un TT con devanado secundario.

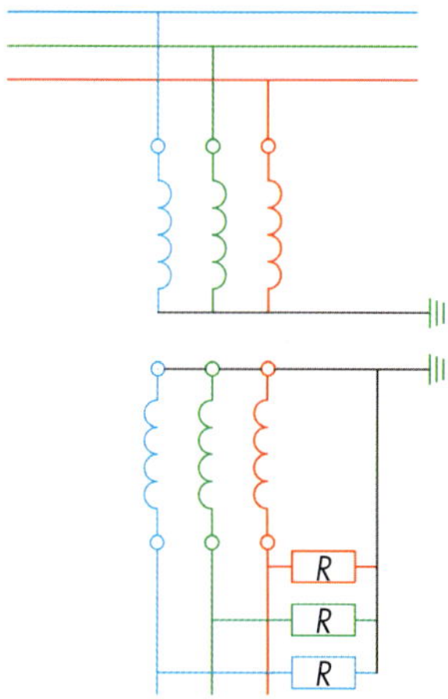

Figura 8.9 (a). *Protección contra ferrorresonancia en un TT en secundario.*

- Caso de un TT con dos arrollamientos secundarios (un bobinado secundario de medida más un bobinado secundario de tensión residual, también llamado arrollamiento terciario) se recomienda conectar una resistencia en bornes del triángulo abierto formado por los arrollamientos terciarios de los tres transformadores.

  La ventaja de este dispositivo de amortiguación es que no distorsiona la precisión de la medida y no introduce pérdidas en régimen normal (equilibrado), sino únicamente amortigua el fenómeno en caso de régimen desequilibrado.

  La resistencia de ferrorresonancia conectada a un secundario en triángulo abierto del transformador de tensión inductivo tiene la misión de proteger el transformador ante calentamientos y sobretensiones que podrían causar su destrucción y que son producidas por oscilaciones de tensión ajenas al mismo y capaces de generar una resonancia, paralelo con resultado de calentamiento y serie con resultado de sobretensión, mantenida entre la reactancia saturable que representa el transformador y la capacitancia variable que supone la red.

Los valores mínimos recomendados para el valor de la resistencia *(R)* y la potencia P_R de esta resistencia son:

$$R \geq \frac{3 \cdot \sqrt{3} \cdot U_S^2}{P_e} \qquad P_R = \frac{(3U_S)^2}{R}$$

siendo:

U_S: tensión asignada del secundario del TT, conectado a la resistencia (V).

P_e: potencia de calentamiento del secundario del TT provocado por la resistencia (VA).

Ejemplo:

$TT = 11000/\sqrt{3} - 100/\sqrt{3} - 100/3$ V

$P_e = 100$ VA

$U_S = 100/3$

$$R = \frac{3\sqrt{3}\,(100/3)^2}{100} = 57{,}7\Omega \qquad P_R = \frac{(3 \times 100/3)^2}{57{,}7} = 173 \text{ W}$$

En la Figura 8.9 (b) se puede apreciar cómo se puede amortiguar este fenómeno con la colocación de una resistencia de valor adecuado en el triángulo abierto de los terciarios de los TT.

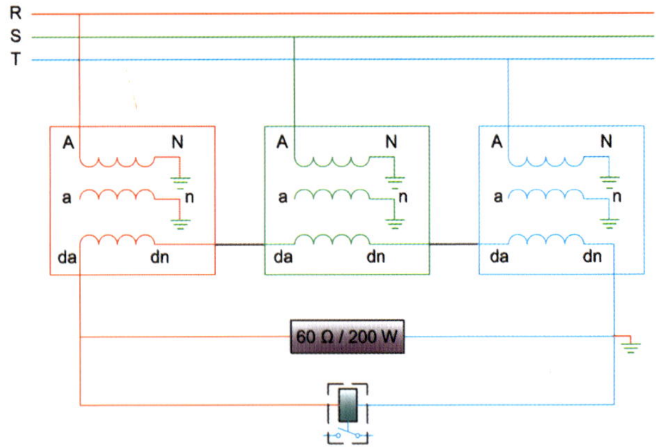

Figura 8.9 (b). *Amortiguamiento de la ferrorresonancia.*

Hay que asegurar que un solo punto está puesto a tierra en conexiones en triángulo abierto para evitar un cortocircuito secundario.

En la Figura 8.10 se muestra una resistencia para protección contra ferrorresonancia.

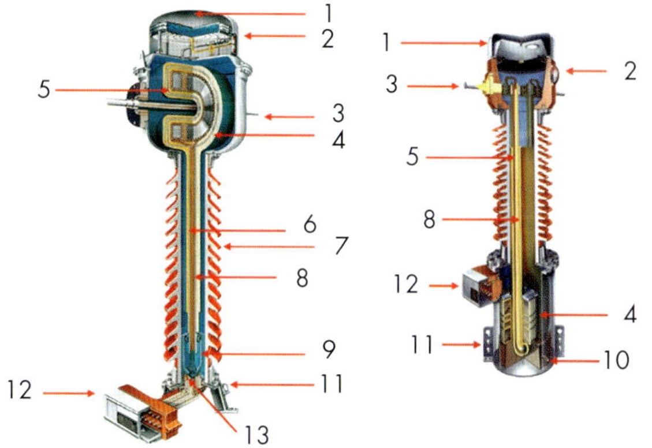

1. Compensador de volumen de aceite
2. Indicador de nivel de aceite
3. Terminal primario
4. Núcleos y arrollamientos secundarios
5. Conductor primario
6. Conductores secundarios
7. Aislador (porcelana o silicona)
8. Borna condensadora
9. Conexión de tierra reforzada
10. Toma de muestra de aceite
11. Terminal de puesta a tierra
12. Caja de terminales secundarios
13. Toma de medida de la tangente de delta (*)

(*) El transformador dispondrá de una toma de conexión que permita la medida de su aislamiento total interno de papel-aceite (tg δ), a fin de que esta medida pueda realizarse en el campo.

Figura 8.12. *Transformadores de intensidad con aislamiento de papel-aceite.* Fuente: *Arteche.*

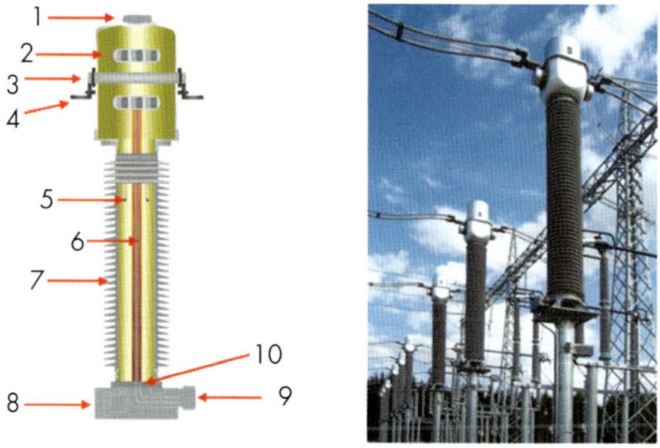

1. Dispositivo liberador de presión
2. Núcleos y arrollamientos secundarios
3. Conductor primario
4. Terminal primario
5. Electrodo AT
6. Conductores secundarios
7. Aislador (porcelana o silicona)
8. Manómetro
9. Caja de terminales secundarios
10. Conexión de tierra reforzada

Figura 8.13. *Transformador de intensidad con aislamiento en gas.* Fuente: *Arteche.*

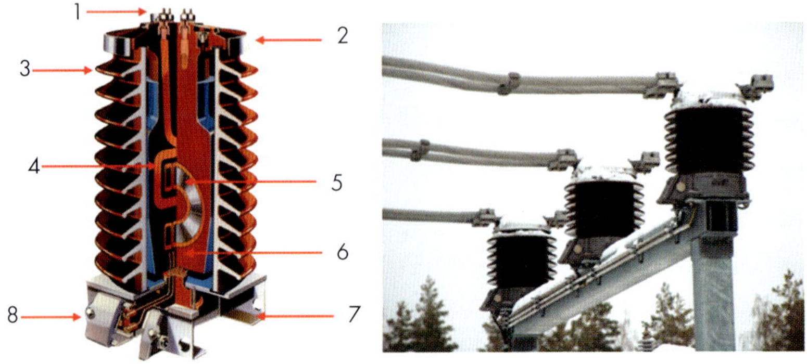

1. Terminal primario
2. Anillo equipotencial
3. Aislador (porcelana o silicona)
4. Conductor primario
5. Núcleos y arrollamientos secundarios.
6. Aislamiento (resina)
7. Terminal de puesta a tierra
8. Caja de terminales secundarios

Figura 8.14. *Transformador de intensidad de tipo seco.* Fuente: *Arteche.*

El transformador de intensidad óptico se basa en el efecto Faraday, que consiste en la rotación del plano de polarización de la luz por la acción de un campo magnético. El ángulo de rotación dependerá de la intensidad del campo magnético y de la longitud recorrida por la señal luminosa bajo la acción de la inducción magnética.

En la Figura 8.15 se muestra un TI de tipo óptico.

Figura 8.15. *TI de tipo óptico.* Fuente: *Arteche.*

- Valores característicos de los TI:
  - Corriente asignada: 10-12,5-15-20-25-30-40-50-60-75 A y sus múltiplos decimales (valores preferentes subrayados).
  - Valores usuales para corrientes secundarias: 1 y 5 A (valor preferente subrayado).
  - También se admiten otros valores especialmente 2 A y, en los TI destinados a ser conectados en triángulo, los valores anteriores divididos por $\sqrt{3}$.
  - Potencia de precisión: Los valores normalizados de la potencia de precisión para las clases de medida, la clase P y la clase PR, son: 2,5 VA-5 VA-10 VA-15 VA-30 VA.
  - Intensidad térmica de corta duración asignada (I_{th}): valor máximo de la corriente primaria que puede soportar el transformador durante un tiempo corto especificado, con su arrollamiento secundario en cortocircuito, sin que se deteriore.
  - Intensidad eficaz durante un cortocircuito (Icc durante 1 s, aunque puede llegar hasta 5 s).
  - Conocida la potencia máxima de cortocircuito de la línea en la que está colocado el TI, podemos calcular la intensidad térmica con la fórmula:

$$I_{th} = \frac{P}{\sqrt{3} \cdot V}$$

siendo:

I_{th}: intensidad térmica de cortocircuito (kA ef.).

P: potencia de cortocircuito (MVA).

V: tensión compuesta (kV).

Si la duración del cortocircuito es diferente de 1 segundo (entre 0,5 y 5) debe utilizarse la siguiente expresión:

$$I_{th1} \cdot \sqrt{t_1} = I_{th2} \cdot \sqrt{t_2}$$

  - Intensidad dinámica asignada (I_{dyn}): valor de cresta máximo de la corriente primaria que puede soportar el transformador, con su arrollamiento secundario en cortocircuito, sin sufrir daños eléctricos o mecánicos por las fuerzas electromagnéticas resultantes.

$$I_{dyn} = 2,5 \times I_{th}$$

  - Intensidad térmica continua asignada (I_{cth}): valor de la corriente que puede circular permanentemente por el arrollamiento primario, con el arrollamiento secundario conectado a la carga de precisión, sin que el calentamiento sobrepase los valores especificados.
    - $I_{cth} < 80\ I_{th}$:
      - ✓ Diseño limitado por intensidad de corta duración.
      - ✓ El nivel de cortocircuito encarece el diseño.

- $I_{cth} > 80\ I_{th}$:
  ✓ Diseño limitado por intensidad térmica continua y, por tanto, por la intensidad nominal.
- Gama extendida de un TI: las características de precisión y calentamiento se extienden a valores superiores al 100 % de la intensidad asignada, por ejemplo, 120 %, 150 %, 200 %.
- Factor de seguridad *(FS)*:

  Para proteger los aparatos alimentados por el transformador, en caso de cortocircuito en la red en la cual está intercalado el primario, se tiene en cuenta el **factor nominal de seguridad,** que se define como:

$$FS = I_{ps}/I_{pn}$$

  donde,

  I_{ps}: intensidad nominal de seguridad. La intensidad nominal de seguridad es la intensidad primaria, para la que el transformador ha comenzado a saturarse. En este momento, la intensidad secundaria multiplicada por la relación de transformación nominal debe ser menor o igual a 0,9 veces la intensidad primaria.

  I_{pn}: intensidad primaria nominal.

  Valores típicos de FS son 5 y 10.

- Error de corriente (en %):

$$E\ (\%) = 100 \cdot \frac{K_N \cdot I_s - I_p}{I_p}$$

  siendo:

  K_N: relación de transformación nominal.

  I_p: corriente primaria real.

  I_s: corriente secundaria real cuando circula I_p en las condiciones de medida.

- Clases de precisión para medida:

  Las clases de precisión normalizadas de los transformadores de intensidad para medida son: 0,1-0,2-0,2S-0,5-0,5S-1-3-5.

- Límites del error de relación y del desfase de los transformadores de intensidad para medida:

  Para las clases 0,1-0,2-0,5 y 1, el error de relación y el desfase a la frecuencia asignada no deben superar los valores dados en la Tabla 8.2 para cualquier valor de carga, desde el 25 % hasta el 100 % de la potencia de precisión.

  Para las clases 0,2S y 0,5S, el error de relación y el desfase a la frecuencia asignada no deben superar los valores dados en la Tabla 8.3 para cualquier valor de carga, desde el 25 % hasta el 100 % de la potencia de precisión.

Tabla 8.2. *Límites del error de relación y del desfase de los transformadores de intensidad para medida (clases 0,1 a 1)*

Clase de precisión	Error de relación ± %				Desfase							
					± minutos				± centirradianes			
	A la corriente (% del valor asignado)				A la corriente (% del valor asignado)				A la corriente (% del valor asignado)			
	5	20	100	120	5	20	100	120	5	20	100	120
0,1	0,4	0,2	0,1	0,1	15	8	5	5	0,45	0,24	0,15	0,15
0,2	0,75	0,35	0,2	0,2	30	15	10	10	0,9	0,45	0,3	0,3
0,5	1,5	0,75	0,5	0,5	90	45	30	30	2,7	1,35	0,9	0,9
1	3,0	1,5	1,0	1,0	180	90	60	60	5,4	2,7	1,8	1,8

Tabla 8.3. *Límites del error de relación y del desfase de los transformadores de intensidad para medida (clases 0,2S y 0,5S)*

Clase de precisión	Error de relación ± %					Desfase									
						± minutos					± centirradianes				
	A la corriente (% del valor asignado)					A la corriente (% del valor asignado)					A la corriente (% del valor asignado)				
	1	5	20	100	120	1	5	20	100	120	1	5	20	100	120
0,2 S	0,75	0,35	0,2	0,2	0,2	30	15	10	10	10	0,9	0,45	0,3	0,3	0,3
0,5 S	1,5	0,75	0,5	0,5	0,5	90	45	30	30	30	2,7	1,35	0,9	0,9	0,9

Para la clase 3 y la clase 5, el error de relación y el desfase a la frecuencia asignada no deben superar los valores dados en la Tabla 8.4 para cualquier valor de carga desde el 50 % hasta el 100 % de la potencia de precisión. No se especifican límites de desfase para la clase 3 y la clase 5.

Tabla 8.4. *Límites del error de relación de los transformadores de intensidad para medida (clases 3 y 5)*

Clase	Error de relación ± %	
	A la corriente (% del valor asignado)	
	50	120
3	3	3
5	5	5

Para todas las clases, la carga debe tener un factor de potencia de 0,8 inductivo, salvo si la carga es inferior a 5 VA, en cuyo caso se debe utilizar un factor de potencia de 1,0, con un valor mínimo de 1 VA.

- Clases de precisión para protección:

  Las clases de precisión normalizadas de los transformadores de intensidad para protección son: 5P y 10P.

- Límites de error para transformadores de intensidad de protección de clase P:

  A la frecuencia asignada y con la carga de precisión conectada, el error de relación, el desfase y el error compuesto no deben superar los límites indicados en la Tabla 8.5.

  La carga de precisión debe tener un factor de potencia de 0,8 inductivo, con la excepción de que, cuando la potencia de precisión es inferior a 5 VA, en cuyo caso se debe utilizar un factor de potencia de 1,0.

Tabla 8.5. *Límites de error para los transformadores de intensidad para protección de clases P y PR*

Clase de precisión	Error de relación a la corriente primaria asignada ± %	Desfase a la corriente primaria asignada		Error compuesto a la corriente primaria límite de precisión asignada (%)
		± minutos	± centirradianes	
5P y 5PR	1	60	1,8	5
10P y 10PR	3	—	—	10

- Los secundarios de los TI de medida deben ser precisos parar intensidades de carga, pero se deben saturar para intensidades de cortocircuito, con objeto de no dañar los aparatos que alimentan.
- Los secundarios de los TI de protección deben ser precisos para intensidades de cortocircuito y la precisión importa menos para intensidades de carga.
- Dependencia de la corriente primaria y secundaria:

  En los TI, la corriente secundaria depende de la corriente primaria. La carga primaria es independiente de la corriente secundaria.

- Carga (Burden): es la impedancia del circuito exterior alimentado por el arrollamiento secundario, expresada en ohmios, con indicación de su factor de potencia. Puede ser indicada también por su factor de potencia y la potencia aparente en VA, que absorbe para la intensidad secundaria nominal. Por ejemplo: potencia de precisión 30 VA para I_{sn} = 5 A.

$$Z = \frac{30}{5^2} = 1{,}2\ \Omega$$

- Longitud máxima de cables en función de la sección y la potencia de precisión (10 y 15 VA) de los TI (para una carga real estimada del 75 % de la potencia de precisión).

  Se recomienda que la sección del cable empleado para la interconexión entre el transformador de intensidad y el equipo de medida nunca sea inferior a 6 mm^2 y que su carga máxima sea inferior a 4 VA o no podrá superar el 75 % de la carga de precisión de los transformadores de intensidad (ambos criterios son válidos).

  Se recomienda que la potencia de precisión del transformador de intensidad deberá estar entre 10 y 15 VA (Tabla 8.6).

Tabla 8.6. *Longitud máxima de cables en función de la sección y de la potencia de precisión*

Transformadores de intensidad. Distancia (m)				
Potencia de precisión (VA)	Secciones usuales de Cu (mm^2)			
	6	10	16	25
10	50	83	133	208
15	75	125	200	312

Nota: las distancias indicadas se refieren a la longitud real en metros entre los transformadores de intensidad y el equipo de medida

Características de los transformadores de tensión (TT)

– Definición:

Transformador de medida en el cual la tensión secundaria es, en las condiciones normales de empleo, prácticamente proporcional a la tensión primaria y desfasada con relación a esta un ángulo próximo a cero, para un sentido apropiado de las conexiones. Se conectan en paralelo con el circuito principal.

Por el primario apenas circula intensidad.

Todos los arrollamientos secundarios están bobinados sobre el mismo núcleo. El arrollamiento primario puede conectarse: fase-tierra o fase-fase.

Figura 8.16. *Transformadores de tensión (TT)*. Fuente: *Arteche*.

- Transformadores combinados con aislamiento de papel-aceite.

  Los transformadores combinados de medida contienen en su interior un transformador de intensidad y un transformador de tensión inductivo. Su aplicación es, por tanto, la misma que la de los aparatos de que constan; separan del circuito de alta tensión los instrumentos de medida, contadores, relés, entre otros, y reducen las intensidades y tensiones a valores manejables y proporcionales a las primarias originales.

  Están especialmente estudiados para ser instalados en obras que, por espacio o coste, no permiten utilizar aparatos independientes.

  En la Figura 8.21 se muestra un transformador de este tipo.

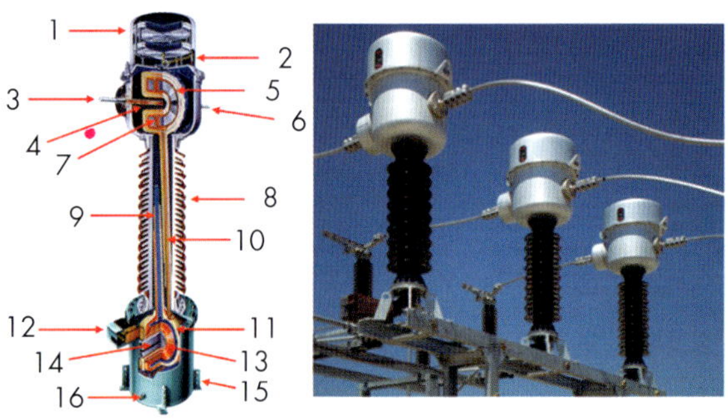

1. Compensador de volumen de aceite
2. Indicador de nivel de aceite
3. Terminal primario (P1)
4. Conductor primario de TI
5. Bobinado secundario de TI
6. Terminal primario (P2)
7. Núcleos de TI
8. Aislamiento (porcelana o silicona)
9. Borna condensadora TT
10. Borna condensadora TI
11. Bobinado primario de TT
12. Caja de terminales de secundarios
13. Bobinado secundario de TT
14. Núcleo de TT
15. Terminal de puesta a tierra
16. Toma de muestras de aceite

Figura 8.21. *Transformador de medida combinado.* Fuente: *Arteche.*

- Transformadores de tensión de tipo capacitivo y condensadores de acoplamiento:

  Los transformadores de tensión de tipo capacitivo separan del circuito de alta tensión los instrumentos de medida, contadores, relés, protecciones, entre otros, y reducen las tensiones a valores manejables y proporcionales a las primarias originales, con la posibilidad de transmitir señales de alta frecuencia (telemando) a través de las líneas de alta tensión (onda portadora).

  Los transformadores de tensión de tipo capacitivo están diseñados para su uso en sistemas de alta tensión hasta 765 kV, para medida de tensión, medida de potencia, relés de protección, equipos de sincronización, transmisión de señales de alta frecuencia a través de las líneas o reducción de los picos de tensión.

En la Figura 8.22 se muestra un transformador de este tipo:

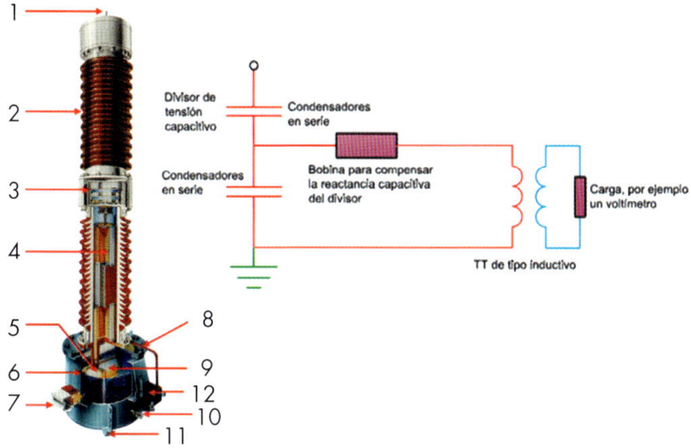

1. Terminal primario
2. Aislador (cerámico o silicona)
3. Compensadores de volumen de aceite
4. Condensadores
5. Toma de tensión intermedia
6. Indicador de nivel de aceite
7. Caja de terminales secundarios
8. Terminal de alta frecuencia para la señal de onda portadora
9. Transformador de tensión de tipo inductivo
10. Toma de muestras de aceite
11. Terminal de puesta a tierra
12. Accesorios de carrier

Figura 8.22. *Transformador de tensión de tipo capacitivo.* Fuente: *Arteche.*

Los TT de tipo capacitivo se componen básicamente de un divisor de tensión capacitivo con varios condensadores conectados en serie. Un transformador de tensión de tipo inductivo se conecta a este divisor de cuya salida se toma la tensión de medida correspondiente.

La ventaja de estos transformadores es la de tipo económico y, además, los condensadores pueden utilizarse, al mismo tiempo, para el acoplamiento de líneas de frecuencia portadora de telecomunicaciones.

- Transformadores de voltaje de servicios auxiliares para suministro directo de potencia de alta a media o baja tensión:

Combinan los beneficios de un transformador de tensión con aplicaciones de un transformador de potencia de distribución (ideal para aplicaciones de poca potencia).

Son transformadores inductivos, blindados, monofásicos aislados en aceite o en SF6, pero con un núcleo y bobinas más grandes para suministrar varias kVA de potencia a partir de un circuito primario de alta tensión, tales como una barra o una línea de subtransmisión (60-170 kV) o transmisión (>170 kV) directamente a un circuito secundario de baja tensión, BT (≤ 600 V) o media tensión, MT (≤ 38 kV).

Las principales aplicaciones son:

- Hay cada vez una necesidad mayor de alimentar confiablemente cargas remotas y pequeñas que comienzan en decenas de kVA, pasando por cientos de kVA y llegando en algunos casos por encima de 1,0 MVA y que están próximas a una línea o barra de subtransmisión o de transmisión.
- Electrificación rural.
- Servicios auxiliares para subestaciones de parques eólicos y solares, subestaciones de maniobra y transformación.
- Cargas industriales distantes de las redes de distribución, así como en la minería.

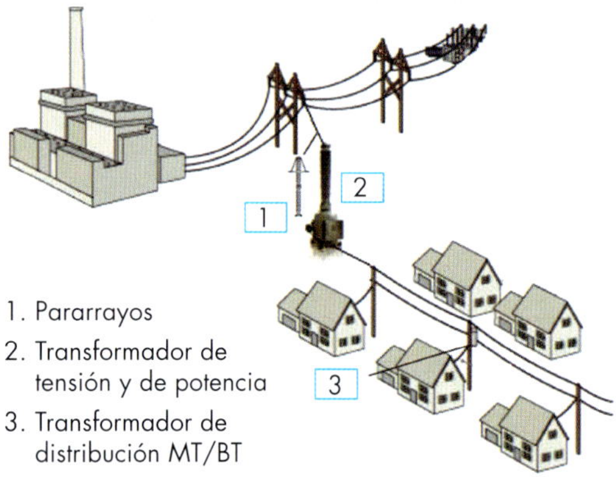

Figura 8.23. *Transformadores de tensión de servicios auxiliares para suministro directo de potencia de alta a media o baja tensión.* Fuente: *ABB.*

- Transformadores de tensión para instalaciones blindadas de tipo GIS.

  Los transformadores de tensión aislados en gas se dividen en dos tipos: monofásicos y trifásicos.

  Un TT aislado en gas está compuesto de tres unidades encapsuladas en un depósito. Ambos tipos de TT aislados en gas están conectados a la GIS a través de un aislador.

  Existe una válvula de entrada para el gas SF6 en la parte lateral del depósito. El gas fluye entre el TT aislado en gas y la GIS a través de esta válvula en funcionamiento. Es por ello que, generalmente, el TT aislado en gas dispone de dispositivos de monitorización para las fugas y la presión del gas.

  Para el bobinado se utilizan cables eléctricos resistentes al calor con revestimiento de resina sintética y una película de plástico con alta resistencia dieléctrica.

  La tensión nominal primaria de estos TT suele ser, en kV, de entre $66/\sqrt{3}$ hasta $735/\sqrt{3}$.

  En la Figura 8.24 se muestra las conexiones típicas de un TT aislado en gas para subestación GIS.

NOTA

Resumen del R. D. 1.110/2007 sobre clasificación de los puntos de medida y clases de precisión de los transformadores de medida a instalar

En las Tablas 8.12 a 8.14 se indican los valores característicos.

Tabla 8.12. *Clasificación de los puntos de medida (PM)*

Clasificación de los puntos de medida (PM)			
Tipo	**a)**	**b)**	**c)**
1	Puntos situados en las fronteras de clientes cuya potencia contratada en cualquier período sea igual o superior a 10 MW	Puntos situados en las fronteras de generación cuya potencia aparente nominal sea igual o superior a 12 MVA	Puntos situados en cualquier otra frontera cuya energía intercambiada anual sea igual o superior a 5 GWh
2	Puntos situados en las fronteras de clientes cuya potencia contratada en cualquier período sea superior a 450 kW	Puntos situados en las fronteras de generación cuya potencia aparente nominal sea igual o superior a 450 kVA	Puntos situados en cualquier otra frontera cuya energía intercambiada anual sea igual o superior a 750 MWh
3	Los que no pueden clasificarse en otra categoría		
4	Puntos situados en las fronteras de clientes cuya potencia contratada en cualquier período sea igual o inferior a 50 kW y superior a 15 kW	Puntos situados en las fronteras de instalaciones de generación cuya potencia aparente nominal sea igual o inferior a 50 kVA y superior a 15 kVA	
5	Puntos situados en las fronteras de clientes cuya potencia contratada en cualquier período sea igual o inferior 15 kW	Puntos situados en las fronteras de instalaciones de generación cuya potencia aparente nominal sea igual o inferior 15 kVA	

Tabla 8.13. *Precisión de los transformadores de intensidad*

Precisión de los transformadores de intensidad	
Tipo de punto de medida	**Clase de precisión**
Tipo 1	≤ 0,2S
Tipo 2	≤ 0,5S
Tipo 3	≤ 1
Tipo 4	≤ 1
Tipo 5	

Tabla 8.14. *Precisión de los transformadores de tensión*

Precisión de los transformadores de tensión	
Tipo de punto de medida	**Clase de precisión**
Tipo 1	≤ 0,2
Tipo 2	≤ 0,5
Tipo 3	≤ 1
Tipo 4	≤ 1
Tipo 5	

EJEMPLO DE APLICACIÓN 2

Se trata de seleccionar las características de un transformador de intensidad instalado en una celda de medida de un centro de transformación de cliente.

Los datos de partida son:

- La tensión nominal de la red es de 20 kV con neutro aislado y con una potencia de cortocircuito de 375 MVA.
- El tiempo de actuación de las protecciones de cabecera de la subestación para un cortocircuito trifásico es de 0,5 s.
- El CT dispone de un transformador de 630 kVA y una potencia prevista a contratar de 500 kW.
- El factor de potencia es ≥ 0,9.
- La distancia entre el transformador de medida y el contador es de 6 metros, siendo los cables de conexión, de cobre, de una sección de 6 mm^2.
- La intensidad asignada del contador es de 5 A.
- El factor de seguridad del transformador exigido (*FS*) es 5.

Las características que se deben seleccionar para el TI son:

- **Nivel de aislamiento:**

  La tensión más elevada para el material debe ser siempre mayor o igual que la tensión más elevada de la red. Para una tensión nominal de la red de 20 kV, le corresponde una tensión más elevada del material de 24 kV.

  Se elige la lista 2 de la Tabla 1 de la ITC-RAT-12, que indica:

  – Tensión más elevada del material: 24 kV.

  – Tensión soportada nominal a frecuencia industrial: 50 kV

  – Tensión soportada nominal a impulsos tipo rayo: 125 kV.

Relación de transformación asignada:

La intensidad de carga prevista para el primario, en función de la potencia a contratar es:

$$I_{prevista} = \frac{P_{contratada}}{\sqrt{3} \cdot V \cdot \cos \alpha} = \frac{500}{\sqrt{3} \cdot 20 \cdot 0{,}9} = 16{,}03 \text{ A}$$

Dado que para la potencia contratada es de frontera de cliente de tipo 2, el transformador de intensidad deberá ser de clase 0,5 S.

Se elige una intensidad primaria asignada de 20 A.

Según el punto 2 de esta ITC-RAT, debe cumplirse:

$$I_{prevista} \geq 0{,}1 \cdot I_{primaria\ asignada}$$

$$I_{prevista} \leq I_{primaria\ asignada}$$

$$I_{prevista} = 0{,}8\ I_{primaria\ asignada} \text{ (recomendación)}$$

Según el punto 2 de esta ITC-RAT, también debe cumplirse que la relación de transformación de los transformadores de intensidad (en este caso, 20/5) será tal que para la potencia de diseño (en este caso 630 kVA) prevista en la instalación, la intensidad secundaria se encuentre dentro del rango del 20 % (para clase 0,5S) de la intensidad asignada y el 100 % de la intensidad térmica permanente asignada.

La intensidad asignada del secundario se escoge de 5 A, por ser la intensidad asignada del contador.

El TI elegido es 20/5

Potencia de precisión:

La potencia de precisión se escogerá dentro de los valores normalizados en función de la potencia conectada en el secundario del TI, de forma que esta última esté comprendida entre el 25 % y el 100 % de la potencia de precisión.

$$Z_{total} = Z_{cable} + Z_{contador}$$

La resistencia del cable de conexión entre el contador y el TI es:

$$Z_{cable} = \frac{0{,}021 \cdot 2 \cdot 6}{6} = 0{,}042\ \Omega$$

La resistividad a 70 °C del Cu es de 0,021 $(\Omega \cdot mm^2)/m$.

Suponiendo que la carga del circuito amperimétrico del contador, que es de 2 VA, es básicamente resistiva, la impedancia del contador se puede calcular como:

$$Z_{contador} = \frac{S_{contador}}{I^2_{2asignada}} = \frac{2}{5^2} = 0{,}08\ \Omega$$

$I_{asignada}$ = intensidad secundaria asignada del TI = 5 A

$$Z_{total} = 0{,}042 + 0{,}08 = 0{,}122\ \Omega$$

La potencia conectada al secundario del TI, cuando circula la intensidad secundaria asignada, teniendo en cuenta que todas las cargas son resistivas, se puede calcular como:

$$S_{carga} = Z_{total} = I_2^2 \cdot {}_{asignada} = 0{,}122 \cdot 5^2 = 3{,}05 \text{ VA}$$

Tomamos la potencia de 10 VA (por razones comerciales) y compensamos con una resistencia en serie en el circuito secundario de valor:

$$R_{serie} = \frac{S_{precisión} - S_{carga}}{I_{2asignada}^2} = \frac{10 - 3{,}05}{5^2} = 0{,}278\ \Omega$$

En el caso de que el transformador quedara excesivamente descargado (por debajo del 25 %) se debe incrementar su carga mediante una resistencia hasta llegar al 50 % de la carga de precisión.

- **Clase de precisión:**

  Como se trata de un punto de medida tipo 2 (> 450 kW), la clase de precisión será tipo 0,5 S.

- **Factor de seguridad:**

  Como se indicó en los datos de partida, el *FS* exigido es de 5.

- **Saturación de un transformador:**

  Un transformador se satura cuando la corriente del primario o su carga están por encima de sus valores nominales.

  La linealidad de la transformación de corriente entre primario y secundario disminuye, de forma que el error es elevado. La saturación del transformador es inversamente proporcional a la carga.

  Los transformadores de corriente para medida a partir de una sobrecarga se saturan para no dañar el equipo del secundario.

  El factor de seguridad nos indica el número de veces de corriente primaria que el transformador es capaz de transferir a los equipos de medida antes de que se sature.

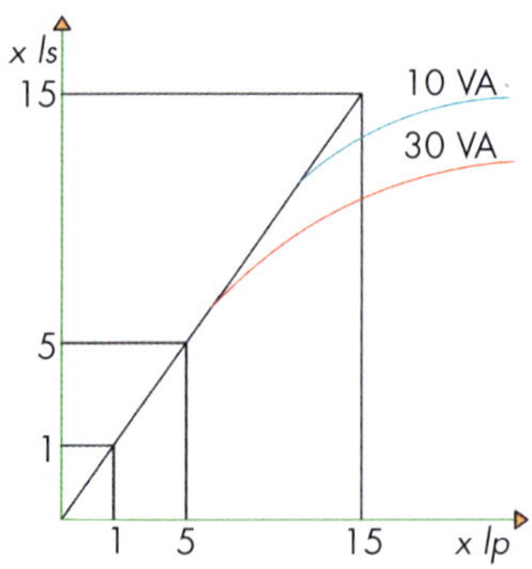

Gráfico 8.1. *Relación entre la saturación y la carga.*

- **Intensidad térmica de cortocircuito asignada:**

  La intensidad de cortocircuito trifásico prevista en el punto de instalación de los TI se calcula en función de la potencia de cortocircuito trifásico que es de 375 MVA.

$$I_{cc} = \frac{S_{cc}}{\sqrt{3} \cdot V} = \frac{375 \cdot 10^3}{\sqrt{3} \cdot 20} = 10{,}82 \text{ kA}$$

  Como los valores normalizados de intensidad térmica asignada de corta duración se refieren a cortocircuitos de 1 segundo, es necesario referir la intensidad calculada, para 0,5 segundos de actuación de las protecciones, a 1 segundo. Por tanto:

$$I_{th} \cdot \sqrt{1} = 10{,}82 \cdot \sqrt{0{,}5}$$
$$I_{th} = 7{,}65 \text{ kA}$$

  Los valores de I_{th} para un TI de corriente primaria 20 A, suelen ser: 8 kA, 12,5 kA y 16 kA. Se elige el de 8 kA.

- **Valor de cresta de la intensidad dinámica asignada:**

$$I_{dyn} = 2{,}5 \cdot I_{th} = 2{,}5 \cdot 8 = 20 \text{ kA}$$

ANOTACIONES

ITC-RAT-09

PROTECCIONES

Índice

1. Protección contra sobreintensidades

Todas las instalaciones a las que se refiere este reglamento deberán estar debidamente protegidas contra los efectos peligrosos, térmicos y dinámicos que puedan originar las corrientes de cortocircuito y las de sobrecarga cuando estas puedan producir averías y daños en las citadas instalaciones.

Para las protecciones contra las sobreintensidades se utilizarán interruptores automáticos o cortacircuitos fusibles, con las características de funcionamiento que correspondan a las exigencias de la instalación que protegen.

Las sobreintensidades deberán eliminarse por un dispositivo de protección utilizado sin que produzcan proyecciones peligrosas de materiales ni explosiones que puedan ocasionar daños a personas o cosas.

Entre los diferentes dispositivos de protección contra las sobreintensidades pertenecientes a la misma instalación, o en relación con otras exteriores a esta, se establecerá una adecuada coordinación de actuación para que la parte desconectada en caso de cortocircuito o sobrecarga sea la menor posible.

NOTA

Selectividad

Cuando ocurre un fallo, se requiere que el sistema de protección dispare solamente aquellos interruptores cuya operación sea necesaria para aislar la falta. Esta propiedad es lograda por dos métodos:

- **Tiempo de coordinación:** los sistemas de protección en zonas sucesivas están ubicados para operar en tiempos que están coordinados a través de la secuencia de equipos, de forma que, ante un fallo, aunque varios equipos de protección respondan, solamente aquellos relevantes a la zona de falta disparan. Los otros ejecutan una operación incompleta y luego hacen un *reset*. La velocidad de respuesta a menudo dependerá de la severidad de la falta, y generalmente serán más lentos que un sistema unitario.
- **Sistemas unitarios:** sistemas de protección que únicamente responden a condiciones de falta que ocurran dentro de una zona claramente definida. Ciertos tipos de protecciones unitarias son conocidos por nombres específicos, por ejemplo, falta a tierra restringida y protección diferencial. La protección unitaria no implica tiempos de coordinación, por lo cual la operación es relativamente rápida. La velocidad de respuesta es sustancialmente independiente de la severidad de la falta.

2. Protección contra sobretensiones

Las instalaciones eléctricas deberán protegerse contra las sobretensiones peligrosas, tanto de origen interno como de origen atmosférico, de carácter transitorio, cuando la importancia de la instalación, el valor de las sobretensiones y su frecuencia de ocurrencia, así lo aconsejen.

Para la protección contra sobretensiones transitorias se utilizarán pararrayos, según la UNE-EN-60099-1 y UNE-EN-60099-4. Los bornes de tierra de los pararrayos y, en su caso, los cables de guarda, se unirán a la toma de tierra de acuerdo con lo establecido en la ITC-RAT-13.

En general, en redes o instalaciones de tercera categoría no conectadas a líneas aéreas no serán precisas estas protecciones cuando su nivel de aislamiento sea el de la lista 2 según la ITC-RAT-12.

NOTA

- **Valores característicos de los pararrayos para la protección contra sobretensiones:**
  - Tensión asignada de un pararrayos (U_r): valor eficaz máximo de la tensión a frecuencia industrial admisible, entre sus bornes para la cual está previsto un funcionamiento correcto en condiciones de sobretensión temporal establecidas en los ensayos de funcionamiento.
  - Tensión de funcionamiento continuo de un pararrayos (U_c): valor designado admisible de la tensión eficaz a frecuencia industrial que puede aplicarse de forma continua entre los bornes de un pararrayos.
  - Corriente nominal de descarga de un pararrayos (I_n): valor de cresta del impulso de corriente de descarga, que se usa para designar un pararrayos.
  - Tensión residual de un pararrayos (U_{res}): valor de cresta de la tensión que aparece entre los bornes de un pararrayos durante la corriente de descarga.
  - Capacidad de cortocircuito: es la capacidad de un descargador, en caso de producirse una sobrecarga por cualquier motivo, de conducir la corriente de cortocircuito de servicio resultante sin sufrir una ruptura violenta que podría causar daños en los equipos circundantes o daños personales. Después de una operación de este tipo se debe cambiar el descargador.

    La corriente de cortocircuito de servicio puede ser alta o baja, dependiendo de la impedancia y de las condiciones de puesta a tierra de la red. Por tanto, la capacidad de cortocircuito se verifica con diferentes niveles de corriente.
  - Niveles de contaminación: en la Tabla 9.1 se muestran los distintos niveles de contaminación en función de la línea de fuga específica nominal mínima.

Tabla 9.1. *Niveles de contaminación en función de la línea de fuga específica nominal mínima*

Nivel de contaminación	Línea de fuga específica nominal mínima (mm/kV)
I (ligero)	16
II (medio)	20
III (fuerte)	25
IV (muy fuerte)	31

En las Figuras 9.1 y 9.2 se muestran distintos tipos de pararrayos.

Figura 9.1. *Pararrayos de una subestación.*

Figura 9.2. *Pararrayos de distribución en la parte superior del transformador.*

– Distancia máxima de protección (*L*): es la máxima longitud medida sobre los conductores de fases comprendidas entre el pararrayos y la instalación a proteger, por encima de la cual no se garantiza dicha protección (Figura 9.3).

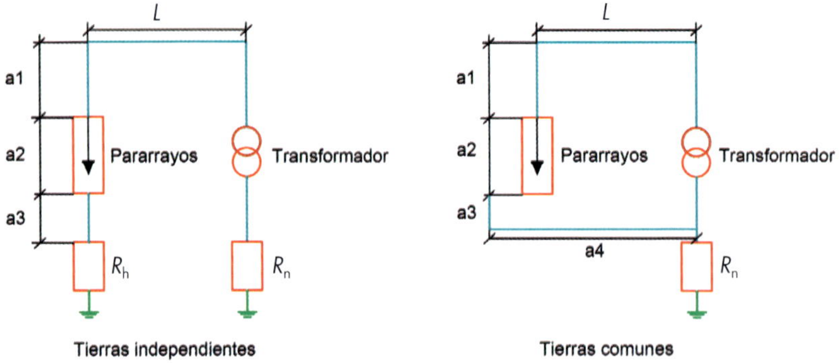

Figura 9.3. *Distancia de protección* (L).

Guía básica para la selección de pararrayos

Esta breve guía intenta cubrir los criterios de selección cuando los pararrayos se conectan entre fase y tierra.

El objetivo básico que se pretende conseguir con la utilización de pararrayos es dar el mayor margen de protección contra sobretensiones al equipo que se pretende proteger. En un equipo adecuadamente protegido por un pararrayos, las sobretensiones nunca podrán alcanzar valores superiores a aquellas que el equipo puede soportar.

Una forma de definir el margen de protección es:

$$MP = \left(\frac{NA}{NP} - 1 \right) \cdot 100 \geq 33~\%$$

siendo:

MP: margen de protección.

NA: nivel de aislamiento. Es el valor de la tensión soportada por el equipo a los impulsos de tipo rayo. Si el equipo solo se clasifica por tensión soportada con dichos impulsos, el valor máximo de su tensión será de 245 kV.

NP: nivel de protección del pararrayos. Este valor se corresponde con la tensión residual del pararrayos para un impulso de corriente correspondiente a la intensidad nominal de descarga (10 kA).

Para seleccionar el pararrayos debemos averiguar algunos parámetros fundamentales del mismo:

- Intensidad nominal de descarga/capacidad de absorción de energía:

  En la Norma UNE-EN-60099-4 la capacidad de absorción de energía de un pararrayos está directamente relacionada con su corriente nominal de descarga y se selecciona exclusivamente en función del valor de la corriente prevista que vaya a circular por el pararrayos.

  Según CEI 99-5 (recomendación para la selección y utilización de pararrayos), los pararrayos de10 kA de capacidad nominal de descarga serán los de utilización preferente en las redes de hasta 245 kV de tensión máxima, aunque en algunos casos podrían utilizarse pararrayos de 5 kA. En las redes cuya tensión está comprendida entre 245 kV y 420 kV, la citada norma indica que los pararrayos de 10 kA de corriente nominal de descarga son, normalmente, suficientes para la protección de las mismas.

- Tensión nominal:

  A la hora de seleccionar la tensión nominal de un pararrayos, el criterio básico es localizar el pararrayos de menor tensión nominal que pueda estar en servicio, garantizando una eficaz protección, durante un largo tiempo.

  La tensión asignada de los pararrayos y en consecuencia, su tensión de funcionamiento continuo, debe ser seleccionada de acuerdo con los siguientes criterios:

a) En las redes con eliminación automática de los defectos a tierra, la tensión de funcionamiento continuo del pararrayos debe ser igual o superior a la tensión máxima fase-tierra multiplicada por 1,05. Este factor tiene en cuenta, en las redes normales, el aumento del valor de cresta de la tensión debida a armónicos.

$$U_c = \frac{V_{máx}}{\sqrt{3}}\ (1{,}05)$$

b) En las redes con neutro aislado o puesto a tierra por medio de una bobina de compensación, sin eliminación automática de los defectos a tierra, cuando no se conoce la duración de dicho defecto, el valor de la tensión del funcionamiento continuo del pararrayos debe ser igual a la máxima tensión fase-tierra.

$$U_c = V_{máx}$$

No obstante, si se conoce el valor y la duración de las sobretensiones en la red, podrá seleccionarse un valor más bajo de U_c.

Los valores de las tensiones asignadas serán aquellos que se correspondan con las tensiones de funcionamiento continuo seleccionadas.

– Capacidad para soportar sobretensiones temporales:

En las líneas eléctricas pueden producirse sobretensiones temporales por diversos motivos entre los que cabe destacar:

a) Defectos a tierra.

Las sobretensiones debidas a defectos a tierra se producen con facilidad en gran parte de las redes y se deben a que un cortocircuito de ese tipo en una fase de un circuito produce una elevación de la tensión a tierra de las otras dos fases que, cuando el neutro está aislado o puesto a tierra por medio de una impedancia, pueden alcanzar valores iguales a la máxima entre fases.

Con neutros rígidos a tierra, las sobretensiones no alcanzan valores superiores al 140 % de la tensión máxima. La duración de estas sobretensiones es igual al tiempo que tarda en despejarse la falta.

En las redes con eliminación automática de la falta a tierra, este tiempo no es superior a 1 s.

En las redes con neutro aislado o puesto a tierra por medio de una bobina de compensación, la duración del defecto a tierra no suele ser superior a 10 s.

b) Pérdidas repentinas de carga.

En las redes hasta 72 kV, la pérdida repentina de la carga puede producir sobretensiones con un valor máximo de 1,2 veces la tensión nominal y una duración de unos pocos minutos.

En las grandes redes, la repentina pérdida de carga puede producir elevaciones de tensión que pueden alcanzar 1,5 veces la tensión a tierra o incluso algo más, cuando simultáneamente ocurren efectos Ferranti o de resonancia.

El efecto de las sobretensiones es incrementar la corriente que circula por el pararrayos y, en consecuencia, aumenta la energía consumida por el mismo, produciéndose una elevación en su temperatura que puede, según los valores, afectar a la estabilidad térmica del pararrayos.

Los tiempos que los pararrayos pueden soportar diferentes valores de sobretensiones se indican en las curvas correspondientes a cada tipo de pararrayos. Estos tiempos se han determinado sobre pararrayos que previamente han absorbido una importante energía, en términos generales, la correspondiente a dos impulsos de larga duración más un determinado tiempo trabajando a la tensión máxima de funcionamiento continuo.

EJEMPLO DE APLICACIÓN 1

Se trata de calcular los pararrayos de una línea de subestación de 132 kV de tensión nominal, cuya tensión máxima es de 145 kV (ITC-RAT-04), y su tensión máxima con respecto a tierra es de:

$$V_t = \frac{145}{\sqrt{3}} = 83,7 \text{ kV}$$

Se han instalado un pararrayos tipo ZS de 120 kV cuya tensión máxima de funcionamiento continuo es de 98 kV (ver tabla de selección).

En la Tabla 9.2 se indican algunos valores de los pararrayos recomendados para distintos sistemas.

Supongamos que el valor de la sobretensión con respecto a tierra, por pérdida brusca de la carga puede alcanzar un valor de 1,55 V_t = 83,7 x 1,55 =130 kV y su duración es de 10 s.

Supongamos que el valor de la sobretensión con respecto a tierra por defecto a tierra de una fase alcanza, en las otras dos fases con respecto a tierra, el valor del 140 % de la máxima a tierra, es decir 83,7 x 1,4 = 117 kV. La duración del defecto a tierra es de 1 s.

Tabla 9.2. *Valores recomendados de pararrayos para distintos sistemas*

Tensión entre fases kV		Circuito con eliminación automática de defectos a tierra **		Circuitos con neutro aislado o puesto a tierra sin eliminación automática de los defectos a tierra ***	
Asignada	Máxima	Pararrayos		Pararrayos	
		U_r	U_c	U_r	U_c
2,4	2,52	3	2,55	3	2,55
3*	3,6	3	5,1	6	5,1
4,16	4,37	6	2,55	6	5,1
4,8	5,04	6	5,1	6	5,1
6*	7,2	6	5,1	9	7,65
6,9	7,25	6	5,1	9	7,65
8,32	8,74	6	5,1	10	8,4
10*	12	9	7,65	12	10,2
12	12,7	10	8,4	18	15,3
13,2	13,9	12	10,2	18	15,3
13,8	14,5	12	10,2	—	—
15*	17,5	15	12,7	18	15,3
20*	24	21	17	24	19,5
23	24,2	21	17	30	24,4
24,9	26,1	21	17	36	29
30*	36	30	24,4		
34,5	36,2	30	24,4	45	36,5
45*	52	42	34,6	48	36,5
46	48,3	43,9	31,5	54	42
66*	72,5	66	54	72	57
69	72,5	60	48	72	57
110*	123	108	84	120	98
115	121	108	84	120	98
132*	145	120	98	144	115
138	145	120	98	144	115
161	169	144	115	—	—
220*	245	180	144		
230	242	180	144		
380	420	336	270		

* Valores del R.C.E.

** Se supone que la falta a tierra se despeja antes de 1s.

*** Se supone que la falta se elimina antes de 10 s y la tensión a tierra alcanza, durante ese tiempo, el valor máximo entre fases.

Fuente: INAEL.

El pararrayos seleccionado debe ser de la menor tensión nominal que reúna las siguientes características:

- Tensión de servicio continuo superior a 83,7 x 1,05 ≥ 88 kV.
- Debe soportar una tensión de 130 kV durante 10 s.
- Debe soportar una tensión de 117 kV durante 1 s.

Un pararrayos de 120 kV de tensión asignada tiene una tensión de funcionamiento continuo de 98 kV y en la figura siguiente, vemos que puede soportar:

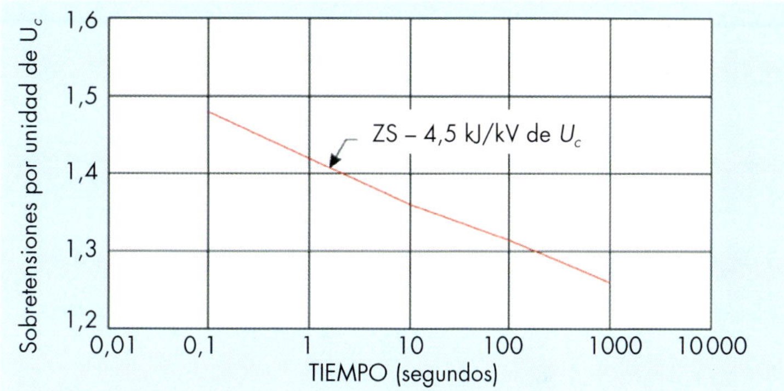

Sobretensiones por unidad de U_c en función del tiempo. Fuente: *INAEL*.

Durante 1 s una sobretensión de 1,43 U_c es decir, 98 x 1,43 = 140 kV. Durante 10 s una sobretensión de 1,36 U_c =1,36 x 98 = 133 kV.

Desde el punto de vista de tensión nominal y capacidad para soportar sobretensiones temporales, este sería el pararrayos adecuado.

Falta comprobar que su margen de protección (*MP*) es superior al 33 %.

El valor de la tensión residual con un impulso de corriente de 10 kA, onda 8/20 μs de este pararrayos es 271 kV (ver tabla característica del fabricante).

Los niveles de aislamiento (*NA*) establecidos en la ITC-RAT-12 para los equipos de 132 kV (tensión más elevada para el material de 145 kV) son de 450, 550, y 650 kV. En el peor de los casos, para el valor mínimo del nivel de aislamiento del equipo.

$$MP = \left(\frac{450}{271} - 1 \right) \cdot 100 = 66\ \%$$

Si el nivel de aislamiento del equipo es de 550 kV, el margen de protección será:

$$MP = \left(\frac{550}{271} - 1 \right) \cdot 100 = 103\ \%$$

Para un nivel de aislamiento de 650 kV, el margen de protección será:

$$MP = \left(\frac{650}{271} - 1\right) \cdot 100 = 140\ \%$$

El pararrayos seleccionado, protege adecuadamente el equipo de 132 kV, ya que, en el peor de los casos, cuando los niveles de aislamiento de la instalación son los mínimos normalizados, el margen de protección es muy bueno pues alcanza un valor del 66 %.

Tabla 9.3. *Principales características de funcionamiento*

Tensión asignada U_r (kV eficaces)	Tensión continua U_c^* (kV eficaces)	STT (¹)		Equivalente al frente de onda ** (kV cresta)	Máxima sobretensión de maniobra *** (kV cresta)	Tensión residual máxima (kV cresta) usando una onda corriente de 8/20 µs						
		1 s (kV eficaces)	10 s (kV eficaces)			1,5 kA	3 kA	5 kA	10 kA	15 kA	20 kA	40 kA
3	2,55	3,7	3,5	7,4	5,7	6,5	6,8	6,9	7,3	7,7	8,0	8,6
6	5,10	7,4	7,1	14,7	11,3	13,1	13,5	13,9	14,6	15,5	16,1	17,2
9	7,65	11,1	10,6	22,1	17,0	19,6	20,3	20,8	21,8	23,2	24,1	25,8
10	8,40	12,2	11,6	24,5	18,9	21,8	22,5	23,2	24,3	25,8	26,8	28,7
12	10,2	14,8	14,1	29,4	22,6	26,2	27,0	27,8	29,1	31,0	32,1	34,4
15	12,7	18,4	17,6	36,8	28,3	32,7	33,8	34,7	36,4	38,7	40,1	43,0
18	15,3	22,2	21,2	44,1	34,0	39,3	40,5	41,7	43,7	46,5	48,2	51,6
21	17,0	24,7	23,5	51,5	39,6	45,8	47,3	48,6	51,0	54,2	56,2	60,2
24	19,5	28,3	27,0	56,4	43,4	50,2	51,8	53,3	55,8	59,2	61,5	65,9
27	22,0	32,0	30,4	63,7	49,1	56,7	58,5	60,2	63,1	67,2	69,6	74,5
30	24,4	35,4	33,8	71,1	54,7	63,3	65,3	67,1	70,4	74,9	77,6	83,1
36	29,0	42,1	40,1	84,1	64,8	74,9	77,3	79,5	83,3	88,7	91,8	98,4
39	31,5	45,8	43,6	91,5	70,4	81,4	84,1	86,4	90,6	96,4	100	107
45	36,5	53,0	50,5	107	82,4	95,3	98,3	101	106	113	117	125
48	39,0	56,7	54,0	113	86,8	100	104	107	112	119	123	132
54	42,0	61,0	58,1	118	90,7	105	108	111	117	124	129	138
60	48,0	69,7	66,4	134	103	120	123	127	133	142	147	157
66	54,0	78,4	74,7	151	116	134	139	143	149	159	165	177
72	57,0	82,8	78,9	160	124	143	147	152	159	169	175	188

Tabla 9.3. *Principales características de funcionamiento (Cont.)*

Tensión asignada U_r (kV eficaces)	Tensión continua U_c* (kV eficaces)	STT (1)		Equivalente al frente de onda ** (kV cresta)	Máxima sobretensión de maniobra *** (kV cresta)	Tensión residual máxima (kV cresta) usando una onda corriente de 8/20 µs						
		1 s (kV eficaces)	10 s (kV eficaces)			1,5 kA	3 kA	5 kA	10 kA	15 kA	20 kA	40 kA
90	70,0	102	96,9	199	153	177	183	188	197	210	217	233
96	76,0	110	105	218	168	194	200	206	216	230	238	255
108	84,0	122	116	235	181	210	216	222	233	248	257	275
120	98,0	142	136	273	224	243	251	258	271	288	298	320
132	106	154	147	302	248	269	277	285	299	318	329	353
144	115	167	159	321	263	286	295	303	318	338	350	375
168	131	190	181	370	303	329	340	349	366	390	404	432
172	140	203	194	391	321	348	359	370	387	412	427	457
180	144	209	199	403	330	359	370	381	399	425	440	471
192	152	221	210	424	348	378	390	401	420	447	463	496
228	180	261	249	521	428	464	479	493	516	550	569	610
240	190	276	263	537	452	478	494	508	532	566	586	628

* U_c = tensión máxima de funcionamiento continuo.

** La tensión residual equivalente al frente de onda es el valor máximo correspondiente a una onda de corriente de impulso de 5 kA, que produce una onda de tensión cuya cresta se alcanza en 0,5 µs.

*** Basado en una onda de tipo 45/90 µs y los siguientes valores de la corriente: 500 A para las tensiones comprendidas entre 3 kV y 96 kV, 1000 A para las tensiones asignadas comprendidas entre 120 y 240 kV.

1 Sobretensiones temporales en pararrayos nuevos.

Fuente: INAEL.

3. Protección contra sobrecalentamiento

En caso necesario las instalaciones deberán estar debidamente protegidas contra los sobrecalentamientos, de acuerdo con lo que se indica en el apartado 4.

4. Protecciones específicas de máquinas e instalaciones

4.1. Generadores rotativos

Los generadores rotativos y sus motores de arrastre estarán dotados de dispositivos que los protejan tanto contra los defectos mecánicos como contra los defectos eléctricos.

Se deberán instalar las necesarias protecciones y alarmas contra defectos de lubricación y refrigeración.

Asimismo, será necesario disponer en los grupos turbina-generador de un dispositivo que detecte la sobrevelocidad o embalamiento y produzca la parada segura del grupo.

En las protecciones contra defectos eléctricos será necesario, para generadores de cualquier potencia, instalar protección de sobreintensidad contra cortocircuitos o sobrecarga, protección contra sobretensiones de origen atmosférico o internas y protección de falta a tierra en el estator.

Para generadores de potencia superior a 5 MVA dispondrán entre otras, de protección diferencial, protección de máxima y mínima frecuencia, inversión de potencia, falta a tierra en el rotor, defecto de excitación, protección de sobretensión, falta a tierra en el estator y fallo de tensión de alimentación del regulador, aunque siempre estarán dotados de dispositivos de control de la temperatura de los bobinados y del circuito magnético, tales que puedan provocar en el caso necesario la desconexión de la máquina de la red.

En instalaciones de producción de energía eléctrica que dispongan de generadores de potencia superior a los 5 MVA se instalará un sistema de protección contra incendios accionado por el relé de protección diferencial o por termostatos adecuadamente situados.

En el proyecto y montaje se estudiarán los problemas de vibraciones, siendo recomendable el uso de detectores de vibraciones.

Los generadores asíncronos conectados a redes públicas, equipados con baterías de condensadores, estarán protegidos contra las sobretensiones de autoexcitación en caso de falta de tensión en la red pública.

Los generadores del sistema eléctrico se protegerán siguiendo los criterios generales de protección que les resulten de aplicación de acuerdo con la normativa sectorial.

NOTA

Según su importancia en el comportamiento y estabilidad del sistema eléctrico, los generadores se clasifican en:

- Grupo A. Turbogeneradores de más de 200 MVA (nucleares y convencionales).
- Grupo B. Turbogeneradores de entre 50 y 200 MVA.
- Grupo C. Generadores hidráulicos de más de 50 MVA.
- Grupo D. Grupos de bombeo de más de 25 MVA.

En la Figura 9.4 se muestra un ejemplo de las protecciones típicas de una central generadora.

La codificación de protecciones es la siguiente:

- 64G y 64B. Protección contra faltas a tierra en el lado de baja tensión del sistema de generación.
- 52. Interruptor automático.
- 52G. Interruptor automático de grupo.
- 51NTP. Protección de sobreintensidad en el neutro del transformador principal.
- 87NTP. Protección de tierra restringida o diferencial de neutro en el transformador.
- 50C. Protección de cuba.
- 87G. Protección diferencial de generador.
- 87TP. Protección diferencial del transformador principal o diferencial bloque.
- 51. Protección de sobreintensidad.
- 21. Protección de mínima impedancia del generador.
- 21TP. Protección de mínima impedancia en el lado de alta del transformador principal.
- 49. Protección contra sobrecargas en el estator y en el rotor.
- 46. Protección contra carga desequilibrada.
- 78. Protección contra pérdida de sincronismo.
- 81. Protección contra variaciones de frecuencia.
- 59. Protección contra sobretensiones.
- 32. Protección contra retorno de energía.
- 40. Protección contra pérdida de excitación.
- 50BF. Protección contra fallo de interruptor.
- 64R. Protección contra faltas a tierra en el rotor.
- 24. Sobreexcitación. Funciona cuando la relación V/Hz excede un valor preajustado.
- 60. Relé de equilibrio de tensión. Opera con una diferencia de tensión entre dos circuitos.
- 63. Protección de flujo y sobrepresión (Buchholz).

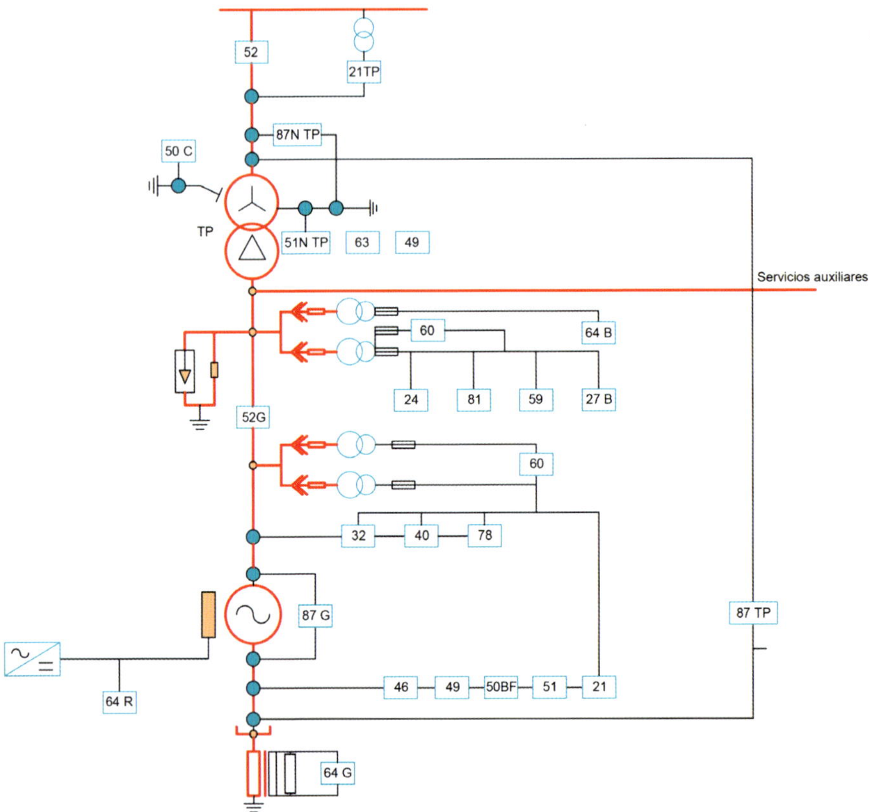

Figura 9.4. *Ejemplo de esquema de protección de una central generadora.* Fuente: *AELEC.*

4.2. Transformadores y autotransformadores de potencia

4.2.1. Transformadores AT/BT

Los transformadores AT/BT deberán protegerse contra sobreintensidades de acuerdo con los criterios siguientes:

a) Los transformadores que dispongan de un sistema de monitorización de la evolución de las cargas en tiempo real no necesitarán protección contra estas sobreintensidades. En los demás casos, se protegerán contra sobrecargas por medio de interruptores accionados por relés de sobreintensidad, o dispositivos térmicos que detecten la temperatura del devanado o del medio refrigerante.

b) Todos los transformadores AT/BT estarán protegidos contra los cortocircuitos de origen externo en el lado de salida. Contra los cortocircuitos internos habrá siempre una protección adecuada en el circuito de alimentación. La protección contra cortocircuitos de transformadores de potencia superior a 1000 kVA se realizará siempre con interruptor automático.

c) Cuando los transformadores sean maniobrados frecuentemente en vacío (más de tres veces al mes), por ejemplo, en instalaciones fotovoltaicas que se desconectan periódicamente, se instalarán protecciones contra las sobretensiones de maniobra que se puedan producir por la interrupción de la corriente magnetizante del propio transformador, salvo que dispongan de un sistema de monitorización o de control de las sobretensiones de maniobra que garantice la integridad del aislamiento.

4.2.2. Transformadores y autotransformadores de potencia de relación de transformación de AT/AT

Estos transformadores estarán equipados con protección contra sobreintensidades de cualquier tipo, situadas en el lado que más convenga.

Para cualquier potencia, los transformadores y autotransformadores estarán provistos de dispositivos térmicos que detecten la temperatura de los devanados o del medio refrigerante y de dispositivos liberadores de presión que evacúen los gases del interior de la cuba en caso de arco interno. Para potencia superior a 2,5 MVA en el transformador o igual o superior a 4 MVA en el autotransformador, estarán dotados de un relé que detecte el desprendimiento de gases en el líquido refrigerante.

Para potencias superiores a 10 MVA los transformadores deberán estar provistos de relé de protección diferencial o de cuba que provoque la apertura de los interruptores de todos los devanados simultáneamente. El relé dispondrá de un rearme manual que impida el cierre de los interruptores después de la actuación de este, a fin de comprobar la gravedad de la avería antes de rearmar el relé.

NOTA

- **Sobrecargas en transformadores**

  La aplicación de cargas que exceden los límites indicados por el fabricante implica cierto grado de riesgo. Consideramos en lo sucesivo transformadores sumergidos en aceite con sistemas de aislamiento clase A.

  Entre los riegos que pueden ocurrir podemos enumerar:

- La evolución del gas libre proveniente del aislamiento de los bobinados y de las conexiones internas aisladas, calentados por las sobrecargas y las corrientes de Foucault, pueden hacer peligrar la integridad del sistema de aislamiento.
- La evolución del gas libre proveniente del aislamiento adyacente a las partes metálicas vinculadas por el flujo electromagnético producido por el bobinado o corrientes inducidas pueden también reducir la rigidez dieléctrica.
- El funcionamiento a altas temperaturas causa una disminución de la resistencia mecánica, tanto del aislamiento del conductor como de la estructura. Estos efectos son aún mucho más preocupantes durante los periodos de sobrecorrientes transitorias de falla, cuando los esfuerzos mecánicos alcanzan sus niveles más altos.
- La excesiva expansión térmica de conductores, materiales aislantes o partes estructurales a altas temperaturas puede conllevar a deformaciones permanentes que podrían contribuir a ocasionar fallas mecánicas o dieléctricas.
- La excesiva presión originada en los *bushings* debida a altas corrientes aumenta la presión interna y puede ocasionar pérdidas de aceite por las empaquetaduras de los mismos y al cabo de cierto tiempo, fallas dieléctricas en los periodos de baja carga por defecto de aislante.
- Incrementos en la resistencia de contactos de los cambiadores de *taps* pueden ocasionar puntos de muy alta temperatura y la consiguiente descomposición localizada de aceite con formación de residuos carbonosos y gases. En casos extremos esto puede derivar en un embalamiento térmico, con la formación de arcos en los contactos y una violenta evolución de los gases.
- Los equipos internos tales como transformadores de intensidad o reactores (en transformadores de alta potencia) pueden estar sujetos a algunos de los riegos enunciados anteriormente.
- Las temperaturas máximas de aceite por encima de los 105 °C en transformadores con cámara de aire y sin los debidos equipos de protección pueden provocar la actuación de la válvula de sobrepresión si la capacidad de absorción de presión de la cámara fuera limitada.
- Durante un estado de sobrecarga alto y prolongado en transformadores de potencia con cambiadores bajo carga, la regulación del transformador (dependiendo de su impedancia) puede aumentar significativamente (agravada aún más por la posible caída del factor de potencia que ocurre durante los periodos de sobrecarga).

  En consecuencia, para mantener la tensión secundaria en un nivel prefijado, los equipos reguladores automáticos de tensión variarán la posición del cambiador de *taps*, aumentando la tensión por espira primaria e incrementando, en consecuencia, la inducción en el núcleo, la cual en casos extremos puede llevar a condiciones muy próximas a la saturación del circuito magnético con sobrecalentamientos excesivos del mismo.
- Los límites de corriente y las temperaturas aplicables a cargas por encima de los valores asignados en transformadores sumergidos en aceite (Tabla 4 de la Norma IEC-60076-7-2005).

Tabla 9.4. *Límites de corriente y temperatura aplicables a cargas por encima de los valores asignados*

Tipos de carga	Tipos de transformador		
	Distribución (potencia máxima asignada de 2500 kVA trifásica o 833 kVA monofásica)*	Media potencia (potencia máxima asignada de 100 MVA trifásica o 33,3 MVA monofásica)*	Gran potencia (la potencia excede de los límites especificados para el transformador de media potencia)*
Carga cíclica normal (I)			
Corriente (p.u.)	1,5	1,5	1,3
Temperatura del punto más caliente del arrollamiento y de las partes metálicas en contacto con material aislante celulósico (° C).	120	120	120
Temperatura del punto más caliente de otras partes metálicas (en contacto con aceite, papel aramida, material de fibra de vidrio) (° C).	140	140	140
Temperatura del aceite superior (° C).	105	105	105
Carga de emergencia de larga duración (II)			
Corriente (p.u.)	1,8	1,5	1,3
Temperatura del punto caliente del arrollamiento y de las partes metálicas en contacto con material aislante celulósico (° C).	140	140	140
Temperatura del punto caliente de otras partes metálicas (en contacto con aceite, papel aramida, material de fibra de vidrio) (° C).	160	160	160
Temperatura del aceite superior (° C).	115	115	115
Carga de emergencia de corta duración (III)			
Corriente (p.u.)	2,0	1,8	1,5
Temperatura del punto caliente del arrollamiento y de las partes metálicas en contacto con material aislante celulósico (° C).	**	160	160

Tabla 9.4. *Límites de corriente y temperatura aplicables a cargas por encima de los valores asignados (Cont.)*

Tipos de carga	Tipos de transformador		
	Distribución (potencia máxima asignada de 2500 kVA trifásica o 833 kVA monofásica)*	Media potencia (potencia máxima asignada de 100 MVA trifásica o 33,3 MVA monofásica)*	Gran potencia (la potencia excede de los límites especificados para el transformador de media potencia)*
Carga de emergencia de corta duración (III)			
Temperatura del punto caliente de otras partes metálicas (en contacto con aceite, papel aramida, material de fibra de vidrio) (° C).	**	180	180
Temperatura del aceite superior (° C).	**	115	115

Nota 1: si no se define especialmente, el punto caliente es el punto más caliente de los arrollamientos.

Nota 2: la carga cíclica es el régimen de carga con variaciones cíclicas (la duración del ciclo habitualmente es de 24 h) y es la que se considera desde el punto de vista del envejecimiento acumulado que se produce durante el ciclo. La carga cíclica puede ser bien una carga normal o bien una carga de emergencia de larga duración.

* Los límites de corriente y temperatura no se entienden como válidos simultáneamente. La corriente se puede limitar a un valor más bajo que el indicado, con el fin de alcanzar el requisito de limitación de temperatura. Contrariamente, la temperatura se puede limitar a un valor más bajo que el indicado, con el fin de alcanzar el requisito de limitación de corriente.

** No se deberían exceder los límites de corriente de carga, la temperatura del punto más caliente, la temperatura del aceite superior y la temperatura de las partes metálicas distintas de los arrollamientos y conexiones establecidas en esta tabla. No se establece límite para la temperatura del punto caliente y del aceite superior bajo carga de emergencia de corta duración para transformadores de distribución porque, generalmente, es impracticable controlar la duración de la carga de emergencia en este caso. Se debería tener en cuenta que cuando la temperatura del punto caliente no supera 140 °C, se pueden desarrollar burbujas de gas que pueden poner en peligro la rigidez dieléctrica del transformador.

I) Se aplica temperatura ambiente más elevada o una corriente de carga superior al valor asignado durante una parte del ciclo, pero, desde el punto de vista del envejecimiento térmico relativo (de acuerdo con el modelo matemático), esta carga es equivalente a la carga asignada a temperatura ambiente normal. Esto se logra compensando con temperaturas ambiente o cargas más bajas durante el resto del ciclo de carga. A efectos de planificación, se puede extender este principio a largos periodos de tiempo durante los cuales los ciclos con tasa de envejecimiento relativa superior a la unidad son compensados por los ciclos con tasa de envejecimiento menor que la unidad.

II) Es el régimen de carga resultante de la indisponibilidad prolongada de algunos elementos de la red que no serán reconectados antes de que el transformador alcance una temperatura estabilizada nueva y más alta a la de régimen permanente.

III) Es la carga excepcionalmente alta de naturaleza transitoria (menor de 30 min) debida a la aparición de uno o varios eventos poco probables que perturban seriamente la carga normal del sistema.

- Los límites de corriente y temperatura aplicables a carga superior a la de la placa de características en transformadores de tipo seco (Tabla 3 de la Norma IEC-60076-12).

Tabla 9.5. *Límites de corriente y temperatura aplicables a carga superior a la de la placa de características*

Temperatura del sistema de aislamiento (° C)	105 (A)	120 (E)	130 (B)	155 (F)	180 (H)	200	220
Corriente máxima (p.u)	1,5	1,5	1,5	1,5	1,5	1,5	1,5
Máxima temperatura del punto caliente (°C)	130	145	155	180	205	225	245

Nota 1: no se entiende que los límites de temperatura y corriente sean válidos simultáneamente. La corriente se puede limitar a un valor más bajo que el indicado para satisfacer el requisito de limitación de temperatura. Recíprocamente, la temperatura se puede limitar a un valor más bajo que el indicado para satisfacer el requisito de limitación de corriente.

Nota 2: a la máxima temperatura del punto caliente indicada en la tabla, los cálculos muestran que la duración de vida de un transformador nuevo es solo de pocos miles de horas.

- **Protección de transformadores frente a cortocircuitos:**

En este apartado se indica, de forma resumida, lo especificado en la Norma UNE-EN-60076-5.

- Tipos de categorías: se distinguen tres tipos de categorías para los transformadores trifásicos o bancos trifásicos, según la potencia signada:
    - Categoría I: 25 kVA a 2500 kVA.
    - Categoría II: 2501 kVA a 100 000 kVA.
    - Categoría III: mayor de 100 000 kVA.
- Cálculo de la corriente de cortocircuito. El cálculo del valor eficaz de la corriente de cortocircuito simétrica se debe realizar teniendo en cuenta la impedancia de cortocircuito medida del transformador más la impedancia de la red.

  Para los transformadores de categoría I, se debe despreciar, en el cálculo de la corriente de cortocircuito, la impedancia de la red, si esta es igual o inferior al 5 % de la impedancia de cortocircuito del transformador.

La impedancia de cortocircuito de la red, la facilita normalmente la compañía eléctrica. La impedancia de cortocircuito del transformador la indica el fabricante, previo los ensayos correspondientes.

En ausencia de estos datos se pueden utilizar los valores indicados en las Tablas 9.6 y 9.7.

La duración de la corriente de cortocircuito simétrica I a utilizar para el cálculo de la aptitud térmica para soportar cortocircuitos debe ser de 2 segundos, a menos que se especifique una duración diferente.

Tabla 9.6. *Valores mínimos reconocidos de la impedancia de cortocircuito para transformadores de dos arrollamientos separados*

Potencia asignada (kVA)	Impedancia de cortocircuito mínima (%)
25 a 630	4
631 a 1250	5
1.251 a 2500	6
2.501 a 6300	7
6.301 a 25 000	8
25.001 a 40 000	10
40.001 a 63 000	11
63.001 a 100 000	12,5
Mayor que 100 000	> 12,5

Nota 1: para las potencias asignadas superiores a 100 MVA, los valores son, generalmente, objeto de un acuerdo entre el fabricante y el comprador.
Nota 2: en el caso de unidades monofásicas conectadas en banco trifásico, los valores de la potencia asignada se aplican al banco trifásico.

Tabla 9.7. *Potencia aparente de cortocircuito de la red*

Tensión más elevada para el material, *Um* (kV)	Potencia aparente de cortocircuito (MVA)	
	Práctica en Europa	Práctica en Norteamérica
7,2-12-17,5-24	500	500
36	1000	1500
52 y 72,5	3000	5000
100 y 123	6000	15 000
145 y 170	10 000	15 000
245	20 000	25 000
300	30 000	30 000
362	35 000	35 000
420	40 000	40 000
525	60 000	60 000
765	83 500	83 500

Nota: si no está especificado, se debería considerar un valor entre 1 y 3 para la relación entre impedancia homopolar y la impedancia directa de la red.

La temperatura media de cada arrollamiento, después del paso de la corriente de cortocircuito simétrica I, no debe exceder el valor máximo indicado en la Tabla 9.8.

Tabla 9.8. *Valores máximos admisibles de la temperatura media de cada arrollamiento después del cortocircuito*

Tipo de transformador	Clase térmica del aislamiento ° C (clase térmica entre paréntesis)	Valor máximo de la temperatura (°C)	
		Cobre	Aluminio
Sumergido en aceite	105 (A)	250	200
Seco	105 (A)	180	180
	120 (E)	250	200
	130 (B)	350	200
	155 (F)	350	200
	180 (H)	350	200
	200	350	200
	220	350	200

Nota 1: en el caso de arrollamientos construidos con aleaciones de aluminio de alta resistencia a la tracción, se pueden permitir valores máximos de temperatura más altos por acuerdo entre el fabricante y comprador, pero que no superen los correspondientes al cobre.
Nota 2: cuando se utilicen otros sistemas de aislamiento diferentes de la clase térmica A en transformadores sumergidos en aceite, se pueden permitir valores de temperatura máxima diferentes por acuerdo entre el fabricante y comprador.

Respecto a los efectos dinámicos de la corriente de cortocircuito, el transformador debe soportar el valor inicial (de cresta) de la corriente asimétrica de cortocircuito, siendo su valor:

$$I_{cc\ asimétrica} = \sqrt{2} \cdot k \cdot I_{cc}$$

siendo:

I_{cc}: valor eficaz de la corriente de cortocircuito simétrica.

$\sqrt{2} \times k$ = Factor de cresta que depende de la relación *X/R*, siendo *X* la suma de la reactancia del transformador y de la red y *R*, la suma de la resistencia del transformador y de la red.

En la Tabla 9.9 se indican los valores del factor de cresta en función de la relación *X/R*.

Tabla 9.9. *Valores del factor de cresta ($\sqrt{2} \times k$)*

X/R	1	1,5	2	3	4	5	6	8	10	14
$\sqrt{2} \times k$	1,51	1,64	1,76	1,95	2,09	2,19	2,27	2,38	2,46	2,55

Nota: para otros valores de *X/R* comprendidos entre 1 y 14, el factor de $\sqrt{2} \times k$ se puede obtener por interpolación lineal.

Nota: si no se especifica de otro modo, en el caso de $X/R > 14$, el factor $\sqrt{2} \times k$, se considera igual a:

- $1{,}8 \times \sqrt{2} = 2{,}55$ para transformadores de la categoría II.
- $1{,}9 \times \sqrt{2} = 2{,}69$ para transformadores de la categoría III.

Corriente de conexión de un transformador

La conexión en vacío de un transformador a su tensión nominal da lugar a un periodo transitorio en el que la corriente puede alcanzar valores de cresta de 12 a 25 veces superiores de su intensidad nominal con constantes de tiempo comprendidas entre 0,1 y 0,7 segundos cuando se energiza por las bobinas de mayor tensión, normalmente las externas o más alejadas del núcleo magnético (caso de transformadores reductores).

Este fenómeno se confunde con una corriente de cortocircuito y suele hacer actuar las protecciones del transformador de forma no deseada y reiterada.

Este fenómeno se agrava duplicándose cuando el transformador se energiza por su lado de menor tensión (bobinas internas con menor flujo disperso) caso común en transformadores elevadores, siendo, por tanto, la irrupción de corriente en la conexión de 24 a 60 veces superior a su corriente nominal.

En la Tabla 9.10 se indican los valores típicos de corriente de conexión en vacío de transformadores de distribución.

Tabla 9.10. *Valores típicos de la corriente de conexión en vacío de transformadores de distribución*

Transformadores sumergidos en aceite Valores típicos de la corriente de conexión en vacío y su duración				
Potencia (kVA)	Excitados por el lado de AT		Excitados por el lado de BT	
	I_e/I_n	t (s)	I_e/I_n	t (s)
50	15	0,10	30	0,07
100	14	0,15	28	0,10
160	12	0,20	24	0,13
250	12	0,22	24	0,15
630	11	0,30	22	0,20
1000	10	0,35	20	0,23
2500	8	0,50	16	0,32

Incidencias en los transformadores de potencia

Las principales incidencias que se pueden presentar en los transformadores de potencia se indican en la Figura 9.5.

En la Figura 9.8 se muestran las curvas características de relés de tiempo inverso.

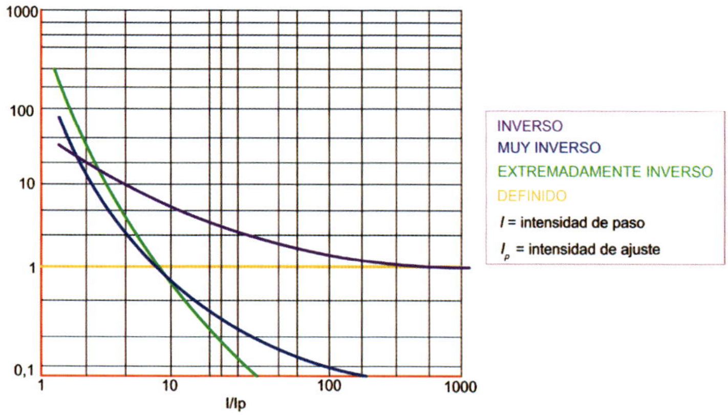

Figura 9.8. *Curvas normalizadas de tiempo inverso.*

La conexión típica de los relés de sobreintensidad es con los TI en estrella y con cada fase de corriente entrando a cada relé de fase, mientras que al relé de tierra entra la suma de las corrientes de fases o corriente residual 3 I_o.

Igualmente se puede disponer de solo dos relés de fases y un relé de tierra con lo que el elemento sigue protegido totalmente (Figura 9.9).

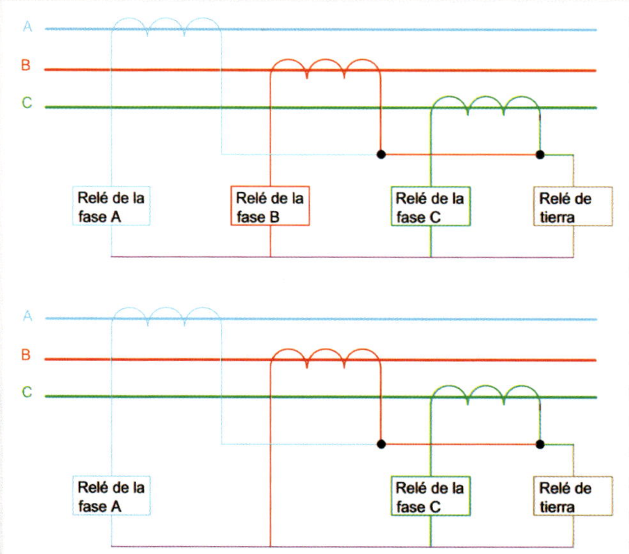

Figura 9.9. *Conexión típica de relés de sobreintensidad.*

Principales protecciones

En este apartado se indican los principales equipos que se utilizan para proteger a los transformadores, tanto de potencia como de distribución.

- Protección diferencial (87).

Protege al transformador de defectos internos, tales como cortocircuitos y derivaciones a masa dentro de la cuba. La zona de protección es aquella en la que cubre entre la ubicación de los transformadores de intensidad en alta y baja tensión del transformador de potencia. Su actuación provoca el disparo definitivo.

Se utiliza en transformadores de potencia de 10 MVA o más.

Es un relé que opera cuando el vector de diferencia entre dos o más cantidades eléctricas similares excede de un valor predeterminado. Compara las corrientes de entrada y salida del elemento protegido. Opera abriendo los interruptores en ambos extremos del elemento protegido.

Los aspectos influyentes en la operación incorrecta del relé diferencial son:

- Niveles de tensión diferentes.
- Desfasamiento de 30° entre las señales de entrada y salida.
- Corriente inicial de magnetización.
- La protección diferencial siempre se activa cuando detecta faltas dentro del sistema que está protegiendo.

En condiciones normales, las corrientes I_1 e I_2 que entran al relé son iguales en magnitud, por lo que la corriente diferencial es aproximadamente igual a cero.

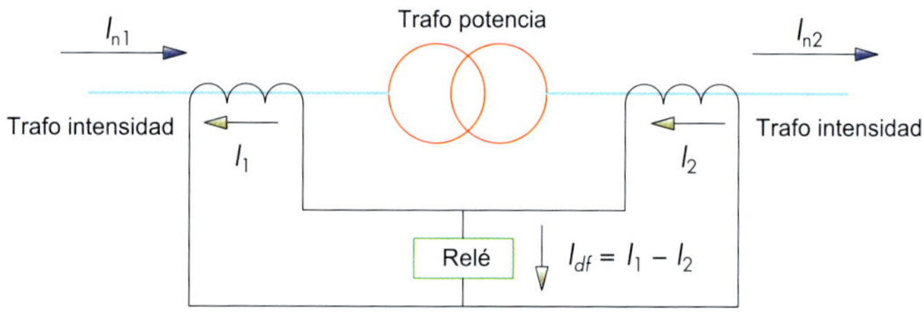

Figura 9.10. *Conexión de una protección diferencial de un transformador.*

Cuando ocurre una falta dentro de la zona de protección diferencial, la cual es ubicada por la situación física de los transformadores de intensidad, las corrientes I_1 e I_2 son diferentes; por tanto, la corriente diferencial es distinta de cero y provoca la operación de la protección.

Si existe una falta dentro de la zona de protección diferencial, una de las dos corrientes I_{n1} o I_{n2} cambia de dirección, debido a que su correspondiente corriente en el primario del TI también lo hace. Esto es porque en la condición de falta, corrientes procedentes de ambos lados de la protección diferencial aportan al cortocircuito.

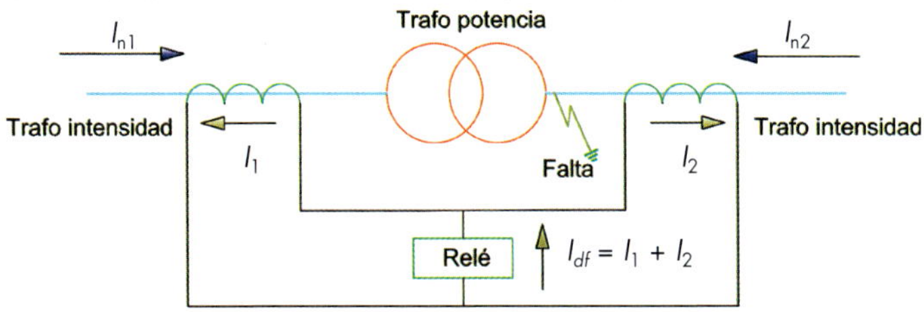

Figura 9.11. *Protección diferencial de un transformador con falta interna.*

Cuando la falta está ubicada fuera de la zona de la protección diferencial, se debe mantener que las corrientes I_1 e I_2 sean iguales para que la corriente diferencial sea cero y no ocurra una mala operación de la protección.

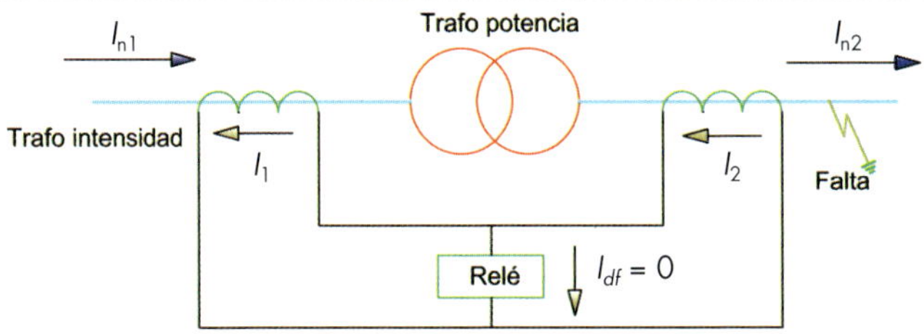

Figura 9.12. *Protección diferencial de un transformador con falta externa.*

Al indicar que las corrientes I_1 e I_2 son iguales en condiciones normales, se entiende que cuando las corrientes secundarias de los TI han sido compensadas en caso de que sea necesario, ya que las corrientes primarias y secundarias del transformador de potencia son distintas y las corrientes secundarias de los trafos de intensidad dependen de la relación de transformación de los mismos.

EJEMPLO DE APLICACIÓN 2

Suponemos un transformador de potencia de 30 MVA con una relación de transformación 30/10 kV. La corriente primaria y secundaria del transformador de potencia es:

$$I_{n1} = \frac{30\,000}{\sqrt{3} \cdot 30} = 577{,}35 \text{ A}$$

$$I_{n2} = \frac{30\,000}{\sqrt{3} \cdot 10} = 1732 \text{ A}$$

Suponemos que los TI son de relación 600/5 y 2000/5 A, luego

$$I_1 = \frac{577,35}{600/5} = 4,81 \text{ A}$$

$$I_2 = \frac{1.732}{2000/5} = 4,33 \text{ A}$$

Entonces no se cumple que, para condiciones normales de carga, las corrientes I_1 e I_2 sean iguales; por tanto, se requiere compensar (igualar) las corrientes utilizando transformadores de adaptación con la relación de transformación adecuada.

Además de lo anterior, se debe tener en cuenta el grupo de conexión del transformador de potencia, ya que a pesar de que las corrientes sean iguales en magnitud, estas se pueden encontrar desfasadas con lo que la diferencia no será igual a cero.

Los transformadores trifásicos, según el tipo de conexión, desfasan las tensiones primarias respecto a las tensiones secundarias, un ángulo que viene dado por el llamado índice horario.

Por ejemplo, si el transformador del caso anterior fuese de conexión Dy1 (primario triángulo, secundario estrella y desfases entre el primario y secundario de 1 x 30 = 30°), las corrientes por el lado de baja del mismo estarán desfasadas (retrasadas) respecto a las corrientes por el lado de alta, un ángulo de 30°.

En este caso se requiere que los transformadores de adaptación igualen las corrientes, tanto en magnitud como en fase, por lo que se conectarían en Yd11 donde la corriente es desfasada 30° en adelanto, además de estar afectada por el factor $\sqrt{3}$ debido a la conexión triángulo. Es decir, la relación sería 4,33 $\sqrt{3}$ /4,81 para nuestro ejemplo.

Esto es debido porque las corrientes que llegan al relé son corrientes de línea y, como los TI están conectados en triángulo, las corrientes secundarias serían las corrientes de fase dentro del triángulo.

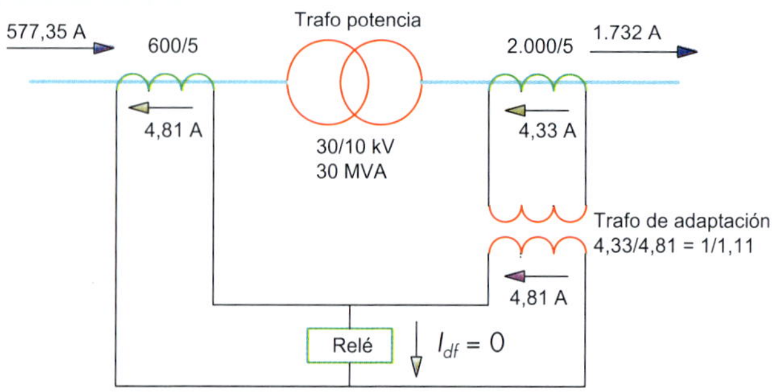

Figura 9.13. *Protección diferencial con transformador de adaptación.*

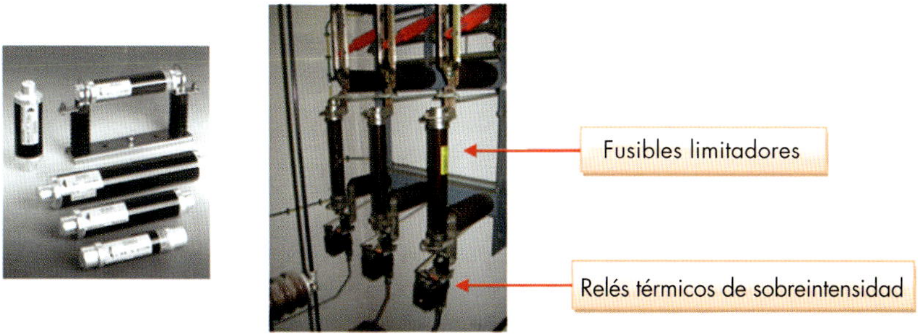

Figura 9.17. *Fusibles limitadores en CT de interior.*

Para sistemas bifásicos y trifásicos, cuando alguno de los fusibles del sistema ha operado y debemos proceder a su cambio o reposición, de acuerdo con las recomendaciones de la norma IEC-60282-1 se debería hacer el cambio de todos los fusibles que forman la protección del sistema.

En la Figura 9.18 se muestra las curvas características tiempo-intensidad para 3,6-7,2-12-17,5-24-36 kV.

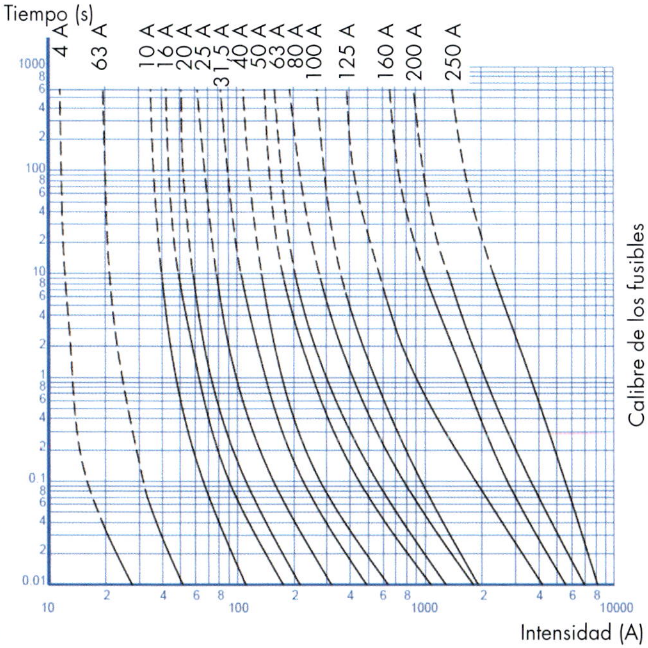

Figura 9.18. *Curvas de fusión de un fusible limitador.* Fuerte: *MESA.*

En la Figura 9.19 se muestra el valor máximo de la intensidad de corte limitada, en función del valor eficaz de la intensidad que se hubiese alcanzado en ausencia del fusible.

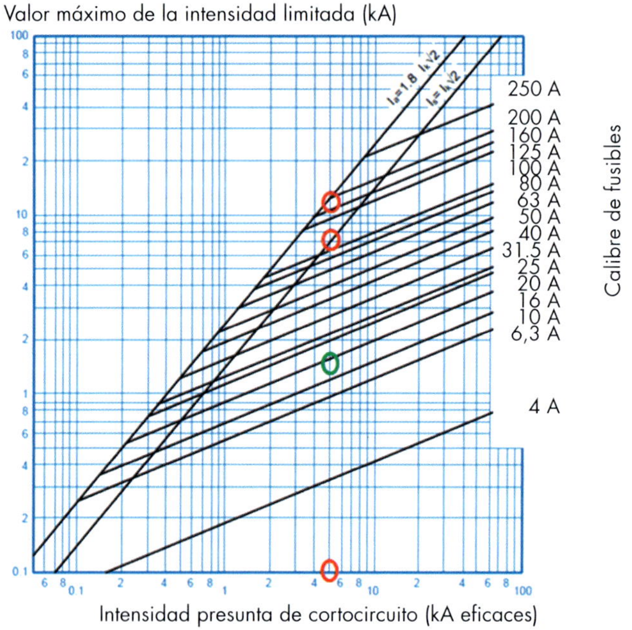

Figura 9.19. *Curvas de limitación de intensidad.*

Para un cortocircuito cuya intensidad presunta es de 5 kA, en una instalación no protegida, el valor pico alcanzado sería de 7 kA para un cortocircuito simétrico y de 13 kA en el caso de asimétrico.

Si utilizamos un fusible con una intensidad nominal de 16 A, el valor máximo alcanzado sería de 1,5 kA.

NOTA

A la hora de seleccionar un fusible de MT para protección de transformadores se debe tener en cuenta que:

- La U_n (tensión nominal) debe ser igual o más elevada que la tensión de la red.
- La I_1 (intensidad máxima de corte asignada) debe ser igual o más elevada que el cortocircuito de la red.

Un transformador impone principalmente tres esfuerzos a un fusible. Por tanto, los fusibles deben ser capaces de:

- Resistir sin fusión intempestiva a la intensidad de cresta que puede producirse en la conexión del transformador en vacío. La intensidad de fusión del fusible a 0,1 segundos debe ser más elevada que aproximadamente 12 veces la intensidad nominal del transformador:

$$I_{f\,(0,1\ s)} > 12\ I_{n\ (transformador)}$$

- Cortar las corrientes de defecto en bornas del secundario del transformador. El fusible asignado a la protección de un transformador debe evitar, cortando antes, el cortocircuito previsto para este transformador (Icc):

$$I_{cc} > I_f\,(2\ s)$$

- Soportar la intensidad en servicio continuo y las eventuales sobrecargas. La intensidad nominal del fusible tiene que ser superior a 1,4 veces la intensidad nominal del transformador:

$$I_n > 1{,}4\ I_{n\ (transformador)}$$

En la Figura 9.20 se indican las relaciones de los distintos valores de un transformador y su fusible de protección.

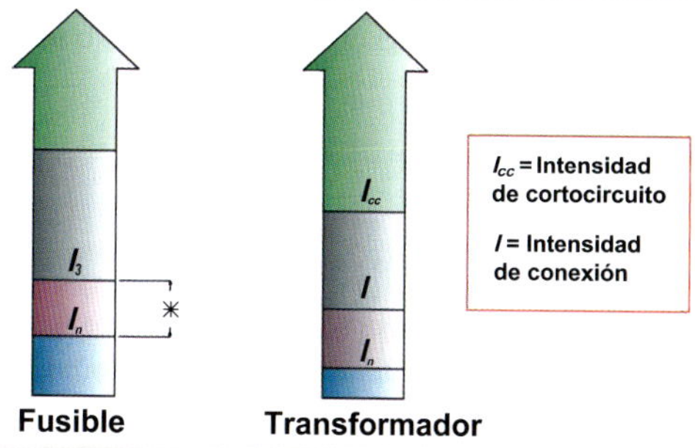

Figura 9.20. *Relación de valores de un transformador y su fusible de protección.*

* En esta zona de intensidad, toda sobrecarga debe ser eliminada por dispositivos de protección de baja tensión (BT), por un interruptor de media tensión (MT) equipado con un relé de sobreintensidad o por un fusible equipado con protección térmica.

I_3: intensidad mínima de corte.

$$I_{n\ (fusible)} < I < I_3$$

Las reglas de coordinación de un conjunto interruptor-fusible son:

- No solicitar al interruptor más allá de sus prestaciones: corriente de transición inferior al valor asignado:

$$I_{transición} < I_4$$

Tabla 9.12. *Valores de la corriente asignada de fusibles de expulsión para protección de transformadores (Cont.)*

Protección de transformadores												
P (kVA)	Tensión asignada (kV)											
	6/7,2		10/12		15/17,5		20/24		25/28		30/36	
250	24	40	14,4	25	9,3	16	7,2	16	5,7	10	4,8	10
315	30	50	18,2	32	12	20	9	16	7,3	16	6	10
400	39	63	23	40	15,4	25	11,5	20	9,2	20	7,7	16
500	48	100	29	50	19,2	32	14,4	25	11,5	20	9,6	16
630			36,4	63	24,2	40	18,2	32	14,5	25	12	20
800			46,2	80	30,8	63	23	40	18,5	32	15,4	25
1000			57,8	100	38,5	63	29	50	23	40	19,2	32
1250					48	80	36	63	29	50	24	40
1600					61	100	46,2	80	37	80	30,8	63
2000							57,8	100	46,2	80	38,5	80

Corriente de los transformadores (A).
Corriente asignada de los fusibles (A).

Las características de fusión de un fusible de expulsión se muestran en la Figura 9.22.

Otras protecciones de transformadores

- Sistemas autónomos de protección: RPTA (para aplicación a la posición de protección con fusibles en sistemas de celdas de protección con fusibles) y RPGM (para aplicación en las celdas de protección con interruptor automático.
- Buchholz-Jansen (63J): relé Buchholz para el circuito de aceite del cambiador de tomas de carga de un transformador de potencia.
- Detector de gas, presión y temperatura (DGPT): se utiliza en transformadores con dieléctrico líquido y llenado integral (normalmente transformadores de distribución; Figura 9.23).

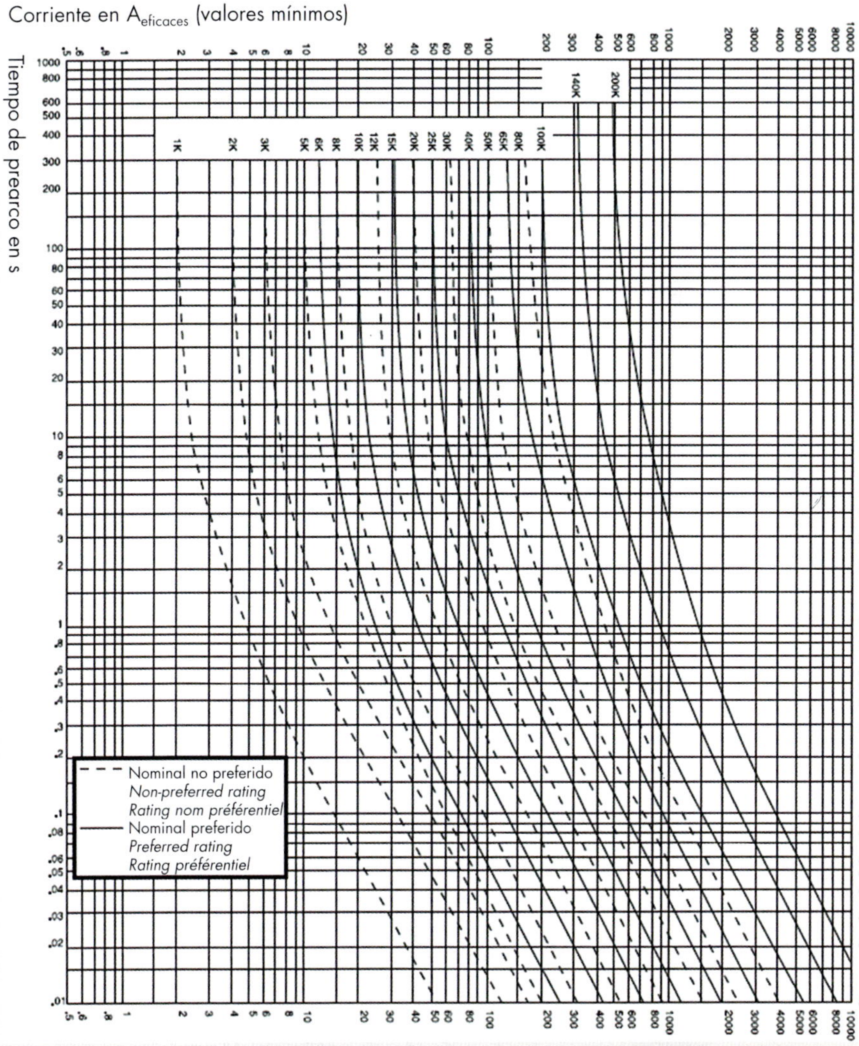

Figura 9.22. *Curvas de fusión de cortacircuitos de expulsión.* Fuente: *INAEL.*

Figura 9.23. *Bloque de protección DGPT.*

- Liberador de presión (63L): un tipo de liberador de presión es la chimenea o tubo de expansión. Evita que la cuba se deforme cuando en el interior del transformador de potencia se produce una sobrepresión (Figura 9.24).

Figura 9.24. *Transformador de potencia con chimenea de expansión.*

- Protección de cuba (64): detecta faltas en la cuba del transformador a tierra, midiendo la corriente que circula entre la cuba y la conexión de la misma a tierra. Es necesario que la cuba esté aislada de tierra. Está protección no se coloca si existe protección diferencial (Figura 9.25).

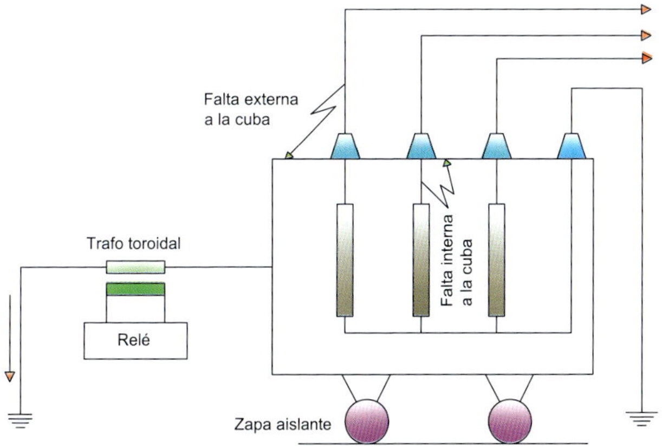

Figura 9.25. *Conexiones de la protección de cuba.*

- Liberador de presión (63L): un tipo de liberador de presión es la chimenea o tubo de expansión. Evita que la cuba se deforme cuando en el interior del transformador de potencia se produce una sobrepresión (Figura 9.24).

Figura 9.26. *Dispositivo de secado de un transformador.* Fuente: *TTE.*

- Protección de cuba (64): detecta faltas en la cuba del transformador a tierra, midiendo la corriente que circula entre la cuba y la conexión de la misma a tierra. Es necesario que la cuba esté aislada de tierra. Está protección no se coloca si existe protección diferencial (Figura 9.25).

separar los gases del aceite, canalizar los gases lejos del transformador y eliminar los gases explosivos mediante la inyección de un gas inerte por seguridad antes de la reparación y para evitar el efecto «bazuca» en contacto con el aire.

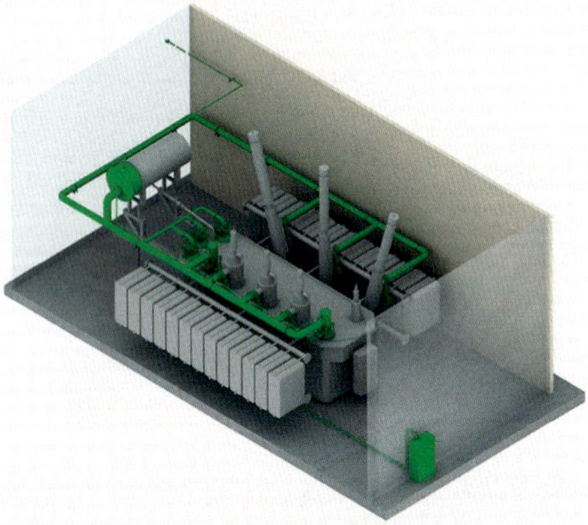

Figura 9.27. *Ejemplo de configuración típica de la protección de un transformador contra explosión.* Fuente: *Sergi Transformer Protector.*

EJEMPLO DE APLICACIÓN 4

Unidad de protección, medida y control

En este apartado se analiza la unidad de protección, medida y control ekorRPTci de Ormazabal.

Se utiliza para la protección de transformadores de distribución. Se instala en celdas de interruptor combinado con fusibles, de forma que todas las funciones de protección son realizadas por el sistema electrónico, salvo los cortocircuitos polifásicos de alto valor que son despejados por los fusibles.

Cuando se detecta una sobreintensidad que está dentro de los valores que puede abrir el interruptor en carga, el relé actúa sobre un disparador biestable de baja energía que abre el interruptor. En el caso de que la intensidad de defecto sea superior a la capacidad de corte del interruptor en carga, se bloquea el disparo del interruptor para que se produzca la fusión de los fusibles. También se consigue un seccionamiento del equipo en defecto evitando que los fusibles se queden en tensión.

- Proceso de elección de los parámetros de protección:
  1. Determinar el calibre del fusible necesario para proteger el transformador.
  2. Calcular la intensidad nominal del transformador
  3. Definir el nivel de sobrecarga transitoria en permanencia *I* >. Los valores habituales en transformadores hasta 2000 kVA son el 20 % para instalaciones de distribución y el 5 % en instalaciones de generación.

4. Seleccionar la curva de sobrecarga transitoria. La coordinación entre las curvas de los relés y los fusibles de BT se realiza con el tipo de curva EI (extremadamente inversa).
5. Definir el retardo en sobrecarga transitoria *K*. Este parámetro está definido por la constante térmica del transformador. Así, cuanto mayor es esta constante, más tiempo tarda en incrementarse la temperatura del transformador ante una sobrecarga y, por tanto, más tiempo se puede retardar el disparo de la protección. Para transformadores de distribución es habitual el valor de K = 0,2 que implica un disparo en 2 segundos si la sobrecarga es del 300 % en una curva EI.
6. Obtener un nivel de cortocircuito *I* >>. Se debe determinar el valor máximo de la intensidad de magnetización del transformador. El pico de intensidad que se produce cuando se conecta un transformador en vacío por efecto de la magnetización del núcleo, es varias veces superior al nominal. Este valor de pico de hasta 12 veces el nominal (10 veces para más de 1000 kVA) tiene un contenido en armónicos muy elevado, de forma que su componente fundamental de 50 Hz es mucho menor. Así, un valor habitual de ajuste de este parámetro es entre 7 y 10.
7. Conseguir una temporización del instantáneo *T* >>. Este valor corresponde con el tiempo de disparo de la protección en caso de cortocircuito. Depende de la coordinación con otras protecciones, y los valores habituales se sitúan entre 0,1 y 0,5 s. En el caso de que el cortocircuito sea de valor elevado, actuarán los fusibles en el tiempo determinado por su curva característica.
8. Determinar el valor de intensidad en el caso de cortocircuito trifásico secundario. Este defecto debe ser despejado por los fusibles, y corresponde con el valor máximo del punto de intersección entre la curva del relé y del fusible. Si el punto de intersección es superior al valor de cortocircuito secundario, se deben cambiar los ajustes para cumplir el requisito.

Como ejemplo veamos la protección de un transformador en un sistema de celdas con protección con fusible. Los valores del transformador son: 1250 kVA, U_n = 15 kV y U_k = 5 %.

Los pasos a seguir para una correcta coordinación entre fusibles y el relé de protección son los siguientes:

- Elección del fusible: utilizamos fusibles de acompañamiento del tipo SSK de SIBA, para la protección de grandes transformadores de distribución (≥ 630 kVA) con bajas pérdidas.

  Los valores de selección se indican en la Tabla 9.13.

Tabla 9.13. *Valores de selección del fusible en función de la potencia del transformador*

Tensión de red (kV)	Tensión nominal del fusible (kV)	Potencia nominal del transformador (kVA)				
		800	1000	1250	1600	2000
		Intensidad nominal del fusible (mínimo/máximo)				
15	10/24	63/125	80/125	100/125	125/200	160/250

Elegimos el fusible de 10/24 y 125 A (Figura 9.28).

- Intensidad nominal: $1250/\sqrt{3} \times 15 \approx 48$ A.
- Sobrecarga admitida en permanencia 20 %. $I_n \times I> = 48 \times 1{,}2 \approx 58$ A.
- Tipo de curva: extremadamente inversa (EI).
- Factor de sobrecarga transitoria: $K = 0{,}2$.
- Nivel de cortocircuito. $I_n \times I> \times I>> = 48 \times 1{,}2 \times 7 \approx 404$ A.
- Temporización de instantáneo $T>> = 0{,}4$ s.
- Cortocircuito secundario. $I_{cs} = I_n \times 100/U_k = 48 \times 100/5 = 960$ A.

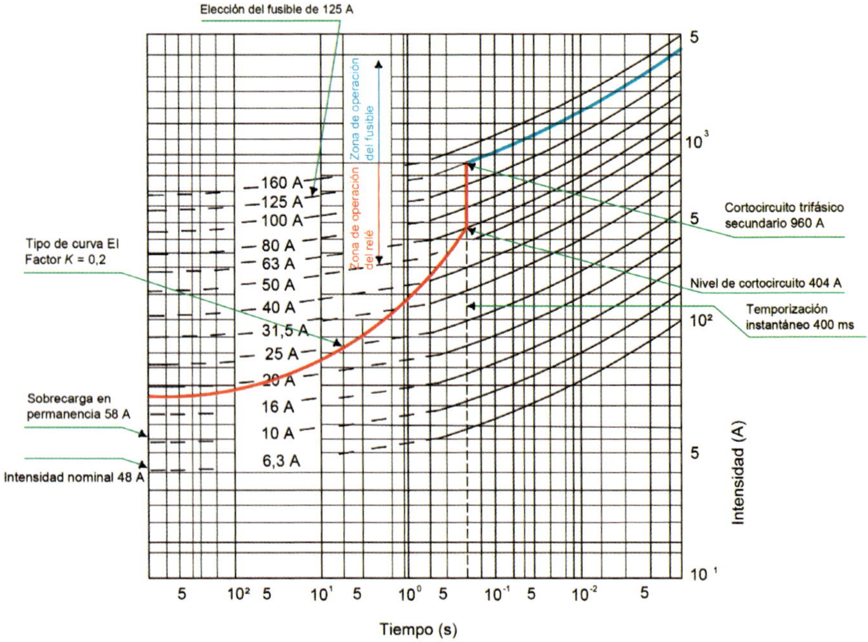

Figura 9.28. *Ejemplo para un fusible de 125 A.*

4.2.3. Elementos de protección

Los transformadores se protegerán contra sobreintensidades de alguna de las siguientes maneras:

a) De forma individual con los elementos de protección situados junto al transformador que protegen, o dentro del mismo.

b) De forma individual con los elementos de protección situados en la salida de la línea en la subestación que alimenta al transformador en un punto adecuado de la derivación, siempre que esta línea o derivación alimente un solo transformador.

A los efectos de los párrafos anteriores a) y b) se considera que la conexión en paralelo de varios transformadores trifásicos o la conexión de tres monofásicos para un banco trifásico constituye un solo transformador.

c) De forma agrupada cuando se trate de centros de transformación de distribución pública, colocándose los elementos de protección en la salida de la línea en la subestación de alimentación o en un punto adecuado de la red.

En este caso c), se garantizará la protección de cualquiera de los transformadores para un cortocircuito trifásico en sus bornes de baja tensión, el número de transformadores en cada grupo no será superior a ocho, la suma de las potencias nominales de todos los transformadores del grupo no será superior a 800 kVA y la distancia máxima entre cualquiera de los transformadores y el punto donde esté situado el elemento de protección será de 4 km como máximo. En el caso de que se prevean sobrecargas deberá protegerse cada transformador individualmente en BT. La potencia máxima unitaria será de 250 kVA.

EJEMPLO DE APLICACIÓN 5

Calcular si es posible la protección de forma agrupada de los transformadores de la Figura 9.29 a través de los fusibles de expulsión XS. La tensión en cada transformador es de 20/0,4 kV.

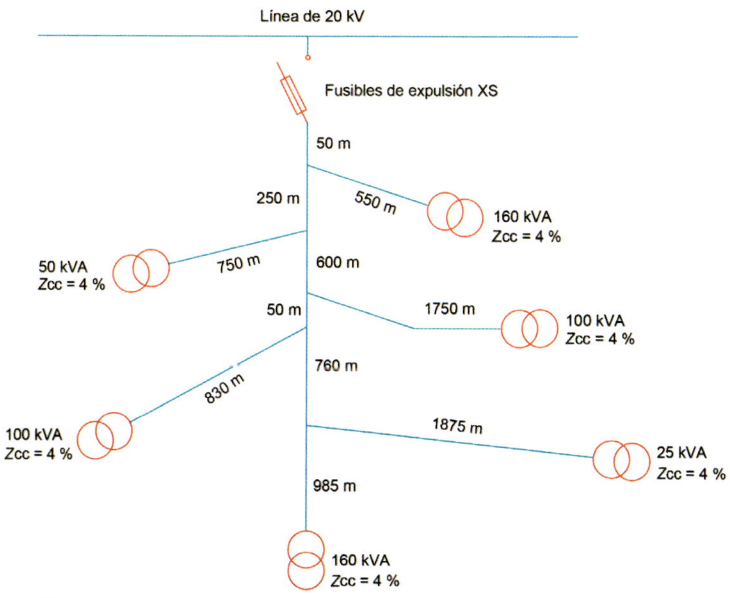

Figura 9.29. *Esquema de la red de protección de los transformadores agrupados.*

- Potencia total = 595 kVA ≤ 800 kVA.
- Máxima potencia de un transformador = 160 kVA ≤ 250 kVA.
- Distancia máxima entre cualquiera de los transformadores y el fusible de expulsión XS = 3585 m < 4 km.

Solución:

- Intensidad del fusible cuando están todos los transformadores funcionado a plena carga:

$$I_{fusible} = \frac{595}{\sqrt{3} \cdot 20} = 17{,}17 \text{ A}$$

  El calibre del fusible inmediatamente superior normalizado es de 20 A.

- Intensidad correspondiente al transformador de menor potencia:

$$I_{25\text{ kVA}} = \frac{25}{\sqrt{3} \cdot 20} = 0{,}72 \text{ A}$$

- Intensidad de cortocircuito en el secundario del transformador de 25 kVA:

$$I_{cc2} = \frac{25 \cdot 1000}{4} \cdot 100 \cdot \frac{1}{\sqrt{3} \cdot 400} = 902 \text{ A}$$

- Valor de la corriente de cortocircuito trifásico relacionada con la parte de MT debido a un fallo en la parte de BT.

  Se trata de averiguar que corriente circula por el primario del transformador de 25 kVA en el supuesto que aparezca un fallo en la parte de BT.

  Existen varias fórmulas de cálculo:

$$I_{cc1\ (BT)} = \frac{S}{u\ \%} \times 100 \times \frac{1}{\sqrt{3} \cdot V_1} = \frac{25 \times 1000}{4} \times 100 \times \frac{1}{\sqrt{3} \times 20 \times 1000} = 18{,}04 \text{ A}$$

$$I_{cc1\ (BT)} = \frac{I_{cc2}}{V_1} \times V_2 = \frac{902}{20000} \times 400 = 18{,}04 \text{ A}$$

$$I_{cc1\ (BT)} = \frac{c \times I_{25\text{ kVA}}}{u\ \%} \times 100 = \frac{1{,}1 \times 0{,}72}{4} \times 100 = 19{,}8 \text{ A}$$

  siendo:

  c: factor de tensión. Es la relación entre la tensión equivalente y la tensión normal del sistema $Un/\sqrt{3}$. El valor para alta tensión y corrientes máximas de cortocircuito es de 1,1.

  Este factor *c* es necesario para simular el efecto de algunos fenómenos que no se tienen en cuenta explícitamente en el cálculo como, por ejemplo:

  - Variaciones de tensión dependiendo del tiempo y del lugar.
  - Cambio en las tomas del transformador.

- Cargas y capacidades despreciables.
- Fenómenos subtransitorios de las máquinas rotativas (generadores y motores).

Por tanto, es imposible que el fusible actúe para una intensidad de cortocircuito en bornes del transformador de 25 kVA, de 19,8 A (suponiendo que el resto de transformadores no están trabajando).

Si, por ejemplo, no existiese el transformador de 25 kVA, tendríamos:

$$I_{fusible} = \frac{570}{\sqrt{3} \cdot 20} = 16,45 \text{ A}$$

$$I_{50\ kVA} = \frac{50}{\sqrt{3} \cdot 20} = 1,44 \text{ A}$$

$$I_{cc1\ (BT)} = \frac{1,1 \times 1,44}{4} \times 100 = 39,6 \text{ A}$$

Ahora, el fusible puede actuar para una corriente de 39,6 A y dejar pasar en régimen permanente una corriente de 16,45 A.

4.3. Salidas de líneas

Las salidas de línea deberán estar protegidas contra cortocircuitos y, cuando proceda, contra sobrecargas. En redes de 1.ª y 2.ª categoría se efectuará esta protección por medio de interruptores automáticos.

Las líneas aéreas de transporte o de distribución pública en las que se prevea la posibilidad de numerosos defectos transitorios, se protegerán con sistemas que eliminen rápidamente el defecto transitorio, equipados con dispositivos de reenganche automático, que podrán omitirse o bloquearse cuando esté justificado técnicamente.

Para redes de distribución pública de 3.ª categoría, las empresas eléctricas establecerán una normalización de las potencias máximas de cortocircuito en las barras de salida, para las diversas tensiones.

4.3.1. Protección de líneas en redes con neutro a tierra

En estas redes deberá disponerse de elementos de protección contra cortocircuitos que puedan producirse en cualquiera de las fases. El funcionamiento del sistema de protección no debe aislar el neutro de tierra.

4.3.2. Protección de líneas en redes con neutro aislado de tierra

En estas redes cuando se utilicen interruptores automáticos para la protección contra cortocircuito, será suficiente disponer solamente de relés sobre dos de las fases.

En el caso de líneas aéreas habrá siempre un sistema detector de tensión homopolar en la subestación donde este la cabeza de línea. Además, en el caso de subestaciones donde no haya vigilancia directa o por telecontrol, se instalarán dispositivos automáticos, sensibles a los efectos eléctricos producidos por las corrientes de defecto a tierra, que provoquen la apertura de los aparatos de corte.

NOTA

- **Detección de fase con contacto a tierra**
  - En redes con neutro puesto a tierra, bien sea rígidamente o a través de una impedancia, se utiliza una lógica programada para detectar este tipo de defectos. Esta lógica analiza la presencia de tensión en la instalación además de la corriente.

    De este modo, se evita la indicación de paso de falta en aquellas líneas que no hayan perdido la tensión (disparo de cabecera).
  - En redes con neutro aislado o compensado las corrientes de defecto son de bajo valor. Ante un defecto en un sistema de este tipo, la corriente de defecto puede no llegar a superar el umbral tarado para la protección de sobreintensidad y, por tanto, no detectarse dicho defecto.

  En este tipo de redes se utiliza la indicación de paso de falta direccional para detectar fases con contacto a tierra.

  El paso de falta direccional utiliza, tanto la corriente como la tensión para indicar la falta permitiendo, de este modo, regular los valores de intensidad de defecto a valores bajos (cercanos a los valores de retorno de intensidades capacitivas), conservando la correcta indicación de paso de falta para las líneas en defecto, frente a las líneas adyacentes sanas con aporte capacitivo.

  Ante defectos de muy alta impedancia (faltas en zonas rocosas, desérticas, entre otras), las intensidades de defecto son de muy bajo valor, llegando a estar por debajo del rango de sensibilidad de las unidades de sobreintensidad de los pasos de falta. Para detectar la fase con contacto a tierra, en este tipo de casos, se utiliza la detección de sobretensión homopolar.

- **Detector de paso de falta (DPF)**

  Los detectores de paso de falta (DPF) son equipos electrónicos que detectan niveles de intensidad y tensión indicando si por ese punto de la red se ha presentado un defecto o no.

  Los DPF pueden adoptar muchas formas, ya que puede haberse diseñado para una red eléctrica aérea o para una subterránea (centros de transformación). En el caso de la red aérea, los detectores de paso de falta son equipos que suelen colocarse en un punto del cable de la red, analizando cada una de las fases de forma independiente, o en el poste eléctrico de la red.

Los DPF de las líneas aéreas pueden ser monofásicos (Figura 9.30) o trifásicos.

Figura 9.30. *Detectores de paso de falta monofásicos.*

En el caso de una red subterránea, se trata de equipos que reciben la información de la intensidad por medio de toroidales.

La funcionalidad de los DPF puede estar dentro de equipos de telecontrol, tanto aéreos como subterráneos, los cuales permiten realizar la reconfiguración de la red.

La característica de estos equipos de telecontrol es que, aparte de detectar defectos y poder operar sobre uno de los interruptores de la red, pueden comunicar con un centro de control desde el que pueden recibir órdenes de actuación en la red.

Los centros de transformación telemandados (CTT) disponen de un dispositivo que supervisa el paso de falta (sobreintensidad) por fase y homopolar de cada una de las líneas del CTT en el que estén colocados los toroidales.

Los detectores de paso de falta pueden venir incorporados en las propias celdas de línea de MT formando parte de la unidad de control y protección (UCP) de la misma.

- Función de detección de paso de falta en la UCP de línea.

  En las líneas de MT se producen frecuentemente defectos entre fases o entre fase y tierra, que son despejados por el interruptor de cabecera de la subestación. Cuando ocurre es necesario delimitar el tramo con defecto lo más rápido posible.

  La UCP de cada celda de línea de los CTT debe disponer de la función de detección de paso de falta, con señalización tanto local como remota del paso del defecto por la citada celda. La función se activará cuando la intensidad (de fase u homopolar) supere los umbrales programados.

  En la Figura 9.31 se muestra un detector de paso de falta en una celda.

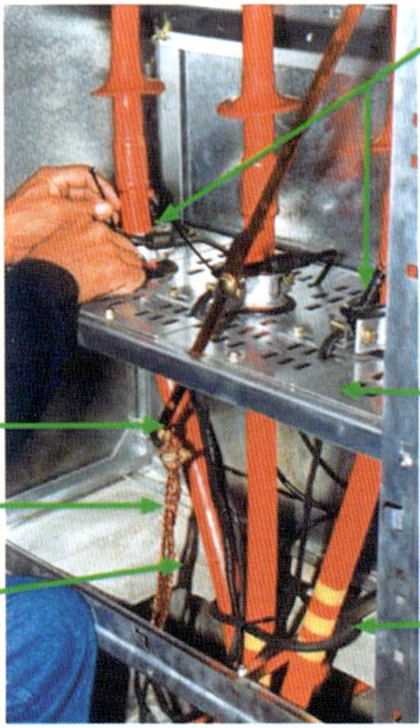

Figura 9.31. *Detector de paso de falta con sensores (toros) de corriente.*
Fuente: *Arteche.*

4.4. Baterías de condensadores

Las baterías de condensadores estarán diseñadas para evitar que la avería de un elemento de lugar a su propagación a otros elementos de la batería. Además, se dispondrá de un relé de desequilibrio que provocará la desconexión de la batería a través del interruptor principal. En baterías con varios escalones se analizará el desequilibrio en cada uno de los escalones de forma independiente.

Todas las baterías de condensadores estarán dotadas de dispositivos para detectar las sobreintensidades, las sobretensiones y los defectos a tierra, cuyos relés a su vez provocarán la desconexión del interruptor principal antes citado.

Cada elemento condensador tendrá un sistema de descarga que reduzca la tensión entre bornes a un valor inferior o igual a 75 V desde su desconexión al cabo de 10 minutos para baterías de condensadores de tensión asignada superior a 1 kV y al cabo de 3 minutos para baterías de condensadores de tensión asignada inferior o igual a 1 kV.

NOTA

Protección de baterías de condensadores de alta tensión

En la Tabla 9.14 se muestran las protecciones de condensadores de alta tensión.

Tabla 9.14. *Protección de condensadores de alta tensión*

Protección de condensadores de alta tensión							
Protección	Dispositivos de protección						
	Fusibles externos	Fusibles internos	Relés de intensidad	Relés de tensión	Relés de desequilibrio	Desconectador de sobrepresión	Resistencia de descarga
Cortocircuitos internos/externos	PS		PS				
Defectos internos	PNS (1)	PNS (2)			PS	PS	
Sobrecargas			PS				
Sobretensión/Subtensión				PS			
Descarga							PS
Esquema							
Simple estrella	PS	PNS (2)	PS	PS		PS	PS
Doble estrella	PS	PNS (2)	PS	PS	PS		PS
Trifásico	PS	PNS (2)	PNS (3)	PS		PS	PS

PS: protección segura.
PNS: protección no segura.
(1) Los fusibles externos no protegen de forma segura contra perforaciones internas. Para una protección segura debe complementarse con un relé de desequilibrio, caso de doble estrella, o desconectador de sobrepresión en caso de trifásico o simple estrella.
(2) Su misión fundamental es aislar el defecto o perforación interna para permitir que el condensador siga en servicio. Lo citado en (1) es también válido para este caso.
(3) Para las unidades trifásicas es más seguro el fusible externo por la rapidez de actuación en caso de cortocircuito interno.

Características de los dispositivos de protección de condensadores de alta tensión

Los condensadores de AT se construyen a base de bobinas de polipropileno y folio de aluminio conectadas en serie y paralelo para alcanzar la tensión y potencias requeridas.

- Condensadores monofásicos:

  Los condensadores monofásicos, salvo en los montajes especiales, forman parte de una batería o equipo; por tanto, las protecciones corresponderán a las previstas para estos montajes.

- Fusibles internos:

  En general los condensadores monofásicos pueden equiparse con fusibles internos (Figura 9.32).

  En caso de defecto en un elemento capacitivo básico, se produce una descarga de los elementos sanos en paralelo sobre el averiado. Esta descarga provoca la fusión inmediata del fusible interno de la unidad dañada, permitiendo así la continuidad de servicio del resto del equipo.

  Por sí solos, los fusibles internos no constituyen una protección suficiente.

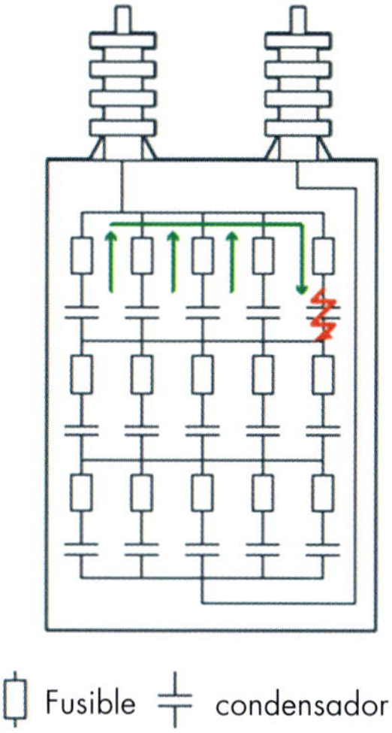

Figura 9.32. *Ejemplo de condensador con fusible interno.*

– Condensadores trifásicos:

Los condensadores trifásicos suelen utilizarse para la compensación individual de receptores, como es el caso de motores.

Estos condensadores no pueden, salvo en contadas excepciones, equiparse con fusibles internos. La protección básica recomendada consiste en:

- Sensor de presión:

  Actúa en caso de superarse la presión crítica en el interior del contenedor del condensador. Dispone de un contacto para actuar sobre un dispositivo de corte como contactor o interruptor con bobina de impulso.

  En los casos que no sea posible esta protección, debe disponerse al menos de fusibles externos.

- Fusibles externos:

  Se trata de fusibles de alto poder de ruptura (APR).

Una regla general a aplicar es sobredimensionar la intensidad de la batería aproximadamente en un 35 %, debido al efecto de la influencia de armónicos, sobretensiones y tolerancias de fabricación.

Los fusibles externos deberán ser calibrados de 1,6 a 2,0 veces la corriente nominal de la unidad a proteger con la finalidad de soportar la elevada punta de conexión.

La función del fusible es la de desconectar la unidad afectada por una perforación interna o un cortocircuito en los terminales de la batería. La actuación del fusible por perforación interna está determinada por la aportación de corriente del resto de unidades conectadas en paralelo y de la propia red.

Debido a que su tiempo de corte es mucho más reducido que el de un interruptor con relé de máxima intensidad, el fusible es mucho más seguro que el interruptor para la protección del condensador.

- Baterías o equipos de condensadores:

  En general cuando se trata de potencias superiores a 600 kVAr se recurre a montajes con condensadores monofásicos (Figura 9.33).

  Para su protección se recurre a:

  - Fusibles internos.
  - Relé de desequilibrio.

  Si bien existen diversos montajes posibles para este tipo de protección, el de doble estrella es el más extendido.

Figura 9.33. *Batería de condensadores monofásicos.*

Una pérdida de capacidad de un condensador debido a la perforación de una o más bobinas provoca la circulación de una corriente de defecto que un trafo de intensidad se encarga de transmitir a un relé de desequilibrio. Este suele tener dos niveles de señal, uno de aviso y otro de disparo sobre el interruptor general de la batería.

En la Figura 9.34 se muestra un esquema de una batería en doble estrella con sus protecciones.

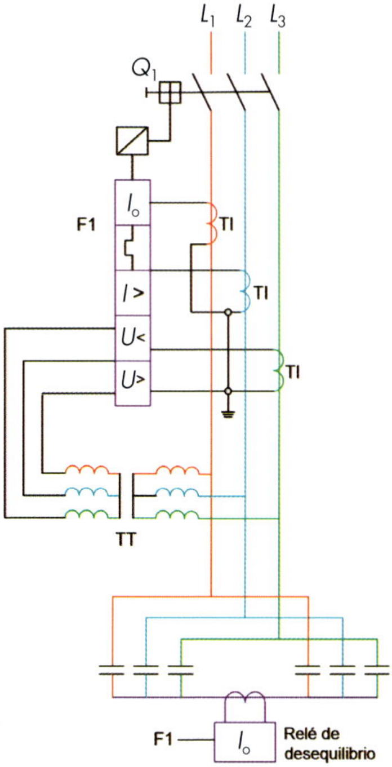

Figura 9.34. *Esquema de una batería en doble estrella con sus protecciones.*

- Fusibles externos:

  Su utilización para la protección de cortocircuito es la más recomendable. En caso de baterías con protección por desequilibrio, suele sustituirse por la protección de máxima intensidad del interruptor a pesar de su menor eficacia.

– Otras protecciones:

- Presencia de armónicos en la red.
- Limitación de la corriente de conexión y del número de maniobras:

  La corriente de conexión de condensadores puede alcanzar valores muy elevados que dependen de la potencia de cortocircuito en el punto de conexión y del número de condensadores en paralelo con la unidad a conectar.

  El valor máximo de esta corriente de conexión deberá ser limitado a 100 veces la corriente nominal del condensador (UNE-EN-60871-1). Sin embargo, por limitaciones de la aparamenta o por las posibles perturbaciones en la red es aconsejable limitar este valor a 50 veces.

Los valores indicados suelen sobrepasarse si existen otros condensadores o baterías en paralelo con la que se conectan. En estos casos deberán conectarse reactancias de choque (Figura 9.35) en serie con los condensadores o baterías cuya inductancia deberá calcularse para cada caso particular.

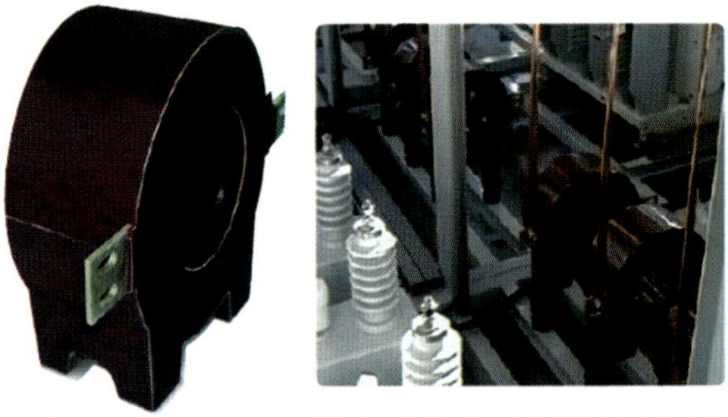

Figura 9.35. *Reactancias de choque.* Fuente: *Circutor.*

En cuanto al número de conexiones o maniobras de las baterías y según UNE-EN-60871-1, se deberán limitar a 1000 por año; por tanto, no debe diseñarse un sistema de conexión automático sin limitar el número y la frecuencia de las maniobras.

- Protección por sobretensión y subtensión:

  Los condensadores no permiten ninguna sobretensión de forma permanente. Las sobretensiones temporales se indican en la UNE-EN-60871-1.

  Para proteger los condensadores frente a sobretensiones (regulación y fluctuaciones de tensión o aumento de tensión con cargas bajas) se aconseja disponer de relés de sobretensión ajustados a 1,1 Un del condensador, con un retardo de aproximadamente 60 min.

  Para la protección contra las sobretensiones transitorias (descargas atmosféricas o reencendidos) se utilizan los descargadores de sobretensiones MOV (varistores de óxido metálico).

  La norma condiciona la reconexión a que la tensión residual sea inferior al 10 % de la tensión nominal de red.

- Sobretensión provocada por autoexcitación de motores con condensadores conectados directamente a bornes de motor.

  Para que se produzca este fenómeno deben darse diversas circunstancias:

  - Existe un condensador conectado a bornes del motor asíncrono.
  - El motor sigue girando durante un tiempo después de cortar la alimentación (máquinas con volantes de inercia, equipos de elevación, etc.).
  - La potencia del condensador supera el 90 % de la potencia reactiva de vacío del motor (UNE-EN-60871-1).

> Una de las formas de evitar este fenómeno es dotar al interruptor de la batería de un relé de mínima tensión de tal forma que en caso de corte de la alimentación esta se desconecte de bornes del motor.
>
> Este relé puede ajustarse a 0,80 U_n con un retardo lo más reducido posible.

4.5. Reactancias y resistencias

Las reactancias conectadas a los neutros de transformadores o generadores cuya misión sea crear un neutro artificial, no se dotarán de dispositivos de protección específicos que provoquen su desconexión individual de la red.

Las reactancias destinadas a controlar la energía reactiva de la red, dado que pueden ser por su técnica constructiva equiparables a los transformadores, se protegerán con dispositivos similares a los indicados para los transformadores en el apartado 4.2.

4.6. Motores de alta tensión

De forma general, los motores estarán protegidos contra los defectos siguientes:

1. **Motores y compensadores síncronos y asíncronos:**
   - **a)** Cortocircuito en el cable de alimentación y entre espiras.
   - **b)** Sobrecargas excesivas (mediante detección de la sobreintensidad, o por sonda de temperatura, o por imagen térmica).
   - **c)** Rotor bloqueado en funcionamiento.
   - **d)** Arranque excesivamente largo.
   - **e)** Mínima tensión y sobretensión.
   - **f)** Desequilibrio o inversión de las fases.
   - **g)** Defecto a masa del estátor.
   - **h)** Descebado de bombas (en el caso de accionamiento de este tipo de cargas).

2. **Para los motores y los compensadores síncronos se protegerán contra:**
   - **a)** Pérdida de sincronismo.
   - **b)** Pérdida de excitación.
   - **c)** Defecto a masa del rotor.
   - **d)** Marcha como asíncrono excesivamente larga.
   - **e)** Sobretensión y subfrecuencia.
   - **f)** Subpotencia y potencia inversa.

La decisión acerca de las protecciones a prever en cada caso dependerá de los riesgos potenciales de los defectos mencionados, del tamaño del motor y de la importancia de la función que presta dicho motor.

EJEMPLO DE APLICACIÓN 6

Selección del calibre de un fusible para protección de un motor de media tensión.

Datos de partida

- Potencia del motor = 1650 kW y tensión = 6,6 kV (Gráfico 1).
- Factor de potencia = 0,92.
- Rendimiento = 0,94.
- Intensidad de arranque = 6 veces superior a la nominal (1000 A en el gráfico 2).
- Para un tiempo de arranque = 10 s (calibre de 250 A en el gráfico 3).

$$I_n = \frac{1650}{\sqrt{3} \cdot 6{,}6 \cdot 0{,}92 \cdot 0{,}94} = 167 \text{ A}$$

Curvas de selección

Los tres gráficos permiten determinar el calibre del fusible conociendo la potencia del motor (kW) y su tensión nominal (kV).

Gráfico 1: a partir de la *P* (kW) y *Un* (kV) se obtiene la intensidad nominal, que por cálculo es de 167 A.

Gráfico 2: desde la intensidad nominal *In* (A), se obtiene la intensidad de arranque.

Gráfico 3: indica el calibre del fusible conveniente en función de Id (intensidad de arranque en A) y la duración del tiempo de arranque T_d (s).

Notas

- El Gráfico 1 está trazado para un factor de potencia de 0,92 y un rendimiento de 0,94.
- Las curvas del Gráfico 3 están trazadas en el caso de 6 arranques repartidos en una hora o 2 arranques consecutivos.
  - Para un número *(n)* de arranques repartidos ($n > 6$) se debe multiplicar T_d por n/6.
  - Para un número *(p)* de arranques sucesivos ($p > 2$) se debe multiplicar T_d por p/2.
  - En caso de ausencia de información tomar T_d = 10 s.
  - Si el arranque del motor no es directo, el calibre obtenido gracias a las curvas adjuntas puede ser inferior a la intensidad de plena carga del motor. Hay que elegir entonces un calibre superior al 20 % del valor de esa intensidad, para tener en cuenta la instalación en celdas.

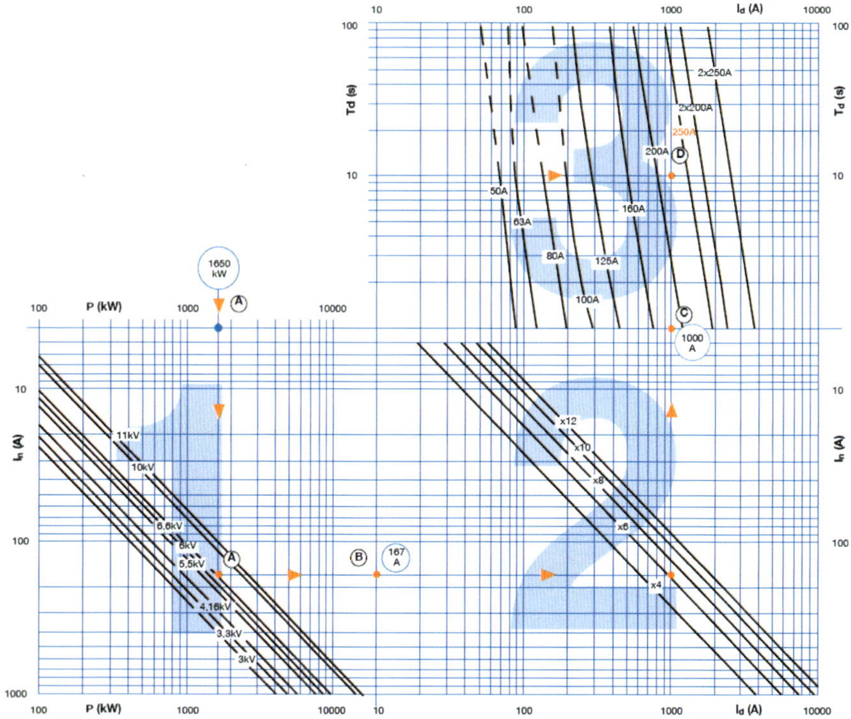

Figura 9.36. *Curvas de selección para fusibles de protección de motores de alta tensión.* Fuente: *MESA.*

4.7. Generadores conectados en redes de distribución

Este apartado se aplicará a las instalaciones de producción de energía eléctrica que en virtud de su potencia nominal o de la tensión de la línea a la que se conecten no tengan una reglamentación específica en materia de seguridad y protección.

4.7.1. Criterios generales

Tanto en la explotación normal como en condiciones anormales tales como las de cortocircuito, los generadores de cualquier tipo conectados a redes de distribución de alta tensión no perturbarán el correcto funcionamiento de las redes a las que estén conectadas. Con tal fin, cada generador o agrupación de generadores estará equipado de un sistema de protecciones y de un interruptor automático en el punto de conexión con la red de distribución, que garanticen su desconexión en caso de una falta en la red o de faltas internas en la instalación.

Con objeto de mejorar la fiabilidad del sistema de protecciones, los contactos de salida de los relés de protección se conectarán directamente en el circuito de disparo del interruptor automático. Cuando dispare el interruptor automático de la central, su reconexión se efectuará tras el restablecimiento de la tensión y frecuencia de la red de distribución, con un periodo de retardo especificado según las características de la red de distribución a la que se conecte.

El sistema de protecciones y control se adaptará a la red de distribución a la que se conecte y estará dotado de los medios necesarios para admitir un reenganche de la red de distribución, hasta un tiempo de reenganche máximo de 1 segundo. No se admitirá el funcionamiento en isla del generador para una duración superior al tiempo máximo de reenganche anterior.

En el caso excepcional en el que se evidencie que la instalación supone un riesgo inminente para las personas, o cause daños o impida el funcionamiento de equipos de terceros, la empresa distribuidora, o transportista en su caso, podrá desconectar inmediatamente la instalación, debiendo comunicar y justificar detalladamente dicha actuación excepcional al órgano de la Administración competente en materia de energía y al interesado, en un plazo máximo de veinticuatro horas.

4.7.2. Protecciones

La instalación dispondrá, en su punto de conexión a la red de distribución, de relés para detectar el funcionamiento en isla y detectar y distinguir faltas en la red de alimentación y faltas internas.

Las protecciones a instalar serán, al menos:

a) Mínima tensión, con medida de la tensión entre fases o fase tierra, según los criterios de protección de la red a la que se conecte la instalación.

b) Máxima tensión, con medida de la tensión entre fases o fase tierra, según los criterios de protección de la red a la que se conecte la instalación.

c) Máxima tensión homopolar.

d) Máxima y mínima frecuencia.

e) Sobreintensidad de fase y neutro, tanto temporizada como instantánea.

f) Dependiendo de los criterios de protección y explotación de la red a la que se conecta la instalación, además de las protecciones anteriores se podrá requerir la instalación de una protección adicional que actúe en caso de desconexión de la red, con el fin de evitar el funcionamiento en isla y prevenir daños en caso de reenganche fuera de sincronismo. En función de la tecnología del generador, dicha función de protección podrá ser realizada mediante sistemas basados en comunicaciones, como el teledisparo, relés en el punto de conexión o sistemas de protección antiisla integrados en los inversores de conexión a red, acordes con los criterios de protección de la red.

En caso de un sistema de protección antiisla integrado en un inversor, este debe funcionar correctamente en paralelo con otras centrales eléctricas, con la misma o distinta tecnología, y alimentando las cargas habituales, tales como motores.

Las protecciones de máxima y mínima tensión, así como las de máxima y mínima frecuencia deben medir las magnitudes de operación de las protecciones en el lado del transformador de potencia conectado a la red de distribución.

En caso de que el funcionamiento del generador provoque una tensión en su conexión a la red, superior a los límites reglamentarios, el generador deberá desconectarse. Dicha desconexión podrá realizarse mediante un relé adicional de máxima tensión, ajustado con tiempos mayores que la protección de máxima tensión por faltas o que la protección antiisla.

4.7.3. Teledesconexión

Todos los generadores estarán dotados de un sistema de teledesconexión compatibles con la red de distribución a la que se conectan.

La función del sistema de teledesconexión es actuar sobre el elemento de conexión del generador con la red de distribución para permitir su desconexión remota.

4.7.4. Reposición automática

Solo se permitirá el cierre del interruptor del generador mediante un sistema de reposición automática si se cumplen las siguientes condiciones:

a) La apertura previa del interruptor automático no se ha debido a una falta interna del generador.

b) La tensión de red se encuentra dentro de los límites de funcionamiento normal, durante un periodo especificado acorde con las características de la red de distribución a la que se conecte.

c) No existe una orden enviada por los sistemas de protección y control de la red de distribución para el bloqueo en posición abierta del interruptor automático del generador.

4.7.5. Generadores conectados a través de convertidores electrónicos

Los generadores conectados a la red de alta tensión que utilicen convertidores electrónicos deberán cumplir todos los requisitos establecidos en este apartado 4.7.

Asimismo, una vez instalados deberán cumplir los límites de emisión de perturbaciones indicados en las normas nacionales e internacionales de compatibilidad electromagnética. El funcionamiento del convertidor no producirá sobretensiones mayores de las indicadas en la tabla siguiente, incluso durante el transitorio de paso a un funcionamiento en isla en situaciones de baja carga.

Tabla 1. *Sobretensiones máximas admisibles entre fases en función de la duración de la sobretensión*

Duración, *t*, de la sobretensión	Valor admisible de la sobretensión (% U_n)
$0 < t < 1$ ms	200
1 ms $\leq t < 3$ ms	140
3 ms $\leq t < 500$ ms	120
$t \geq 500$ ms	110

NOTA

Protecciones

Para evitar en lo posible la transmisión de defectos o sus consecuencias, hacia las instalaciones del consumidor, o viceversa, las protecciones particulares del entronque de las instalaciones de clientes con la red general y su regulación deberán coordinarse con las de la empresa distribuidora. Esto implica que las faltas en las instalaciones de clientes deben ser despejadas por sus protecciones, sin actuación de las de la red de la compañía eléctrica a la que se conectan.

Todas las instalaciones generadoras estarán dotadas de un sistema de protección y un interruptor automático para permitir su desconexión en caso de una falta en la red o en la instalación generadora.

En este apartado se analizan, de forma resumida, las condiciones que para las instalaciones generadoras conectadas a la red de distribución indica la compañía eléctrica Iberdrola.

Características de las protecciones

Ejemplos de valores típicos de las distintas protecciones son:

- Un relé de máxima y mínima frecuencia (81m-M) conectado entre fases, ajustado a 51 Hz y 48 Hz, con una temporización que, salvo requerimiento por escrito del operador del sistema, será de 0,2 y de 3 segundos respectivamente.
- Un relé de máxima tensión (59) conectado entre fases:
  - Instalaciones dentro del ámbito del R. D. 1699/2011: ajustadas a 1,1 U_n y 1,15 U_n, con una temporización de 0,6 y de 0,2 segundos respectivamente.

  - Instalaciones no incluidas en el punto anterior, ajustadas a 1,10 de la tensión media entre fases, con una temporización de 0,6 segundos.
- Un relé trifásico de mínima tensión (27):
  - Con carácter general, se ajustará a 0,85 U_n, con una temporización de 0,6 segundos.
  - Aquellas instalaciones obligadas al cumplimiento de requisitos de comportamiento frente a huecos de tensión se ajustarán a 0,85 U_n, con una temporización de 1,5 segundos.
- Un relé de máxima tensión homopolar (59N) conectado en triangulo abierto: ajustado a 20 voltios para *T/t*, con secundario en triangulo abierto de tensión nominal 110/3, con una temporización en 0,6 segundos.
- Protección de sobreintensidad.

  Se distinguen las siguientes protecciones:

  - Protección en subestaciones de clientes conectados a redes de tensión nominal superior a 30 kV:
    - Relé de fase (50-51):
      1. El arranque se ajustará como máximo en un 40 % por encima de la potencia nominal del transformador, o de la suma de los transformadores en caso de existir varios en paralelo.
      2. Las protecciones se ajustarán de manera que una falta en el lado de alta tensión se despeje en menos de 0,1 segundos. Una falta en el lado de baja tensión de los transformadores se despejará en menos de 0,5 segundos.
    - Relé de tierra (50N-51N):

      Con conexión en triángulo en el lado de alta del transformador.

      1. El arranque se ajustará a un 10 % de la corriente nominal del transformador, debiendo ser un valor inferior al de arranque de tierra de la línea de cabecera.
      2. La curva utilizada tendrá un tiempo de actuación igual o inferior a una curva de tiempo dependiente tipo A, según UNE-EN-60.255-3 con el índice de tiempo $K = 0,1$.
      3. El instantáneo de tierra se ajustará a un valor no superior a la corriente nominal de la transformación aguas abajo protegida por dicho interruptor e inferior a un 50 % de la corriente de cortocircuito a tierra del punto de conexión.

    Con conexión Ynd del transformador (subestaciones conectadas a la red de Iberdrola en configuración de entrada-salida):

    1. El arranque de la protección de cliente se ajustará por encima del arranque de los relés de tierra (67N) de las salidas de línea de alta y como máximo, al 100 % de la intensidad nominal de la transformación aguas abajo protegida por dicho interruptor.

2. El índice de tiempo se ajustará para coordinarse con las protecciones de tierra de las salidas de línea de alta tensión de Iberdrola (se considerará un tiempo de coordinación de al menos 0,5 s).

La curva utilizada será la curva de tiempo dependiente tipo A según UNE-EN-60.255-3. Un índice de $K = 0,7$ suele ser adecuado.

3. La actuación instantánea será deshabilitada.

- Protecciones en instalaciones de clientes conectados a redes de 30 kV.

  En las redes de 30 kV se distinguirán dos tipos de instalaciones de clientes:

  - Las subestaciones cumplirán lo indicado anteriormente.
  - Los centros de transformación a baja tensión dispondrán de los sistemas de protección que se describen a continuación.

- Protecciones en instalaciones de clientes conectadas a redes de tensión nominal menor o igual a 20 kV:

  - Protección con fusibles.
  - Protección con relés e interruptor automático.

– Protecciones de fase: el arranque de la unidad temporizada de fase (51) se ajustará como máximo a 1,4 veces la corriente nominal de la instalación y la curva de actuación de la unidad temporizada de fase será tal que el tiempo de actuación de la protección con 10 veces la intensidad de arranque sea como máximo 0,1 segundos.

– Protección de neutro: en caso de faltas a tierra en la instalación del cliente, el sistema de protecciones del cliente disparará en un tiempo inferior al indicado en la Figura 9.37.

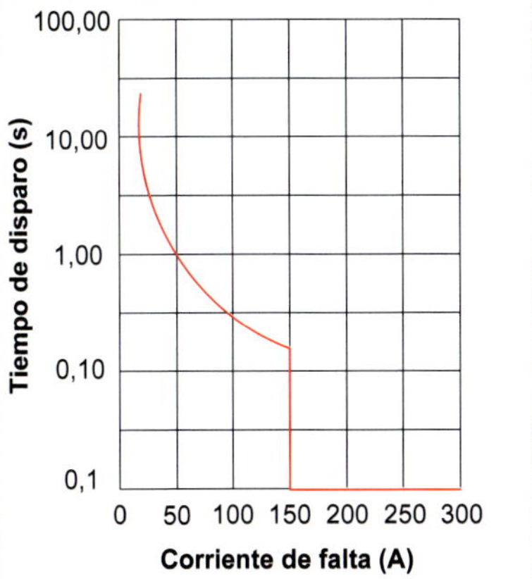

Figura 9.37. *Tiempo máximo de disparo de la protección general del cliente ante faltas a tierra.*

– Teledisparo: En aquellos casos en que sea de aplicación el R. D. 413/2014, en prevención de la apertura del interruptor automático de la empresa titular de la red en el punto de conexión, así como en cualquier situación en la que la generación pueda quedar funcionando en isla, se podrá instalar por parte del generador un sistema de teledisparo automático que desconecte la central o centrales generadores con objeto de evitar posibles daños personales o sobre las cargas.

En cumplimiento de la legislación, dicho teledisparo debe disparar el interruptor de corte general de la instalación generadora, en caso de apertura de cualquier elemento de corte en carga de la red de la compañía eléctrica que pueda dejar la instalación generadora funcionando en isla con cargas ajenas a dicha instalación.

Para tensiones ≤ 66 kV los relés de protección voltimétricos (27,59, 59N y 81) dispondrán de control por *watch-dog* (mecanismo de seguridad que provoca un *reset* del sistema en caso de que este se haya bloqueado) y la activación del mismo provocará disparo y enclavamiento del interruptor de interconexión.

Para tensiones > 66 kV, debido a la variedad del sistema de protecciones, se estudiará la solución más adecuada en cada caso.

- Reposición automática: Como opción, el interruptor automático podrá estar dotado de un automatismo que permitirá su reposición de forma automática si su apertura se ha producido por actuación de las protecciones voltimétricas (27, 59, 59N, 81m/M) instaladas en el punto de interconexión con la red.

  El automatismo permitirá el cierre si se cumplen las siguientes condiciones:

  - Presencia de tensión de red estable, como mínimo durante 3 minutos (función identificada como 27X en los esquemas que se indican a continuación).
  - No existe actuación de las protecciones de sobreintensidad 50/51.
  - En caso de actuación de la protección de máxima frecuencia, la reconexión solo se realizará cuando la frecuencia alcance un valor menor o igual a 50 Hz.

  El automatismo bloqueará el cierre por actuación de las protecciones de sobreintensidad (50/51) asociadas al interruptor y solo se podrá desbloquear en local, después de identificar el origen de la actuación de esta protección y la eliminación de la causa del disparo.

  Si la apertura del interruptor se produce manualmente por personal de la instalación generadora, el automatismo quedará deshabilitado.

Protección antiisla

El objeto de la protección antiisla es detectar la condición en la que la instalación generadora queda, aunque sea de forma transitoria, suministrando energía a terceros en una isla separada del resto de la red de distribución eléctrica. Esto puede dar lugar a:

- Condiciones peligrosas de trabajo para el personal de mantenimiento y explotación de la red.
- Dificultad o impedimento de la correcta operación de la red eléctrica.

Supongamos que por razones de mantenimiento en una red de MT se maniobra un seccionador de una línea de 20 kV. El mismo actúa sin tensión y sin corriente. Previamente se abrió el interruptor de línea en la subestación.

Al cerrar el seccionador se observa un arco eléctrico, a pesar de que la línea debería estar sin tensión. Esto es debido a que alguna planta generadora está trabajando en isla. Por tanto, en este caso existe peligro de electrocución del operario y riesgo de desprendimiento de partes del seccionador al hacer la maniobra con carga.

En la Figura 9.38 se muestra una red que tiene dos generadores fotovoltaicos (FV) conectados en la red de distribución.

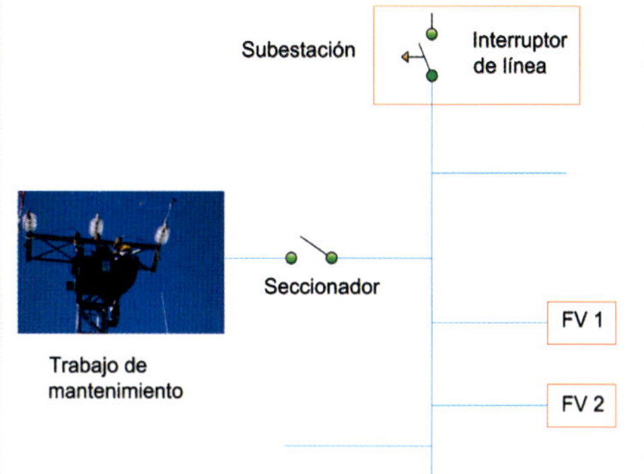

Figura 9.38. *Funcionamiento en isla de generadores fotovoltaicos (FV).*

En la Figura 9.39 se indican los fallos de automatismos de red que puede producir una situación en isla de una planta FV.

Supongamos que por mantenimiento en el transformador T2, se quiere alimentar la barra de 11 kV con el transformador T1 en la subestación B. Para poder cerrar el reconectador de la línea LB1 sin carga, se abre la línea LA2 de la subestación A.

Al cerrar el interruptor de la línea LB1 se observa que abre por falta de sincronismo, aunque no debería hacerlo, pues el interruptor de la línea LA2 está abierto. La causa es que las instalaciones FV1 y FV2 se quedan en isla manteniendo una tensión no sincronizada con la red.

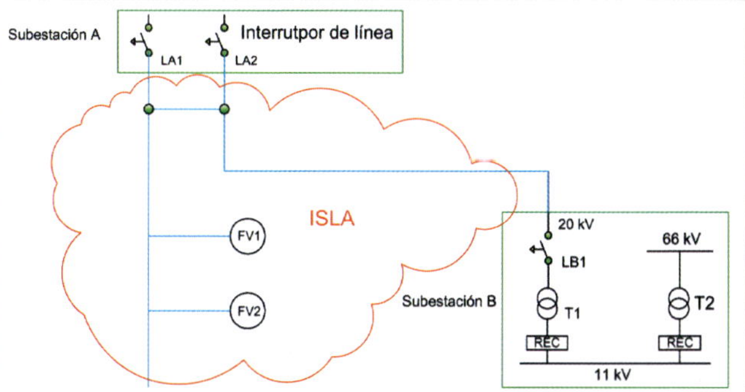

Figura 9.39. *Funcionamiento en isla de un generador FV durante maniobras en la red de MT.*

En las siguientes figuras se muestran los esquemas de protecciones para instalaciones generadoras conectadas a red de > 1 kV.

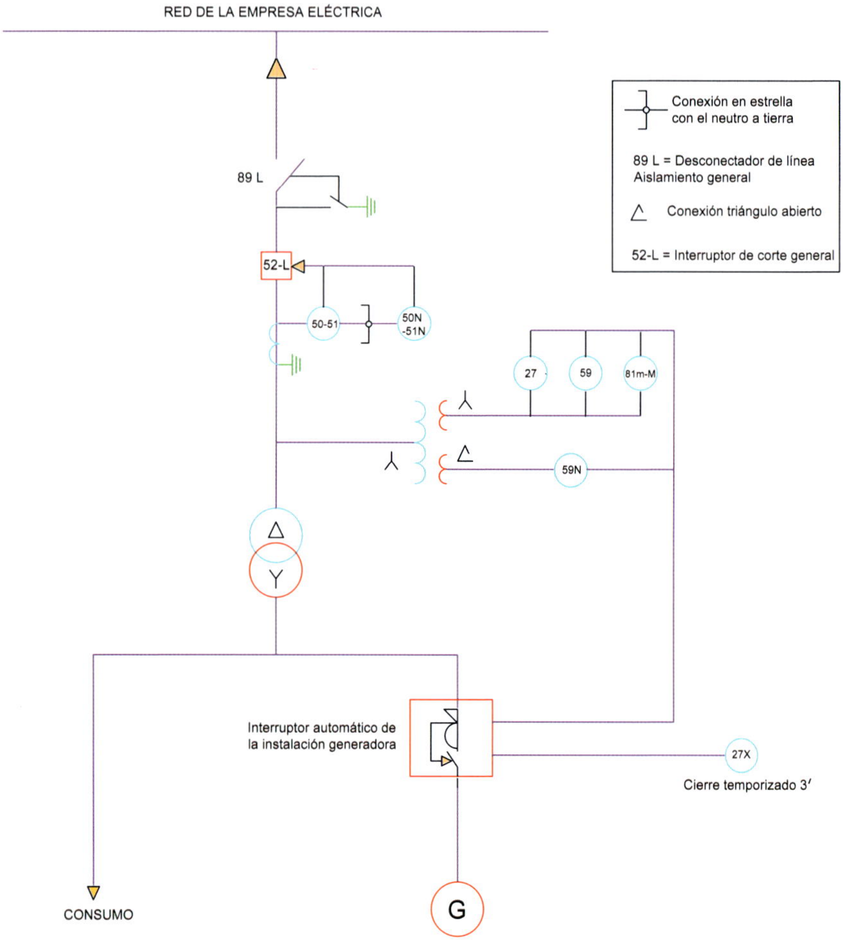

- ✓ En caso de disponer de un sistema antivertido, según UNE-217001-IN, se podrá prescindir de las protecciones del lado de alta tensión.
- ✓ Es admisible la utilización de transformadores de tensión con dos devanados, en los que la tensión homopolar para la protección 59N se obtenga mediante tres transformadores auxiliares de baja tensión, de relación 1:1 y un error máximo del 1 % a 110 V. Los primarios de dichos transformadores auxiliares estarán conectados en estrella al devanado de protección y los secundarios en triángulo abierto.

Figura 9.40. *Esquema de protecciones para instalaciones generadoras conectadas a red > 1 kV y sin posibilidad de funcionamiento en isla con su consumo.*

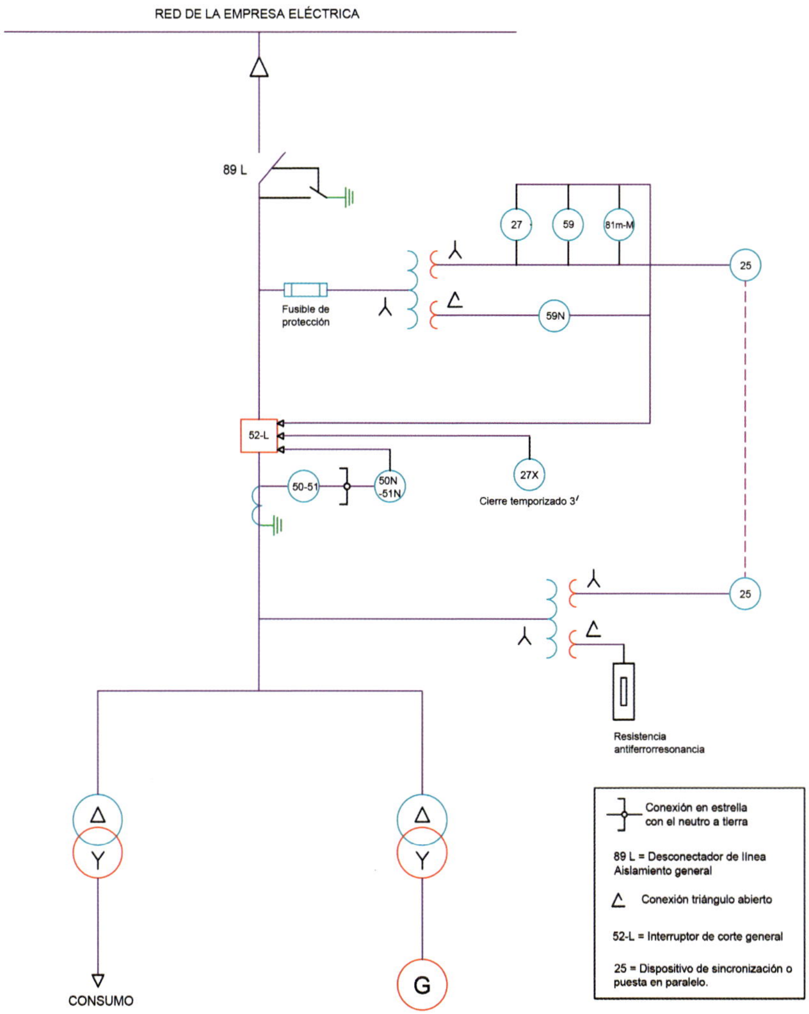

- ✓ Se representa un caso con generación y consumo en transformadores independientes, pero pueden estar en el mismo.
- ✓ Es admisible la utilización de transformadores de tensión con dos devanados en los que la tensión homopolar para la protección 59N se obtenga mediante tres transformadores auxiliares de baja tensión, de relación 1:1 y un error máximo del 1 % a 110 V. Los primarios de dichos transformadores auxiliares estarán conectados en estrella al devanado de protección y los secundarios en triángulo abierto.
- ✓ El transformador de intensidad puede estar ubicado aguas abajo (estado habitual en instalaciones de cliente) o aguas arriba del interruptor de corte general.

Figura 9.41. *Esquema de protecciones para instalaciones generadoras conectadas a red > 1 kV y con posibilidad de funcionamiento en isla con su consumo.*

4.8. Parques eólicos

En caso de parques eólicos, y teniendo presente la posible influencia de las descargas atmosféricas a que están sometidas estas instalaciones, deberán tenerse en cuenta los riesgos derivados por este motivo, y disponerse los sistemas de protección contra sobretensiones tipo rayo.

NOTA

Introducción

Salvo que el análisis de riesgos determine lo contrario, los componentes de un aerogenerador deben protegerse contra descargas atmosféricas de acuerdo con un nivel de protección contra rayos I (LPL-I).

Este nivel tiene en cuenta los parámetros de los impactos más fuertes; un análisis de riesgos preciso puede hacer que se considere económicamente conveniente diferenciar entre niveles de protección, por ejemplo, proteger las palas con el LPL más exigente, mientras que otras partes que pueden ser reparadas o sustituidas a un coste menor se protegerían con un LPL más bajo.

Elementos a proteger

Los principales elementos a proteger son:

- Palas (Figura 9.42):

  Las palas son la parte más expuesta de toda la estructura y el sistema de protección contra rayos debe garantizar que los daños causados por una descarga atmosférica puedan ser tolerados hasta la siguiente operación de inspección y mantenimiento que haya programada.

  La experiencia demuestra que el rayo descarga en los puntos más cercanos a los extremos de las palas (IEC 61400-24 Anexo C).

  El fenómeno responsable del daño estructural más grave en la pala es la onda de presión que crean los arcos eléctricos cuando el rayo ha recorrido el interior de la pala y que se deben a la presencia de cavidades de aire internas o entre las distintas capas del material compuesto.

  El daño causado puede ir desde el agrietamiento de la superficie hasta la total desintegración de la pala.

  Los daños son menores cuando el arco eléctrico se forma en la superficie externa de la pala o la corriente del rayo circula por componentes metálicos de sección insuficiente.

  Por tanto, el objeto de la protección contra rayos en las palas es conducir la corriente del rayo desde el punto de descarga hasta el buje, evitando la formación de arcos internos. Para ello se guía la corriente del rayo mediante conductores metálicos de sección adecuada fijados a la superficie de la pala o dentro de ella, o añadiendo una malla metálica interna en su superficie.

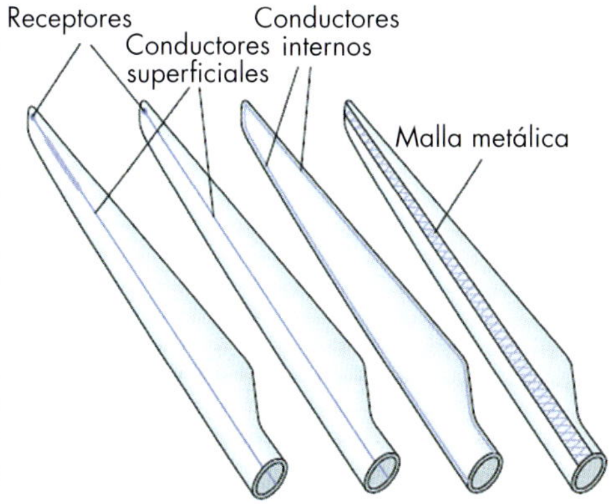

Figura 9.42. *Sistemas de reducción del efecto de las descargas atmosféricas en las palas de aerogeneradores.* Fuente: *ABB.*

- Protección del buje/cubierta:

  El buje presenta a menudo una tapa de fibra de vidrio —la cubierta— que gira con él.

  Ante la posibilidad de que un rayo descargue directamente sobre la cubierta, debe preverse una protección adecuada consistente, por lo general, en una estructura metálica conectada al buje, aún más necesaria en los casos de aerogeneradores que lleven instalados sistemas de control electromecánicos y actuadores entre el buje y la cubierta.

- Protección de los soportes y de los sistemas hidráulicos y de refrigeración:

  En el interior de la góndola hay diferentes soportes (del eje principal, del multiplicador, del generador, entre otros.) y mecanismos actuadores que poseen partes móviles en contacto directo o indirecto con partes de la turbina por las que fluiría la corriente del rayo, por lo que deben ser protegidas, de manera que la posible descarga que las atraviese sea de un nivel aceptable.

  En los sistemas hidráulicos en especial es necesario considerar el riesgo de pérdida de aceite por rotura de las uniones y el riesgo de ignición del propio fluido.

  La protección puede efectuarse mediante anillos giratorios y contactos deslizantes cuya impedancia sea menor que la del camino natural de la corriente del rayo a través de los componentes.

Utilización de los SPD

Con el fin de evitar daños graves por impactos de rayo que puedan provocar averías en distintos componentes, dentro de una determinada zona debe garantizarse que ningún dispositivo se vea expuesto a corrientes de rayo y a campos electromagnéticos inducidos (con la consiguiente sobretensión de origen atmosférico) superiores a sus niveles de tolerancia.

La protección puede conseguirse mediante el uso de cables apantallados, reduciendo los bucles entre ellos y utilizando protectores contra sobretensiones de tipo SPD.

La instalación de los SPD adecuados también protege contra sobretensiones de maniobra debidas a operaciones en el aerogenerador (internas) o en la red eléctrica (externas) a la cual está conectado.

Para la selección del SPD adecuado, además de los parámetros de descarga del rayo, también deben tenerse en cuenta otros parámetros eléctricos:

- Tensión máxima (de línea y entre fases), incluidas las tolerancias debida al ajuste.
- Frecuencia máxima.
- Nivel de la corriente de cortocircuito.
- Tensiones transitorias superpuestas a la tensión de funcionamiento.
- Rigores medioambientales propios del lugar de instalación.

En la Figura 9.43 se muestra un ejemplo de protección contra sobretensiones de tipo I para descargas directas de rayo que van instalados cerca del interruptor automático principal. Para las descargas indirectas se utiliza un SPD de tipo 2 instalados cerca del generador para su protección adicional.

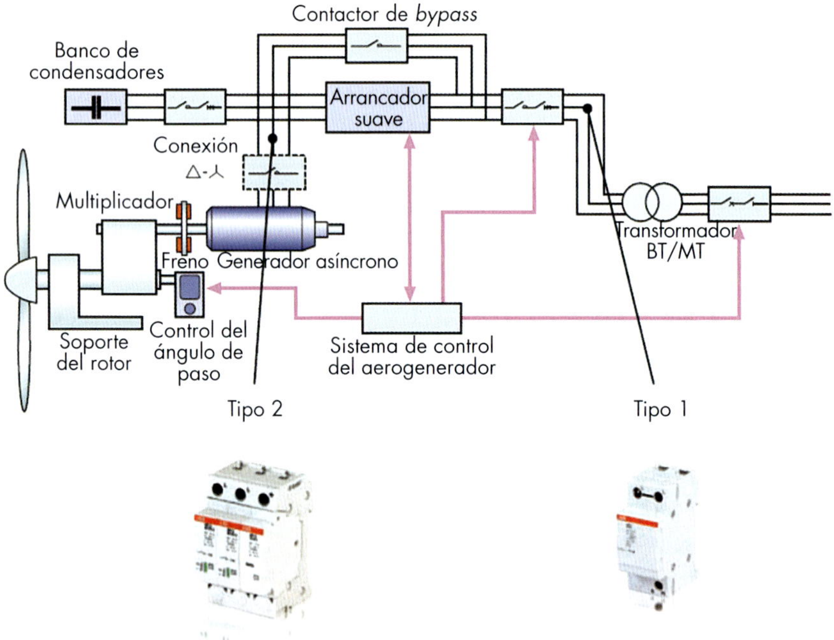

Figura 9.43. *Ejemplo de protección contra sobretensiones de un aerogenerador con SPD de tipo 1 y de tipo 2.* Fuente: *ABB.*

ITC-RAT-10

CUADROS Y PUPITRES DE CONTROL

Índice

1. Ámbito de aplicación

Esta instrucción se aplicará a los cuadros utilizados para el control de subestaciones, centrales generadoras, centros de transformación y demás instalaciones de alta tensión.

Quedan incluidos en esta instrucción los cuadros y pupitres de control, telegestión o automatización de red, compuestos de paneles y equipados con aparatos de medida, monitores, aparatos indicadores, lámparas, alarmas, y aparatos de mando. Estos cuadros o pupitres podrán ir equipados con esquemas sinópticos.

Esta instrucción no aplica a los cuadros de baja tensión para distribución.

2. Señalización

Para permitir que un profesional competente pueda identificar la función de todos los aparatos situados en los cuadros y pupitres, se dispondrán en su frente las siguientes indicaciones:

a) El conjunto de aparatos situados en un panel o bastidor de uso exclusivo de una máquina, línea, transformador o servicio se identificará con un letrero indicador general, situado sobre el panel o bastidor.

b) Cada aparato dispondrá de su letrero indicador.

La función de los cuadros de control se puede sustituir por ordenadores, asociados a pantallas de visualización, y conectados a cuadros eléctricos que permitan efectuar las operaciones de telemando, telemedida y telegestión. En tales casos estos cuadros eléctricos no requerirán de las señalizaciones anteriores.

Adicionalmente, todos los aparatos montados en el interior del cuadro o pupitre estarán debidamente identificados mediante letreros indicadores visibles, situados junto a los aparatos o elementos desmontables existentes, de forma que, si se desmontan, pueda identificarse de nuevo su posición.

Las regletas y sus bornas y los hilos o cables terminales estarán debidamente marcados de forma que si se desconectan puedan ser identificados para volver a colocarlos.

3. Conexionado

Las conexiones internas en los armarios de control se harán con cables aislados, preferentemente de conductor flexible según Norma UNE-EN-60228, o circuitos impresos.

Los cables flexibles llevarán en sus extremos terminales metálicos del tipo conveniente para su conexión al aparato correspondiente.

El cableado de los cuadros o pupitres convencionales deberá, en cuanto a su resistencia de aislamiento cumplir con lo prescrito en la ITC-BT-19 del Reglamento Electrotécnico para Baja Tensión después de un ensayo de rigidez dieléctrica a 2 kV. La sección de los cables será la adecuada para poder soportar las intensidades previstas.

Los cables serán no propagadores del incendio y con emisión de humos y opacidad reducida, según UNE-211002 para cables con aislamiento termoplástico y según UNE-21027-9-1C para cables con aislamiento reticulado.

4. Bornes

Los bornes utilizados en los cuadros y pupitres estarán dimensionados para soportar los esfuerzos térmicos y mecánicos previsibles, y serán de tamaño adecuado a la sección de los conductores que hayan de recibir.

Los bornes de circuitos de intensidad en los que se prevea la necesidad de hacer comprobaciones serán de un tipo tal que permita derivar el circuito de comprobación antes de abrir el circuito para evitar que quede abierto el secundario de los transformadores de intensidad.

El material aislante de los bornes cumplirá con lo estipulado en la Norma UNE-EN-60947-7-1 en lo que sea de aplicación.

5. Componentes constructivos

La estructura y los paneles de los cuadros y pupitres tendrán una rigidez mecánica suficiente para el montaje de los aparatos que en ella se coloquen, y serán capaces de soportar sin deformaciones su accionamiento y las vibraciones que se pudieran transmitir de las maquinas próximas.

Se adoptarán las medidas adecuadas para evitar los daños que puedan producirse por la presencia de humedades, condensaciones, insectos y otros animales que puedan provocar averías.

Todos los componentes constructivos tendrán un acabado que los proteja contra la corrosión. El frente de los cuadros y pupitres tendrá un acabado que no produzca brillos.

6. Montaje

Cuando se precisa acceso a la parte posterior, los pasillos correspondientes serán de 0,8 metros de ancho como mínimo.

Cuando se prevea la transmisión de vibraciones, se colocarán dispositivos amortiguadores adecuados.

ANOTACIONES

ITC-RAT-11

INSTALACIONES DE ACUMULADORES

Índice

1. Generalidades

Los sistemas de protección, control y telecomunicaciones de las instalaciones eléctricas de alta tensión se alimentarán mediante corriente continua procedente de baterías de acumuladores asociados con sus rectificadores-cargadores alimentados por corriente alterna. Se exceptúan de esta obligación las instalaciones de centros de transformación de 3.ª categoría y aquellos casos en los que se justifique debidamente no ser necesario su empleo.

En condiciones normales de explotación, el equipo de carga de la batería será capaz de suministrar los consumos permanentes y además de mantener la batería en condiciones óptimas.

En caso de falta de corriente alterna de alimentación al equipo de carga o fallo por avería del mismo, deberá ser la propia batería de acumuladores la encargada de efectuar el suministro de corriente continua a los sistemas de protección, control y telecomunicaciones de la instalación.

El proyectista deberá fijar el tiempo de autonomía en estas condiciones, teniendo en cuenta las particularidades que concurran en sus sistemas de protección, control y telecomunicaciones, así como la tensión mínima que deberá mantenerse al final de la descarga de la batería, para que, considerando las caídas de tensión en los cables de alimentación, la tensión en los receptores esté dentro de las tolerancias de diseño de los mismos.

2. Tensiones nominales

En el diseño de los sistemas de protección y control, se tendrá en cuenta la normalización de las tensiones nominales de corriente continua que se establece a continuación:

12-24-48-110-125-220 voltios.

Las citadas tensiones nominales serán utilizadas como referencia por el usuario y permitirán definir el número de elementos de acumulador que contendrá la batería, así como las tensiones de flotación y carga rápida que deberá suministrar el equipo cargador.

NOTA

Definiciones según EN-50272-2

- **Carga flotante**

  Operación durante la cual la batería está permanentemente conectada a una fuente de tensión constante suficiente para mantener la batería totalmente cargada y para recargar la batería en un momento concreto.

- **Tensión de carga flotante**

  Tensión constante necesaria para mantener el elemento o batería cargados.

- **Carga rápida**

  Carga parcial, generalmente a ritmo elevado durante un corto periodo.

- **Tensión de carga rápida**

  Tensión constante –a un nivel de tensión más alto– necesaria para recargar una batería en un periodo de tiempo especificado o para restablecer la capacidad total tras un periodo largo de tiempo de carga flotante o recarga insuficiente.

3. Elección de las baterías de acumuladores

3.1. Tipos de baterías de acumuladores

Los tipos de baterías de acumuladores que se utilizarán normalmente serán los siguientes:

a) Baterías ácidas de vaso cerrado, selladas o no selladas.

b) Baterías alcalinas.

No se permite la utilización de baterías ácidas de vaso abierto, por la cantidad de gases inflamables y corrosivos que pueden emitir.

NOTA

Definiciones según la norma UNE-EN-IEC 62485-2

- **Elemento secundario; elemento recargable; elemento individual; celda secundaria; celda recargable; celda individual**

  Conjunto de electrodos y electrólito que forma la unidad básica de una batería secundaria.

- **Elemento secundario de tipo abierto**

  Elemento secundario cuya cubierta está prevista de una abertura a través de la cual pueden escapar productos gaseosos

- **Elemento secundario con válvula de seguridad**

  Elemento secundario cerrado en condiciones normales, pero que tiene un dispositivo que permite el escape de gas si la presión interna supera un valor predeterminado. Normalmente no se puede rellenar el electrólito del elemento.

Elemento secundario estanco sellado

Elemento secundario que permanece cerrado y no libera ni gas ni líquido cuando funciona dentro de los límites de carga y temperatura especificados por el fabricante. El elemento puede estar equipado con un dispositivo de seguridad que evite cualquier presión interna peligrosamente elevada. No es necesario rellenar el electrólito del elemento y está diseñado para funcionar toda su vida en su estado estanco original.

3.2. Datos básicos para su elección

En la elección del tipo de baterías, se tendrán en cuenta factores tales como su ubicación, temperatura del local, plan de mantenimiento previsto, así como otros factores que afectan a su diseño y que se derivan de las características de la curva de descarga.

Del análisis de los factores anteriores, se determinará, primero el tipo de baterías a instalar (baterías ácidas o alcalinas) y después las características de la batería, tales como el tipo de descarga, tecnología de fabricación, capacidad, número de elementos, etc.

Las baterías a utilizar en centros de transformación de tercera categoría serán de tipo sellado y libre de mantenimiento.

4. Instalación

En las instalaciones de baterías de acumuladores, han de tenerse en cuenta dos aspectos fundamentales:

a) Requisitos mínimos que han de reunir los locales destinados a su emplazamiento.

b) Las condiciones específicas de instalación de las baterías.

4.1. Locales

4.1.1. Las baterías de acumuladores eléctricos que puedan desprender gases corrosivos o inflamables en cantidades peligrosas se emplazarán de acuerdo con lo exigido al respecto en el Reglamento Electrotécnico para Baja Tensión para locales de características especiales destinados a albergar baterías de acumuladores (ITC-BT-30). También será de aplicación la ITC-BT-29 del Reglamento Electrotécnico para Baja Tensión, aunque el proyectista podrá justificar la desclasificación del local, en función de los gases emitidos y de las condiciones de ventilación.

4.1.2. Se permite la ubicación de las baterías en locales destinados a otros fines (salas de relés, control o similares) siempre que estén debidamente ventilados. La ventilación del local podrá ser natural o forzada. Si es forzada, se dispondrán dispositivos de parada automática en caso de incendio.

Se recomienda instalar las baterías en el interior de armarios metálicos que pueden llevar o no incorporados los equipos de carga, así como los interruptores de protección de los circuitos de salida de corriente continua.

4.2. Condiciones de la instalación

La instalación de los acumuladores debe ser tal, que permita el eventual relleno de electrólito, la limpieza y la sustitución de elementos sin riesgo de contactos accidentales peligrosos para el personal de trabajo.

En un lugar visible del local en que esté instalada la batería de acumuladores o en el exterior de los armarios metálicos, cuando la instalación sea de este tipo, se dispondrá un cartel donde estén debidamente especificadas las características principales de la batería y las medidas de seguridad a observar en caso de recarga, mantenimiento o contacto accidental con el electrólito.

Las baterías de acumuladores alcalinas o ácidas en vasos cerrados, que estén instaladas en armarios metálicos, podrán ubicarse a la intemperie siempre que dichos armarios metálicos sean apropiados para este tipo de instalación y estén dotados de ventilación adecuada y provistos de un aislamiento térmico que evite temperaturas peligrosas.

NOTA

- **Ventilación de salas con baterías**

Según la norma UNE-EN-IEC 62485-2, el caudal de aire de ventilación deberá ser preferentemente natural, o en caso contrario ventilación forzada (artificial).

Las envolventes o salas con baterías necesitan, en condiciones de ventilación naturales, una entrada y una salida de aire con un área libre mínima de apertura que se calcula mediante la siguiente fórmula:

$$A = 28 \cdot Q$$

Siendo:

A: área libre de apertura de entrada y salida de aire (cm^2)

Q: caudal de aire fresco de ventilación (m^3/h).

La entrada y la salida de aire deberán estar situadas en el lugar más apropiado para crear un intercambio de aire, por ejemplo:

- Abertura en paredes opuestas.
- Distancia mínima de separación de 2 m cuando las aberturas se encuentren en la misma pared.

Cuando no sea posible obtener un caudal de aire Q mediante ventilación natural y se aplique una ventilación forzada, el cargador deberá enclavarse en el sistema de ventilación o debe activarse una alarma cuando no se pueda garantizar el caudal de aire necesario para el modo de carga seleccionado.

5. Protecciones eléctricas de la batería de acumuladores

Como norma general los dos polos de las baterías de acumuladores estarán aislados de tierra. Como alternativa en las baterías que estén destinadas a alimentar sistemas de comunicaciones el polo positivo podrá estar puesto a tierra.

Las protecciones mínimas que deberán ser previstas para la instalación de baterías en subestaciones o centrales eléctricas son:

a) A la salida de la batería de acumuladores y antes de las barras de distribución deben instalarse cartuchos fusibles calibrados con señalización de fusión o interruptor automático de corte bipolar. No obstante, en el caso del sistema de comunicaciones con baterías con un polo puesto a tierra, solo se cortará el polo no puesto a tierra (corte unipolar).

b) Todos los circuitos de salida a los distintos servicios deben ir equipados con cartuchos fusibles calibrados o con interruptores automáticos de corte bipolar o unipolar según proceda.

NOTA

- **Protección mediante la desconexión automática del suministro para el sistema TT**

Según la norma UNE-EN-IEC 62485-2, en un sistema TT el contacto positivo o negativo u otro punto de la instalación de la batería debe estar conectado a tierra (conexión a tierra del sistema).

Las partes conductoras al descubierto de la instalación eléctrica deben conectarse a tierra individualmente, en grupos, o juntas a una conexión a tierra común, el cual ha de estar separado de la conexión a tierra del sistema.

Todas las partes conductoras al descubierto, protegidas colectivamente por el mismo dispositivo de protección, deberán estar conectadas juntas con conductores de protección a una conexión a tierra común a todas esas partes.

Las partes conductoras accesibles simultáneamente, deberán ser conectadas a la misma conexión a tierra.

En la Figura 11.1 se muestra un esquema de protección de una batería en un sistema TT.

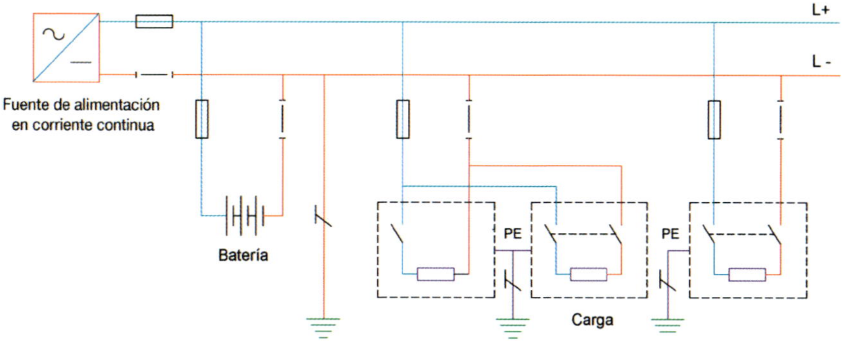

Figura 11.1. *Protección en sistema TT.*

c) Se instalará un dispositivo detector que indique la falta de alimentación a la batería.

d) Se instalará un dispositivo detector de faltas a tierra que, como mínimo, facilite una alarma preventiva en caso de una eventual puesta a tierra del polo o polos aislados.

e) Se instalarán sistemas de alarma de falta de corriente continua en los circuitos esenciales, tales como protección y maniobra.

f) Cuando por el diseño de la batería se pueda producir reducción del nivel de electrólito, se instalará un sistema de alarma de bajo nivel de electrólito.

g) Se instalarán sondas de temperatura en las baterías de acumuladores para efectuar las correcciones oportunas en los sistemas de carga a las mismas.

NOTA

Corrección de la temperatura de la tensión de carga

Según la norma UNE-EN-IEC 62485-1, la tensión de salida del cargador debe compararse con la temperatura para evitar daños a la batería. Cuando el fabricante no proporciona ninguna otra información, se puede aplicar la siguiente fórmula para la corrección de la tensión de carga de un elemento independiente:

$$U_{cc} = U_c + \gamma_U \left(\vartheta - \delta_{rt} \right)$$

siendo:

U_{cc}: tensión de carga compensada en temperatura (V).

U_c: tensión de carga a la temperatura de referencia (V).

γ_u: factor de corrección de la temperatura (V/K).

ϑ: temperatura medida (°C).

δ_{rt}: temperatura de referencia (°C).

Tabla 11.1. *Factor de corrección de temperatura típico γ_u de la tensión de carga de un elemento independiente*

Tipo de batería	Factor de corrección de la temperatura γ_u (por elemento)	Rango de temperatura (ϑ)
Plomo de tipo abierto	–0,004 V/K	0 °C a + 60 °C
Plomo de válvula reguladora	–0,003 V/K	0 °C a + 55 °C
NiCd	–0,003 V/K	–20 °C a + 70 °C

Nota: para otros tipos de baterías refiérase a la información del fabricante.
Para baterías de plomo abiertas y reguladas, la tensión de carga calculada para 0 °C se puede aplicar hasta –40°C.
Para baterías de servicio flotante a alta temperatura con baterías con válvula reguladora (VRLA), se deberían tener en cuenta los efectos térmicos no controlados. El fabricante de la batería debe proporcionar información específica respecto a los límites de temperatura.

Las protecciones mínimas que deberán ser previstas para la instalación de baterías en centros de transformación son:

a) Dispositivo detector de faltas internas que facilite una alarma preventiva.

b) Sistema de alarma para la sustitución de la batería.

6. Equipo de carga de baterías de acumuladores

6.1. Tipos de equipos de carga

Los tipos de equipos de carga de acumuladores que se utilizan normalmente son los siguientes:

a) Cargadores con puente rectificador de tiristores.

b) Cargadores modulares de fuentes conmutadas de alta frecuencia.

6.2. Características básicas de los equipos de carga para subestaciones

Las baterías de acumuladores deberán ir asociadas a un equipo de carga adecuado, que cumpla con las siguientes condiciones mínimas:

a) Estará equipado con conmutador manual-automático. La posición de automático del conmutador será la que corresponda al funcionamiento normal del equipo cargador, que estará habitualmente en régimen de flotación.

b) Dispondrá de las protecciones correspondientes contra sobrecarga y cortocircuito.

c) Deberá ser capaz de proporcionar una tensión de salida regulada de ±1%, para los diferentes regímenes de la carga conectada a la batería y para variaciones en la tensión de alimentación del +10% y –10% respecto al valor nominal de 400/230 V.

d) Será capaz de mantener el factor de rizado, en cualquier régimen de carga, por debajo del máximo exigido por los equipos alimentados por el conjunto cargador-batería.

e) Dispondrá de un sistema de alarmas y señalizaciones que permita conocer el estado del equipo de carga y cualquier anomalía del mismo.

f) El cableado interior se realizará con cables no propagadores del incendio y con emisión de humos y opacidad reducida. Todos los cables estarán debidamente identificados mediante referencias cruzadas.

g) El equipo cargador dispondrá de una placa de características en la que aparecerá como mínimo: nombre del fabricante, modelo del cargador, número de serie, año de fabricación, tensión nominal de salida e intensidad máxima de salida. Adicionalmente y en lugar visible se dispondrá una placa o elemento similar en el que aparecerán los ajustes realizados en fábrica en todos los elementos del equipo.

h) El equipo de carga de las baterías de acumuladores se protegerá contra sobretensiones de tipo transitorio teniendo en cuenta su nivel de aislamiento y lo establecido en la ITC-BT-23 del Reglamento Electrotécnico para Baja Tensión.

6.3. Características básicas de los equipos de carga para centros de transformación

Para la carga de baterías en los centros de transformación se utilizará un equipo rectificador/cargador de tecnología conmutada con las siguientes condiciones mínimas:

a) Dispondrá de las protecciones correspondientes contra sobrecargas y su salida será cortocircuitable.

b) Será capaz de mantener el factor de rizado, en cualquier régimen de carga, por debajo del máximo exigido por los equipos alimentados por el conjunto cargador-batería.

c) Dispondrá de un sistema de alarmas y señalizaciones que permita conocer el estado del equipo de carga y cualquier anomalía del mismo.

d) El cableado interior se realizará con cables no propagadores del incendio y con emisión de humos y opacidad reducida. Todos los cables estarán debidamente identificados mediante referencias cruzadas.

e) El equipo cargador dispondrá de una placa de características en la que aparecerá como mínimo: nombre del fabricante, modelo del cargador, número de serie, año de fabricación, tensión nominal de salida e intensidad máxima de salida. Adicionalmente y en lugar visible se dispondrá una placa o elemento similar en el que aparecerán los ajustes realizados en fábrica en todos los elementos del equipo.

f) El equipo de carga de las baterías de acumuladores se protegerá contra sobretensiones de tipo transitorio teniendo en cuenta su nivel de aislamiento y lo establecido en la ITC-BT-23 del Reglamento Electrotécnico para Baja Tensión.

ANOTACIONES

ITC-RAT-12

AISLAMIENTO

Índice

1. Niveles de aislamiento nominales

El aislamiento de los equipos que se empleen en las instalaciones de AT a las que hace referencia este reglamento, deberá adaptarse a los valores normalizados indicados en las Normas UNE-EN-60071-1 y UNE-EN-60071-2, salvo en casos especiales debidamente justificados por el proyectista de la instalación.

Los valores normalizados de los niveles de aislamiento nominales de los aparatos de AT, definidos por las tensiones soportadas nominales para distintos tipos de solicitaciones dieléctricas se muestran en las Tablas 1, 2 y 3, reunidos en tres grupos según los valores de la tensión más elevada para el material.

Se distinguen:

a) Grupo A. Tensión más elevada del material mayor de 1 kV y menor o igual de 36 kV.

b) Grupo B. Tensión más elevada del material mayor de 36 kV y menor o igual de 245 kV.

c) Grupo C. Tensión más elevada del material mayor de 245 kV.

Las Tablas 1, 2, 3 especifican los niveles de aislamiento nominales asociados con los valores normalizados de la tensión más elevada del material de los grupos A, B y C, así como las distancias mínimas de aislamiento en aire, entre fases y entre cualquier fase a tierra.

1.1. Niveles de aislamiento nominales para materiales del grupo A

1.1.1. La Tabla 1 especifica los niveles de aislamiento nominales asociados con los valores normalizados de la tensión más elevada del material del grupo A, así como las distancias mínimas de aislamiento en aire, entre fases y entre cualquier fase a tierra.

Además de la tensión soportada nominal a frecuencia industrial, se dan dos valores de la tensión soportada nominal a los impulsos tipo rayo para cada valor de la tensión más elevada para el material. Estos dos valores se especifican en las listas 1 y 2. No se utilizarán valores intermedios. Los ensayos se especifican con el fin de verificar la capacidad del aislamiento, y en particular la de los devanados y arrollamientos para soportar las sobretensiones de origen atmosférico y las sobretensiones de maniobra de frente escarpado, especialmente las debidas a recebados entre contactos de los aparatos de maniobra.

1.1.2. La elección entre la lista 1 y la lista 2 deberá hacerse considerando el grado de exposición a las sobretensiones de rayo y de maniobra, las características de puesta a tierra de la red y, cuando exista, el tipo de dispositivo de protección contra las sobretensiones.

1.1.3. El material que responda a la lista 1 es utilizable en las siguientes instalaciones:

Tabla 1.

Tensión más elevada para el material (*Um*) (kV eficaces)	Tensión soportada nominal a frecuencia industrial (kV eficaces)	Tensión soportada nominal a los impulsos tipo rayo (kV cresta)		Distancia mínima de aislamiento en aire fase a tierra y entre fases (mm)			
				Lista 1		Lista 2	
		Lista 1	Lista 2	Instalación en interior	Instalación en exterior	Instalación en interior	Instalación en exterior
3,6	10	20		60	120		
			40			60	120
7,2	20	40		60	120		
			60			90	120
12	28	60		90	150		
			75			120	150
17,5	38	75		120	160		
			95			160	160
24	50	95		160	160		
			125			220	220
			145			270	270
36	70	145		270	270		
			170			320	320

1.1.3.1. En redes e instalaciones no conectadas a líneas aéreas:

a) Cuando el neutro está puesto a tierra bien directamente o bien a través de una impedancia de pequeño valor comparado con el de una bobina de extinción. En este caso no es necesario emplear dispositivos de protección contra las sobretensiones, tales como pararrayos.

b) Cuando el neutro del sistema está puesto a tierra a través de una bobina de extinción y en algunas redes equipadas con una protección suficiente contra las sobretensiones. Este es el caso de redes extensas de cables en las que puede ser necesario el empleo de pararrayos capaces de descargar la capacidad de los cables.

1.1.3.2. En redes e instalaciones conectadas a líneas aéreas a través de transformadores en las que la capacidad con respecto a tierra de los cables unidos a las bornas de baja tensión del transformador es al menos de 0,05 μF por fase. Cuando la capacidad a tierra del cable es inferior al valor indicado, pueden conectarse condensadores suplementarios entre el transformador y el aparato de corte, tan cerca como sea posible de los bornes del transformador, de modo que la capacidad total a tierra del cable y de los condensadores llegue a ser al menos de 0,05 μF por fase.

Esto cubre los casos siguientes:

a) Cuando el neutro del sistema está puesto a tierra bien directamente o bien a través de una impedancia de valor pequeño comparado con el de una bobina de extinción. En este caso, puede ser conveniente una protección contra las sobretensiones por medio de pararrayos.

b) Cuando el neutro del sistema está puesto a tierra a través de una bobina de extinción y además existe una protección adecuada contra las sobretensiones por medio de pararrayos.

1.1.3.3. En redes e instalaciones conectadas directamente a líneas aéreas:

a) Cuando el neutro del sistema está puesto a tierra bien directamente o bien a través de una impedancia de valor pequeño comparado con el de una bobina de extinción y donde exista una adecuada protección contra las sobretensiones mediante pararrayos, teniendo en cuenta la probabilidad de la amplitud y frecuencia de las sobretensiones.

b) Cuando el neutro del sistema esté puesto a tierra a través de una bobina de extinción y la protección adecuada contra las sobretensiones esté asegurada por pararrayos.

1.1.4. En todos los demás casos, o cuando sea necesario un alto grado de seguridad, se utilizará el material correspondiente a la lista 2.

1.2. Niveles de aislamiento nominales para materiales del grupo B

1.2.1. En esta gama de tensiones la elección del nivel de aislamiento debe hacerse principalmente en función de las sobretensiones de tipo rayo que se puedan presentar.

La Tabla 2 especifica los niveles de aislamiento nominales asociados con los valores normalizados de la tensión más elevada para materiales del grupo B.

Esta tabla asocia uno o más niveles de aislamiento recomendados a cada valor normalizado de la tensión más elevada para el material.

1.2.2. No se utilizarán tensiones de ensayo intermedias. En los casos donde se dé más de un nivel de aislamiento, el más elevado es el que conviene al material situado en redes provistas de bobina de extinción o en las que el coeficiente de falta a tierra sea superior a 1,4.

1.2.3. Sobre una misma red podrán coexistir varios niveles de aislamiento de acuerdo con la diferente situación de cada instalación.

Tabla 2.

Tensión más elevada para el material (*Um*) (kV eficaces)	Tensión soportada nominal a frecuencia industrial (kV eficaces)	Tensión soportada nominal a los impulsos tipo rayo (kV de cresta)	Distancia mínima de aislamiento en aire fase a tierra y entre fases (mm)
52	95	250	480
72,5	140	325	630
123	185 230	450 550	900 1100
145	185 230 275	450 550 650	900 1100 1300
170	230 275 325	550 650 750	1100 1300 1500
245	325 360 395 460	750 850 950 1050	1500 1700 1900 2100

1.3. Niveles de aislamiento nominales para materiales del grupo C

1.3.1. En este grupo de tensiones, la elección del material a instalar es función primordial de las sobretensiones de maniobra que se esperen en la red y el nivel de aislamiento del material se caracteriza por las tensiones soportadas a los impulsos tipo maniobra y tipo rayo.

Esta tabla da las combinaciones recomendadas entre las tensiones más elevadas para el material y el nivel de aislamiento. Cuando, debido a las características de la red, o a los métodos elegidos para controlar las sobretensiones de maniobra o de rayo el empleo de combinaciones distintas a las

Tabla 3.

Tensión más elevada para el material (*Um*) kV (eficaces)	Tensión soportada nominal a impulsos tipo rayo 1,2/50 μs kV (valor de cresta)	Tensión soportada nominal a los impulsos tipo maniobra Fase a tierra 250/2500 μs kV (valor de cresta)	Distancia mínima de aislamiento en aire fase a tierra (mm)		Tensión soportada nominal a los impulsos tipo maniobra Entre fases 250/2500 μs kV (valor de cresta)	Distancia mínima de aislamiento en aire entre fases (mm)	
			Conductor/ estructura (mm) (*)	Punta/ estructura (mm) (*)		Conductor/ conductor (paralelos) (mm) (*)	Punta/ conductor (mm) (*)
420	1050	850	1900	2400	1360	2900	3400
	1175		2200				
	1175	950	2200	2900	1425	3100	3600
	1300		2400				
	1300 1425	1050	2600	3400	1575	3600	4200

(*) Las configuraciones «punta-estructura» y «punta-conductor» son las más desfavorables que normalmente puede encontrarse; las configuraciones «conductor-estructura» y «conductor-conductor» (paralelos) cubren un amplio campo de configuraciones normales y resultan menos desfavorables que las anteriores.

de la tabla quede justificado técnicamente, los valores seleccionados deben tomarse de entre los que figuran en la tabla.

1.3.2. En una misma red pueden coexistir varios niveles de aislamiento, correspondientes a instalaciones situadas en diferentes lugares de la red o a diferentes materiales pertenecientes a una misma instalación.

2. Ensayos

Los ensayos de tensión soportada de las instalaciones o de los distintos aparatos que las componen, están destinados a la comprobación de sus niveles de aislamiento.

Para la realización de los ensayos de verificación del nivel de aislamiento se seguirá lo especificado en la serie de Normas UNE-EN-60060 sobre ensayos en alta tensión, y en las normas de la serie UNE-EN-60071 sobre coordinación de aislamiento, debiendo tenerse además en cuenta lo establecido para cada tipo particular de aparato o instalación en la correspondiente Norma UNE, que en cada caso establecen los ensayos que deben considerarse como ensayos de tipo y los que deben considerarse como ensayos individuales.

3. Distancias en el aire entre elementos en tensión y entre estos y estructuras metálicas puestas a tierra

3.1. En las instalaciones en que, por alguna razón, no puedan realizarse ensayos de verificación del nivel de aislamiento, es aconsejable tomar ciertas medidas que eviten descargas disruptivas con tensiones inferiores a las correspondientes al nivel de aislamiento que hubiera sido prescrito en caso de haberse podido ensayar.

Debe cumplirse la condición de que las tensiones soportadas en el aire entre las partes en tensión y entre estas y tierra sean iguales a las tensiones nominales soportadas especificadas en los apartados 1.1, 1.2 y 1.3. Esta condición equivale a mantener unas distancias mínimas que dependen de las configuraciones de las partes activas y de las estructuras próximas.

3.2. No se establece ninguna distancia para aquellos equipos para los que están especificados ensayos de comprobación del nivel de aislamiento, puesto que ello entorpecería su diseño, aumentaría su costo y dificultaría el progreso tecnológico.

3.3. Las Tablas 1,2 y 3 indican el valor mínimo de la distancia, que debe respetarse en los equipos e instalaciones en que no se realicen ensayos en correspondencia con un nivel de aislamiento. Las distancias especificadas en ellas se refieren simplemente a distancias en el aire, sin tener en consideración los caminos de descarga por contorneo de un aislador, que habrán de haberse ensayado en laboratorio según las Normas UNE-EN-60168 y UNE-EN-60507.

3.3.1. Para separar eléctricamente circuitos se utilizarán preferentemente seccionadores ensayados a la tensión soportada nominal a los impulsos tipo rayo o tipo maniobra para las distancias de seccionamiento (véase la Norma UNE-EN-60271-1). No obstante, también puede lograrse la condición de seccionamiento sin necesidad de ningún ensayo, si las distancias entre los dos extremos seccionados de cada una de las fases se incrementan al menos en un 25 por ciento respecto de las distancias mínimas de aislamiento en el aire de las Tablas 1 y 2 para los grupos de tensiones A y B, y en su caso, las distancias mínimas de aislamiento en el aire entre fases de la Tabla 3 para el grupo de tensiones C.

3.3.2. Las distancias mínimas de aislamiento en el aire entre partes de una instalación que puedan separarse mediante un seccionador o distancia de seccionamiento equivalente (tanto entre conductores de una misma fase como de fases distintas) serán, al menos un 25 por ciento superiores a las distancias mínimas de aislamiento entre fases de la Tablas 1, 2 y 3 de esta ITC. Si los niveles de aislamiento asignados para las dos partes de la instalación que se pueden separar son distintos se tomará la correspondiente al nivel de aislamiento mayor. Esto no aplica a las distancias dentro de un mismo equipo, que vendrán marcadas por sus normas correspondientes.

NOTA

Puentes amovibles

Para conseguir la distancia de separación sin necesidad de utilizar un seccionador, se puede utilizar un puente amovible.

Es un elemento de conexión amovible. No es un elemento de maniobra. Consiste en un dispositivo de conexión y desconexión maniobrable con pértiga, sin tensión. En el caso de no colocar un seccionador fusible de protección individual y con el fin de facilitar la separación de un CT en caso de avería, adecuación o ampliación y poder mantener con servicio los restantes CCTT del racimo, la conexión de cada transformador a la red se hará mediante conexión amovible.

Figura 12.1. *Conexión amovible.*

3.3.3. Los valores de las distancias indicados en las tablas son los valores mínimos determinados por consideraciones de tipo eléctrico, por lo que, en ciertos casos, deben ser incrementados para tener en cuenta otros conceptos como tolerancias de construcción, efectos de cortocircuitos, efectos del viento, seguridad del personal, etc.

Por otra parte, estas distancias son solamente válidas para altitudes no superiores a 1000 metros. Para instalaciones situadas por encima de los 1000 metros de altitud, las distancias mínimas en el aire hasta los 3000 metros deberán aumentarse en un 1,4 por ciento por cada 100 metros o fracción por encima de los 1000 m.

NOTA

Coordinación de aislamiento

En este apartado se indican una serie de recomendaciones (UNE-EN-60071-1 y UNE-EN-60071-2) para elegir el nivel de aislamiento de una instalación de alta tensión, como puede ser una subestación eléctrica.

– Definiciones:

- Coordinación de aislamiento: selección de la rigidez dieléctrica de los materiales en relación a las tensiones de funcionamiento y sobretensiones que puedan aparecer en la red para la cual se ha diseñado el material, y teniendo en cuenta las condiciones de servicio y las características de los dispositivos de protección y prevención disponibles.
- Aislamiento externo: distancias en el aire ambiente, y en las superficies de contacto con el aire ambiente del aislamiento sólido del material que está sujeto a esfuerzos dieléctricos y a los efectos de las condiciones atmosféricas y ambientales del lugar, tales como contaminación, humedad, fauna, entre otras.
- Aislamiento interno: distancias internas en el aislamiento sólido, líquido o gaseoso del material que están protegidas de los efectos de las condiciones atmosféricas y otras condiciones externas.
- Aislamiento autorregenerable: aislamiento que, tras un corto periodo de tiempo después de una descarga disruptiva durante un ensayo, recupera completamente sus propiedades aislantes.
- Configuración de aislamiento: configuración geométrica completa del aislamiento en servicio, que consiste en el aislamiento y todos los bornes. Incluye los elementos (aislantes y conductores) que influyen en el comportamiento dieléctrico. Existen las siguientes configuraciones de aislamiento:
  - Trifásico: tiene tres bornes de fase, uno de neutro y uno de tierra.
  - Fase-tierra: configuración de aislamiento trifásica en la que dos bornes de fase no son tenidos en cuenta y, excepto en casos particulares, el borne de neutro está puesto a tierra.
  - Fase-fase: configuración de aislamiento trifásica en la que un borne de fase no es tenido en cuenta. En algunos casos particulares, tampoco se tienen en cuenta los bornes de neutro y de tierra.
  - Longitudinal: configuración de aislamiento que tiene dos bornes de fase y un borne de tierra. Estos bornes de fase pertenecen a la misma fase de la red trifásica, separada temporalmente en dos partes energizadas independientemente (por ejemplo, dispositivos de maniobra abiertos). Los cuatro bornes que pertenecen a las otras dos fases no son tenidos en cuenta o están puestos a tierra. En algunos casos particulares uno de los dos bornes de fase considerados está puesto a tierra.

- Gamas de tensiones más elevadas del material: Las tensiones más elevadas para el material normalizadas se dividen en dos gamas:
  - Gama I: superiores a 1 kV hasta 245 kV inclusive. Esta gama incluye tanto redes de transporte como redes de distribución. Los distintos aspectos relativos a la explotación deben, por tanto, ser tenidos en cuenta en la selección del nivel de aislamiento asignado del material.
  - Gama 2: superiores a 245 kV. Esta gama incluye principalmente redes de transporte.
- Tipos de sobretensiones transitorias: Las sobretensiones transitorias se dividen en:
  - Sobretensión de frente lento (SFO): sobretensión transitoria, normalmente unidireccional, con una duración hasta el valor de cresta 20 µs < $T_p \leq$ 5000 µs y duración de cola $T_2 \leq$ 20 ms, siendo:

    T_p: tiempo hasta alcanzar el valor de cresta.

    T_2: tiempo hasta alcanzar el valor mitad de una tensión decreciente.
  - Sobretensión de frente rápido (FFO): sobretensión transitoria, normalmente unidireccional, con una duración hasta el valor de cresta 0,1 µs < $T_1 \leq$ 20 µs y una duración de cola $T_2 \leq$ 300 µs, siendo:

    T_2: tiempo de frente.
  - Sobretensión de frente muy rápido (VFFO): sobretensión transitoria, normalmente unidireccional, con una duración hasta el valor de cresta $T_f \leq$ 0,1 µs y con o sin oscilaciones superpuestas de frecuencia: 30 kHz < f < 100 MHz.

  Se originan generalmente con faltas y maniobras de subestaciones de SF6, siendo:

    T_f: tiempo de subida hasta el valor de cresta en sobretensiones de frente muy rápido.

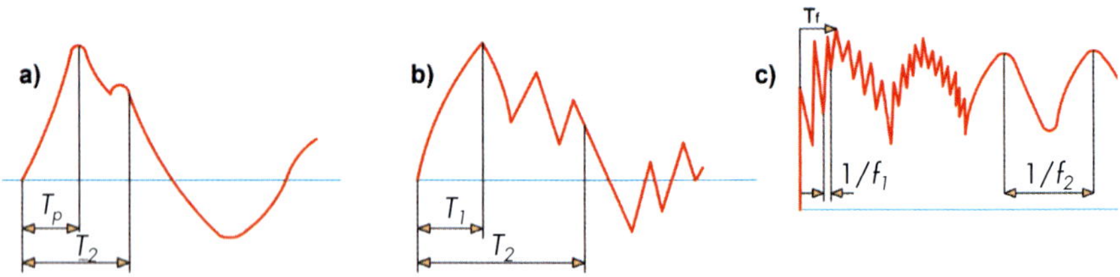

Figura 12.2. *Formas de onda de sobretensiones transitorias. (a) Frente lento. (b) Frente rápido. (c) Frente muy rápido.*

- Sobretensiones representativas (U_{rp}): sobretensiones que producirían los mismos efectos dieléctricos en el aislamiento que las sobretensiones de una clase dada que ocurren en servicio debido a diversos orígenes.
- Tensión soportada de coordinación (U_{cw}): para cada clase de tensión, es el valor de la tensión soportada de la configuración de aislamiento en las condiciones reales de servicio que satisface los criterios de funcionamiento.

- Tensión soportada asignada normalizada (U_w): valor normalizado de la tensión soportada asignada tal como se especifica en las relaciones siguientes:
  - Relación de tensiones soportadas asignadas normalizadas a frecuencia industrial de corta duración:
    - ✓ Los siguientes valores eficaces, expresados en kV, son tensiones soportadas normalizadas: 10/20/28/38/50/70/95/115/140/185/230/275/325/360/395/460/510/570/630/680/710/790/830/880/960/975/1050/1100/1200.
  - Relación de las tensiones soportadas a los impulsos asignadas normalizadas:
    - ✓ Los siguientes valores de cresta, expresados en kV, son tensiones soportadas normalizadas: 20/40/60/75/95/125/145/170/200/250/325/380/450/550/650/750/850/950/1050/1175/1300/1425/1550/1675/1800/1950/2100/2250/2400/2550/2700/2900/3100.
- Factor de coordinación (K_c): factor por el que ha de multiplicarse el valor de la sobretensión representativa con el fin de obtener la tensión soportada de coordinación.
- Tensión soportada requerida o especificada (U_{rw}): tensión de ensayo que el aislamiento debe soportar en un ensayo de tensión soportada normalizado para asegurar que el aislamiento cumplirá con los criterios de funcionamiento, cuando está sometido a una clase dada de sobretensiones en las condiciones reales de servicio y durante toda la duración del mismo. La tensión soportada requerida tiene la forma de onda de la tensión soportada de coordinación, y se especifica en referencia a todas las condiciones de ensayo de tensión soportada normalizada elegida para verificarla.
- $u\ (p \cdot u)$: valor por unidad de la amplitud de una sobretensión (o de una tensión) referida a $U_S \sqrt{2}/\sqrt{3}$, siendo:

  U_S: tensión máxima de una red (kV).
- Nivel de aislamiento asignado: conjunto de tensiones soportadas asignadas que caracterizan la rigidez dieléctrica del aislamiento.
- Nivel de aislamiento normalizado: conjunto de tensiones asignadas normalizadas asociadas a U_m (tensión más elevada para el material).
- Factor de corrección atmosférica (K_t): factor que se ha de multiplicar a la tensión soportada de coordinación para tener en cuenta la diferencia de rigidez dieléctrica entre las condiciones atmosféricas medias en servicio y las condiciones atmosféricas de referencia normalizadas.

  Se aplica solo al aislamiento externo, para todas las altitudes.

- Factor de corrección por altitud (K_a): factor que se ha de aplicar a la tensión soportada de coordinación para tener en cuenta la diferencia de rigidez dieléctrica entre la presión media correspondiente a la altitud de servicio y la presión normalizada de referencia.

  El factor K_a es parte del factor K_t.

- Factor de seguridad (K_s): factor global que se aplica a la tensión soportada de coordinación después de la aplicación del factor de corrección atmosférica (si se requiere), para obtener la tensión soportada requerida, teniendo en cuenta las restantes diferencias de rigidez dieléctrica entre las condiciones de servicio durante la vida útil y aquellas del ensayo de tensión soportada normalizada.

Procedimiento de coordinación de aislamiento

En la Tabla 12.1 se muestra el procedimiento de coordinación de aislamiento.

Tabla 12.1. *Determinación del nivel de aislamiento normalizado o asignado*

Procedimiento de coordinación de aislamiento	
Acciones a realizar	**Resultados obtenidos**
Análisis de la red	Tensiones y sobretensiones representativas (U_{rp})
Selección del aislamiento que cumpla los criterios de funcionamiento	Tensiones soportadas de coordinación (U_{cw})
Aplicación de factores para tener en cuenta las diferencias entre las condiciones de ensayo de tipo y las condiciones reales de servicio	Tensiones soportadas requeridas (U_{rw})
Selección de las tensiones soportadas asignadas, o de las tensiones soportadas asignadas normalizadas (U_w)	Nivel de aislamiento normalizado o asignado: conjunto de U_w

EJEMPLO DE APLICACIÓN

En este apartado se muestra un ejemplo, de forma resumida, de procedimiento de coordinación de aislamiento según UNE-EN-60071-2.

Datos de partida

Este ejemplo se refiere a una red de la gama I (tensión nominal de 230 kV). El procedimiento de coordinación se aplica a la subestación 1, suponiendo que es una subestación nueva.

- Esquema eléctrico:

  En la Figura 12.3 se muestra un esquema eléctrico de esta instalación.

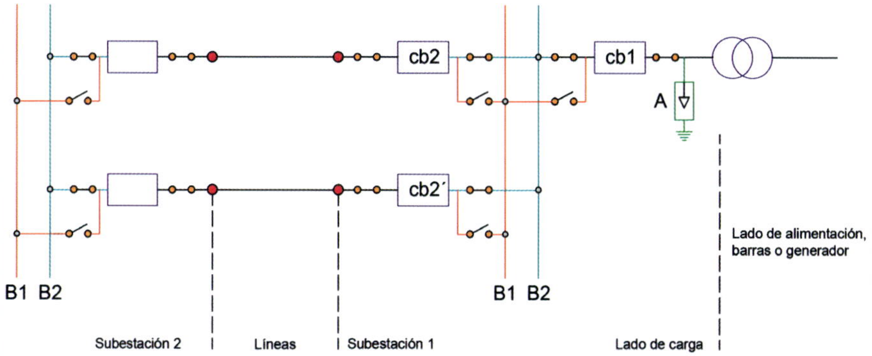

Figura 12.3. *Disposición esquemática de la subestación.*

- Sobretensión temporal:

  Los defectos a tierra del lado de la carga generan una solicitación idéntica sobre todos los elementos de una fase de la subestación.

  En una subestación pueden aparecer sobretensiones por pérdida de carga debidas, principalmente, a un defecto en otra subestación distante (subestación 2). Según el sistema de protección, todos los elementos, o los que están situados entre el interruptor automático cb2 y el transformador estarán sometidos a solicitaciones. En caso de defecto en la propia subestación (subestación 1), solo los elementos entre el interruptor automático cb1 y el transformador estarán sometidos a las sobretensiones por pérdida de la carga.

  Si el transformador está conectado a un generador, pueden aparecer sobretensiones longitudinales en el interruptor automático cb1 durante la sincronización. Cuando la barra B2 está conectada a redes distintas, el aislamiento longitudinal de los seccionadores de la barra puede quedar sometido a la tensión de servicio en la barra B2 y a la sobretensión por pérdida de carga en las barras B1 ambas en oposición de fase.

- Sobretensiones de frente lento:

  Las sobretensiones debidas a la conexión y el reenganche de líneas solo pueden presentar las amplitudes elevadas del extremo receptor entre la entrada de la línea y el interruptor automático cb2. El resto de la subestación está sometido a las sobretensiones del extremo emisor.

  En todos los elementos de la subestación pueden presentarse sobretensiones debidas a los defectos y a su eliminación.

- Sobretensiones de frente rápido:

  Todos los elementos de la subestación pueden ser sometidos a sobretensiones de rayo, con amplitudes distintas dependientes de la distancia al pararrayos.

Solo pueden aparecer sobretensiones de maniobra de frente rápido en las partes conectadas de la subestación (por ejemplo, las barras B2) o en uno de los interruptores automáticos cuando son conectados por uno de los seccionadores de barras.

- Tensión más elevada de la red: U_s = 245 kV.
- El nivel de contaminación es fuerte. Según la Tabla 1 de la EN 60071-2 para un nivel de contaminación fuerte la línea de fuga mínima para aisladores es de 25 mm/kV.
- Altura H = 1000 m.
- Red con neutro a tierra.

Procedimiento de coordinación del aislamiento

Se distinguen las siguientes etapas:

- Fase 1. Determinación de las sobretensiones representativas-valores de U_{rp}.
  - Tensión a frecuencia industrial: el valor más importante es el valor de tensión de servicio continuo máximo *(U_s)* que ya indicamos es de 245 kV (eficaz, fase-fase). El equipo instalado debe tener un valor U_m igual o superior a 245 kV.

    Dado que el nivel de contaminación es fuerte, la línea de fuga mínima recomendada para los aisladores es de 25 mm/kV. Por tanto, la línea de fuga mínima para los aisladores es de 25 mm/kV x 245 = 6125 mm.
  - Sobretensiones temporales:
    - Debidas a faltas a tierra que provocan sobretensiones entre fase-tierra.

      Se realiza un estudio de la red teniendo en cuenta las características de puesta a tierra del neutro. El factor de defecto a tierra se considera igual a K = 1,5.

      La sobretensión fase-tierra vale $U_{rp} = 1{,}5 \times 245/\sqrt{3} = 212$ kV.
    - Debidas a pérdidas de carga que provocan sobretensiones que afectan al mismo tiempo al aislamiento entre fases y entre fase-tierra:

      Según el estudio y análisis de la red, se ha confirmado que la sobrevelocidad del generador y la regulación se combinan para conducir a sobretensiones 1,4 p.u. en la subestación 1 (lo que es bastante elevado).

      La sobretensión fase-fase es de $U_{rp} = 1{,}4 \times 245 = 343$ kV.

      La sobretensión fase-tierra es de $U_{rp} = 1{,}4 \times 245/\sqrt{3} = 198$ kV.

      Por tanto, las sobretensiones representativas más elevadas son por falta a tierra de U_{rp} = 212 kV y por pérdida de carga de U_{rp} = 343 kV.
  - Sobretensiones de frente lento:

    Los estudios de red han confirmado que las sobretensiones de frente lento que proceden de impactos de rayos alejados no constituyen un problema en la red considerada. Por otra parte, las sobretensiones de frente lento debidas a defectos a tierra solo se consideran para las redes conectadas a tierra mediante bobina de compensación, lo cual no es el caso.

Para la determinación de sobretensiones representativas, puede ser necesario, en caso de conexión o reenganche, distinguir entre el equipo situado en la entrada de línea y que puede estar ya sea en las condiciones de la extremidad alejada de línea abierta (subestación 1), ya sea en la extremidad cercana del lado de la alimentación (subestación 2). Según su posición, estos equipos estarán sometidos a esfuerzos diferentes.

- Sobretensiones particulares que afectan al equipo situado en la línea de entrada (subestación 1):

  El reenganche de líneas de la subestación 2 puede traducirse en la subestación 1 por sobretensiones al 2 % en la extremidad abierta de u_{e2} = 3 p.u. y u_{p2} = 4,5 p.u. Las sobretensiones representativas para el equipo de extremidad de línea, en ausencia de pararrayos, son los valores de truncamiento de las distribuciones de sobretensiones.

  U_{e2} = valor de la sobretensión (kV) fase-tierra con una probabilidad del 2 % de ser aumentada:

$$F(U_e \geq U_{e2}) = 0{,}02$$

  U_e = amplitud de una sobretensión fase-tierra, en kV.

  U_{p2} = valor de la sobretensión (kV) fase-fase con una probabilidad del 2 % de ser excedida:

$$F(U_p \geq U_{p2}) = 0{,}02$$

  U_p = amplitud de una sobretensión fase-fase, en kV.

- Sobretensiones fase-tierra:

  Se aplica la siguiente fórmula:

$$U_{et} = (1{,}25 \times u_{e2} - 0{,}25) \cdot \sqrt{2}/\sqrt{3} \cdot U_s$$

  U_{et} = valor de truncamiento de la función de distribución $F(U_e)$ de la sobretensión fase-tierra:

$$F(U_e \geq U_{et}) = 0$$

$$U_{e2} = u_{e2} \cdot \sqrt{2}/\sqrt{3} \cdot U_s$$

  Por tanto:

$$U_{e2} = u_{e2} \cdot \sqrt{2}/\sqrt{3} \cdot U_s = 3 \cdot \sqrt{2}/\sqrt{3} \cdot 245 = 600 \text{ kV}$$

$$U_{et} = (1{,}25 \cdot u_{e2} - 0{,}25) \cdot \sqrt{2}/\sqrt{3} \cdot U_s = (1{,}25 \times 3 - 0{,}25) \cdot \sqrt{2}/\sqrt{3} \cdot 245 = 700 \text{ kV}$$

- Sobretensiones fase-fase:

  Se aplica la siguiente fórmula:

$$U_{pt} = (1{,}25 \times u_{p2} - 0{,}43) \cdot \sqrt{2}/\sqrt{3} \cdot U_s$$

siendo:

U_{pt} = valor de truncamiento de la función de distribución $F(Up)$ de la sobretensión fase-fase:

$$F(U_p \geq U_{pt}) = 0$$

$$U_{p2} = u_{p2} \cdot \sqrt{2}/\sqrt{3} \cdot U_s$$

Por tanto:

$$U_{p2} = u_{p2} \times \sqrt{2}/\sqrt{3} \cdot U_s = 4{,}5 \cdot \sqrt{2}/\sqrt{3} \cdot 245 = 900 \text{ kV}$$

$$U_{pt} = (1{,}25 \times u_{p2} - 0{,}43) \cdot \sqrt{2}/\sqrt{3} \cdot U_s = (1{,}25 \times 4{,}5 - 0{,}43) \cdot \sqrt{2}/\sqrt{3} \cdot 245 = 1039 \text{ kV}$$

- Sobretensiones que afectan a todos los equipos (subestación 1):

  Todos los equipos situados en la subestación 1 están sometidos a las sobretensiones de frente lento debidas a la conexión y al reenganche local. No obstante, las sobretensiones en la subestación donde tiene lugar la maniobra son muy inferiores a las de la subestación alejada. Para la subestación 1, los estudios de red dan u_{e2} = 1,9 p.u. y u_{p2} = 2,9 p.u.

  Los valores correspondientes son:

$$U_{e2} = u_{e2} \cdot \sqrt{2}/\sqrt{3} \cdot U_s = 1{,}9 \cdot \sqrt{2}/\sqrt{3} \cdot 245 = 380 \text{ kV}$$

$$U_{et} = (1{,}25 \times u_{e2} - 0{,}25) \cdot \sqrt{2}/\sqrt{3} \cdot U_s = (1{,}25 \times 1{,}9 - 0{,}25) \cdot \sqrt{2}/\sqrt{3} \cdot 245 = 425 \text{ kV}$$

$$U_{p2} = u_{p2} \cdot \sqrt{2}/\sqrt{3} \cdot U_s = 2{,}9 \cdot \sqrt{2}/\sqrt{3} \cdot 245 = 580 \text{ kV}$$

$$U_{pt} = (1{,}25 \times u_{p2} - 0{,}43) \cdot \sqrt{2}/\sqrt{3} \cdot U_s = (1{,}25 \times 2{,}9 - 0{,}43) \cdot \sqrt{2}/\sqrt{3} \cdot 245 = 639 \text{ kV}$$

- Pararrayos en entrada de línea (en la subestación 1):

  Para controlar las sobretensiones severas que puedan proceder del reenganche en la otra extremidad, los pararrayos de óxidos metálicos se instalan en la entrada de la línea.

  Las características de los pararrayos de esta instalación son:

  U_{ps} = nivel de protección a impulso tipo maniobra = 410 kV.

  U_{pl} = nivel de protección a impulso tipo rayo = 500 kV.

  ✓ El valor máximo previsto de la sobretensión representativa fase-tierra, es igual al nivel de protección del pararrayos: $U_{rp} = U_{ps}$.

  ✓ En el caso de sobretensiones fase-fase, es el doble del nivel de protección o el valor de truncamiento de las sobretensiones fase-fase, tomando el valor más pequeño.

  Por tanto, las sobretensiones representativas de frente lento son:

- Fase-tierra: U_{rp} = 410 kV para cualquier equipo.
- Fase-fase:

  U_{rp} = 639 kV para cualquier equipo salvo en entrada de línea (639 < 820).

  U_{rp} = 820 kV para el equipo en entrada de línea (820 < 1039).

  U_{rp} = amplitud de la sobretensión representativa, en kV.

En la Tabla 12.2 se muestra el resumen de estas sobretensiones de frente lento.

Tabla 12.2. *Sobretensiones representativas de frente lento para equipos situados en la entrada de la subestación 1 y para el resto de equipos situados en la misma subestación*

Equipos situados en la línea de entrada de la subestación 1	Nivel de protección a impulso tipo maniobra del pararrayos (kV)	Sobretensión de maniobra (valor de truncamiento en kV)	Sobretensión representativa (U_{rp} en kV)
Fase-tierra	U_{ps} = 410	U_{et} = 700	410
Fase-fase	$2 \cdot U_{ps}$ = 820	U_{pt} = 1039	820
Resto de equipos situados en la subestación 1	Nivel de protección a impulso tipo maniobra del pararrayos (kV)	Sobretensión de maniobra (valor de truncamiento en kV)	Sobretensión representativa (U_{rp} en kV)
Fase-tierra	U_{ps} = 410	U_{et} = 425	410
Fase-fase	$2 \cdot U_{ps}$ = 820	U_{pt} = 639	639

– Fase 2. Determinación de las tensiones soportadas de coordinación (valores de U_{cw}).

Los valores de las sobretensiones soportadas de coordinación se pueden calcular aplicando la fórmula siguiente:

$$U_{cw} = K_c \cdot U_{rp}$$

- Sobretensiones temporales:

  Para esta clase de sobretensiones, la tensión soportada de coordinación es igual a la sobretensión temporal representativa. Es decir, el factor de coordinación (K_c) es igual a 1.

  Tensión soportada fase-tierra (por falta a tierra) = U_{cw} = 212 kV.

  Tensión soportada fase-fase (por pérdida de carga) = U_{cw} = 343 kV.

- Sobretensiones de frente lento (maniobra):

  En el sistema determinista se aplica el factor de coordinación determinista (K_{cd}), el cual se calcula a través de la Figura 130, conociendo las relaciones:

$$\frac{U_{ps}}{U_{e2}} \text{ y } \frac{2 \cdot U_{ps}}{U_{p2}}$$

  En la Tabla 12.3 se indican los resultados obtenidos.

- Sobretensiones de frente rápido (tipo rayo):

  En este ejemplo se consideran los datos siguientes: numerosos pararrayos con un nivel de protección a impulso tipo rayo, como ya se indicó anteriormente, de 500 kV se sitúan en diferentes lugares (en la entrada de la línea y cerca de los transformadores).

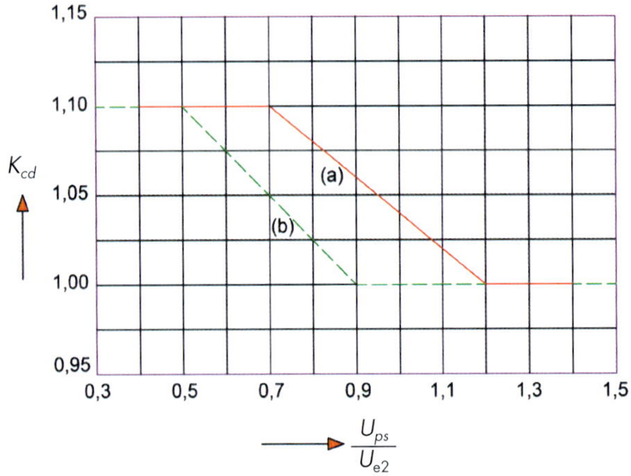

Figura 12.4. *Evaluación del factor de coordinación determinista K_{cd}. Fase-tierra (a) y fase-fase (b).*

Tabla 12.3. *Tensiones soportadas para los aislamientos situados a la entrada y en el resto de equipos de la subestación 1*

Equipos situados en la línea de entrada de la subestación 1	Nivel de protección a impulso tipo maniobra (kV)	K_{cd} (ver Figura 12.4)	Tensión soportada de coordinación (U_{cw}). $U_{cw} = K_{cd} \cdot U_{rp}$ (*)
Fase-tierra (a)	$\frac{U_{ps}}{U_{e2}} = \frac{410}{600} = 0{,}683$	1,10	451 kV
Fase-fase (b)	$\frac{2U_{ps}}{U_{p2}} = \frac{820}{900} = 0{,}91$	1,00	820 kV
Resto de equipos situados en la subestación 1	Nivel de protección a impulso tipo maniobra (kV)	(ver Figura 12.4)	Tensión soportada de coordinación . $U_{cw} = K_{cd} \cdot U_{rp}$
Fase-tierra (a)	$\frac{U_{ps}}{U_{e2}} = \frac{410}{380} = 1{,}08$	1,03	422 kV
Fase-fase (b)	$\frac{2U_{ps}}{U_{p2}} = \frac{820}{580} = 1{,}41$	1,00	639 kV

(*) Los valores de U_{rp} figuran en la Tabla 12.2.

La distancia máxima de separación para el aislamiento interno es de 30 m, para el aislamiento externo, es de 60 m.

Se conectan a la estación dos líneas sobre torres de acero, caracterizadas por $A = 4500$ y con un vano de 300 m.

En la Tabla 12.4 se muestra el valor del factor A para diferentes tipos de líneas aéreas.

Tabla 12.4. *Factor A para diferentes tipos de línea aérea*

Tipo de línea	A (kV)
Líneas de distribución (cebados entre fases):	
– Con las crucetas puestas a tierra (cebado a tierra con una tensión pequeña).	900
– Líneas con apoyos de madera (cebado a tierra con una tensión alta).	2700
Líneas de transporte (cebado fase-tierra):	
– Un solo conductor.	4500
– Haz doble.	7000
– Haz cuádruple.	11 000
– Haz de seis u ocho conductores	17 000

Las prestaciones obtenidas en relación al rayo de estas líneas son de un defecto por 100 km y por año. Para el equipo a instalar en la subestación 1, se define una tasa de defecto aceptable de 1 en 400 años.

Utilizando la siguiente ecuación se halla primero un valor de L_a = 0,25 km.

$$L_a = R_a/R_{km} = 0,25 \text{ km}$$

siendo:

L_a: porción de línea aérea cuya tasa de defecto es igual a la tasa de fallos establecida aceptable.

R_a: tasa de fallos establecida aceptable del equipo.

R_{km}: tasa de defectos anuales de la línea aérea para un diseño que corresponda al primer kilómetro a partir de la subestación. Unidad usual: 1/(100 km · año). Unidad aconsejable: 1/(m · año).

Introduciendo estos valores y el de otros parámetros en la siguiente ecuación se obtiene la tensión soportada de coordinación:

$$U_{cw} = U_{pl} + \frac{A}{n} \frac{L}{L_{sp} + L_a}$$

U_{cw}: tensión soportada de impulsos tipo rayo de coordinación (kV).

U_{pl}: nivel de protección de la onda de tipo rayo del pararrayos (kV).

A: factor que da el comportamiento frente al rayo de la línea aérea conectada a la subestación.

n: número mínimo de líneas conectadas a la subestación (n = 2).

L: distancia de separación (m).

L_{sp}: longitud del vano (m).

L_a: porción de línea aérea cuya tasa de defecto es igual a la tasa de fallos establecida aceptable.

✓ Aislamiento interno:

$$U_{cw} = 500 + \frac{4500}{2} \cdot \frac{30}{300 + 250} = 622 \text{ kV}$$

✓ Aislamiento externo:

$$U_{cw} = 500 + \frac{4.500}{2} \cdot \frac{60}{300 + 250} = 745 \text{ kV}$$

– Fase 3. Determinación de las tensiones soportadas especificadas (U_{rw}).

Las tensiones soportadas especificadas se obtienen aplicando a las tensiones soportadas de coordinación dos factores de corrección: el factor K_a que tiene en cuenta la altura de la instalación y el factor de seguridad K_s.

El factor K_s se aplica a todo tipo de sobretensión (temporal, de frente lento, de frente rápido) fase-fase o fase-tierra.

Los valores recomendados son:

- Para el aislamiento interno (*XLPE*, papel-aceite, entre otros): K_s = 1,15.
- Para el aislamiento externo en aire: K_s = 1,05.

El factor K_a solo se aplica al aislamiento externo y su valor depende de la forma de la sobretensión, mediante el parámetro *m* de la ecuación siguiente:

$$K_a = e^{m\left(\frac{H}{8.150}\right)}$$

siendo:

H: altitud sobre el nivel del mar (metros).

m = 1,0 para las tensiones soportadas de coordinación a impulso tipo rayo.

m: según la Figura 12.5, para las tensiones soportadas de coordinación a impulsos tipo maniobra.

m = 1,0 para tensiones soportadas a frecuencia industrial de corta duración de las distancias en el aire y aisladores limpios.

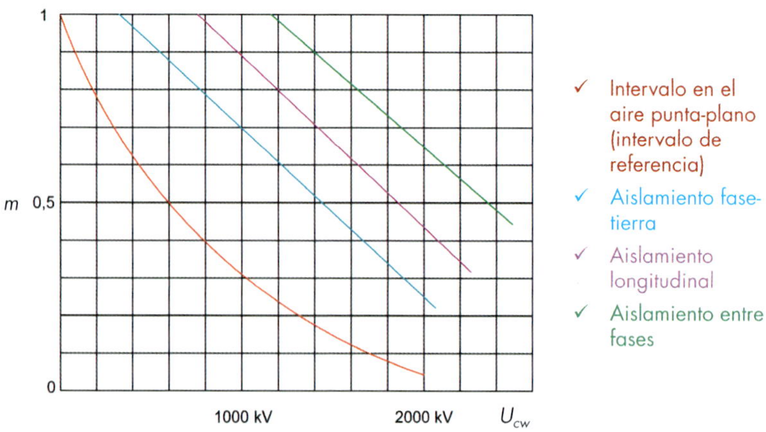

Figura 12.5. *Relación entre el exponente m y la tensión soportada de coordinación a impulsos tipo maniobra.*

Para aisladores contaminados, el valor de m está en estudio. Para los ensayos de larga duración y, si es necesario, para los de tensión soportada a frecuencia industrial de corta duración de aisladores contaminados, m puede variar desde 0,5 para los aisladores normales hasta 0,8 para los antiniebla.

Los valores de m son:

- Para la tensión soportada a frecuencia industrial, son necesarios ensayos de corta duración sobre los aisladores contaminados. Consideramos un valor de $m = 0,5$.
- Para la tensión soportada a impulso tipo maniobra, el valor de m se obtiene de la Figura 12.5, en función de la tensión soportada de coordinación:
  - Fase-tierra: $U_{cw} = 451$ kV implica en la Figura 131 un valor de $m = 0,94$.
  - Fase-fase: $U_{cw} = 820$ kV implica en la Figura 131 un valor de $m = 1,00$.
- Para la tensión soportada a impulso tipo rayo $m = 1,00$.

  Los valores de K_a para una altura de la instalación de 1000 m son:
- Para la tensión soportada a frecuencia industrial: $K_a = 1,063$ (fase-fase y fase-tierra).

$$K_a = e^{m\left(\frac{H}{8.150}\right)} = e^{0,5\left(\frac{1000}{8.150}\right)} = 1,063$$

- Para la tensión soportada a impulso tipo maniobra: $K_a = 1,122$ (fase-tierra) y 1,130 (fase-fase).
- Para la tensión soportada a impulso tipo rayo: $K_a = 1,130$ (fase-fase y fase-tierra).

  Los valores de las tensiones soportadas especificadas se deducen de $U_{rw} = U_{cw} \cdot K_s \cdot K_a$. Los valores de U_{cw} son los obtenidos en la fase 2 de este ejemplo.
- Para las sobretensiones temporales:
  - Aislamiento externo:

    Fase-tierra ($U_{rw} = 212 \times 1,05 \times 1,063 = 237$ kV).

    Fase-fase ($U_{rw} = 343 \times 1,05 \times 1,063 = 383$ kV).
  - Aislamiento interno:

    Fase-tierra ($U_{rw} = 212 \times 1,15 = 243$ kV).

    Fase-fase ($U_{rw} = 343 \times 1,15 = 395$ kV).
- Para las sobretensiones de frente lento:
  - Para los equipos en entrada de línea:
    - ✓ Aislamiento externo:

      Fase-tierra ($U_{rw} = 451 \times 1,05 \times 1,122 = 531$ kV).

      Fase-fase ($U_{rw} = 820 \times 1,05 \times 1,13 = 973$ kV).
  - Para los otros equipos:
    - ✓ Aislamiento externo:

      Fase-tierra ($U_{rw} = 422 \times 1,05 \times 1,122 = 497$ kV).

      Fase-fase ($U_{rw} = 639 \times 1,05 \times 1,13 = 758$ kV).

✓ Aislamiento interno:

Fase-tierra (U_{rw} = 422 x 1,15 = 485 kV).

Fase-fase (U_{rw} = 639 x 1,15 = 735 kV).

- Para las sobretensiones de frente rápido:
  - Aislamiento externo:

    Fase-tierra (U_{rw} = 745 x 1,05 x 1,13 = 884 kV).

    Fase-fase (U_{rw} = 745 x 1,05 x 1,13 = 884 kV).
  - Aislamiento interno:

    Fase-tierra (U_{rw} = 622 x 1,15 = 715 kV).

    Fase-fase (U_{rw} = 622 x 1,15 = 715 kV).

– Fase 4. Conversión a tensiones soportadas normalizadas para la gama I.

En la gama I, el nivel de aislamiento está normalmente descrito por un conjunto de dos valores, según se indica en la Tabla 12.5. Estos valores son la tensión soportada a frecuencia industrial de corta duración y la tensión soportada a impulso tipo rayo.

En la referida tabla se da el factor de conversión de ensayo a aplicar a la tensión soportada especificada para las sobretensiones de frente lento, para obtener los valores equivalentes.

Tabla 12.5. *Factores de conversión de ensayo para la gama I para convertir las tensiones soportadas a impulso tipo maniobra especificadas en tensiones soportadas a impulso tipo de rayo y a frecuencia industrial de corta duración*

Aislamiento	Tensión soportada a frecuencia industrial de corta duración (*)	Tensión soportada a impulso tipo rayo
Aislamiento externo:		
– Distancias en el aire y aisladores limpios, en seco:		
• Fase-tierra	$0,6 + U_{rw}/8500$	$1,05 + U_{rw}/6000$
• Fase-fase	$0,6 + U_{rw}/12700$	$1,05 + U_{rw}/9000$
– Aisladores limpios, bajo lluvia	0,6	1,3
Aislamiento interno:		
– GIS	0,7	1,25
– Aislamiento sumergido en un líquido	0,5	1,10
– Aislamiento sólido	0,5	1,00

Nota: U_{rw} es la tensión soportada a impulso tipo maniobra especificada en kV.

(*) Los factores de conversión de ensayo incluyen un factor de $1/\sqrt{2}$ para convertir los valores de cresta en valores eficaces.

Los resultados se indican en la Tabla 12.6.

Tabla 12.6. *Conversión a tensiones soportadas normalizadas para la gama I*

Conversión a tensiones soportadas normalizadas para la gama I											
Conversión de las tensiones soportadas requeridas (U_{rw}) de maniobra a tensiones soportadas requeridas de frecuencia industrial						Conversión de las tensiones soportadas requeridas (U_{rw}) de maniobra a tensiones soportadas requeridas de impulsos tipo rayo					
Para los equipos de entrada de línea		Para los otros equipos				Para los equipos de entrada de línea		Para los otros equipos			
Aislamiento externo		Aislamiento externo		Aislamiento interno		Aislamiento externo		Aislamiento externo		Aislamiento interno	
Fase-tierra	Fase-fase	Fase-tierra	Fase-fase	Fase-tierra	Fase-fase	Fase-tierra	Fase-fase	Fase-tierra	Fase-fase	Fase-tierra	Fase-fase
352 kV	658 kV	327 kV	500 kV	243 kV	367 kV	690 kV	1.127 kV	646 kV	860 kV	534 kV	808 kV
531 × (0,6 + 531/8500)	973 × (0,6 + 973/12700)	497 × (0,6 + 497/8500)	758 × (0,6 + 758/12700)	485 × 0,5	735 × 0,5	531 × 1,30	973 × (1,05 + 973/9000)	497 × 1,30	758 × (1,05 + 758/9000)	485 × 1,10	735 × 1,10

- Fase 5. Selección de valores de tensiones soportadas normalizadas.

  En la Tabla 12.7 se resumen los valores de las tensiones soportadas requeridas mínimas para este ejemplo.

Tabla 12.7. *Resumen de las tensiones soportadas especificadas mínimas*

Valores de U_{rw}: En kV (valor eficaz) para corta duración a frecuencia industrial. En kV (valor de cresta) para los impulsos tipo rayo y tipo maniobra.		Aislamiento externno				Aislamiento interno	
		Equipos en entrada de línea		Otros equipos			
		$U_{rw(s)}$	$U_{rw(c)}$	$U_{rw(s)}$	$U_{rw(c)}$	$U_{rw(s)}$	$U_{rw(c)}$
Corta duración a frecuencia industrial	Fase-tierra	237	352	237	327	243	243
	Fase-fase	383	658	383	500	395	367
Impulso tipo maniobra	Fase-tierra	531	–	497	–	485	–
	Fase-fase	973	–	758	–	735	–
Impulso tipo rayo	Fase-tierra	884	690	884	646	715	534
	Fase-fase	884	1127	884	860	715	808

Las tensiones normalizadas que deben definirse para los ensayos de corta duración a frecuencia industrial y a impulso tipo rayo deben elegirse teniendo en cuenta los resultados subrayados en la Tabla 12.7 (valor más alto de las tensiones especificadas mínimas $U_{rw(s)}$ o valor convertido $U_{rw(c)}$ y los valores normalizados propuestos (ver Tensión soportada asignada normalizada U_w en el apartado de definiciones indicado anteriormente).

Normalmente, los valores de las tensiones especificados se eligen de forma que corresponda a un nivel de aislamiento normalizado definido como tensión soportada asignada (*ver* Tabla 2 de la ITC-RAT-12).

Los valores normalizados de 395 kV (para corta duración a frecuencia industrial) y de 950 kV (para el impulso tipo rayo) corresponden a un nivel de aislamiento para una red con U_m = 245 kV. Estos valores cubren todos los aislamientos, fase-tierra y fase-fase, excepto los valores de aislamiento externo fase-fase en entrada de línea, para el cual es necesario un valor mínimo soportado de 1127 kV. No obstante, dado que en este ejemplo no hay equipo trifásico instalado en entrada de línea, antes que prever un ensayo, es suficiente especificar una distancia de aislamiento fase-fase. De acuerdo con la Tabla 12.8 sería necesario una distancia de 2,35 m entre fases para el equipo en entrada de línea, lo que corresponde a una tensión soportada a impulso tipo rayo normalizada de 1.175 kV. Es necesario una distancia de aislamiento mínima fase-tierra y fase-fase de 1,9 m (ver Tabla 2 de ITC-RAT-12) para todos los otros aislamientos que no estén situados en entrada de línea.

Tabla 12.8. *Relación entre las tensiones soportadas asignadas normalizadas a impulso tipo rayo y las distancias mínimas de aislamiento en el aire*

Tensión soportada asignada normalizada a impulso tipo rayo (kV)	Distancia mínima de aislamiento en el aire (mm)	
	Punto-estructura	Conductor-estructura
20	60	
40	60	
60	90	
75	120	
95	160	
125	220	
145	270	
170	320	
200	380	
250	480	
325	630	
380	750	
450	900	
550	1100	
650	1300	
750	1500	
850	1700	1600
950	1900	1700
1050	2100	1900
1175	2350	2200
1300	2600	2400
1425	2850	2600
1550	3100	2900
1675	3350	3100
1800	3600	3300
1950	3900	3600
2100	4200	3900
2250	4500	4150
2400	4800	4450
2550	5100	4700
2700	5400	5000

Nota: las tensiones soportadas asignadas normalizadas a impulso tipo rayo se aplican entre fases y de fase a tierra.
Para fase-tierra se aplica la distancia mínima de aislamiento en el aire conductor-estructura y punto-estructura.
Para fase-fase se aplica la distancia mínima de aislamiento en el aire punto-estructura.

Para el aislamiento externo fase-tierra, el alto valor especificado para el ensayo de corta duración a frecuencia industrial (395 kV) está bastante por encima del valor mínimo requerido por las sobretensiones temporales (237 kV). No obstante, el valor de 395 kV corresponde al nivel de aislamiento normalizado que tiene una tensión soportada especificada a impulso tipo rayo de 950 kV. Haciendo una mayor precisión sobre los estudios se podría llegar a reducir en un nivel las condiciones relativas al aislamiento externo fase-tierra (360 kV/850 kV).

Para el aislamiento interno, la elección del mismo nivel de aislamiento normalizado que para el aislamiento externo podría considerarse que conduce a un margen demasiado alto en relación a la tensión soportada especificada a impulso tipo rayo (715 kV fase-tierra y 808 kV fase-fase). Son posibles otros valores, pero conducirían a un nivel de aislamiento especificado no correspondiente a un nivel de aislamiento normalizado. Por tanto, la selección de los valores normalizados es la siguiente:

- Nivel de aislamiento normalizado:

  395/500 kV (aplicable a cualquier aislamiento).

- Aislamiento externo:

  No se requiere ensayo fase-fase si las distancias son:

  - Para el equipo en entrada de línea = 2,35 m.
  - Para los demás equipos = 1,90 m.

- Aislamiento interno:

  Mínimo nivel normalizado a impulso tipo rayo:

  - Fase-tierra = 750 kV.
  - Fase-fase = 850 kV.

ANOTACIONES

ITC-RAT-13

INSTALACIONES DE PUESTA A TIERRA

Índice

1. Prescripciones generales de seguridad

1.1. Tensiones máximas admisibles en una instalación

Toda instalación eléctrica deberá disponer de una protección o instalación de tierra diseñada en forma tal que, en cualquier punto normalmente accesible del interior o exterior de la misma donde las personas puedan circular o permanecer, estas queden sometidas como máximo a las tensiones de paso y contacto (durante cualquier defecto en la instalación eléctrica o en la red unida a ella) que resulten de la aplicación de las fórmulas que se recogen a continuación.

Cuando se produce una falta a tierra, partes de la instalación se pueden poner en tensión, y en el caso de que una persona estuviese tocándolas, podría circular a través de ella una corriente peligrosa. La Norma UNE-IEC/TS 60479-1 da indicaciones sobre los efectos de la corriente que pasa a través del cuerpo humano en función de su magnitud y duración, estableciendo una relación entre los valores admisibles de la corriente que puede circular a través del cuerpo humano y su duración.

Los valores admisibles de la tensión de contacto aplicada, U_{ca}, a la que puede estar sometido el cuerpo humano entre la mano y los pies, en función de la duración de la corriente de falta, se dan en la Figura 1.

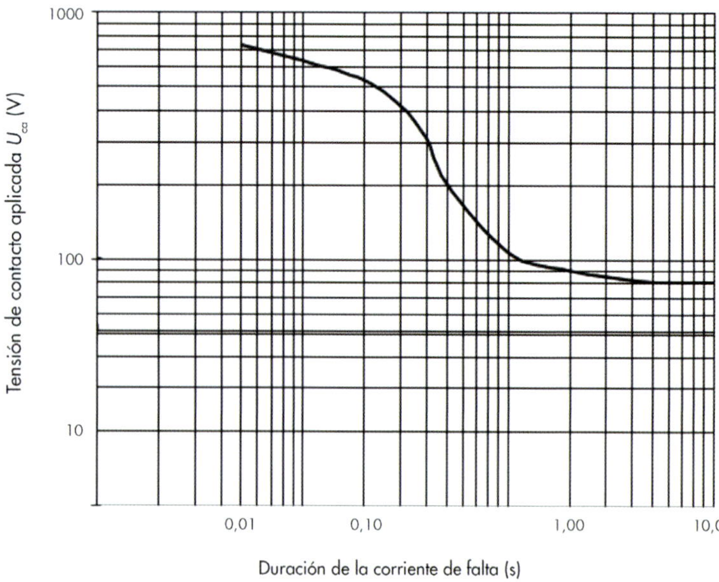

Figura 1. *Valores admisibles de la tensión de contacto aplicada, U_{ca}, en función de la duración de la corriente de falta.*

En la Tabla 1 se muestran valores de algunos de los puntos de la curva anterior:

Tabla 1. *Valores admisibles de la tensión de contacto aplicada, U_{ca}, en función de la duración de la corriente de falta T_F*

Duración de la corriente de falta, T_F (s)	Tensión de contacto aplicada admisible, U_{ca} (V)
0,05	735
0,10	633
0,20	528
0,30	420
0,40	310
0,50	204
1,00	107
2,00	90
5,00	81
10,00	80
> 10,00	50

Esta curva ha sido determinada considerando las siguientes hipótesis:

a) La corriente circula entre la mano y los pies.

b) Únicamente se ha considerado la propia impedancia del cuerpo humano, no considerándose resistencias adicionales como la resistencia a tierra del punto de contacto con el terreno, la resistencia del calzado o la presencia de empuñaduras aislantes, etc.

c) La impedancia del cuerpo humano utilizada tiene un 50 % de probabilidad de que su valor sea menor o igual al considerado.

d) Una probabilidad de fibrilación ventricular del 5 %.

Los valores admisibles de la tensión de paso aplicada entre los dos pies de una persona, considerando únicamente la propia impedancia del cuerpo humano sin resistencias adicionales como las de contacto con el terreno o las del calzado se define como diez veces el valor admisible de la tensión de contacto aplicada, ($U_{pa} = 10\ U_{ca}$).

Estas hipótesis establecen una óptima seguridad para las personas debido a la baja probabilidad de que simultáneamente se produzca una falta a tierra y la persona o animal esté tocando un componente conductor de la instalación.

Salvo casos excepcionales justificados, no se considerarán tiempos de duración de la corriente de falta inferiores a 0,1 segundos.

Para definir la duración de la corriente de falta aplicable, se tendrá en cuenta el funcionamiento correcto de las protecciones y los dispositivos de maniobra. En caso de instalaciones con reenganche automático rápido (no superior a 0,5 segundos), el tiempo a considerar será la suma de los tiempos parciales de mantenimiento de la corriente de defecto.

Cada defecto a tierra será desconectado automática o manualmente. Por tanto, las tensiones de contacto o de paso de muy larga duración, o de duración indefinida, no aparecen como una consecuencia de los defectos a tierra.

Si un sistema de puesta a tierra satisface los requisitos numéricos establecidos para tensiones de contacto aplicadas, se puede suponer que, en la mayoría de los casos, no aparecerán tensiones de paso aplicadas peligrosas. Cuando las tensiones de contacto calculadas sean superiores a los valores máximos admisibles, se recurrirá al empleo de medidas adicionales de seguridad a fin de reducir el riesgo de las personas y de los bienes, en cuyo caso será necesario cumplir los valores máximos admisibles de las tensiones de paso aplicadas.

A partir de los valores admisibles de la tensión de contacto o paso aplicada, se pueden determinar las máximas tensiones de contacto o paso admisibles en la instalación, U_c, U_p, considerando todas las resistencias adicionales que intervienen en el circuito, tal como se muestra en la siguiente Figura 2:

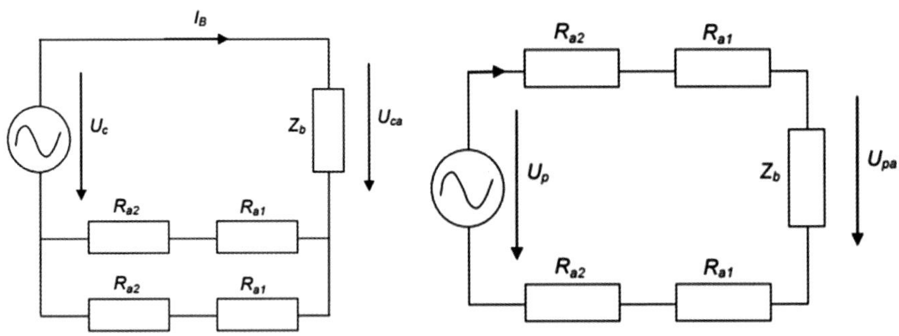

Figura 2. *Circuitos para el cálculo de las tensiones de paso y contacto admisibles en una instalación.*

donde:

> U_{ca}: tensión de contacto aplicada admisible, la tensión a la que puede estar sometido el cuerpo humano entre una mano y los pies.
>
> U_{pa}: tensión de paso aplicada admisible, la tensión a la que puede estar sometido el cuerpo humano entre los dos pies. (U_{pa}=10 U_{ca}).
>
> Z_B: impedancia del cuerpo humano. Se considerará un valor de 1000 Ω.

I_B: corriente que fluye a través del cuerpo.

U_c: tensión de contacto máxima admisible en la instalación que garantiza la seguridad de las personas, considerando resistencias adicionales (por ejemplo, resistencia a tierra del punto de contacto, calzado, presencia de superficies de material aislante).

U_p: tensión de paso máxima admisible en la instalación que garantiza la seguridad de las personas, considerando resistencias adicionales (por ejemplo, resistencia a tierra del punto de contacto, calzado, presencia de superficies de material aislante).

R_a: resistencia adicional total suma de las resistencias adicionales individuales.

R_{a1}: es, por ejemplo, la resistencia equivalente del calzado de un pie cuya suela sea aislante. Se puede emplear como valor 2000 Ω. Se considerará nula esta resistencia cuando las personas puedan estar descalzas, en instalaciones situadas en lugares tales como jardines, piscinas, campings, y áreas recreativas.

R_{a2}: resistencia a tierra del punto de contacto con el terreno de un pie.

$R_{a2} = 3\rho_s$, donde, ρ_s es la resistividad del suelo cerca de la superficie.

A efectos de los cálculos para el proyecto, para determinar las máximas tensiones de contacto y paso admisibles se podrán emplear las expresiones siguientes:

$$U_c = U_{ca}\left[1 + \frac{R_{a1} + R_{a2}}{2Z_B}\right] = U_{ca}\left[1 + \frac{\frac{R_{a1}}{2} + 1{,}5\rho_s}{1000}\right] \qquad (1)$$

$$U_p = U_{pa}\left[1 + \frac{2R_{a1} + 2R_{a2}}{Z_B}\right] = 10U_{ca}\left[1 + \frac{2R_{a1} + 6\rho_s}{1000}\right] \qquad (2)$$

que responde al siguiente planteamiento:

U_{ca} es el valor admisible de la tensión de contacto aplicada que es función de la duración de la corriente de falta. (Figura 1 o Tabla 1 de este mismo apartado).

Se supone que la resistencia del cuerpo humano es de 1000 Ω.

Se asimila cada pie a un electrodo en forma de placa de 200 cm^2 de superficie, ejerciendo sobre el suelo una fuerza mínima de 250 N, lo que representa una resistencia de contacto con el suelo para cada electrodo de $3\rho_s$, evaluada en función de la resistividad superficial aparente, ρ_s, del terreno.

Según cada caso, R_{a1} es la resistencia del calzado, la resistencia de superficies de material aislante, etc. Para la resistencia del calzado se puede utilizar R_{a1} = 2000 Ω.

Para calcular la resistividad superficial aparente del terreno en los casos en que el terreno se recubra de una capa adicional de elevada resistividad (grava, hormigón, etc.) se multiplicará el valor de la resistividad de la capa de terreno adicional, por un coeficiente reductor. El coeficiente reductor se obtendrá de la expresión siguiente:

$$C_s = 1 - 0{,}106 \left(\frac{1 - \dfrac{\rho}{\rho^*}}{2h_s + 0{,}106} \right) \qquad (3)$$

siendo

C_S: coeficiente reductor de la resistividad de la capa superficial.

h_S: espesor de la capa superficial, en metros.

ρ: resistividad del terreno natural.

ρ^*: resistividad de la capa superficial.

NOTA

Circuitos para el cálculo de las tensiones de paso y contacto admisibles en una instalación

En las siguientes figuras se muestra un ejemplo de las distintas resistencias que forman el circuito de la tensión de paso y contacto.

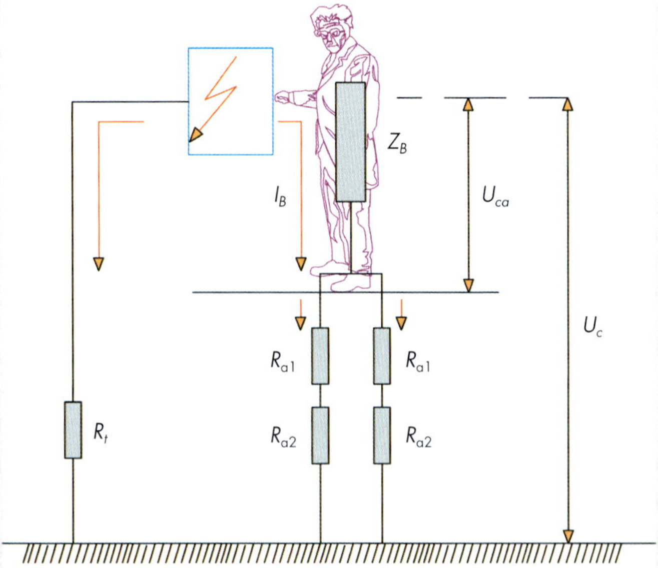

Figura 13.1. *Resistencias que forman parte del circuito de la tensión de contacto.*

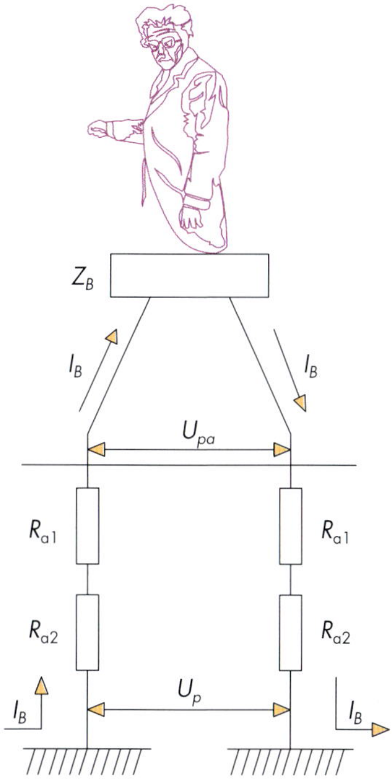

Figura 13.2. *Resistencias que forman parte del circuito de la tensión de paso.*

Si son de prever contactos del cuerpo humano con partes metálicas no activas que puedan ponerse a distinto potencial, se aplicará la fórmula (1) de la tensión de contacto haciendo $\rho_s = 0$ y sin considerar resistencias adicionales.

El proyectista de la instalación de tierra deberá comprobar mediante el empleo de un procedimiento de cálculo sancionado por la práctica que los valores de las tensiones de contacto U'_c, y de paso, U'_p, que calcule para la instalación proyectada en función de la geometría de la misma, de la corriente de puesta a tierra que considere y de la resistividad correspondiente al terreno, no superen en las condiciones más desfavorables las calculadas por las fórmulas (1) y (2) en ninguna zona del terreno afectada por la instalación de tierra.

1.2. Prescripciones en relación con el dimensionado

El dimensionado de las instalaciones se hará de forma que no se produzcan calentamientos que puedan deteriorar sus características o aflojar elementos desmontables.

El dimensionado de la instalación de tierra es función de la intensidad que, en caso de defecto, circula a través de la parte afectada de la instalación de tierra y del tiempo de duración del defecto. A tal efecto, el proyectista considerará que la intensidad de puesta a tierra puede ser una fracción de la intensidad de defecto a tierra calculada para la instalación.

En las instalaciones con redes de tensiones nominales distintas y una instalación de tierra común, debe cumplirse lo anterior para cada red. Podrán no tomarse en consideración defectos simultáneos en varias redes. Para determinar los tiempos de defecto se considerará el funcionamiento correcto de las protecciones, conforme a los tiempos de regulación seleccionados.

Lo indicado anteriormente, en este apartado 1.2, no se aplica a las puestas a tierra provisionales de los lugares de trabajo.

Los electrodos y demás elementos metálicos llevarán las protecciones precisas para evitar corrosiones peligrosas durante la vida de la instalación.

Se tendrán en cuenta las variaciones posibles de las características del suelo en épocas secas y después de haber sufrido corrientes de defecto elevadas.

Al efecto se dan instrucciones en los apartados que siguen sobre la forma de determinar las dimensiones, fijando en ciertos casos valores mínimos.

2. Diseño de instalaciones de puesta a tierra

2.1. Procedimiento

Teniendo en cuenta las tensiones aplicadas máximas establecidas en el apartado 1.1, al proyectar una instalación de tierras se seguirá el procedimiento que sigue:

1. Investigación de las características del suelo.
2. Determinación de las corrientes máximas de puesta a tierra y del tiempo máximo correspondiente de eliminación del defecto.
3. Diseño preliminar de la instalación de tierra.
4. Cálculo de la resistencia del sistema de tierra.
5. Cálculo de las tensiones de paso en el exterior de la instalación.
6. Cálculo de las tensiones de paso y contacto en el interior de la instalación.
7. Comprobación de que las tensiones de paso y contacto calculadas en los párrafos 5 y 6 son inferiores a los valores máximos definidos por las ecuaciones (1) y (2).
8. Investigación de las tensiones transferibles al exterior por tuberías, raíles, vallas, conductores de neutro, pantallas o armaduras de cables, circuitos de se-

ñalización y de los puntos especialmente peligrosos, y estudio de las formas de eliminación o reducción.

9. Corrección y ajuste del diseño inicial estableciendo el definitivo.

Después de construida la instalación de tierra, se harán las comprobaciones y verificaciones precisas in situ, tal como se indica en el apartado 8.1, y se efectuarán los cambios necesarios que permitan alcanzar valores de tensión aplicada inferiores o iguales a los máximos admitidos.

2.2. Condiciones difíciles de puesta a tierra

Cuando por los valores de la resistividad del terreno, de la corriente de puesta a tierra o del tiempo de eliminación de la falta, no sea posible técnicamente, o resulte económicamente desproporcionado mantener los valores de las tensiones aplicadas de paso y contacto dentro de los límites fijados en los apartados anteriores, deberá recurrirse al empleo de medidas adicionales de seguridad a fin de reducir los riesgos a las personas y los bienes.

Tales medidas podrán ser, entre otras:

a) Hacer inaccesibles las zonas peligrosas.

b) Disponer suelos o pavimentos que aíslen suficientemente de tierra las zonas de servicio peligrosas.

c) Aislar todas las empuñaduras o mandos que hayan de ser tocados.

d) Establecer conexiones equipotenciales entre la zona donde se realice el servicio y todos los elementos conductores accesibles desde la misma.

e) Aislar los conductores de tierra a su entrada en el terreno.

Se dispondrá el suficiente número de rótulos avisadores con instrucciones adecuadas en las zonas peligrosas y existirán a disposición del personal de servicio, medios de protección tales como calzado aislante, guantes, banquetas o alfombrillas aislantes.

3. Elementos de las instalaciones de puesta a tierra y condiciones de montaje

Las instalaciones de puesta a tierra estarán constituidas por uno o varios electrodos de puesta a tierra enterrados y por las líneas de puesta a tierra que conecten dichos electrodos a los elementos que deban quedar puestos a tierra.

En las líneas de puesta a tierra deberán existir los suficientes puntos de puesta a tierra, que faciliten las medidas de comprobaciones del estado de los electrodos y la conexión a tierra de la instalación

Para la puesta a tierra se podrán utilizar en ciertos casos, previa justificación:

a) Las canalizaciones metálicas.

b) Las armaduras de los cables.

c) Los elementos metálicos de fundaciones, salvo las armaduras pretensadas del hormigón.

NOTA

Circuito de tierra actuando el bastidor como conductor principal

La norma EN 62271-202 indica un ejemplo de un circuito de tierra actuando el bastidor como conductor principal de puesta a tierra.

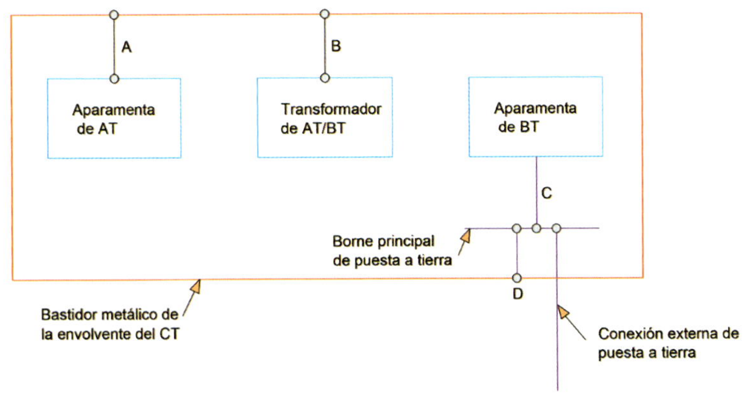

A: conexión a tierra de la aparamenta de alta tensión al bastidor metálico

B: conexión a tierra de la cuba del transformador al bastidor metálico

C: conexión a tierra de la aparamenta de baja tensión al bastidor metálico

D: conexión a tierra del borne principal de puesta a tierra al bastidor metálico

Figura 13.3. *Ejemplo de circuito de tierra actuando el bastidor como conductor principal de puesta a tierra.*

3.1. Líneas de puesta a tierra

Los conductores empleados en las líneas de puesta a tierra tendrán una resistencia mecánica adecuada y ofrecerán una elevada resistencia a la corrosión.

Su sección será tal, que la máxima corriente que circule por ellos en caso de defecto o de descarga atmosférica no lleve a estos conductores a una temperatura cercana a la de fusión, ni ponga en peligro sus empalmes y conexiones.

A efectos de dimensionado de las secciones, el tiempo mínimo a considerar para duración del defecto a la frecuencia de la red será de un segundo, y no podrán superarse las siguientes densidades de corriente:

a) Cobre: 160 A/mm^2.

b) Aluminio: 100 A/mm^2.

c) Acero: 60 A/mm^2.

Sin embargo, se establecen como mínimo secciones de 25 mm^2 en el caso de cobre y 50 mm^2 en el caso del acero y 35 mm^2 para aluminio.

Los anteriores valores corresponden a una temperatura final aproximada de 200 °C. Puede admitirse un aumento de esta temperatura hasta 300 °C si no supone riesgo de incendio, lo que equivale a dividir por 1,2 las secciones determinadas de acuerdo con lo dicho anteriormente, respetándose los valores mínimos señalados.

Cuando se empleen materiales diferentes de los indicados, se cuidará:

a) Que las temperaturas no sobrepasen los valores indicados en el párrafo anterior.

b) Que la sección sea como mínimo equivalente, desde el punto de vista térmico, a la de cobre que hubiera sido precisa.

c) Que, desde el punto de vista mecánico, su resistencia sea, al menos, equivalente a la del cobre de 25 mm^2.

Cuando los tiempos de duración del defecto sean superiores a un segundo, se calcularán y justificarán las secciones adoptadas en función del calor producido y su disipación.

Podrán usarse como conductores de tierra las estructuras de acero de apoyo de los elementos de la instalación, siempre que cumplan las características generales exigidas a los conductores y a su instalación.

3.2. Instalación de líneas de puesta a tierra

Los conductores de las líneas de puesta a tierra deben instalarse procurando que su recorrido sea lo más corto posible, evitando trazados tortuosos y curvas de poco radio. Con carácter general se recomienda que sean conductores desnudos instalados al exterior de forma visible.

En el caso de que fuese conveniente realizar la instalación cubierta, deberá serlo de forma que pueda comprobarse el mantenimiento de sus características.

En las líneas de puesta a tierra no podrán insertarse fusibles ni interruptores.

Los empalmes y uniones deberán realizarse con medios de unión apropiados, que aseguren la permanencia de la unión, no experimenten al paso de la corriente calentamientos superiores a los del conductor, y estén protegidos contra la corrosión galvánica.

3.3. Electrodos de puesta a tierra

Los electrodos de puesta a tierra estarán formados por materiales metálicos en forma de picas, varillas, conductores, chapas, perfiles, que presenten una resistencia elevada a la corrosión por sí mismos, o mediante una protección adicional, tales como el cobre o el acero debidamente protegido, en cuyo caso se tendrá especial cuidado de no dañar el recubrimiento de protección durante el hincado.

Si se utilizasen otros materiales habrá de justificarse su empleo.

Los electrodos podrán disponerse de las siguientes formas:

a) Picas hincadas en el terreno, constituidas por tubos, barras y otros perfiles, que podrán estar formados por elementos empalmables.

b) Varillas, barras o conductores enterrados, dispuestos en forma radial, mallada, anular.

c) Placas o chapas enterradas.

3.4. Dimensiones mínimas de los electrodos de puesta a tierra

a) Las dimensiones de las picas se ajustarán a las especificaciones siguientes:

  1) Los redondos de cobre o acero recubierto de cobre no serán de un diámetro inferior a 14 mm. Los de acero sin recubrir no tendrán un diámetro inferior a 20 mm.

  2) Los tubos no serán de un diámetro inferior a 30 mm ni de un espesor de pared inferior a 3 mm.

  3) Los perfiles de acero no serán de un espesor inferior a 5 mm ni de una sección transversal inferior a 350 mm^2.

b) Los electrodos enterrados, sean de varilla, conductor desnudo o pletina, deberán tener una sección mínima de 50 mm^2 los de cobre, y 100 mm^2 los de acero. El espesor mínimo de las pletinas y el diámetro mínimo de los alambres de los conductores no será inferior a 2 mm los de cobre, y 3 mm los de acero.

c) Las placas o chapas tendrán un espesor mínimo de 2 mm los de cobre, y 3 mm las de acero.

d) En el caso de suelos en los que pueda producirse una corrosión particularmente importante, deberán aumentarse los anteriores valores.

e) Para el cálculo de la sección de los electrodos se remite a lo indicado en el apartado 3.1.

3.5. Instalación de electrodos de puesta a tierra

En la elección del tipo de electrodos, así como de su forma de colocación y de su emplazamiento, se tendrán presentes las características generales de la instalación eléctrica, del terreno, el riesgo potencial para las personas y los bienes.

Se procurarán utilizar las capas de tierra más conductoras, haciéndose la colocación de electrodos con el mayor cuidado posible en cuanto a la compactación del terreno.

Se deberá tener presente la influencia de las heladas para determinar la profundidad de la instalación.

NOTA

- **Montaje de los electrodos de tierra y de los conductores de puesta a tierra**

  Según la Norma UNE-50522 se recomiendan las siguientes condiciones en el montaje:

  – Montaje de electrodos de tierra:

  Se indican los siguientes casos:

  - Electrodos de tierra horizontales:

    Normalmente se sitúan en el fondo de una zanja o de una excavación de los cimientos. Se recomienda que estén rodeados de tierra ligeramente compactada, las piedras o la grava no deben estar en contacto directo con los electrodos de tierra enterrados y si el suelo natural es agresivo al metal del electrodo utilizado, debería reemplazar por un relleno conveniente.

  - Picas verticales o inclinadas:

    Las picas verticales o con inclinación se clavan en el terreno por la fuerza y deberían separarse por una distancia igual o mayor que la longitud de la pica.

  - Empalmes de los electrodos de tierra:

    Los empalmes utilizados para conectar partes conductoras de una red de electrodos de tierra (malla) dentro de la misma red, deben tener las dimensiones apropiadas para asegurar la conductividad eléctrica y la resistencia mecánica y térmica equivalente a la de los electrodos.

    Los electrodos de tierra deben ser resistentes a la corrosión y no deberían contribuir a crear acoplamientos galvánicos.

Cuando tengan que conectarse materiales diferentes que forman acoplamientos galvánicos que pueden causar corrosión galvánica, los empalmes han de protegerse por medios duraderos contra el contacto con electrólitos a su alrededor.

- Montaje de los conductores de puesta a tierra:

  En general, el camino de los conductores de puesta a tierra debe ser el más corto posible.

  Pueden considerarse los siguientes métodos de montaje:

  - Conductores de puesta a tierra enterrados. Puede requerirse protección contra daños mecánicos.
  - Conductores de puesta a tierra accesibles. Por encima del suelo los conductores de puesta a tierra deben montarse de forma que permanezcan accesibles. Si hubiera riesgo de daños mecánicos, el conductor de tierra debe protegerse adecuadamente.
  - Conductores de puesta a tierra embebidos en el hormigón. Los conductores de tierra pueden también embeberse en el hormigón. Deben quedar disponibles en cada extremo unos terminales fácilmente accesibles.

  Debe prestarse una atención especial para evitar la corrosión cuando el conductor de tierra desnudo penetra en el terreno o en el hormigón.

4. Características del suelo y de los electrodos de puesta a tierra que deben tenerse en cuenta en los cálculos

4.1. Resistividad del terreno

En el apartado 2 de esta instrucción se indica la necesidad de investigar las características del terreno, para realizar el proyecto de una instalación de tierra. Sin embargo, en las instalaciones de tercera categoría y de intensidad de cortocircuito a tierra inferior o igual a 1500 A no será obligatorio realizar la citada investigación previa de la resistividad del suelo, bastando el examen visual del terreno, pudiéndose estimar su resistividad por medio de la Tabla 2 siguiente, en las que se dan unos valores orientativos. Para intensidades de cortocircuito a tierra superiores a 1000 A, si el proyectista utiliza en sus cálculos resistividades del terreno inferiores a 200 Ω · m deberá justificar dicho valor mediante un estudio que incluya mediciones de la resistividad.

Tabla 2.

Naturaleza del terreno	Resistividad en ohmios · m
Terrenos pantanosos	De algunas unidades a 30
Limo	20 a 100
Humus	10 a 150
Turba húmeda	5 a 100
Arcilla plástica	50
Margas y arcillas compactas	100 a 200

Tabla 2.

Naturaleza del terreno	Resistividad en ohmios · m
Margas del jurásico	30 a 40
Arena arcillosa	50 a 500
Arena silícea	200 a 3000
Suelo pedregoso cubierto de césped	300 a 500
Suelo pedregoso desnudo	1500 a 3000
Calizas blandas	100 a 300
Calizas compactas	1000 a 5000
Calizas agrietadas	500 a 1000
Pizarras	50 a 300
Rocas de mica y cuarzo	800
Granitos y gres procedentes de alteración	1500 a 10000
Granitos y gres muy alterados	100 a 600
Hormigón	2000 a 3000
Basalto o grava	3000 a 5000

4.2. Resistencia de tierra del electrodo

La resistencia de tierra del electrodo, que depende de su forma y dimensiones y de la resistividad del suelo, se puede calcular por las fórmulas contenidas en la Tabla 3 que sigue, o mediante programas u otras expresiones numéricas suficientemente probadas:

Tabla 3.

Tipo de electrodo	Resistencia en ohmios
Placa enterrada profunda	$R = 0{,}8 \cdot \frac{\rho}{P}$
Placa enterrada superficial	$R = 1{,}6 \cdot \frac{\rho}{P}$
Placa vertical	$R = \frac{\rho}{L}$
Conductor enterrado horizontalmente	$R = \frac{2\rho}{L}$
Malla de tierra	$R = \frac{\rho}{4r} + \frac{\rho}{L}$

siendo:

R: resistencia de tierra del electrodo en Ω.

ρ: resistividad del terreno de Ω · m.

P: perímetro de la placa en metros.

L: longitud en metros de la pica o del conductor, y en malla la longitud total de los conductores enterrados.

r: radio en metros de un círculo de la misma superficie que el área cubierta por la malla.

4.3. Efecto de la humedad

Cuando la humedad del terreno varíe considerablemente de unas épocas del año a otras se tendrá en cuenta esta circunstancia al dimensionar y establecer el sistema de tierra. Se podrán usar recubrimientos de gravas como ayuda para conservar la humedad del suelo.

4.4. Efecto de la temperatura

Al alcanzar el suelo temperaturas inferiores a 0 °C aumenta mucho su resistividad. Por ello en zonas con peligro de heladas los electrodos se enterrarán a una profundidad que no alcance esa temperatura o se tendrá en cuenta esta circunstancia en el cálculo.

5. Determinación de las corrientes de defecto para el cálculo de las tensiones de paso y contacto

El proyectista deberá tener en cuenta los posibles tipos de defectos a tierra y las corrientes máximas en los distintos niveles de tensiones existentes en la instalación y tomará el valor más desfavorable.

Para el cálculo de las corrientes de defecto y de puesta a tierra, se ha de tener en cuenta la forma de conexión del neutro a tierra, así como la configuración y características de la red durante el período subtransitorio.

NOTA

- **Influencia del sistema de puesta a tierra del neutro**

  Según la Norma UNE-50522, el método de puesta a tierra del neutro tiene gran influencia en el nivel de corriente de defecto y en la duración de la corriente de defecto. También es importante para:

- Selección del nivel de aislamiento.
- Características de sobretensión (dispositivos limitadores) como descargadores o pararrayos.
- Selección de relés de protección.
- Diseño del sistema de puesta a tierra.

Como ejemplos de puesta a tierra del neutro, indicamos:

- Neutro aislado.
- Puesta a tierra resonante.
- Puesta a tierra de alta resistividad.
- Puesta a tierra sólida o de baja impedancia.

La elección del tipo de puesta a tierra del neutro se basa normalmente en los siguientes criterios:

- Normativa local, en caso de que exista.
- Continuidad del suministro requerido por la red eléctrica.
- Limitación de posibles daños al equipo debidas a defectos a tierra.
- Eliminación selectiva de secciones defectuosas de la red eléctrica (deslastrar).
- Detección del emplazamiento del defecto.
- Tensión de paso y contacto.
- Interferencias por inducción.
- Aspectos relativos al funcionamiento y mantenimiento.

En el caso de red con neutro a tierra, bien rígido o a través de una impedancia, se considerará a efectos del cálculo de la tensión aplicada de contacto o paso, el valor de la intensidad de la corriente de puesta a tierra (I_E) que provoca la elevación del potencial de la instalación a tierra.

La corriente que se considera para el cálculo de la tensión aplicada de contacto o paso será la corriente de puesta a tierra I_E, que depende de la corriente de defecto a tierra (I_F) y de un factor de reducción *r*. En la Figura 3 se muestra el esquema eléctrico equivalente de una instalación eléctrica para determinar las corrientes de puesta a tierra, I_E y de defecto a tierra I_F..

donde:

$3\ I_0$: tres veces la corriente homopolar de la línea.

I_{Tr}: corriente a través del neutro del transformador.

I_F: corriente de defecto a tierra.

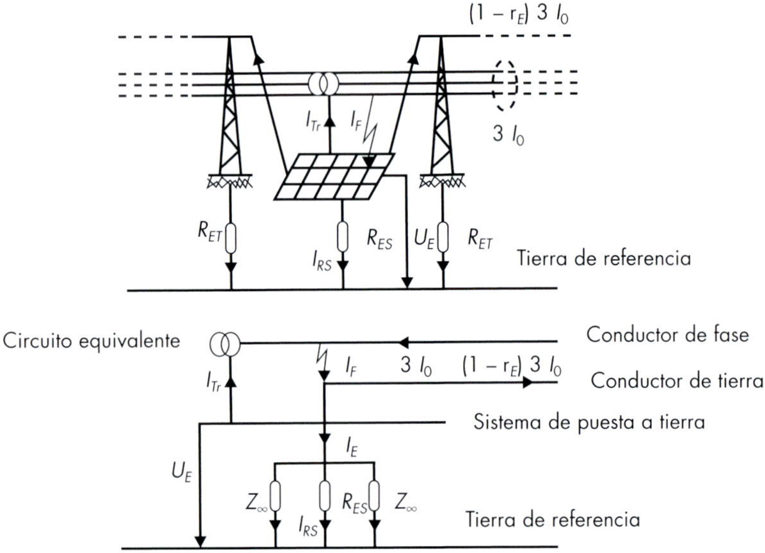

Figura 3. *Ejemplo de corrientes de puesta a tierra en una instalación de alta tensión.*

I_E: corriente de puesta a tierra, que no se puede medir directamente.

I_{RS}: corriente de puesta a tierra por el electrodo de la subestación.

r_E: factor de reducción. Nota: $r = r_E$

R_{ES}: resistencia de puesta a tierra del electrodo de la subestación.

R_{ET}: resistencia de puesta a tierra de la torre.

Z_∞: impedancia entre el cable de tierra y tierra (se considera prácticamente infinita).

Z_E: impedancia a tierra.

U_E: tensión de puesta a tierra.

n: número de líneas que parten de la subestación.

Se tienen, según la Figura 3, las siguientes relaciones:

$$I_F = 3\ I_0 + I_{Tr}$$

$$I_E = r\ (I_F - I_{Tr}) = r \cdot 3\ I_0$$

$$U_E = I_E \cdot Z_E$$

Si se supone que la impedancia entre el cable de tierra y la tierra de referencia es igual para todas las torres (en el ejemplo de la Figura 3 existen dos líneas y, por tanto, $n = 2$), se tendría que:

$$Z_E = \frac{1}{\frac{1}{R_{ES}} + \frac{n}{Z_\infty}}$$

NOTA

Corriente de puesta a tierra y corriente de defecto

La corriente de puesta a tierra (I_E) es menor que la corriente de defecto (I_F) en redes subterráneas y en algunas líneas aéreas porque gran parte de la corriente de defecto vuelve por las pantallas de los cables subterráneos o por los hilos de guarda de líneas de AT y MAT.

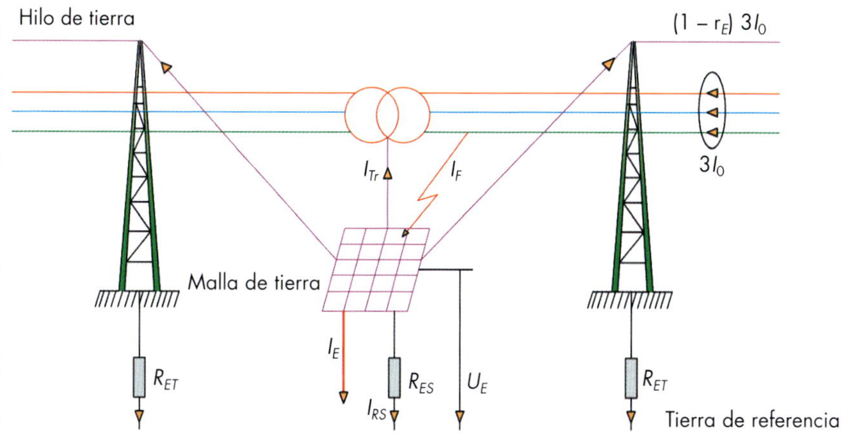

Nota: (r_E) es el factor de reducción de una línea aérea con hilo de tierra.

Figura 13.4. *Ejemplo de corrientes, tensiones y resistencias para un defecto a tierra en una subestación transformadora con puesta a tierra del neutro por baja impedancia.*

Factor de reducción relativos a los conductores de tierra de las líneas aéreas y a las pantallas metálicas de los cables subterráneos

Estos conductores participan en retornar a tierra las corrientes de defecto a tierra.

Mediante este efecto, el sistema de puesta a tierra de una instalación de AT afectada por un defecto a tierra será descargado efectivamente de la corriente de defecto a tierra. La contribución a esta descarga se llama **factor de reducción.**

El factor de reducción *(r)* de un conductor de tierra de una línea aérea trifásica es la relación entre la corriente de retorno a tierra y la suma de las corrientes homopolares del circuito trifásico.

$$r = \frac{I_E}{3I_0} = \frac{3I_0 - I_{EW}}{3I_0}$$

siendo:

I_E: corriente a tierra.

$3I_0$: suma de las corrientes homopolares

I_{EW}: corriente en el conductor de tierra (en régimen de equilibrio).

$I_{EW} = (1 - r)\, 3I_0$.

Algunos valores típicos de factores de reducción de líneas aéreas y cables (50 Hz) son:

- Conductores de tierra de las líneas aéreas:

  Acero 50 … 70 mm^2; $r = 0{,}98$

  Acero/aluminio (ACSR) 44/32 mm^2; $r = 0{,}77$

- Cables XLPE unipolares (10 kV y 20 kV)

  Cu 95 mm^2/16 mm^2 pantalla de cobre; $r = 0{,}50 - 0{,}60$

- Cables XLPE unipolares (110 kV)

  Cu 300 mm^2/35 mm^2 pantalla de cobre; $r = 0{,}32$

  Cables unipolares rellenos de aceite (400 kV)

  Cu 1200 mm^2/1200 mm^2 pantalla de aluminio $r = 0{,}01$

En la Figura 13.5 se muestra la distribución de la corriente de puesta a tierra y de defecto.

Norma	Valores de tensiones (V)
UNE + IEEE-80	*n:* factor de geometría: número de conductores en paralelo de una malla rectangular equivalente. $n = n_a \cdot n_b \cdot n_c \cdot n_d$ $n_a = \frac{2L_c}{L_p}$ $n_b = \sqrt{\frac{L_p}{4\sqrt{A}}}$ $n_c = \left(\frac{L_x \cdot L_y}{A}\right)^{\frac{0,7 \cdot A}{L_x \cdot L_y}}$ $n_d = \frac{D_m}{\sqrt{L_x^2 + L_y^2}}$ Para mallas cuadradas: $n = n_a$ ya que $n_b = n_c = n_d = 1$. Para mallas rectangulares: $n = n_a \cdot n_b$ ya que $n_c = n_d = 1$. Para mallas en forma de L: $n = n_a \cdot n_b \cdot n_c$ ya que $n_d = 1$. L_C: longitud total de los conductores de la malla horizontal (m). L_p: longitud del perímetro de la malla (m). L_X: longitud máxima de la malla en la dirección X (m) L_Y: longitud máxima de la malla en la dirección Y (m) D_m: distancia máxima entre dos puntos cualesquiera de la malla (m). K_i: factor de irregularidad. $K_i = 0,644 + 0,148 \cdot n$ Para mallas sin picas de tierra o para mallas con solo pocas picas esparcidas a través de la malla, pero ninguna localizada en las esquinas o a lo largo del perímetro, la longitud efectiva enterrada (L_M) es: $L_M = L_C + L_R$ L_R = longitud total de todas las picas = número de picas por longitud de cada pica. Para mallas con muchas picas de tierra en las esquinas, así como a lo largo del perímetro, la longitud enterrada efectiva (L_M) es:

Norma	Valores de tensiones (V)
UNE + IEEE-80	$$L_M = L_C + \left[1{,}55 + 1{,}22\left(\frac{L_r}{\sqrt{L_x^2 + L_y^2}}\right)\right]$$ L_r: longitud de una pica. La tensión teórica de contacto debe ser inferior a la tensión de contacto máxima admisible. $E_M < U_C$ – Tensión teórica de paso (E_S): $$E_S = \frac{\rho \cdot I_G \cdot K_S \cdot K_i}{L_S}$$ Para mallas con o sin picas de tierra, la longitud efectiva del conductor enterrado (L_S), es: $L_S = 0{,}75 \cdot L_C + 0{,}85 \cdot L_R$ (K_S) Introduce en el cálculo la mayor diferencia de potencial entre dos puntos distantes 1 m. $$K_S = \frac{1}{\pi}\left[\frac{1}{2 \cdot h} + \frac{1}{D + h} + \frac{1}{D}\ (1 - 0{,}5^{n-2})\right]$$ n = factor de geometría **Nota:** esta ecuación es válida para profundidades de enterramiento de 0,25 $m < h < 2{,}5$ m. La tensión teórica de paso debe ser inferior a la tensión de paso máxima admisible $E_S < U_p$ **Nota:** la IEEE-80 también indica cuales son los valores máximos admisibles de la tensión de paso y de la tensión de contacto ($E_{S\ admisible}$ y $E_{M\ admisible}$), pero nosotros utilizaremos como valores máximos admisibles los que se indican en las fórmulas 1 y 2 del apartado 1.1 de esta ITC-RAT-13, definidas como U_p y U_c.

EJEMPLO DE APLICACIÓN 1

Cálculo de la red de puesta a tierra de una subestación eléctrica convencional de 132/20 kV

El sistema de puesta a tierra de la subestación que se analiza se puede dividir en:

i) Las carcasas de transformadores, generadores, motores y otras máquinas.

j) Hilos de guarda o cables de puesta a tierra de las líneas aéreas.

k) Los elementos de derivación a tierra de los seccionadores de puesta a tierra.

l) Pantalla de separación de los circuitos primario y secundario de los transformadores de medida o protección.

6.2. Elementos a conectar a tierra por motivos de servicio

Se conectarán a tierra los elementos de la instalación necesarios y entre ellos:

a) Los neutros de los transformadores, que lo precisen, en instalaciones o redes con neutro a tierra de forma directa o a través de resistencias o bobinas.

b) El neutro de los alternadores y otros aparatos o equipos que lo precisen.

c) Los circuitos de baja tensión de los transformadores de medida o protección, salvo que existan pantallas metálicas de separación conectadas a tierra entre los circuitos de alta y baja tensión de los transformadores.

d) Los limitadores, descargadores, autoválvulas, pararrayos, para eliminación de sobretensiones o descargas atmosféricas (ver apartado 7.1).

EJEMPLO DE APLICACIÓN 2

En la Figura 13.10 se muestran, de forma resumida, algunos elementos que se conectan a una malla de tierra de una subestación eléctrica.

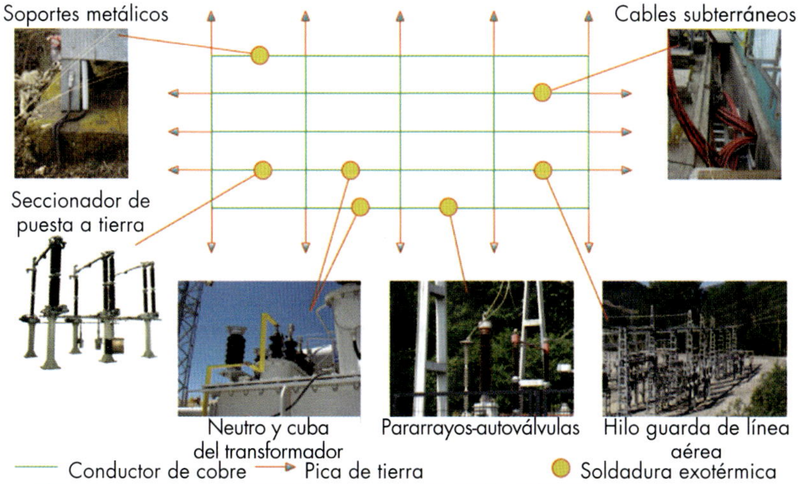

Figura 13.10. *Malla de tierra de una subestación.*

En la Figura 13.11 se muestra un esquema de la estructura de un CT para conectar la red de puesta a tierra.

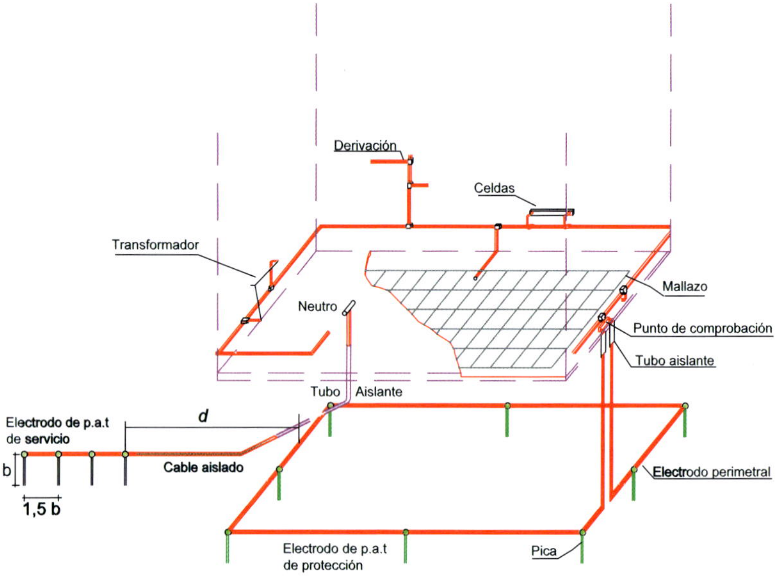

Figura 13.11. *Estructura para conectar la red de puesta a tierra de un CT.*

En la Figura 13.12 se muestra un esquema del sistema de puesta a tierra en un CT de interior.

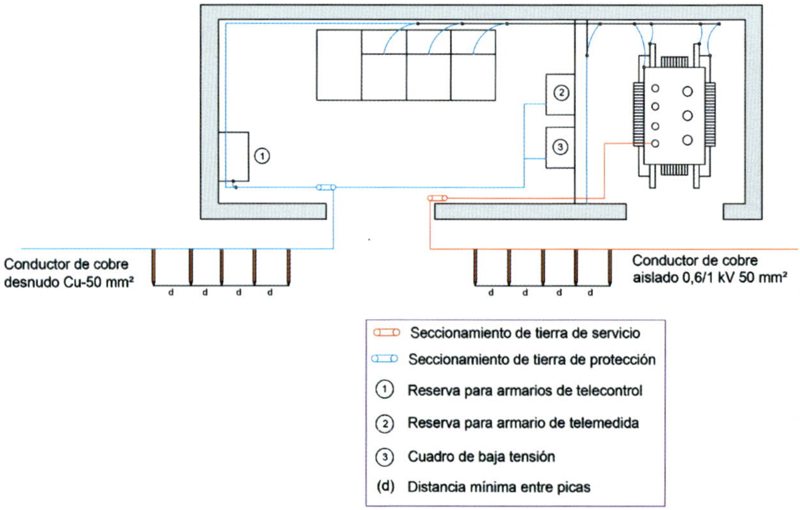

Figura 13.12. *Sistema de puesta a tierra en un CT de interior.*

En la Figura 13.13 se nuestra la distancia mínima entre la tierra de servicio y la tierra de protección.

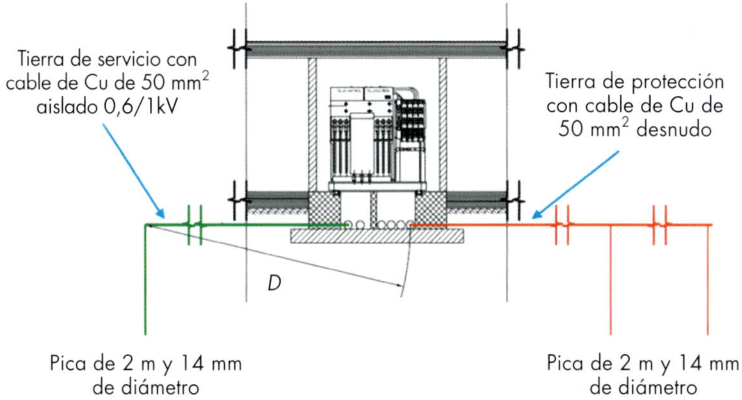

Figura 13.13. *Distancia mínima (D) de separación entre la tierra de servicio y de protección.*

En la siguiente figura se muestra un esquema de puesta a tierra de los transformadores de tensión e intensidad de un CT de interior.

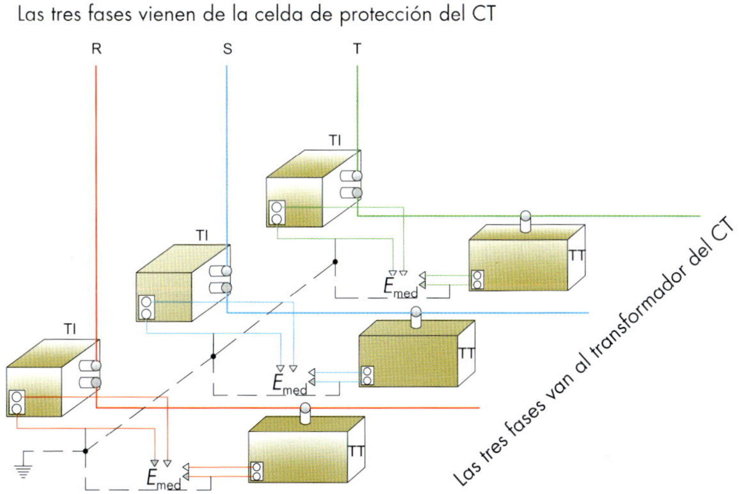

E_{med}: salidas al equipo de medida. Concretamente, a la regleta de verificación.

Figura 13.14. *Conexiones de los trafos de medida en una celda de medida de un CT de interior.*

Nota: en el proyecto tipo de centros de transformación de Unión Fenosa se indica en el apartado de «Elementos a conectar a tierra por motivos de servicio» lo siguiente:

Se conectarán a tierra, cuando los hubiese, los siguientes elementos:

- Neutro de los transformadores de potencia

  Los secundarios de los TI de baja tensión no se conectarán a tierra y quedarán flotantes. Desde cada secundario de TI de baja tensión se llegará con dos hilos (seis hilos en total) al GCT (gestor centro de transformación en armario) donde internamente se cerrará la estrella.

6.3. Instalación de tierra general

Los elementos destinados a conectarse a tierra indicados en los apartados 6.1 y 6.2 se conectarán a una instalación de tierra general.

De esta regla general deben excluirse aquellas puestas a tierra a causa de las cuales puedan presentarse en algún punto tensiones peligrosas para las personas, bienes o instalaciones eléctricas.

En este sentido se preverán tierras separadas en los casos siguientes:

a) Los señalados en la presente instrucción para centros de transformación.

b) Los casos en que fuera conveniente separar de la instalación de tierra general los puntos neutros de los devanados de los transformadores.

c) Los limitadores de tensión de las líneas de corriente débil (telefónicas, telegráficas, etc.) que se extienden fuera de la instalación.

En las instalaciones en las que coexistan instalaciones de tierra separadas o independientes, se tomarán medidas para evitar el contacto simultáneo inadvertido con elementos conectados a instalaciones de tierra diferentes, así como la transferencia de tensiones peligrosas de una a otra instalación.

Para la puesta a tierra de las masas de utilización de las instalaciones de baja tensión se seguirán los criterios establecidos en la ITC-BT-18 del Reglamento Electrotécnico para Baja Tensión.

NOTA

- **Sistema de puesta a tierra global**

  Según UNE-EN-50522 la definición del sistema de puesta a tierra global está basada en el hecho que en una cierta área prácticamente no pueden ocurrir diferencias de potencial a considerar.

Para identificar estas áreas no existe una regla única o simple. En general puede ser:

- Una resistencia global de bajo valor es necesaria pero no suficiente. Por eso la norma no establece un requisito mínimo basado en la resistencia.

  Por otra parte, también en instalaciones con alta resistividad del suelo y resistencia global alta, pueden implementarse condiciones de seguridad atendiendo al incremento de resistencias adicionales y adecuado gradiente de potencial.
- Una corriente de defecto de bajo valor también ayuda a que el aumento del potencial total sea limitado.
- El factor de reducción de un cable adecuado con cubierta o el factor de reducción de conductores de tierra distribuyen la corriente de defecto, de manera que la elevación total del potencial de tierra es limitada.
- Una duración pequeña de la corriente de defecto incrementa los valores admisibles de tensión de contacto y, en consecuencia, las diferencias de referencia a los límites de tensión de contacto admisible son menores.

Los casos típicos donde existe un sistema global de puesta a tierra son:

- Subestación rodeada de edificios con electrodos de tierra en los cimientos y con el sistema de puesta a tierra interconectado, por ejemplo, por las pantallas de cable o conductores de tierra protegidos en baja tensión (Figura 13.15).

Figura 13.15. *Subestación eléctrica rodeada de edificios.*

- Subestación que alimenta el centro de una ciudad o de áreas densamente construidas.
- Subestación alimentadora de un área suburbana con muchos electrodos de tierra interconectados por conductores de tierra, protegidos del sistema de baja tensión.
- Subestación con un número dado de subestaciones cercanas.
- Subestación con un número y longitud dados de electrodos salientes.
- Subestación conectada con cables con un electrodo de tierra efectivo.
- Subestación alimentadora de una extensa área industrial.
- Subestación que forma parte de un sistema puesto a tierra en múltiples puntos con conductor de neutro de alta tensión.

Para facilitar la medida y revisión de la instalación de puesta a tierra se instalarán cajas de registro para cada instalación de puesta a tierra.

NOTA

- **Cajas de seccionamiento**

  Cada sistema de puesta a tierra (protección o servicio) estará conectado a una caja de seccionamiento o registro independiente.

  En el supuesto de que hubiese dos transformadores, cada neutro del cuadro de BT se conectará a su correspondiente caja de seccionamiento.

  La caja de seccionamiento de la tierra de protección se colocará de forma que el recorrido de la línea de tierra desde la caja de seccionamiento al electrodo de puesta a tierra sea lo más corta posible.

  Además, se instalará una caja de unión de tierras, que permita unir o separar los electrodos de protección y servicio y señalizar la posición habitual.

  El conjunto de cajas de seccionamiento de tierra (protección-servicio) y caja de interconexión de tierras, podrá ubicarse en una única envolvente, conteniendo dos o las tres partes del conjunto, en función de las características de la instalación (Figura 13.16).

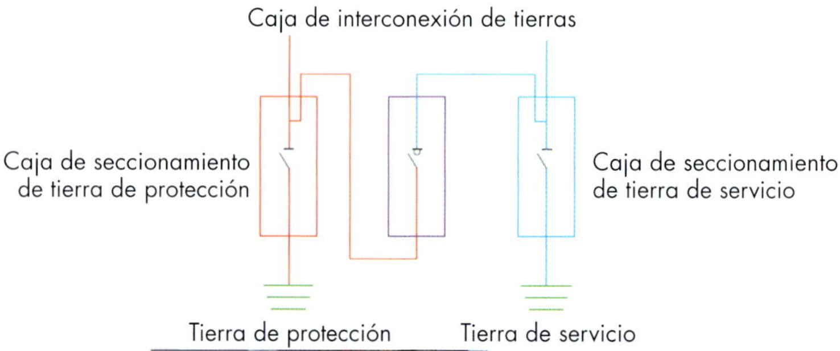

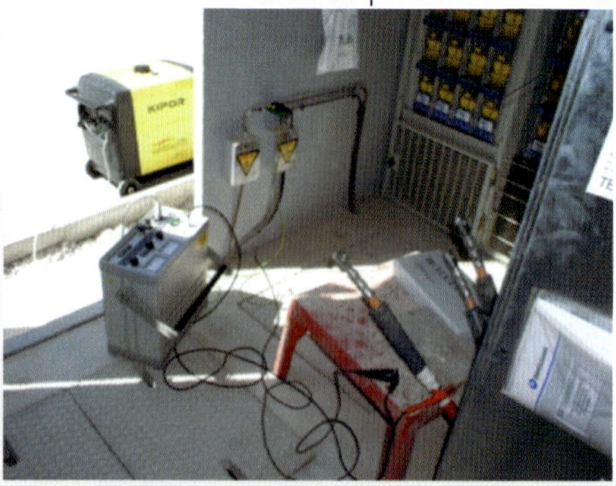

Cajas de seccionamiento de tierras de protección y servicio Caja de interconexión de tierras

Figura 13.16. *Cajas de seccionamiento de tierra de protección y de tierra de servicio.*

7. Disposiciones particulares de puesta a tierra

En la puesta a tierra de los elementos que a continuación se indican, es preciso tener en cuenta las siguientes disposiciones:

7.1. Descargadores de sobretensiones

La puesta a tierra de los dispositivos utilizados como descargadores de sobretensiones se conectará a la puesta a tierra del aparato o aparatos que proteja. Estas conexiones deben realizarse procurando que su recorrido sea mínimo y sin cambios bruscos de dirección.

La instalación de puesta a tierra asegurará, en cualquier caso, que, para las intensidades de descarga previstas, las tensiones a tierra de estos dispositivos no alcancen valores que puedan ser origen de tensiones de retorno o transferidas de carácter peligroso para otras instalaciones o aparatos igualmente puestos a tierra.

Los conductores empleados para la puesta a tierra del descargador o descargadores de sobretensiones no dispondrán de cintas ni tubos de protección de material magnético.

NOTA

- **Situación de riesgo por transferencia de tensiones a través de los sistemas de puesta a tierra (I)**

  La Figura 13.17 muestra una autoválvula conectada a la misma puesta a tierra del aparato que protege.

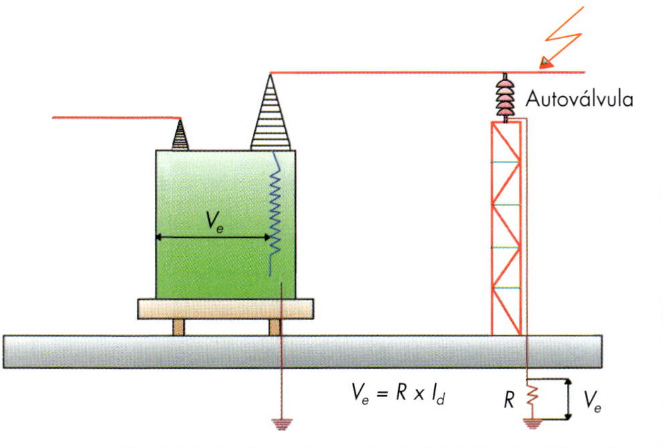

Figura 13.17. *Autoválvula conectada a tierra.*

7.2. Seccionadores de puesta a tierra

En las instalaciones en las que existan líneas aéreas de salida no equipadas con cable a tierra, pero equipadas con seccionadores de puesta a tierra conectados a la tierra general, deberán adoptarse las precauciones necesarias para evitar la posible transferencia a la línea de tensiones de contacto peligrosas durante los trabajos de mantenimiento en la misma.

NOTA

- **Situación de riesgo por transferencia de tensiones a través de los sistemas de puesta a tierra (II)**

  En la Figura 13.18 se muestra un esquema de una instalación con línea aérea de salida equipada con seccionador de puesta a tierra (p.a.t.).

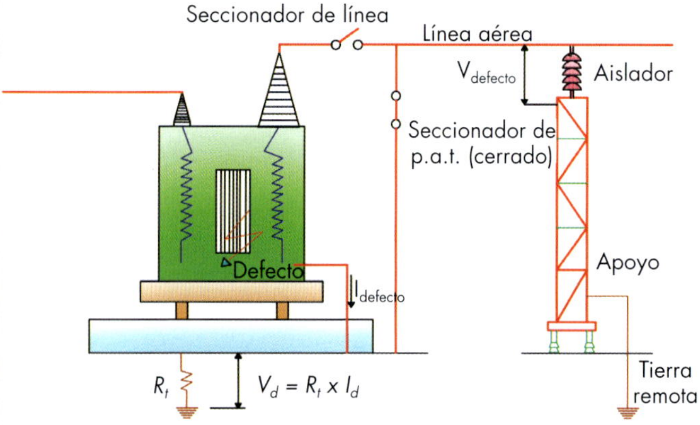

Figura 13.18. *Instalación con línea aérea de salida equipada con seccionador de puesta a tierra.*

7.3. Conjuntos protegidos por envolvente metálica

En los conjuntos protegidos por envolvente metálica deberá existir una línea de tierra común para la puesta a tierra de la envolvente, dispuesta a lo largo de toda la aparamenta. La sección mínima de dicha línea de tierra será de 25 mm^2, si es de cobre, y para otros materiales tendrá la sección equivalente de acuerdo con lo dictado en la presente instrucción (*ver* apartado 3.1).

Las envolventes externas de cada celda se conectarán a la línea de tierra común, como asimismo se hará con todas las partes metálicas que no formen parte de un circuito principal o auxiliar que deban ser puestas a tierra.

A efectos de conexión a tierra de las armaduras internas, tabiques de separación de celdas, etc., se considera suficiente para la continuidad eléctrica, su conexión por tornillos o soldadura. Igualmente, las puertas de los compartimentos de alta tensión deberán unirse a la envolvente de forma apropiada.

Las piezas metálicas de las partes extraíbles que están normalmente puestas a tierra deben mantenerse puestas a tierra mientras el aislamiento entre los contactos de un mismo polo no sea superior, tanto a frecuencia industrial como a onda de choque, al aislamiento a tierra o entre polos diferentes. Estas puestas a tierra deberán producirse automáticamente.

7.4. Elementos de la construcción

Los elementos metálicos de la construcción en edificaciones que alberguen instalaciones de alta tensión deberán conectarse a tierra de acuerdo con las indicaciones siguientes:

En los edificios de estructura metálica, esta y los demás elementos metálicos, tales como puertas, ventanas, escaleras, barandillas, tapas y registros, etc., deberán ser conectados a tierra.

En los edificios destinados a instalaciones de tercera categoría construidos con materiales tales como hormigón armado o en masa, ladrillo o mampostería, las puertas, ventanas, escaleras, tapas y registros podrán no conectarse al circuito de tierra y dejarse aisladas del mismo, siempre que en el diseño de la instalación se adopten las medidas necesarias para evitar la puesta a tensión de estos elementos por causa de un defecto o avería. En los centros de transformación prefabricados según la Norma UNE-EN-62271-202 estas medidas serán garantizadas por el fabricante.

En centros de transformación subterráneos, dada la dificultad que presenta la separación eléctrica entre la escalera y su tapa de acceso, es necesario disponer ambos elementos en las mismas condiciones de puesta a tierra, bien aislados de la instalación de tierra general, o bien conectados a dicha instalación.

En cualquier caso, en los edificios de hormigón armado las armaduras deberán ser puestas a tierra.

7.5. Elementos metálicos que salen fuera de la instalación

Los elementos metálicos que salen fuera del recinto de la instalación, tales como raíles y tuberías, deben estar conectados a la instalación de tierra general en varios puntos si su extensión es grande.

Será necesario comprobar si estos elementos pueden transferir al exterior tensiones peligrosas, en cuyo caso deben adoptarse las medidas necesarias para evitarlo mediante juntas aislantes, u otras medidas, si fuera necesario.

NOTA

Canalizaciones y raíles ferroviarios en subestaciones eléctricas

Según UNE-EN-50522, las canalizaciones metálicas del interior de una subestación deberían conectarse con el sistema de puesta a tierra de la subestación.

Se debe evitar el uso de canalizaciones metálicas, por ejemplo, suministros de agua procedentes de fuera del perímetro de la subestación y en su lugar, utilizar otros materiales no metálicos o empalmes aislados.

Los raíles de los sistemas ferroviarios no eléctricos que penetren en el emplazamiento de la subestación deben conectarse al sistema de puesta a tierra de la subestación.

En el perímetro del emplazamiento de la subestación deben colocarse juntas aislantes adecuadas en los raíles para mantener la separación eléctrica de estos con el resto de los raíles del sistema ferroviario. En algunos casos pueden requerirse dos juntas aislantes en los raíles para impedir que la locomotora produzca un cortocircuito. Debe prestarse atención especial a los emplazamientos desde los cuales se opera el sistema ferroviario. Para la adopción de medidas, debería consultarse con el propietario del sistema ferroviario.

Durante un defecto a tierra dentro de una subestación, los cables y los tubos metálicos aislados de entrada y salida de esta, pueden verse sometidos a diferencias de tensión.

Según la manera en que la pantalla o la armadura del cable estén puestas a tierra (en uno o en los dos extremos) pueden aparecer, en la pantalla o en la armadura importantes corrientes o variaciones de tensión. El aislamiento de los cables o los tubos han de estar diseñados de acuerdo con estas circunstancias (Figuras 13.19 y 13.20).

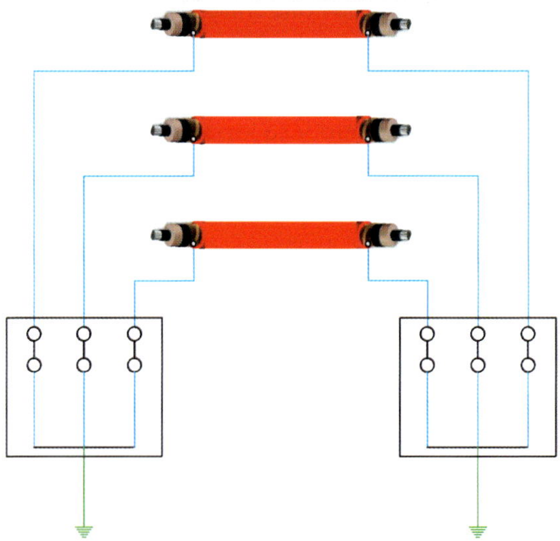

Figura 13.19. *Pantallas de cables conectadas a tierra en ambos extremos.*

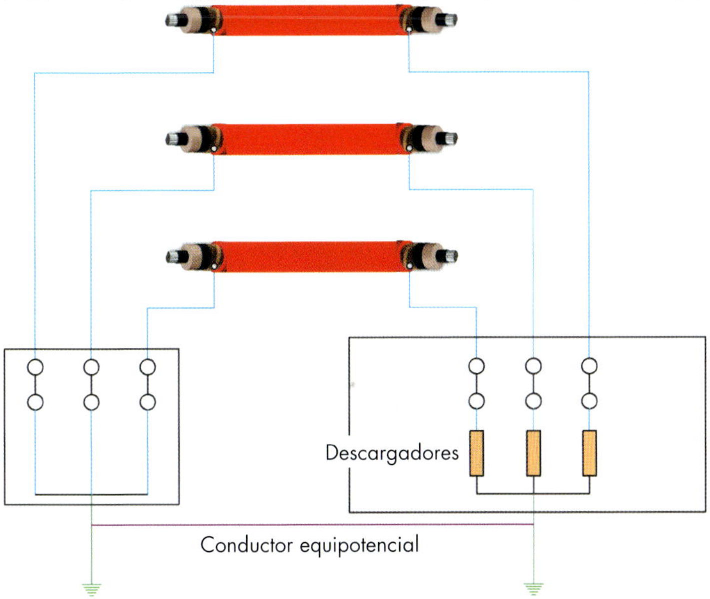

Figura 13.20. *Pantallas de cables conectadas a tierra en un extremo.*

7.6. Vallas y cercas metálicas

Para su puesta a tierra pueden adoptarse diversas soluciones en función de las dimensiones de la instalación y características del terreno:

a) Pueden ser incluidas dentro de la instalación de tierra general y ser conectadas a ellas.

b) Pueden situarse distantes de la instalación de tierra general y conectarse a una instalación de tierra separada o independiente.

c) Pueden situarse distantes de la instalación de tierra general y no necesitar instalación de tierra para mantener los valores fijados para las tensiones de paso y contacto.

NOTA

- **Cercados alrededor de las subestaciones**

  Según UNE-EN-50522, los cercados metálicos desnudos deben estar puestos a tierra en varios puntos, por ejemplo, en cada esquina.

Según las condiciones locales (que el cercado esté en el interior o en el exterior del sistema de puesta a tierra), la conexión a tierra debería hacerse al sistema de puesta a tierra de alta tensión o con los electrodos de tierra separados. No es necesario realizar la puesta a tierra de las partes metálicas desnudas del cercado que estén revestidas de material aislante.

Todas las aberturas físicas del cercado que rodea una subestación, por ejemplo, las puertas, deben contar con una conexión equipotencial que asegure que no se crean potenciales peligrosos entre las partes del cercado.

Figura 13.21. *Puesta a tierra de una valla de una subestación.*

7.7. Centros de transformación

7.7.1. Separación de la tierra de los neutros de baja tensión

Para evitar tensiones peligrosas provocadas por defectos en la red de alta tensión, los neutros de baja tensión de las líneas que salen fuera de la instalación general y la puesta a tierra de los transformadores de medida ubicados en cuadros de baja tensión para distribución, pueden conectarse a una tierra separada de la general del centro, que se denominará tierra de los neutros de baja tensión. El resto de elementos tales como los pararrayos, permanecerán conectados a la tierra general de la instalación.

NOTA

Circuitos de puesta a tierra en un CT

Cuando se produce un defecto a tierra entre una de las fases de alta tensión, bien sea en una celda o en el propio transformador del CT, circula una corriente a tierra (I_T) a través de la resistencia de puesta a tierra del CT (R), que retorna por la impedancia de puesta a tierra (Z_n), del neutro del transformador de la subestación que alimenta la falta.

En realidad, en el caso de CT_S conectados a través de cables subterráneos, R es la resistencia de puesta a tierra global formada por la resistencia de puesta a tierra general de todos los CT en paralelo, ya que estas resistencias se conectan entre sí mediante las pantallas de los cables subterráneos.

En el supuesto que no se necesiten tierras separadas (tensión de defecto inferior a 1000 V) de protección (herrajes) y servicio (neutro), la barra del neutro del CBT se conecta al anillo de tierras del equipo eléctrico mediante conectores crimpados.

En las Figuras 13.22 y 13.23 se muestra un sistema de tierra de un CT con neutro separado de la tierra general o con neutro conectado a la misma.

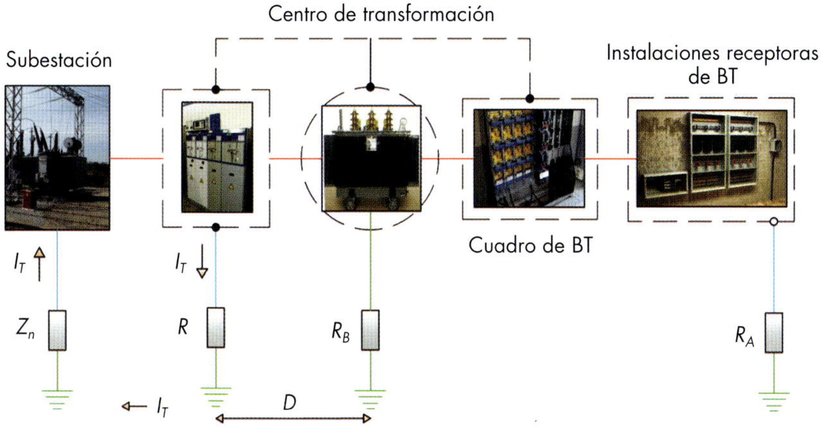

R: resistencia de puesta a tierra general del CT.

I_T: intensidad de defecto en el caso de un defecto en media tensión.

Z_n: impedancia de puesta a tierra del neutro del transformador de la subestación que alimenta al CT.

R_A: resistencia de la puesta a tierra de la instalación receptora de BT.

R_B: resistencia de la puesta a tierra del neutro del transformador del CT.

D: distancia mínima entre el sistema de puesta a tierra general del CT y el sistema de puesta a tierra del neutro del transformador.

Figura 13.22. *Circuitos de puesta a tierra en un CT con neutro separado de la tierra general.*

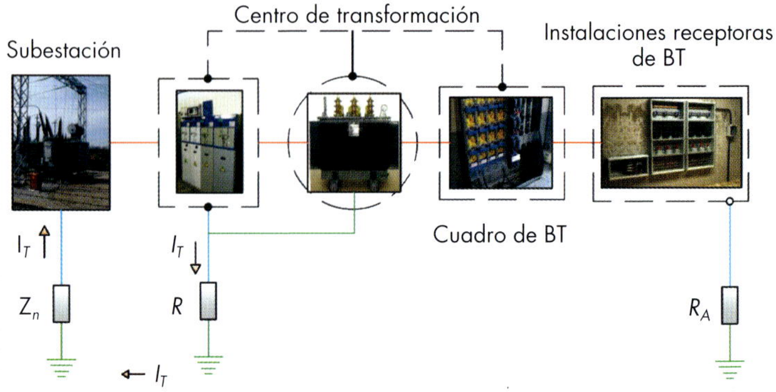

Figura 13.23. *Circuitos de puesta a tierra en un CT con neutro conectado a la tierra general.*

El nivel de aislamiento de baja tensión del CT ($U_{(aisl\text{-}BT\text{-}CT)}$) se debería garantizar también para todos los elementos de baja tensión del CT como: bobinas de disparo, motores, bornes de BT del transformador respecto a la cuba, circuitos auxiliares como alumbrado del CT, cables de BT enterrados a la salida del CT.

Si no es posible garantizar este aislamiento para ciertos elementos de BT, por ejemplo, la motorización de un interruptor de celda de media tensión, se pueden conectar estos elementos mediante un transformador de aislamiento de relación de transformación 1:1, que soporte entre el primario y secundario, así como entre partes activas y su envolvente, $U_{(aisl\text{-}BT\text{-}CT)}$.

Los transformadores de aislamiento pueden ser con una o con doble pantalla (para mejorar la inmunidad frente a todo tipo de perturbaciones). Estas pantallas se deben poner a tierra general del CT.

Además, si el transformador de aislamiento tiene envolvente metálica, esta envolvente se conectará también a la tierra general del CT (Figura 13.24).

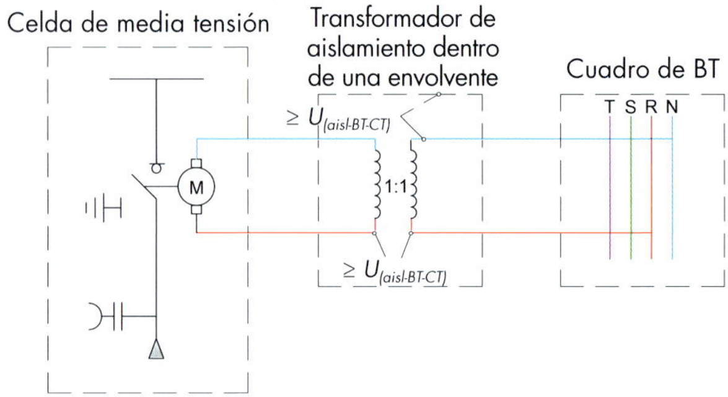

Figura 13.24. *Alimentación a una celda motorizada de MT a través de un transformador de aislamiento.*

Conexión del sistema de puesta a tierra a través de las pantallas de cables

Se pueden distinguir dos casos:

- CT con pantallas conectadas: CT al que se conectan al menos una línea subterránea cuyas pantallas estén conectadas a tierra en el otro extremo (otro centro de transformación, subestación o apoyo con puesta a tierra).
- CT con pantallas desconectadas: cualquier otra situación que no se ajuste al supuesto anterior.

A continuación, se muestran algunos ejemplos de esquemas de conexión a tierra en edificio:

En general, se pueden dar los siguientes casos:

- CT de distribuidor en edificio de terceros (Figura 13.25).
- CT privado, con todas las cargas dentro del edificio (Figura 13.26).
- CT de fuera del edificio (Figura 13.27).

Figura 13.25. *Conexión de tierras en un CT de distribuidor en edificio de terceros.*

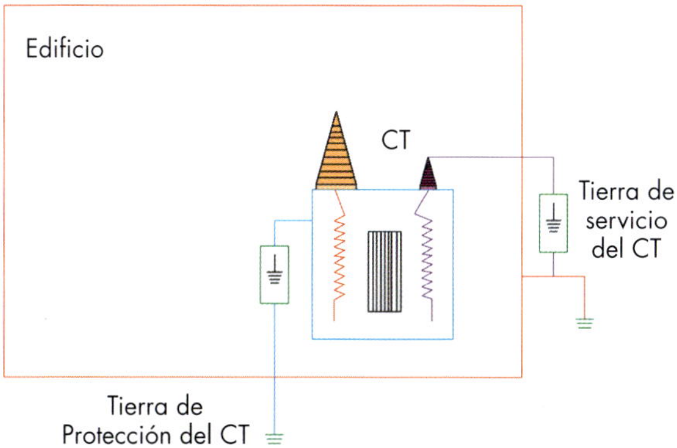

Figura 13.26. *Conexión de tierras en un CT privado, con todas las cargas dentro del edificio.*

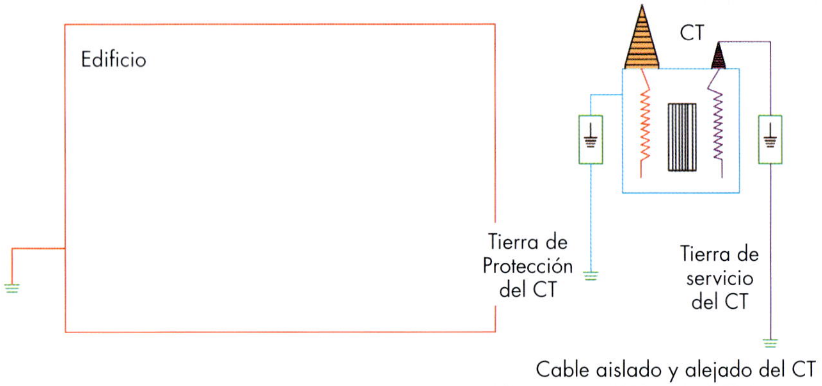

Figura 13.27. *Conexión de tierras en un CT de fuera del edificio.*

Ejemplos de esquemas de las corrientes de defecto y puesta a tierra en un CT

Se consideran los siguientes casos:

- CT con pantallas de cables no conectados a tierra en ambos extremos (Figura 13.28)

  El circuito de las pantallas queda abierto y no pueden circular corrientes por las pantallas y por tanto la corriente de puesta a tierra es igual a la corriente de defecto.

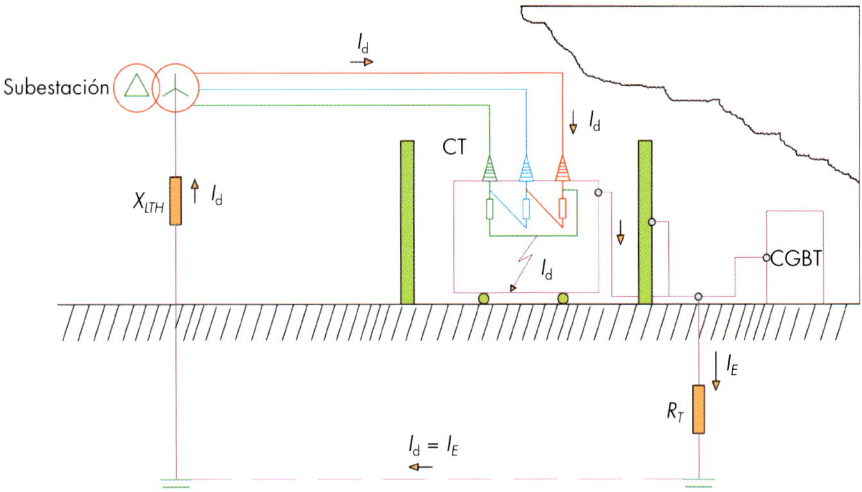

Figura 13.28. *Falta a tierra en un CT alimentado por cables con pantallas sin conexión con tierra en ambos extremos.*

$$I_d = I_E = \frac{c \cdot U_n}{\sqrt{3} \cdot \sqrt{R_T^2 + X_{LTH}^2}}$$

siendo:

I_d: corriente de defecto.

I_E: corriente de puesta a tierra.

c: factor de tensión, según UNE-EN-60909-0, para redes de tensión nominal superior a 1 kV tiene un valor de c: 1,1.

U_n: tensión nominal de la red.

R_T: resistencia de puesta a tierra del CT en el que se produce el fallo.

X_{LTH}: impedancia equivalente, que incluye la impedancia de puesta a tierra del neutro de la subestación y la impedancia propia del transformador.

$$X_{LTH} \frac{c \cdot U_n}{\sqrt{3} \cdot I_{máx.d}}$$

$I_{(máx.d)}$: intensidad máxima de defecto a tierra en la subestación.

– CT con pantallas de cables conectadas a tierra en ambos extremos, pero sin continuidad de las pantallas hasta la malla de la subestación (Figura 13.29).

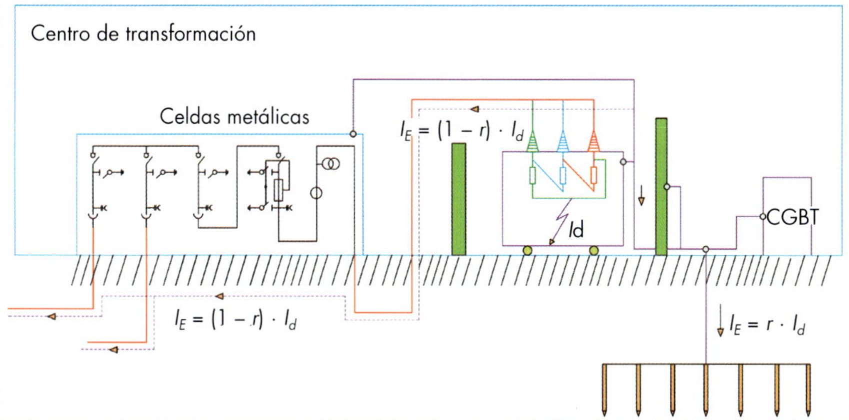

Figura 13.29. *Falta a tierra en un CT alimentado desde una línea subterránea con las pantallas conectadas a tierra en ambos extremos.*

$$I_d = \frac{c \cdot U_n}{r_E \cdot \sqrt{3} \cdot \sqrt{R_T^2 + \left(\frac{X_{LTH}}{r_E}\right)^2}}$$

siendo:

c: factor de tensión, según UNE-EN-60909-0, para redes de tensión nominal superior a 1 kV tiene un valor de c: 1,1.

U_n: tensión nominal de la red.

R_T: resistencia de puesta a tierra del CT en el que se produce el fallo.

X_{LTH}: impedancia equivalente, que incluye la impedancia de puesta a tierra del neutro de la subestación y la impedancia propia del transformador.

$$I_E = r_E \cdot I_d$$

$$r_E = \frac{1}{N}$$

r_E: factor de reparto, menor de la unidad, que depende básicamente del número de instalaciones de puesta a tierra en paralelo (apoyos o centros de transformación) y del valor de la resistencia de puesta a tierra de ellas.

N: número de instalaciones de puesta a tierra interconectadas a través de las pantallas. En este caso $N \geq 2$. Por tanto $r_E \leq 0{,}5$

r: factor de reducción, menor de la unidad, que caracteriza la corriente de retorno por las pantallas hasta la malla de la subestación, siendo el valor de esta corriente igual a $(1 - r) \cdot I_d$.

- Varios centros de transformación alimentados desde la misma subestación con continuidad de las pantallas hasta la malla de la subestación.

EJEMPLO DE APLICACIÓN 3

Cálculo de la red de puesta a tierra de un centro de transformación en edificio.

- **Datos de partida**
  - Tensión nominal = 20 kV.
  - Red con neutro a través de una reactancia en zigzag de 500 A en la subestación.
  - Las pantallas de los cables de alta tensión están puestas a tierra en ambos extremos, pero sin continuidad de las pantallas hasta la malla de la subestación.
  - Factor de reparto (r_E) considerado: 0,5.
  - Tiempo de actuación de las protecciones: 0,5 s.
  - Resistividad del terreno: 300 Ω · m.
  - Resistividad de la acera perimetral de hormigón: 3000 Ω · m.
  - Dimensiones: 8 m × 3,15 m.

La empresa distribuidora indica los siguientes valores (Tabla 13.1).

- **Electrodo de puesta a tierra general**

Anillo perimetral de cobre desnudo de 50 mm^2 de sección enterrado a 0,8 m y separado de las paredes del CT 1 m, con 8 picas de 2 m cada una de longitud, situadas en las esquinas y puntos medios del anillo.

Los parámetros de este electrodo son (Tabla 13.2).

Tabla 13.1. *Valores de los tipos de puesta a tierra*

Tensión nominal Un (kV)	Tipo de puesta a tierra	Reactancia equivalente X_{LTH} (Ω)	Intensidad máxima de corriente de defecto a tierra (A)
20	Zigzag 500 A	25,4	500
	Zigzag 1.000 A	12,7	1000
	Reactancia 5,2 Ω	5,7	2228

Tabla 13.2. *Parámetros de electrodos*

Rectángulo de 8 m x 4 m Profundidad de 0,5 m					
Configuración	Longitud de pica (m)	Resistencia (K_r) $\left(\frac{\Omega}{\Omega \cdot m}\right)$	Tensión de paso (K_p) $\left(\frac{V}{(\Omega \cdot m)(A)}\right)$	Tensión de contacto exterior $K_C = K_{p(acc)}$ $\left(\frac{V}{(\Omega \cdot m)(A)}\right)$	Código
Rectángulo con 8 picas	2	0,063	0,0095	0,0277	80-40/8/82

- **Cálculo de la resistencia de puesta a tierra**

$$R_T = K_r \cdot \rho = 0,063 \times 300 = 18,9\ \Omega$$

- **Cálculo de la reactancia equivalente *(X_{LTH})***

Este valor ya lo conocemos por los datos obtenidos de la empresa eléctrica. Su cálculo sería:

$$X_{LTH} = \frac{c \cdot U_n}{\sqrt{3} \cdot I_{máx.d}}$$

$$X_{LTH} = \frac{1,1 \cdot 20000}{\sqrt{3} \cdot 500} = 25,4\ \Omega$$

La intensidad máxima de corriente de defecto a tierra (dato obtenido de la compañía eléctrica) es de 500 A.

- **Cálculo de la intensidad de defecto a tierra *(I_d)***

$$I_d = \frac{c \cdot U_n}{r_E \cdot \sqrt{3} \cdot \sqrt{R_T^2 + \left(\frac{X_{LTH}}{r_E}\right)^2}}$$

$$I_d = \frac{1{,}1 \cdot 20000}{0{,}5 \cdot \sqrt{3} \cdot \sqrt{18{,}9^2 + \left(\frac{25{,}4}{0{,}5}\right)^2}} = 468{,}68 \text{ A}$$

Cálculo de la tensión de contacto aplicada admisible

Según la Tabla 1 de esta ITC-RAT-13, para un tiempo de duración de la falta de 0,5 s, es igual a 204 V.

$$U_{ca} = 204 \text{ V}$$

Cálculo de la máxima tensión de contacto admisible

Aplicando la fórmula (1) de esta ITC-RAT-13, se obtiene:

$$U_C = 204 \cdot \left[1 + \frac{1000 + 1{,}5 \cdot 300}{1000}\right] = 500 \text{ V}$$

Medidas de seguridad adicionales

- Las puertas y rejillas metálicas que den al exterior del centro no tendrán contacto eléctrico con masas conductoras susceptibles de quedar sometidas a tensión, debido a defectos o averías, con lo que se consigue que la tensión de contacto exterior sea prácticamente cero.
- Para evitar el riesgo por tensión de contacto en el exterior, se emplazará en la superficie una acera perimetral de hormigón a 1,2 m de las paredes del CT. Embebido en el interior de dicho hormigón se instalará un mallazo electrosoldado con redondos de diámetro no inferior a 4 mm, formando una retícula no superior a 0,30 × 0,30 m, a una profundidad de al menos 0,1 m. Este mallazo se conectará a un punto a la puesta a tierra de protección del centro.
- Para evitar el riesgo por tensión de paso y contacto en el interior, en el piso del CT se instalará un mallazo electrosoldado con redondos de diámetro no inferior a 4 mm, formando una retícula no superior a 0,30 × 0,30 m. Este mallazo se conectará como mínimo en dos puntos, preferentemente opuestos, a la puesta a tierra de protección del CT.

  Con esta disposición se consigue que la persona que deba acceder a una parte que pueda quedar en tensión, de forma eventual, esté sobre una superficie equipotencial, con lo que desaparece el riesgo inherente a la tensión de contacto y de paso interior. Este mallazo se cubrirá con una capa de hormigón de 10 cm de espesor como mínimo.

Cálculo de tensiones de paso

La tensión de paso aplicada admisible es igual a 10 veces la tensión de contacto aplicable admisible, por tanto:

$$U_{pa} = 10 \cdot U_{ca} = 10 \times 204 = 2040 \text{ V}$$

La tensión de paso máxima admisible es:

$$U_p = U_{pa}\left[1 + \frac{2R_{a1} + 2R_{a2}}{Z_B}\right] = U_{p.exterior} = 2040 \cdot \left[1 + \frac{2 \times 2000 + 2 \times 900}{1000}\right] = 13\,872 \text{ V}$$

$$R_{a2} = 3 \cdot \rho_s = 3 \times 300 = 900\ \Omega$$

En el supuesto que una persona pudiera estar en contacto con dos superficies con diferentes resistividades, se calculará la tensión máxima de paso de acceso admisible según:

$$U_{p.acceso} = 10 \cdot U_{ca}\left[1 + \frac{2R_{a1} + 3\rho_{s1} + 3\rho_{s2}}{Z_B}\right]$$

siendo:

ρ_{s1}: resistividad de la primera superficie de contacto = 300 Ω · m

ρ_{s2}: resistividad de la segunda superficie de contacto.

$\rho_{s2} = C_s \cdot \rho_h$

$$C_S = 1 - 0{,}106 \cdot \left[\frac{1 - \frac{\rho_{terreno}}{\rho_{capa}}}{2h_S + 0{,}106}\right] = 1 - 0{,}106 \cdot \left[\frac{1 - \frac{300}{3000}}{2 \cdot 0{,}1 + 0{,}106}\right] = 0{,}688$$

ρ_h: resistividad de la capa superficial de hormigón = 3000 Ω · m

h_s: espesor de la capa superficial (m) = 10 cm = 0,1 m

$\rho_{s2} = 0{,}688 \times 3000 = 2064{,}7\ \Omega \cdot \text{m}$

Por tanto:

$$U_{p.acceso} = 2040 \cdot \left[1 + \frac{2 \times 2000 + 3 \times 300 + 3 \times 2064{,}7}{1000}\right] = 24\,672 \text{ V}$$

$$I_E = r_E \cdot I_d = 0{,}5 \cdot 468{,}68 = 234{,}34 \text{ A}$$

La tensión máxima de paso que se presenta en la instalación

$$U'_{p.exterior} = K_p \times \rho_S \times I_E = 0{,}0095 \times 300 \times 234{,}34 = 667{,}9 \text{ V}$$

La tensión de contacto en el exterior del CT será cero, ya que se toma la medida de seguridad adicional indicada anteriormente.

La tensión de contacto en la acera perimetral equipotencial del CT será prácticamente cero, ya que se toma la medida de seguridad adicional indicada anteriormente.

La tensión de paso en la acera perimetral equipotencial del CT será prácticamente cero, ya que se toma la medida de seguridad adicional indicada anteriormente.

La tensión de paso de acceso será equivalente a la tensión de contacto exterior, ya que existe una malla equipotencial conectada al electrodo de tierra.

$$U'_{p.acceso} = K_C \times \rho_S \times I_E = 0,0277 \times 300 \times 234,34 = 1947,3 \text{ V}$$

La tensión de defecto será:

$$U'_d = R_T \times I_E = 18,9 \times 234,34 = 4429 \text{ V}$$

Se comprueba que los valores calculados para la puesta a tierra de protección de este CT, con la medida adicional adoptada y la consideración sobre la tensión de paso de acceso, son inferiores a los valores máximos admisibles para esta instalación (Tabla 13.3).

Tabla 13.3. *Resumen de los valores de tensiones*

$U_{p.acceso}$	$U'_{p.acceso}$	$U_{p.exterior}$	$U'_{p.exterior}$
24.672 V	1.947,3 V	13.872 V	667,9 V

Comprobación del nivel de aislamiento de las instalaciones de BT del CT:

$$U_{(aisl\text{-}BT\text{-}CT)} \geq \overrightarrow{U'_d} + \overrightarrow{U_{TR}} + \overrightarrow{U_0}$$

siendo:

$U_{(aisl\text{-}BT\text{-}CT)}$ = 10000 V (punto 4.3.3.5 de ITC-RAT-14).

U'_d = 4.429 V.

U_{TR}: Tensión transferida = 1.000 V.

U_o: Tensión entre fase y neutro = 230 V.

$U_{(aisl\text{-}BT\text{-}CT)} \geq 4429 - 1000 + 230$.

10000 V > 3659 V.

- Separación de la puesta a tierra general y la del neutro de BT:

  Para garantizar que la tensión transferida (U_{TR}) sea igual o inferior a 1000 V, la distancia mínima entre ambas puestas a tierra será:

$$D = \frac{\rho \cdot I_E}{2 \cdot 1000 \cdot \pi} = \frac{300 \cdot 234,34}{2000 \cdot \pi} = 11,2 \text{ m}$$

- Puesta a tierra del neutro de baja tensión:

  El criterio de dimensionamiento de la puesta a tierra del neutro de baja tensión es no ocasionar en el electrodo una tensión superior a 24 V cuando existe un defecto a tierra en una instalación de BT protegida contra contactos indirectos por un diferencial de 650 mA. Para ello, la resistencia de puesta a tierra del neutro de baja tensión debe ser inferior a 37 Ω.

  El embarrado de neutro del cuadro de baja tensión del centro de transformación se conectará a cuatro picas en hilera de acero-cobre de 14 mm de diámetro y 2 m de longitud, unidas por un conductor horizontal, debiéndose garantizar que la resistencia total de puesta a tierra del neutro de la red de distribución de baja tensión sea inferior a 37 Ω.

La geometría que se escoge para esta puesta a tierra es 8/42 la cual tiene un valor de K_r = 0,100 (Ω/(Ω·m)).

Por tanto:

$$R_T = 0,100 \times 300 = 30\ \Omega < 37\ \Omega.$$

7.7.2. Aislamiento entre las instalaciones de puesta a tierra

Cuando, de acuerdo con lo dicho en el apartado anterior, se conecten los elementos anteriores a una tierra separada de la general del centro, se cumplirán las siguientes prescripciones:

a) Las instalaciones de puesta a tierra deberán aislarse entre sí para la diferencia de tensiones que pueda aparecer entre ambas.

b) La línea de puesta a tierra que une los elementos conectados a la tierra separada y su punto de puesta a tierra han de quedar aislados dentro de la zona de influencia de la tierra general. Dicha conexión se realizará estableciendo los aislamientos necesarios.

c) Las instalaciones de baja tensión de los centros de transformación poseerán, con respecto a tierra, un aislamiento correspondiente a la tensión señalada en el párrafo a).

En el caso de que el aislamiento propio del equipo de baja tensión alcance este valor, todos los elementos conductores del mismo que deban ponerse a tierra, como canalizaciones, armazón de cuadros, carcasas de aparatos, etc., se conectarán a la tierra general del centro, uniéndose a la puesta a tierra separada solamente los neutros de baja tensión.

Cuando el equipo de baja tensión no presente el aislamiento indicado anteriormente, los elementos conductores del mismo que deban conectarse a tierra, como canalizaciones, armazón de cuadros, carcasas de aparatos, etc., deberán montarse sobre aisladores de un nivel de aislamiento correspondiente a la tensión señalada en el párrafo a). En este caso, dichos elementos conductores se conectarán a la puesta a tierra del neutro, teniendo entonces especial cuidado con las tensiones de contacto que puedan aparecer.

d) Las líneas de salida de baja tensión deberán aislarse dentro de la zona de influencia de la tierra general del centro teniendo en cuenta las tensiones señaladas en el párrafo a).

Cuando las líneas de salida sean en cable aislado con envolventes conductoras, deberá tenerse en cuenta la posible transferencia al exterior de tensiones a través de dichas envolventes.

NOTA

- **Situación de riesgo por transferencia de tensiones a través de los sistemas de puesta a tierra (III)**

  Las instalaciones de tierra deberán aislarse entre sí para la diferencia de tensiones que puedan aparecer entre ambas. Esta tensión ($V_d = R_t \times I_d$) es la que puede aparecer en caso de defecto.

  En las Figuras 13.30 y 13.31 se muestra una instalación con una disposición correcta si los aisladores de BT están o no dimensionados para V_d.

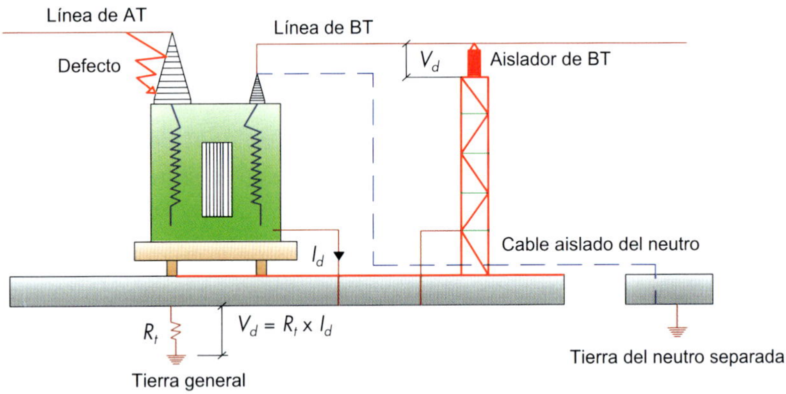

Figura 13.30. *Disposición correcta si los aisladores de baja tensión están dimensionados para Vd (tensión de defecto).*

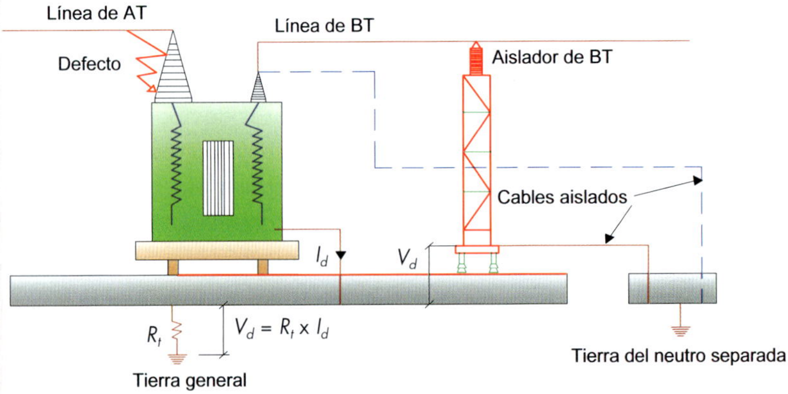

Figura 13.31. *Disposición correcta si los aisladores de baja tensión no están dimensionados para Vd (tensión de defecto).*

NOTA

Valor de las tensiones en un CT con defecto en la parte de AT

Se indican los siguientes casos:

- **Defecto a tierra en la parte de AT de un CT con tierra de neutro separada de la tierra general (Figura 13.32)**

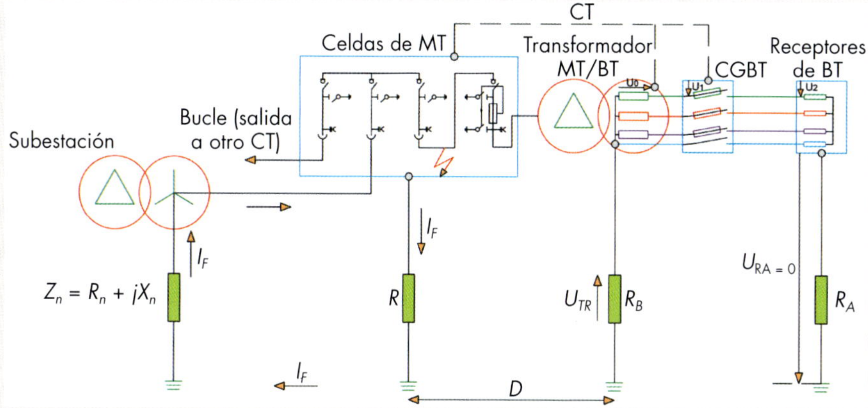

Figura 13.32. *Defecto a tierra en la parte de AT de un CT con tierra de neutro separada de la tierra general.*

siendo:

Z_n: impedancia de la puesta a tierra del neutro del transformador de la subestación que alimenta la falla.

R: resistencia de la puesta a tierra del CT.

I_F: intensidad de defecto a tierra en el supuesto de un defecto en AT.

U_{TR}: tensión transferida a la puesta a tierra del neutro, debido al potencial que adquiere el terreno cuando circula la corriente I_F por la resistencia de puesta a tierra general del CT.

D: distancia entre la puesta a tierra del neutro de BT del CT y la tierra general del CT.

Durante un defecto puede aparecer un elevado riesgo eléctrico debido a los potenciales transferidos desde un sistema de puesta a tierra, cuando la malla de tierra está unida a puntos exteriores a causa de conductores que salen de ella (circuitos de comunicación, neutros de baja tensión, cañerías, rieles, cierros metálicos, entre otros). Estos potenciales frecuentemente pueden alcanzar valores próximos a la elevación total de potencial de la malla de tierra sobre la tierra de referencia. Por tal razón, los mencionados conductores deben eliminarse o sufrir un tratamiento aislante especial para evitar los riesgos de voltajes de contacto o voltajes de paso, en la periferia de la ubicación de los sistemas de puesta a tierra.

R_B: resistencia de la toma de tierra del neutro de la red de BT, para redes de BT en las que la toma de tierra de las masas del CT y del neutro son eléctricamente independientes.

R_A: resistencia de la toma de tierra de las masas de los materiales de BT.

U_{RA}: tensión que aparece en la instalación de BT, entre las masas y tierra, al producirse un defecto.

U_0: tensión entre fase y neutro de la instalación de BT (230 V).

U_1: solicitación de tensión en los materiales de BT del CT.

U_2: solicitación de tensión en los materiales de la instalación de BT.

En la Figura 13.33 se muestra un esquema ampliado de las tensiones U_0, U_1 y U_2 que se mostraban en la anterior Figura 13.32.

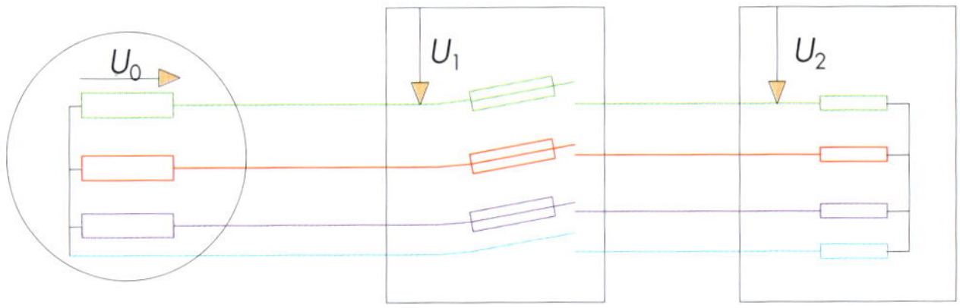

Figura 13.33. *Valores de las tensiones.*

La corriente I_F provoca una tensión (U_1) entre las partes activas de los elementos de baja tensión ubicados en el CT y las masas conectadas a la tierra general del CT.

$$U_1 = R \cdot I_F + U_{TR} + U_0$$

Para evitar que se produzcan transferencias de tensiones a través de las líneas de BT que salen del CT se debe cumplir:

$$U_{aisl\text{-}BT\text{-}CT} \geq U_1 \geq R \cdot I_F + U_{TR} + U_0$$

La presencia de la tensión transferida, U_{TR}, hace que la tensión que aparece entre las fases de las instalaciones receptoras de BT y sus masas metálicas conectadas a tierra, U_2, tenga de valor:

$$U_2 = U_0 + U_{TR} \leq U_{aisl\text{-}BT}$$

Se suele considerar un valor de la tensión soportada por los aislamientos de BT ($U_{aisl\text{-}BT}$) de 1230 V (1000 + 230), con lo cual hay que limitar la tensión transferida U_{TR} a un máximo de 1000 V.

El electrodo de puesta a tierra del neutro se debe instalar a una distancia, D, del electrodo de puesta a tierra general, de forma que la tensión transferida en ese punto del terreno U_{TR} sea inferior a 1000 V, con lo cual la fórmula de la distancia D es igual a:

$$D = \frac{\rho \cdot I_F}{2 \cdot U_{TR} \cdot \pi} = \frac{\rho \cdot I_F}{2 \cdot 1000 \cdot \pi}$$

siendo:

ρ: resistividad del terreno.

Si se cumple que la elevación de tensión como consecuencia de un defecto a tierra en la zona de AT del CT, es inferior a 1000 V, debido a que la resistencia de puesta a tierra R, o la intensidad de defecto a tierra I_F, son muy bajas, se puede conectar el neutro de BT del transformador a la tierra general del CT.

$$R \cdot I_F \leq 1000 \text{ V (tierras reunidas)}$$

Defecto a tierra en la parte de AT de un CT con tierra de neutro conectada a la tierra general (Figura 13.34)

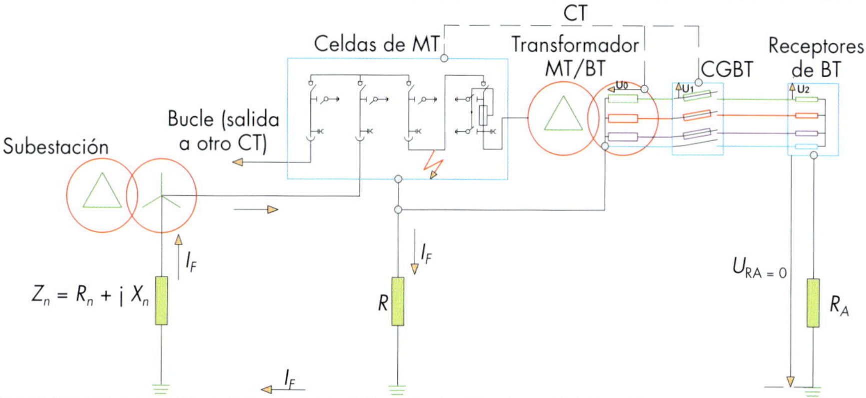

Figura 13.34. *Defecto a tierra en la parte de AT de un CT con tierra de neutro conectada a la tierra general.*

En este esquema se cumple:

$$U_1 = U_0 = 230 \text{ V} < U_{aisl\text{-}BT\text{-}CT}$$

$$U_2 = U_0 + R \cdot I_F \leq 1230 \text{ V} = U_{aisl\text{-}BT}$$

EJEMPLO DE APLICACIÓN 4

Cálculo de la red de puesta a tierra de un centro de transformación de tipo intemperie

El tipo de centro de transformación es de intemperie sobre apoyo y para los cálculos del sistema de puesta a tierras se aplican las recomendaciones de UNESA.

El sistema del neutro de AT es aislado.

Intensidad de falta a tierra (I_F)

En el caso de la red de AT con neutro aislado, la intensidad de falta a tierra se obtiene mediante la siguiente expresión:

$$I_F = \frac{\sqrt{3} \cdot U_n \cdot (\omega \cdot C_a \cdot L_a + \omega \cdot C_c \cdot L_c)}{\sqrt{1 + (\omega \cdot C_a \cdot L_a + \omega \cdot C_c \cdot L_c)^2 \cdot (3 \cdot R_t)^2}}$$

siendo:

U_n: tensión nominal de la red (V).

ω: pulsación eléctrica = $2 \cdot \pi \cdot f$.

C_a: capacidad de las líneas aéreas por unidad de longitud. Normalmente su valor para líneas aéreas de media tensión es igual 0,006 µF/km.

L_a: longitud de todas las líneas aéreas que parten de la subestación (km).

C_c: capacidad de las líneas de cables aislados por unidad de longitud. Normalmente su valor para media tensión es igual 0,25 µF/km.

L_c: longitud de todas las líneas con cables aislados que parten de la subestación (km).

R_t: resistencia de la puesta a tierra general del CT.

La intensidad de puesta a tierra (I_E) es la parte de la intensidad de falta (I_F) que provoca la elevación del potencial de la instalación a tierra.

$$I_E = r \cdot 3I_0$$

siendo:

r: factor de reducción por efecto inductivo debido a los cables de tierra.

Entre 15 o 20 kV, las líneas aéreas no tienen cable de tierra, por lo que $r = 1$

Aplicando la fórmula anterior con los distintos valores indicados por la compañía eléctrica se obtiene los siguientes valores:

Intensidad de defecto (intensidad de falta a tierra (I_F):180 A

Intensidad de puesta a tierra (I_E): 180 A

Configuración tipo

El electrodo de puesta a tierra general estará constituido por:

- Un bucle cuadrado que rodea la cimentación del apoyo con picas en sus esquinas y enterrado a 0,5 m.
- Otro bucle, más exterior y rectangular, de dimensiones 5 × 0,5 m, con picas en sus dos esquinas más alejadas del apoyo y enterrado a 0,5 m.
- Acera perimetral equipotencial que rodea al apoyo.

Datos de partida

- Tensión de servicio (V_n) = 20 kV.
- Puesta a tierra del neutro de AT: aislado.
- Intensidad de puesta a tierra (I_E) = 180 A.
- Duración de la corriente de falta hasta su eliminación (t_F) = 0,7 s.

- Nivel de aislamiento de las intensidades en BT (V_{bt}) = 10000 V.
- Resistividad del terreno ($\rho_{terreno}$) = 300 Ω · m.
- Resistividad del hormigón ($\rho_{hormigón}$) = 3000 Ω · m.

Resistividad superficial del suelo (ρ_s)

La resistividad a considerar dependerá de si existe o no una capa superficial de resistividad elevada:

Resistividad a considerar en la acera perimetral

$$\rho_S = \rho_{aparente} = \rho_{capa} \cdot C_S$$

$$C_S = 1 - 0{,}106 \cdot \left[\frac{1 - \frac{300}{3000}}{2 \cdot 0{,}1 + 0{,}106} \right] = 0{,}69$$

siendo:

h_S: espesor de la capa superficial de hormigón = 10 cm = 0,1 m.

Por tanto:

$$\rho_S = 3.000 \times 0{,}69 = 2070\ \Omega \cdot m$$

Resistividad del terreno exterior

La resistividad será la del terreno

$$\rho_S = \rho_{terreno} = 300\ \Omega \cdot m$$

Diseño preliminar de la instalación de tierra general

El diseño preliminar de la instalación de puesta a tierra se realiza basándose en las recomendaciones de UNESA.

La configuración elegida es 25-25/5/42 (cuadrado de 2,5 m × 2,5 m, de 0,5 m de profundidad y con 4 picas de 2 m de longitud cada una).

Utilizando la tabla correspondiente del método de cálculo de UNESA, se obtienen los siguientes valores (Tabla 13.4):

Tabla 13.4. *Valores indicados según el método UNESA*

Cuadrado de 2,5 m × 2,5 m Profundidad de 0,5 m					
Configuración	**Longitud de pica (m)**	**Resistencia (K_r)** $\left(\frac{\Omega}{\Omega \cdot m}\right)$	**Tensión de paso (K_p)** $\left(\frac{V}{(\Omega \cdot m)(A)}\right)$	**Tensión de contacto exterior** $K_C = K_{p(acc)}$ $\left(\frac{V}{(\Omega \cdot m)(A)}\right)$	**Código**
Cuadrado con 4 picas	2	0,121	0,0291	0,0633	25-25/5/42

Medidas de seguridad adicionales (Figura 13.35)

Se realizará una acera perimetral equipotencial, que estará constituida por una losa de hormigón de espesor no inferior a 20 cm que cubra, como mínimo, hasta 1,20 m de las aristas exteriores de la cimentación de los apoyos, y se dispondrá del siguiente modo: en el interior de la losa y hasta 1 m de las aristas exteriores de la excavación, se dispondrá un mallazo electrosoldado de construcción con redondos de diámetro no inferior a 4 mm formando una retícula no superior a 0,30 × 0,30 m. Este mallazo se conectará a la puesta a tierra de protección del CT y quedará recubierto por una capa de hormigón de espesor no inferior a 10 cm.

La losa quedará cubierta con superficie o pavimento aislante (asfaltos o similares, entre otros).

Nota: mediante justificación, podrán adoptarse otras medidas equivalentes, tales como aislar la superficie del apoyo en una altura no inferior a 2,5 m.

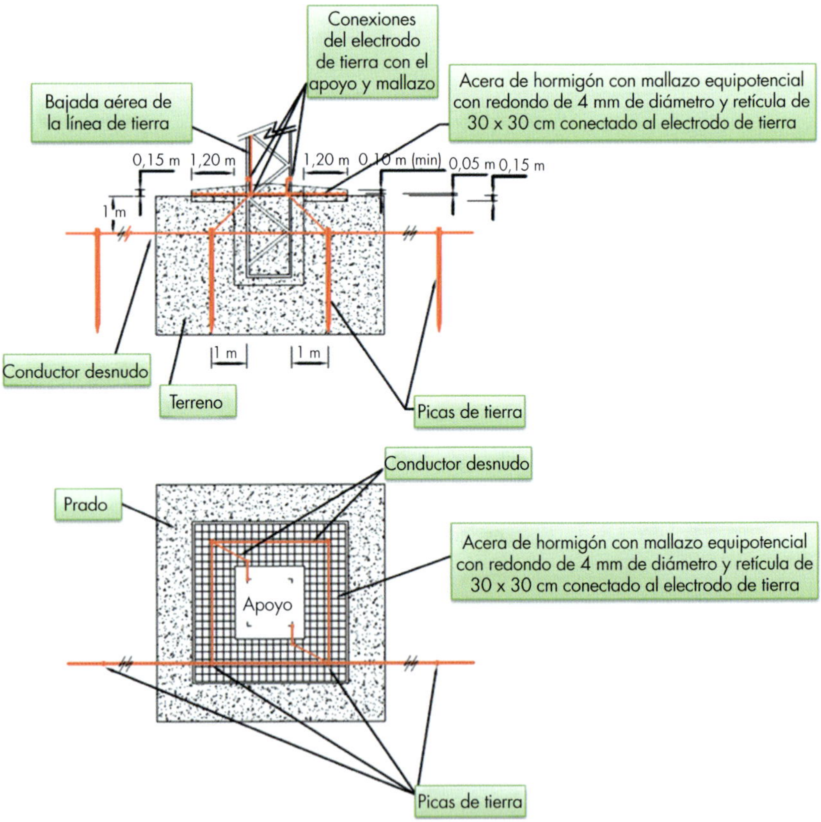

Figura 13.35. *Medidas de seguridad adicionales.*

Cálculo de la resistencia de puesta a tierra general

El cálculo de la resistencia del electrodo elegido es:

$$R_t = K_r \times \rho_S = 0{,}121 \times 300 = 36{,}3\ \Omega$$

Cálculo de las tensiones de contacto (U'_C), paso (U'_P) y defecto (U'_d) en la instalación

$$U'_d = R_t \times I_E = 36{,}3 \times 180 = 6534\ \text{V}$$

La tensión de contacto en la acera perimetral equipotencial del CT será prácticamente cero, ya que se toma la medida de seguridad adicional indicada anteriormente.

La tensión de paso en la acera perimetral equipotencial del CT será prácticamente cero, ya que se toma la medida de seguridad adicional indicada anteriormente.

La tensión de paso de acceso será equivalente a la tensión de contacto exterior, ya que existe una malla equipotencial conectada al electrodo de tierra.

$$U'_{p.acceso} = K_C \times \rho_S \times I_E = 0{,}0633 \times 300 \times 180 = 3419\ \text{V}$$

La tensión de contacto en el exterior del CT será cero, ya que se toma la medida de seguridad adicional indicada anteriormente.

La tensión de paso en el exterior del CT será:

$$U'_{p.exterior} = K_p \times \rho_S \times I_E = 0{,}0291 \times 300 \times 180 = 1571{,}4\ \text{V}$$

Comprobación del diseño de puesta a tierra general

Se debe verificar que el diseño cumple los requisitos de seguridad para personas.

La tensión máxima de paso de acceso admisible es:

En el supuesto que una persona pudiera estar en contacto con dos superficies con diferentes resistividades, se calculará la tensión máxima de paso de acceso admisible según:

$$U_{p.acceso} = 10 \cdot U_{ca}\left[1 + \frac{2R_{a1} + 3\rho_{s1} + 3\rho_{s2}}{Z_B}\right]$$

siendo:

$U_{pa} = 10\ U_{ca}$

$U_{ca} = 150$ V ($t_f = 0{,}7$ s) (ver Figura 1 de esta ITC-RAT-13).

$Z_B = 1000\ \Omega$ (ver apartado 1.1 de esta ITC-RAT-13).

$R_{a1} = 2000\ \Omega$.

ρ_{s1}: resistividad de la primera superficie de contacto: 300 $\Omega \cdot$ m.

ρ_{s2}: resistividad aparente de la segunda superficie (acera) de contacto: 2070 $\Omega \cdot$ m.

$$U_{p.acceso\_exterior\_acera} = 10 \cdot 150 \cdot \left[1 + \frac{2 \times 2000 + 3 \times 300 + 3 \times 2070}{1000}\right] = 18\,165\ \text{V}$$

La tensión máxima de paso admisible en el exterior será:

$$U_p = U_{pa}\left[1 + \frac{2R_{a1} + 2R_{a2}}{Z_B}\right] = U_{p.exterior} = 10 \times 150 = \left[1 + \frac{4000 + 1800}{1000}\right] = 10200 \text{ V}$$

$$R_{a2} = 3 \cdot \rho_S = 3 \cdot 300 = 900\ \Omega$$

Se comprueba que los valores anteriormente calculados para la puesta a tierra de protección de este CT, con la medida adicional adoptada y la consideración sobre la tensión de paso de acceso, son inferiores a los valores máximos admisibles para esta instalación (Tabla 13.5).

Tabla 13.5. *Resumen de los valores de tensiones*

$U_{p\ acceso}$	$U'_{p\ acceso}$	$U_{p\ exterior}$	$U'_{p\ exterior}$
18 165 V	3419 V	10 200 V	1571,4 V

Comprobación del nivel de aislamiento de las instalaciones de BT del CT

$$U_{(aisl\text{-}BT\text{-}CT)} \geq \overrightarrow{U'_d} + \overrightarrow{U_{TR}} + \overrightarrow{U_0}$$

siendo:

$U_{(aisl\text{-}BT\text{-}CT)}$ = 10 000 V.

U'_d = 6534 V.

U_{TR}: tensión transferida: 1000 V.

U_o: tensión entre fase y neutro: 230 V.

$U_{(aisl\text{-}BT\text{-}CT)} \geq 6534 - 1000 + 230$.

10 000 V > 5764 V.

En la fórmula anterior se puede considerar una tensión transferida nula (su valor dependerá de la distancia entre la instalación de puesta a tierra general y del neutro).

Por tanto, quedaría:

$$10\,000 \text{ V} > 6764 \text{ V}$$

Separación de la puesta a tierra general y la del neutro de BT

La distancia mínima entre ambas puestas a tierra será:

$$D = \frac{\rho \cdot I_E}{2 \cdot 1000 \cdot \pi} = \frac{300 \cdot 180}{2000 \cdot \pi} = 8{,}6 \text{ m}$$

Se recomienda una distancia mínima, entre los sistemas de tierra de 14 m.

Cálculo de la resistencia de puesta a tierra del neutro de BT

El criterio de dimensionamiento de la puesta a tierra del neutro de BT es no ocasionar en el electrodo una tensión superior a 24 V cuando existe un defecto a tierra en una instalación de BT protegida contra contactos indirectos por un diferencial de 650 mA. Para ello, la resistencia de puesta a tierra del neutro de la red de distribución debe ser inferior a 37 Ω.

Como regla general la puesta a tierra del neutro de BT estará situada en el primer apoyo de la línea de BT. Se deberá garantizar que la resistencia global de puesta a tierra del neutro de la red de distribución de BT sea inferior a 37 Ω.

Esta puesta a tierra del neutro de baja tensión del centro de transformación se conectará a cuatro picas en hilera de acero-cobre de 14 mm de diámetro y 2 m de longitud, unidas por un conductor horizontal, debiéndose garantizar que la resistencia total de puesta a tierra del neutro de la red de distribución de baja tensión sea inferior a 37 Ω.

La geometría que se escoge para esta puesta a tierra es 8/42 la cual tiene un valor de $K_r = 0{,}100$.

$$R_T = 0{,}100 \times 300 = 30\ \Omega$$

Nota: la puesta a tierra del neutro de baja tensión estará separada como mínimo 1,5 m de la proyección vertical de la fachada de cualquier edificio o elemento de puesta a tierra de protección en BT, así como de cualquier canalización metálica.

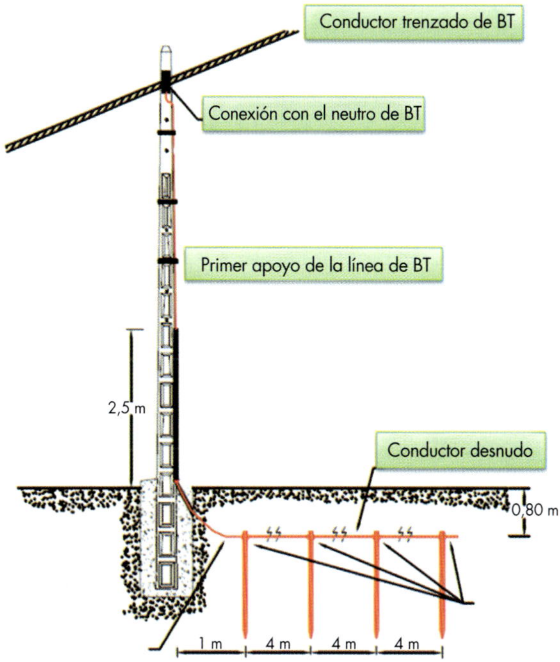

Figura 13.36. *Instalación de la puesta a tierra de servicio (neutro) en el primer apoyo.*

En la Figura 13.37 se muestra la puesta a tierra del neutro de BT de un CT intemperie en el primer apoyo de la línea aérea de distribución.

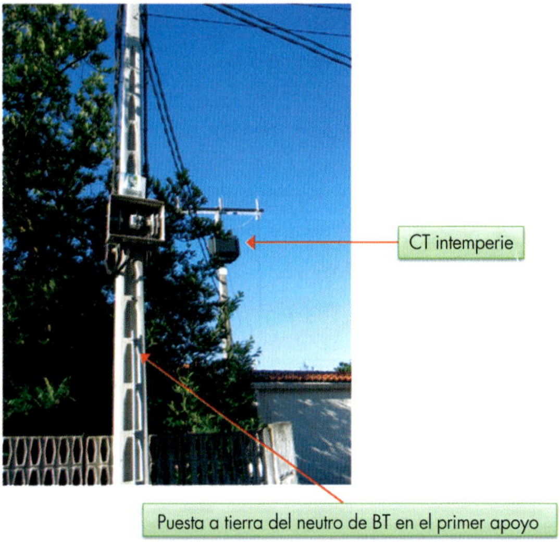

Figura 13.37. *Puesta a tierra del neutro de BT en el primer apoyo.*

7.7.3. Redes de baja tensión con neutro aislado

Cuando en la parte de baja tensión el neutro del transformador esté aislado o conectado a tierra por una impedancia de alto valor, se dispondrá limitador de tensión entre dicho neutro y tierra o entre una fase y tierra, si el neutro no es accesible.

7.7.4. Centros de transformación conectados a redes de cables subterráneos

En los centros de transformación alimentados en alta tensión por cables subterráneos provistos de envolventes conductoras unidas eléctricamente entre sí, se podrán conectar la puesta a tierra general y la de los neutros de baja tensión en los casos siguientes:

a) Cuando la alimentación en alta tensión forma parte de una red de cables subterráneos con envolventes conductoras, de suficiente conductividad.

b) Cuando la alimentación en alta tensión forma parte de una red mixta de líneas aéreas y cables subterráneos con envolventes conductoras, y en ella existen dos o más tramos de cable subterráneo con una longitud total mínima de 3 km con trazados diferentes y con una longitud cada uno de ellos de más de 1 km.

En las instalaciones conectadas a redes constituidas por cables subterráneos con envolventes conductoras de suficiente sección, se pueden utilizar como electrodos de puesta a tierra dichas envolventes, incluso sin la adición de otros electrodos de puesta a tierra.

8. Medidas y vigilancia de las instalaciones de puesta a tierra

8.1. Mediciones de las tensiones de paso y contacto aplicadas

El Director de Obra deberá verificar que las tensiones de paso y contacto aplicadas están dentro de los límites admitidos con un voltímetro de resistencia interna 1000 Ω.

Los electrodos de medida para simulación de los pies deberán tener una superficie de 200 cm^2 cada uno y deberán ejercer sobre el suelo una fuerza mínima de 250 N cada uno.

Los equipos de medición deberán tener la opción de medir tensiones de paso y contacto aplicadas, tanto para el caso de que la persona esté calzada o descalza, mediante la inserción de las resistencias correspondientes en el circuito en cada caso.

Se emplearán fuentes de alimentación de potencia adecuada para simular el defecto, de forma que se evite que las medidas queden falseadas como consecuencia de corrientes vagabundas o parásitas circulantes por el terreno.

Consecuentemente, y a menos que se emplee un método de ensayo que elimine el efecto de dichas corrientes parásitas, la intensidad inyectada no será inferior a 50 A para centrales y subestaciones y 5 A para centros de transformación. Se admitirán, no obstante, medidores de tensiones de paso y contacto que inyecten una corriente inferior, siempre que se demuestre mediante ensayos comparativos que disponen de filtros o sistemas especiales capaces de eliminar las tensiones de perturbación con el fin de lograr medidas con una fiabilidad y exactitud equivalente a la que se obtendría con una inyección de corriente elevada. En cualquier caso, la incertidumbre asociada a las medidas será inferior al 20 por ciento.

Los cálculos para determinar las tensiones posibles máximas se harán suponiendo que existe proporcionalidad entre la corriente inyectada por el electrodo durante la medición, y la corriente drenada a tierra por el electrodo en caso de defecto.

Para instalaciones de tercera categoría que respondan a configuraciones tipo, como es el caso de la mayoría de los centros de transformación, el Órgano territorial competente podrá admitir que se omita la realización de las anteriores mediciones, sustituyéndolas por la correspondiente a la resistencia de puesta a tierra, si se ha establecido la correlación, sancionada por la práctica, en situaciones análogas, entre tensiones de paso y contacto y resistencia de puesta a tierra.

EJEMPLO DE APLICACIÓN 5

Procedimiento de medida en campo de los valores del sistema de puesta a tierra de un centro de transformación. Recomendaciones de Iberdrola

Los distintos pasos para realizar las medidas son:

1) Comprobación de que la tensión de contacto exterior es prácticamente nula y en cualquier caso, inferior a 50 V:

Para ello, se realizará la medida de la tensión de contacto entre las partes metálicas accesibles desde el exterior al centro de transformación y el suelo. En caso de no ser nula, el diseño de la puesta a tierra del centro de transformación no es adecuado.

Las mediciones se realizarán con un voltímetro con resistencias que representen la impedancia del cuerpo humano, y en su caso, del calzado.

La tensión de contacto aplicada será:

$$U_{ca.m} = U_{voltímetro}$$

Siempre que la intensidad inyectada (I_m) sea igual a la intensidad de puesta a tierra (I_E).

Cuando la intensidad inyectada sea solo una fracción de la intensidad de puesta a tierra, la tensión de contacto aplicada se calculará como:

$$U_{ca.m} = U_{voltímetro} \cdot I_E/I_m$$

La mayoría de los medidores de tensiones de contacto aplicada indican la tensión corregida según la fórmula anterior, es decir, multiplicando la tensión de medida con el voltímetro por el factor I_E/I_m. Para ello el valor de I_E se debe introducir mediante el teclado en la memoria del medidor de tensión de contacto (Figura 13.38).

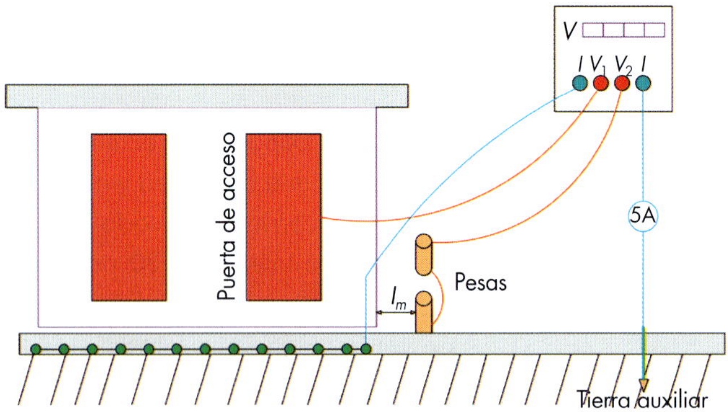

Figura 13.38. *Medida de la tensión de contacto exterior del propio CT.*

Para obtener la tensión de contacto aplicada, en el caso de considerarse calzado, utilizando un voltímetro de resistencia interna 2000 Ω, el valor de la medición de la tensión de contacto aplicada (U_{ca}), vendrá determinado por:

$$U_{ca.m} = U_{voltímetro}/2$$

En este último caso, si además la intensidad inyectada (I_m) es solo una fracción de la intensidad de puesta a tierra (I_E), la tensión de contacto aplicada se calculará como:

$$U_{ca.m} = U_{voltímetro}/2 \cdot I_E/I_m$$

El valor de $I_E = r_E \cdot I_F$ se puede determinar obteniendo el valor de r_E, como:

$r_E = 1$ (CT con pantallas desconectadas).

$r_E = R_{TOT}/R_T$ (CT con pantallas conectadas).

R_{TOT}: paralelo de las resistencias del CT y del resto de CT conectados a través de las pantallas de los cables.

$R_{TOT} = (R_T \times R_{pantalla})/(R_T + R_{pantalla})$.

Se ha considerado como caso más desfavorable, que no existe continuidad entra las pantallas de los cables y la malla de la subestación, por lo que no se tiene en cuenta la parte de corriente que retorna por las pantallas de los cables hasta la malla de la subestación.

R_T: valor medido de la resistencia de puesta a tierra de protección, habiendo desconectado las pantallas de los cables subterráneos de AT.

2) Se medirá la resistencia del sistema de puesta a tierra de protección, R_{TOT} (Ω), incluida la pantalla de los cables subterráneos.

3) Se medirá la resistencia del sistema de puesta a tierra de protección, R_T (Ω), desconectado del centro de transformación.

4) Se calculará el valor de r_E.

$$r_E = R_{TOT}/R_T$$

5) Se calculará el valor de la intensidad de defecto a tierra existente en la instalación con la fórmula siguiente:

$$I_F = \frac{1,1 \cdot U_n}{r_E \cdot \sqrt{3} \cdot \sqrt{R_T^2 + \left(\frac{X_{LTH}}{r_E}\right)^2}}$$

Los valores de U_n y X_{LTH} se indican en la Tabla 13.6:

Tabla 13.6. *Intensidades máximas de puesta a tierra e impedancias equivalentes para cada nivel de tensión y tipo de puesta a tierra de la subestación*

Tensión nominal de la red U_n (kV)	Tipo de puesta a tierra	Reactancia equivalente X_{LTH} (Ω)	Intensidad máxima de corriente de defecto a tierra (A)
13,2	Rígido	1,863	4500
13,2	Reactancia 4 Ω	4,5	1863
15	Rígido	2,117	4500
15	Reactancia 4Ω	4,5	2117
20	Zigzag 500 A	25,4	500
20	Zigzag 1000 A	12,7	1000
20	Reactancia 5,2 Ω	5,7	2228
30	Zigzag 1300 A	2,117	9000

6) Se calculará el tiempo de actuación de las protecciones en caso de defecto a tierra mediante las fórmulas:

Para $U_n \leq 20$ kV

$$t = 400/I_F \text{ (s)}$$

Para $U_n = 30$ kV

$$t = 2200/I_F \text{ (s)}$$

7) Se determinarán los valores máximos de la tensión de contacto y de paso aplicada a la persona, en función del tiempo (t).

8) Se medirá la tensión de contacto en el exterior del edificio ($U_{ca.m}$), sobre las partes metálicas del edificio destinado a otros usos (puertas, rejas, vallas, entre otros), incluso sobre las que se encuentren más alejadas del CT.

También se medirán las tensiones de paso en las proximidades del electrodo ($U_{pa.m}$) y de paso en el acceso ($U_{pacc.m}$).

Con el equipo de medida se inyectará una intensidad (I_m), a poder ser de 5 A. Se anotará el valor de la intensidad inyectada.

La medida de la tensión de contacto exterior ($U_{ca.m}$), se efectuará entre una parte metálica accesible en el exterior del edificio y entre los electrodos del equipo de medida que simulan los pies de la persona, colocados por encima de la acera perimetral del edificio (Figura 13.39).

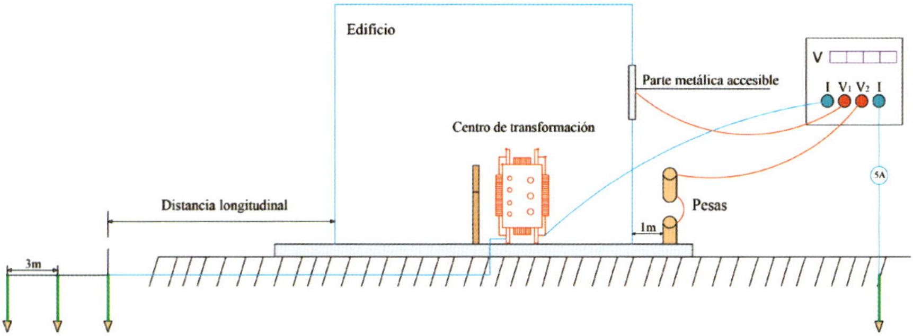

Figura 13.39. *Medida de la tensión de contacto exterior ($U_{ca.m}$).*

La medida de la tensión de paso ($U_{pa.m}$) se efectuará sobre el terreno situado encima del electrodo de puesta a tierra, colocando los electrodos que simulan los pies de la persona, distanciados a 1 m.

La medida de la tensión de paso en el acceso ($U_{pacc.m}$), para CT conectados a una red de tensión nominal ≤ 30 kV, se efectuará colocando los electrodos que simulan los pies de la persona distanciados 1 m, uno dentro del CT y otro fuera del mismo (Figura 13.41).

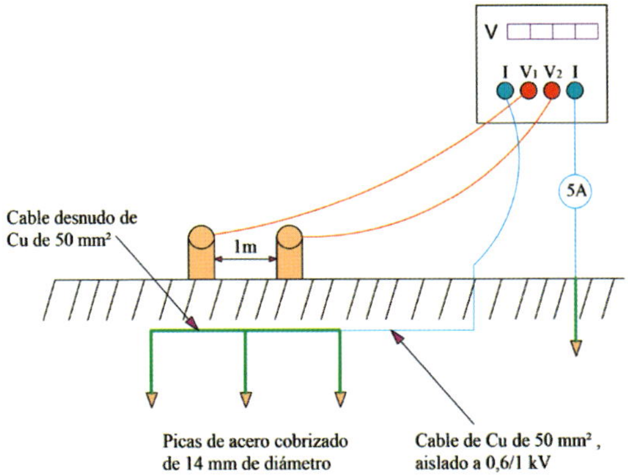

Figura 13.40. *Medida de la tensión de paso ($U_{pa.m}$) con los dos pies en el terreno.*

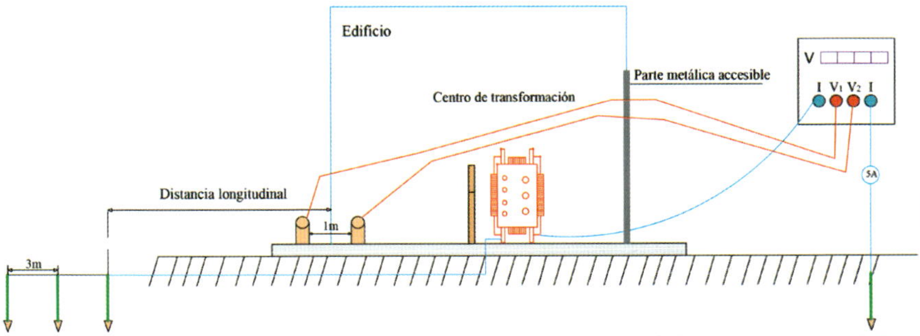

Figura 13.41. *Medida de la tensión de paso en el acceso ($U_{pacc.m}$).*

$U_{ca.m}$, $U_{pa.m}$, $U_{pacc.m} = U_{voltímetro}$, siempre que la intensidad inyectada (I_m) sea igual a la intensidad de puesta a tierra (I_E).

Cuando la intensidad inyectada (I_m) sea solo una fracción de la intensidad de puesta a tierra (I_E), la tensión de paso aplicada se calculará como:

$$U_{pa.m} = U_{voltímetro} \cdot I_E / I_m$$

La mayoría de los medidores de tensiones de paso aplicada indican la tensión corregida según la fórmula anterior, es decir multiplicando la tensión de medida con el voltímetro por el factor I_E/I_m. Para ello el valor de I_E se debe introducir en la memoria del medidor de tensión de paso, por medio del teclado.

Para obtener la tensión de paso aplicada, en el supuesto de considerar el calzado, utilizando un voltímetro de resistencia interna 5000 Ω, el valor de la medición de la tensión de paso aplicada (U_{pa}), vendrá dado por:

$$U_{pa.m} = U_{voltímetro}/5$$

En este último caso, si además la intensidad inyectada (I_m) es solo una fracción de la intensidad de puesta a tierra (I_E), la tensión de contacto aplicada se calculará como:

$$U_{pa.m} = \frac{U_{voltímetro} \cdot I_E/I_m}{5}$$

siendo $I_E = r_E \cdot I_F$.

9) Si el valor obtenido para $U_{ca.m}$, $U_{pa.m}$ y $U_{pacc.m}$, es menor o igual que el valor admisible de la tensión de contacto aplicada, $U_{máx.ca}$ de paso aplicada, $U_{máx.pa}$ o de paso en el acceso aplicada, $U_{máx.pacc}$ respectivamente, calculada en el punto 7), el diseño de la puesta a tierra del centro de transformación es adecuado, cumpliendo con los requisitos establecidos en la ITC-RAT-13.

10) Adicionalmente, se deberá medir la elevación de tensión de la tierra de protección, para el caso de defectos a tierra en la parte de alta tensión del centro de transformación.

Para ello se multiplicará el valor medido de la resistencia en paralelo de todos los CT por la intensidad ($r_E \cdot I_F$) calculada anteriormente.

Si la tensión obtenida es menor de 1000 V, se dejarán las dos tierras conectadas en la caja de unión de tierras y se marcará esta posición como habitual en dicha caja. En caso de que sea igual o superior a 1000 V, se dejarán desconectadas, y se marcará esta posición como habitual en la caja de unión de tierras.

EJEMPLO DE APLICACIÓN 6

Medida de la resistencia de puesta a tierra

Existen varios métodos para la medida de la resistencia de una toma de tierra.

En la Figura 13.42 se muestra un esquema de la medida de la resistencia de una toma de tierra formada por una malla con picas.

La distancia entre el punto A y el punto B debe ser ≥ 20 m

La distancia entre el punto B y el punto C debe ser ≥ 20 m

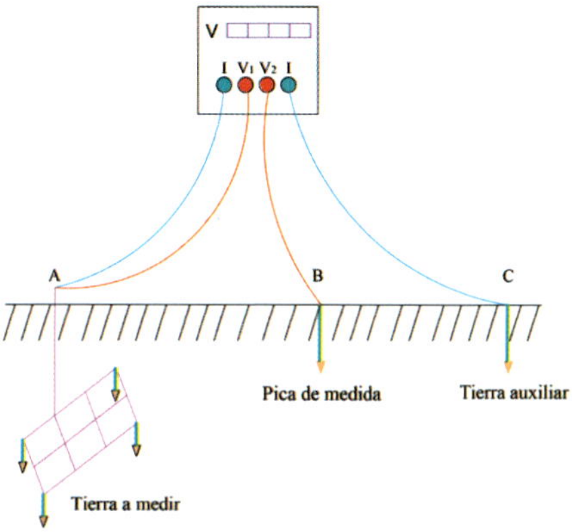

Figura 13.42. *Medida de la resistencia de una toma de tierra, incluyendo la del terreno.*

8.2. Vigilancia periódica

Las instalaciones de tierra serán comprobadas en el momento de su establecimiento y revisadas por empresas instaladoras o por empresas de producción, transporte y distribución de energía eléctrica, en caso de que se trate de instalaciones de su titularidad, al menos, una vez cada tres años a fin de comprobar el estado de las mismas. Esta verificación consistirá en una inspección visual y en la medida de la resistencia de puesta a tierra.

En aquellos casos en los que cambie sustancialmente la resistividad superficial del terreno, disminuyendo su valor, por ejemplo, por ajardinamiento de la instalación, será necesario repetir las medidas de las tensiones de paso y contacto.

NOTA

Los puntos donde se obtiene el valor máximo de la tensión de paso en función del tipo de centro de transformación se muestran en la Figura 13.43:

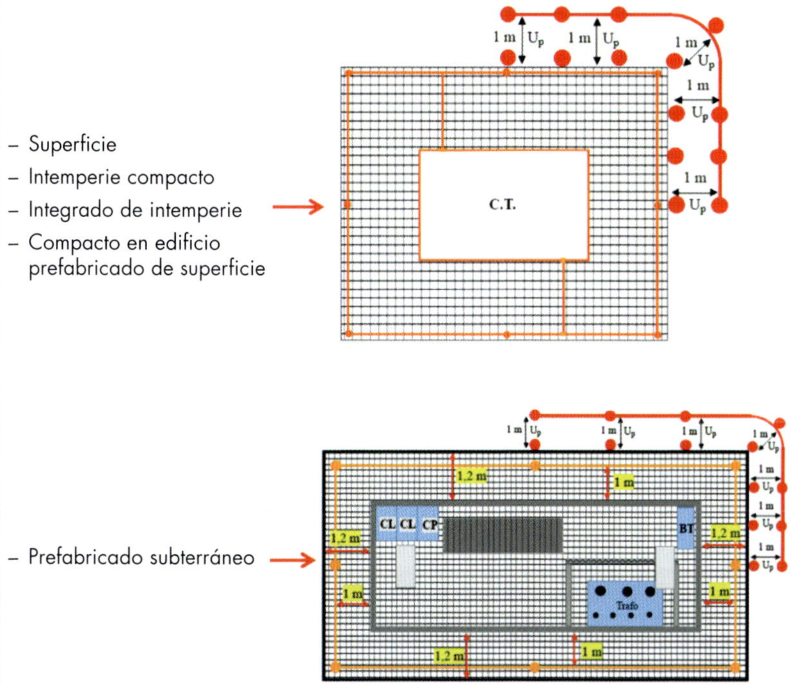

Figura 13.43. *Puntos donde se obtiene el valor máximo de la tensión de paso en función del tipo de centro de transformación (CT). Fuente: Iberdrola.*

ANOTACIONES

ITC-RAT-14

INSTALACIONES ELÉCTRICAS DE INTERIOR

Índice

1. Generalidades

Esta instrucción tiene como objeto establecer los requisitos que deben cumplir las instalaciones de alta tensión previstas para funcionar en el interior de un edificio o recinto que las proteja contra la intemperie.

2. Ámbito de aplicación

Esta ITC es aplicable a las instalaciones eléctricas de alta tensión situadas en:

a) Edificios o envolventes prefabricadas o de obra civil, construidos para alojar las instalaciones eléctricas, que se maniobran desde su interior y que son independientes de cualquier local o edificio destinado a otros usos, aunque puedan tener paredes colindantes con ellos.

b) Edificios o envolventes prefabricadas o de obra civil, construidos para alojar las instalaciones eléctricas, que se maniobran desde su exterior y que son independientes de cualquier local o edificio destinado a otros usos, aunque puedan tener paredes colindantes con ellos. Estos edificios o envolventes estarán destinados a alojar centros de transformación completos, solo el transformador de distribución con o sin su cuadro de baja tensión o únicamente la aparamenta de alta tensión.

c) Locales o recintos previstos para alojar en su interior estas instalaciones, situados en el interior de edificios destinados a otros usos.

d) Subestaciones móviles protegidas contra la intemperie por su propia envolvente o por el edificio en la que se ubican.

3. Condiciones generales para los locales y edificios

3.1. Condiciones de acceso y paso

3.1.1. Los edificios o locales destinados a alojar en su interior instalaciones de alta tensión deberán disponerse de forma que queden cerrados para impedir el acceso de las personas ajenas al servicio.

3.1.2. El local destinado a albergar la instalación eléctrica, salvo que sea un centro de transformación de maniobra exterior, tendrá entradas diferentes para personal y equipos. Estas entradas serán independientes de las de acceso a otros locales. Cuando existan puertas destinadas al paso de equipos o piezas de grandes dimensiones, la puerta para la entrada y salida de personal podrá ser un postigo que forme parte de aquella.

3.1.3. Las puertas de acceso al recinto en que estén situados los equipos de alta tensión y se usen para el paso del personal de servicio o para permitir su maniobra, serán en general abatibles y abrirán siempre hacia el exterior del recinto. Las puertas tendrán un sistema de retención de forma que puedan quedar abiertas mientras exista en el interior personal de servicio. Cuando estas puertas abran sobre caminos públicos, deberán poder abatirse sobre el muro exterior de fachadas.

En las instalaciones en que se deba trabajar con las puertas cerradas, estas deben disponer de un sistema que permita franquearlas fácilmente desde el interior y que dificulte el acceso desde el exterior al personal ajeno al servicio.

3.1.4. Las puertas o salidas de los recintos donde existan instalaciones de alta tensión se dispondrán de tal forma que su acceso sea lo más corto y directo posible. Si las características geométricas de dicho recinto lo hacen necesario, se dispondrá de más de una puerta de salida. Para salidas de emergencia se admite el uso de barras de deslizamiento, escaleras de pates y otros sistemas similares, siempre que su instalación sea de tipo fijo.

En los centros de transformación sin personal permanente para su servicio de maniobra no será necesario disponer de más de una puerta de salida.

3.1.5. El acceso a los locales subterráneos se realizará por medio de una escalera de peldaños normales con pasamanos. En casos justificados, el acceso a dichos locales podrá realizarse por medio de una trampilla y por escaleras fijas cuyos peldaños puedan estar situados en un plano vertical, entre los cuales la máxima separación será de 25 cm. Para acceder al interior de centros de transformación subterráneos se utilizarán escaleras de peldaños normales con pasamanos; no obstante, para el caso de centros de transformación subterráneos con maniobra exterior se podrán utilizar escaleras verticales fijas.

3.1.6. Todos los lugares de paso tales como salas, pasillos, escaleras, rampas, salidas, etc., deben ser de dimensiones y trazado adecuados y correctamente señalizados. Deben estar dispuestos de forma que su tránsito sea cómodo, seguro y no se vea impedido por la apertura de puertas o ventanas o por la presencia de objetos que puedan suponer riesgos o que dificulten la salida en casos de emergencia.

3.1.7. En las proximidades de elementos con tensión o de máquinas en movimiento no protegidas se prohíbe el uso de pavimentos deslizantes.

3.1.8. No obstante lo prescrito anteriormente, se podrán utilizar escaleras fijas verticales o de gran pendiente para realizar operaciones de engrase, revisión u otros usos especiales.

3.1.9. Cuando en la instalación de alta tensión se trabaje con las puertas de acceso abiertas se tomarán medidas preventivas que impidan el acceso inadvertido a las personas ajenas al servicio. Cuando los accesos existentes en el pavimento, destinados a escaleras, pozos o similares estén abiertos, deberán disponerse protecciones perimetrales señalizadas para evitar accidentes.

3.1.10. El acceso a las máquinas y aparatos principales deberá ser fácil y permitirá colocarlos y retirarlos sin entorpecimiento, exigiéndose la existencia de dispositivos instalados o rápidamente instalables que, en el caso de aparatos pesados, permitan su desplazamiento para su revisión, reparación o sustitución.

3.2. Conducciones y almacenamiento de agua

Las conducciones y depósitos de almacenamiento de agua se instalarán suficientemente alejados de los elementos en tensión y de tal forma que su rotura no pueda provocar averías en las instalaciones eléctricas. La distancia mínima se justificará en el proyecto. A estos efectos, se recomienda disponer las conducciones principales de agua en un plano inferior a las canalizaciones de energía eléctrica, especialmente cuando estas se construyan a base de conductores desnudos.

Quedan exentas de cumplir estos requisitos las instalaciones necesarias para los sistemas de extinción de incendio de la propia instalación eléctrica.

Queda prohibida la instalación de conducciones de agua, calefacción, vapor, en el interior del recinto de los centros de transformación de tercera categoría, aunque dichas tuberías estuvieran encerradas en cajoneras o falsos techos.

3.3. Conducciones y almacenamiento de otros fluidos

3.3.1. Las conducciones de fluidos combustibles, tóxicos, o corrosivos, cuyas posibles averías puedan originar escapes que, por sus características, puedan dar lugar a la formación de atmósferas con riesgo de incendio o explosión, tóxicas o corrosivas, cumplirán los reglamentos específicos que les sean de aplicación, deberán estar alejadas de las canalizaciones eléctricas de alta tensión, prohibiéndose terminantemente la colocación de ambas en una misma atarjea o galería de servicio.

3.3.2. El almacenamiento de fluidos combustibles, tóxicos o corrosivos, se situará en recintos habilitados a tal efecto que deberán cumplir las disposiciones vigentes que puedan afectarles. Estos recintos estarán separados de los equipos eléctricos a los que se refiere este reglamento.

3.4. Alcantarillado

La red general de alcantarillado cuya proyección interfiera con las instalaciones eléctricas deberá estar situada en un plano inferior al de las instalaciones eléctricas subterráneas. Si por causas especiales fuera necesario disponer en un plano inferior alguna parte de la instalación eléctrica, se adoptarán las disposiciones adecuadas para proteger a esta de las consecuencias de cualquier posible filtración.

3.5. Canalizaciones eléctricas

Para las canalizaciones eléctricas se aplicará lo establecido en el apartado 5 de la ITC-RAT-05.

3.6. Equipos de comunicaciones

Los equipos de comunicaciones y auxiliares, que estén ubicados dentro de la instalación para dar servicio a la propia red o a terceros, cumplirán los requisitos que le sean aplicables.

4. Condiciones generales para las instalaciones

4.1. Cuadros y pupitres de control

Los cuadros y pupitres de control de las instalaciones de alta tensión estarán situados en lugares de amplitud e iluminación adecuados, y cumplirán lo especificado en la ITC-RAT-10.

4.2. Celdas de alta tensión

4.2.1. Cuando se utilicen celdas prefabricadas, estas cumplirán con los requisitos establecidos en las ITC 16,17 o 18, que les sea aplicable en función de la tensión de servicio y naturaleza de la envolvente.

4.2.2. Cuando en instalaciones de alta tensión se utilicen dos o más equipos ubicados en celdas de tipo abierto que contengan aceite u otro dieléctrico inflamable con capacidad superior a 50 litros, se establecerán tabiques de separación entre equipos adyacentes que contengan fluido inflamable, a fin de cortar en lo posible los efectos de la propagación de una explosión y la proyección de líquido inflamable a otros equipos. Para los tabiques de separación entre transformadores de potencia se aplicará lo establecido en el apartado 5.1.d.

4.2.3. Estos tabiques de separación deberán ser de un material con una clase de reacción al fuego A1, según la clasificación europea de los productos para la construcción, y mecánicamente resistentes. Cuando tengan que servir de apoyo a los aparatos presentarán la debida solidez.

4.2.4. Los interruptores de aceite o de otros dieléctricos inflamables, sean o no automáticos, cuya maniobra se efectúe localmente, dispondrán de envolventes o tabiques de material incombustible con una clase de reacción al fuego A1, según la clasificación europea de los productos para la construcción, y mecánicamente resistentes con objeto de proteger al operario, contra los efectos de una posible proyección de líquido o explosión en el momento de la maniobra.

4.3. Condiciones particulares para centros de transformación

4.3.1. Centros de transformación con maniobra desde el exterior

4.3.1.1. Durante las operaciones de mantenimiento deberá existir una zona libre que se delimitará y señalizará de forma que se evite el acceso a personas ajenas a la instalación, y sus dimensiones deberán ser como mínimo las indicadas en el apartado 6.1 para pasillos de servicio.

4.3.2. Conjuntos prefabricados para centros de transformación y centros de transformación prefabricados

4.3.2.1. Los conjuntos prefabricados para centros de transformación cumplirán la Norma UNE-EN-50532. Podrán instalarse en el interior de un edificio o recinto destinado a centros de transformación, o podrán suministrarse con una envolvente formando un centro de transformación prefabricado.

4.3.2.2. Los centros de transformación prefabricados cumplirán con la Norma UNE-EN-62271-202. En centros de transformación subterráneos instalados en ubicaciones donde se puedan estacionar o circular vehículos la cubierta deberá soportar como mínimo una carga de 50 kN en una superficie de 600 cm^2.

4.3.2.3. Los componentes de un conjunto prefabricado para un centro de transformación cumplirán el ensayo de calentamiento de sus correspondientes normas funcionando simultáneamente a sus intensidades asignadas.

4.3.2.4. Tanto en los conjuntos prefabricados para centros de transformación como en los centros de transformación prefabricados se preverán los elementos de seguridad suficientes que eviten la explosión de la envolvente en caso de defecto interno y se elegirán las direcciones de escape en su caso de los fluidos (gases, líquidos, etc.) para evitar posibles daños a las personas.

El fabricante deberá informar de las características de su producto en los catálogos e información técnica facilitada a los proyectistas y/o usuarios finales en cuanto a la intensidad de cortocircuito soportada y su duración en caso de arco interno.

Por su parte el proyectista o propietario de la instalación deberá comprobar que las potencias de cortocircuito en el lugar de la instalación y los tiempos de actuación de las protecciones son compatibles con las intensidades de defecto interno y duración que pueden soportar los equipos de acuerdo con la información facilitada por el fabricante.

NOTA

Riesgo de explosión en caso de fallo interno

Para la planificación del local y el emplazamiento de las celdas prefabricadas con aislamiento, por ejemplo, en gas, se ha de tener en cuenta, entre otras dimensiones, si el tipo de alivio de presión repercute en la profundidad de las celdas y pone requisitos en cuanto al tamaño del sótano de cables o la altura del local.

Existen varias opciones para las direcciones de escape de los gases como son, entre otros:

- Expulsión de gas con alivio de presión por abajo o hacía atrás.
- Expulsión al exterior a través de un conducto.
- Expulsión directa al aire libre.
- Expulsión por canal de alivio de presión trasero.

En las Figuras 14.1 y 14.2 se muestran algunas de estas formas de alivio de presión de los gases.

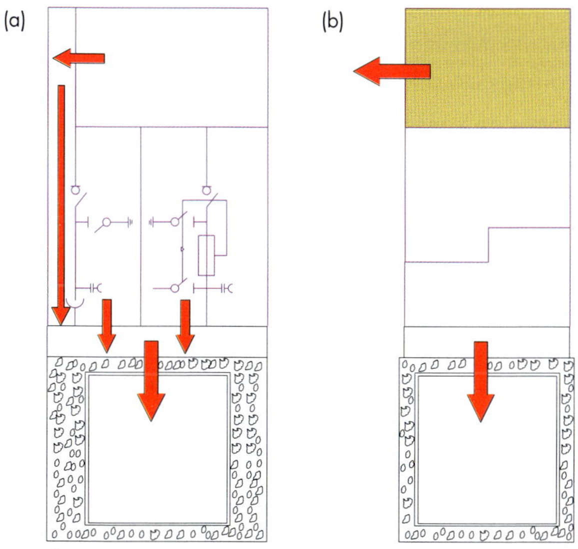

Figura 14.1. *Celdas con alivio de presión hacia abajo para todas las funciones (a) y celdas con alivio de presión (b) hacia abajo para las funciones de línea y hacia atrás para las funciones de protección del transformador.*

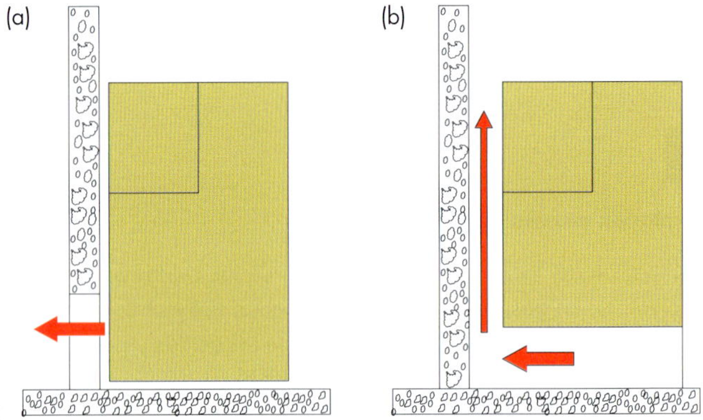

Figura 14.2. *Celdas con alivio de presión hacia atrás (a) y con zócalo y canal de alivio de presión trasero (b).*

4.3.2.5. Para que un conjunto prefabricado pueda ser montado en el exterior deberá haber superado previamente los ensayos de protección contra la intemperie que se indican en la Norma UNE-EN-62271-1.

4.3.2.6. En los conjuntos prefabricados independientemente de su ubicación, el calentamiento máximo admisible de las partes accesibles en las zonas de maniobra respecto a la temperatura ambiente será de 40 K.

4.3.2.7. En los centros de transformación prefabricados las envolventes que tengan partes accesibles a personas ajenas al servicio alcanzarán como máximo un calentamiento de 30 K, respecto a la temperatura ambiente.

4.3.3. Cuadros de distribución para BT en centros de transformación de distribución pública

4.3.3.1. Los cuadros deberán cumplir los requisitos funcionales y los ensayos especificados en la Norma UNE-EN-60439-5 (Nota: anulada por UNE-EN61439-5), salvo lo indicado en los apartados siguientes.

4.3.3.2. Los cuadros de distribución para BT en los centros de transformación de distribución pública dispondrán como mínimo de un embarrado de dimensiones y espesores adecuados con la aparamenta de maniobra y protección necesaria. Cuando esta protección esté constituida por bases tripolares verticales cerradas seccionables de corte unipolar con fusibles no será necesario utilizar un seccionamiento general. Las bases tripolares verticales cerradas deberán cumplir asimismo las especificaciones y ensayos recogidos en las Normas UNE-EN-60947-1 y UNE-EN-60947-3.

4.3.3.3. Los cuadros tendrán como mínimo un grado de protección de IP 2X según UNE-20324 (Nota: anulada por UNE-EN 60529) y de IK 08 según UNE-EN-50102.

4.3.3.4. Los cuadros deberán incorporar una toma de puesta a tierra para el neutro y, cuando dispongan de envolvente metálica, deberán incorporar además otra toma para la puesta a tierra de la envolvente.

4.3.3.5. El nivel de aislamiento de los cuadros de BT será el necesario para soportar la diferencia de tensiones que puede aparecer en caso de defecto entre la tierra general del centro y la del neutro del transformador, y será como mínimo de 10 kV (valor eficaz) a tensión soportada nominal de corta duración a frecuencia industrial y de 20 kV (valor de cresta) a la tensión soportada a impulsos tipo rayo.

4.3.3.6. Los cuadros dispondrán de una placa de características en la que se indicarán de forma indeleble las características establecidas en la Norma UNE-EN-60439-5 (Nota: anulada por UNE-EN 61439-5).

NOTA

Cuadros modulares de BT de un CT de distribución pública

Los cuadros modulares de baja tensión están divididos en las distintas unidades funcionales:

- Unidad funcional de embarrado:

  Está constituida por dos clases de barras:

  a) Barras verticales de llegada: conexión eléctrica entre los conductores procedentes del transformador y el embarrado horizontal. La conexión externa entre barras verticales y los conductores procedentes del transformador deberá estar sellada mediante un capuchón de goma, plástico o material termorretráctil.

  b) Barras horizontales o repartidoras: paso de la energía procedente de las barras verticales para ser distribuida entre las diferentes salidas. La barra del neutro estará situada debajo de las que corresponden a las fases.

- Unidad funcional de seccionamiento:

  Estará diseñada para trabajos en tensión y está constituida por cuatro conexiones de pletinas de cobre que podrán ser maniobradas fácil e independientemente con una sola herramienta aislada.

Previniendo la posibilidad de instalar transformadores de intensidad, se dispondrá de espacio suficiente, en la parte superior de las barras verticales, por encima de las citadas pletinas deslizantes.

- Unidad funcional de protección:

  Estará constituida por un sistema de protección formado por bases tripolares verticales con cortacircuitos fusibles, en su variante BTVC (bases tripolares verticales cerradas).

  En estas bases irán montados los fusibles de tipo cuchillas.

- Unidad funcional de control:

  El número de aparatos, su tipo, funciones y demás características de esta unidad funcional, serán a elección de la compañía eléctrica.

  Estará situada en la parte superior del módulo de acometida. En la Figura 14.3 se muestra un cuadro modular de BT de un CT de distribución pública.

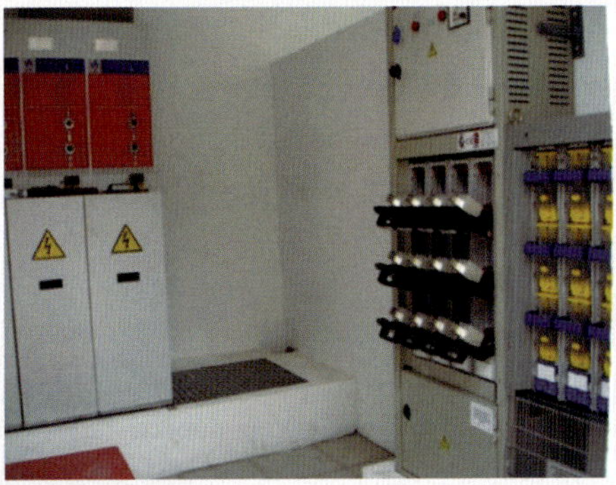

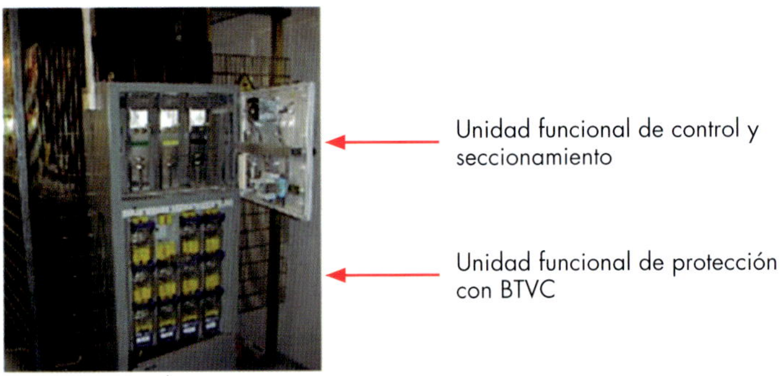

Figura 14.3. *Cuadro modular de BT de un CT de distribución pública.*

- Cuadro modular de BT optimizado de un CT:

  Actualmente se utilizan cuadros modulares de BT optimizados (CBTO) como el que se indica en la Figura 14.4.

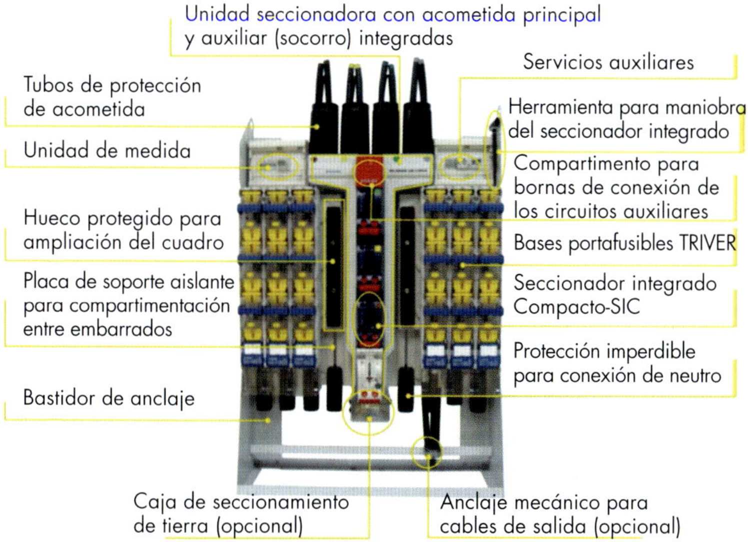

Figura 14.4. *Cuadro de baja tensión optimizado (CBTO).* Fuente: *Pronutec.*

4.4. Ventilación

4.4.1. Para conseguir una buena ventilación en las instalaciones con el fin de evitar calentamientos excesivos, se dispondrán entradas y salidas de aire adecuadas, en el caso en que se emplee ventilación natural.

La ventilación podrá ser forzada, en cuyo caso la disposición de los conductos será la más conveniente según el diseño de la instalación eléctrica, y dispondrán de dispositivos de parada automática para su actuación en caso de incendio.

En centros de transformación la ventilación podrá ser directa al exterior, o cuando lo permita la reglamentación específica que afecte a la compartimentación, indirecta a través de un local con ventilación al exterior.

4.4.2. Los huecos destinados a la ventilación deben estar protegidos de forma tal que impidan el paso de pequeños animales, cuando su presencia pueda ser causa de averías o accidentes y estarán dispuestos o protegidos de forma que, en el caso de ser directamente accesibles desde el exterior, no puedan dar lugar a contactos inadvertidos al introducir por ellos objetos metálicos. Deberán tener la forma adecuada o disponer de las protecciones precisas para impedir la entrada del agua de lluvia.

NOTA

No existirá ninguna ventana o hueco practicable a una distancia inferior de las rejillas de ventilación de:

- 2 m en el plano vertical.
- 0,5 m en el plano horizontal.

4.4.3. En los centros de transformación situados en edificios de otros usos, el conducto de ventilación tendrá su boca de salida de forma que el aire expulsado no moleste a los demás usuarios del edificio.

Los conductos de ventilación deberán respetar los sectores de incendio del edificio, que establecen según el tipo de edificio en esta ITC-RAT-14 y en el Código Técnico de la Edificación.

NOTA

Ventilación en centros de transformación en edificio

La ventilación puede ser natural o forzada:

- Ventilación natural:

  Para la renovación del aire en el interior de un centro de transformación en edificio no prefabricado, se establecerán huecos de ventilación que permitan la admisión de aire frío del exterior, situándose estos en la parte inferior próxima a transformadores.

  La evacuación del aire caliente, (en virtud de su menor densidad) se efectuará mediante salidas situadas en la parte superior (Figura 14.5).

  Para el dimensionado de la superficie mínima de la rejilla de entrada de aire (S_E) se utiliza la siguiente fórmula:

$$S_E = \frac{W_{Cu} + W_{Fe}}{0{,}24 \times K \times \sqrt{h \times \Delta T^3}}$$

  siendo:

  $W_{Cu} + W_{Fe}$: pérdidas en cortocircuito (del cobre) + pérdidas en vacío (del hierro) de los transformadores.

  K: coeficiente en función de la superficie útil de la rejilla (forma del enrejado). Se considerará este valor como 0,5.

4.5. Paso de líneas y canalizaciones eléctricas a través de paredes, muros y tabiques de construcción

4.5.1. Las entradas de las líneas eléctricas aéreas al interior de los edificios que alojan las instalaciones eléctricas de interior se realizarán a través de aisladores pasantes dispuestos de modo que eviten la entrada de agua, o bien utilizando conductores provistos de recubrimientos aislantes.

4.5.2. Las conexiones de alta tensión a través de muros o tabiques en el interior de edificios únicamente podrán hacerse por orificios de las dimensiones necesarias para mantener las distancias a masa, bien por medio de aisladores pasantes, o bien utilizando conductores provistos de recubrimientos aislantes.

4.5.3. En el caso en que se usen conductores desnudos, será obligatorio establecer un paso franco para la posible intensidad de defecto desde el dispositivo de apoyo en el muro al sistema de tierras de protección.

4.6. Señalizaciones e instrucciones

Toda instalación eléctrica debe estar correctamente señalizada y deben disponerse las advertencias e instrucciones necesarias de modo que se impidan los errores de interpretación, maniobras incorrectas y contactos accidentales con los elementos en tensión, o cualquier otro tipo de accidente. A este fin se tendrá en cuenta:

a) Todas las puertas que den acceso a los recintos en que se hallan aparatos de alta tensión estarán provistas de la señal normalizada de riesgo eléctrico.

b) Todas las máquinas y aparatos principales, celdas, paneles de cuadros y circuitos deben estar diferenciados entre sí con marcas claramente establecidas, señalizados mediante rótulos de dimensiones y estructura apropiadas para su fácil lectura y comprensión. Particularmente deben estar claramente señalizados todos los elementos de accionamiento de los aparatos de maniobra y los propios aparatos, incluyendo la identificación de las posiciones de apertura y cierre, salvo en el caso en que su identificación se pueda hacer claramente a simple vista.

c) Deben colocarse carteles de advertencia de peligro en todos los puntos que por las características de la instalación o su equipo lo requieran.

d) En zonas donde se prevea el transporte de máquinas o aparatos durante los trabajos de mantenimiento o montaje se colocarán letreros indicadores de gálibos y cargas máximas admisibles.

e) En los locales principales, y especialmente en los puestos de mando y oficinas de jefes o encargados de las instalaciones, existirán esquemas de dichas instalaciones, al menos unifilares, e instrucciones generales de servicio.

f) Las señales, placas y advertencias deben estar hechas de material duradero e insensible a la corrosión e impresas con caracteres indelebles.

4.7. Limitación de los campos magnéticos en la proximidad de instalaciones de alta tensión

En el diseño de las instalaciones de alta tensión se adoptarán las medidas adecuadas para minimizar, en el exterior de las instalaciones de alta tensión, los campos electromagnéticos creados por la circulación de corriente a 50 Hz en los diferentes elementos de las instalaciones, especialmente cuando dichas instalaciones de alta tensión se encuentren ubicadas en el interior de edificios de otros usos.

La comprobación de que no se supera el valor establecido en el Real Decreto 1066/2001, de 28 de septiembre, por el que se aprueba el Reglamento que establece condiciones de protección del dominio público radioeléctrico, restricciones a las emisiones radioeléctricas y medidas de protección sanitaria frente a emisiones radioeléctricas, se realizará mediante los cálculos para el diseño correspondiente, antes de la puesta en marcha de las instalaciones que se ejecuten siguiendo el citado diseño y en sus posteriores modificaciones cuando estas pudieran hacer aumentar el valor del campo magnético. Dichas comprobaciones se harán constar en el proyecto técnico previsto en la ITC-RAT-20. Podrán utilizarse los cálculos y comprobaciones recogidos en un proyecto tipo, siempre que la instalación proyectada se ajuste a las condiciones técnicas de cálculo previstas en el proyecto tipo.

Cuando los centros de transformación se encuentran ubicados en edificios habitables o anexos a los mismos, se deberán observar las siguientes condiciones de diseño:

a) Las entradas y salidas al centro de transformación de la red de alta tensión se efectuarán por el suelo y adoptarán preferentemente la disposición en triángulo y formando ternas, o en atención a las circunstancias particulares del caso, aquella que el proyectista justifique que minimiza la generación de campos magnéticos.

b) La red de baja tensión se diseñará con el criterio anterior.

c) Se procurará que las interconexiones sean lo más cortas posibles y se diseñarán evitando paredes y techos colindantes con viviendas.

NOTA

Campos electromagnéticos (CEM) de 50 Hz de frecuencia

Los CEM se materializan en dos componentes interdependientes de campo:

- Campo eléctrico generado por la tensión de servicio (CE).
- Campo magnético producido por la corriente eléctrica (CM).

Los campos electromagnéticos de frecuencia igual a 50 Hz no deberán ser superados en la exposición para público según se indica en la Tabla 14.1 y definidos por distintos organismos.

Tabla 14.1. *Valores de CEM de frecuencia 50 Hz*

Organismo	Campo eléctrico (V/m)	Campo magnético (μT)
ICNIRP (Comisión internacional sobre Radiaciones no Ionizantes)	5000	10
CENELEC	10000	640
NRPB (Junta nacional de Protección Radiológica de Gran Bretaña)	12000	1600
C.E. (propuesta de directiva)	5000	100

- Procedimiento de medición de los campos eléctricos y magnéticos:

  Existen tres procedimientos para medidas como son:

  - Mediciones en un punto: cuando el campo se considera uniforme, se debería medir el nivel de campo eléctrico o magnético en el punto de interés a una distancia de 1 m respecto al suelo o a la planta de un edificio. Este nivel de medición es conocido como **nivel medio de exposición.**
  - Mediciones en tres puntos: cuando el campo es considerado como no uniforme, el nivel del campo magnético y eléctrico en la posición de interés debería medirse en tres alturas, 0,5 m, 1 m y 1,5 m respecto al suelo o a la planta del edificio. En la proximidad de un equipo eléctrico o en un edificio, la medición debería ser efectuada a una distancia horizontal de 0,2 m desde su superficie o del límite o de una pared.

    En situaciones donde el equipamiento tiene una altura menor de 1,5 m las mediciones en tres puntos deben realizarse en alturas equidistantes; la altura mayor estará situada a la misma altura que el nivel más alto del equipo.
  - Mediciones en cinco puntos: cuando hay fuentes de campo bajo tierra o en el suelo y existe una posibilidad razonable de que una persona pueda estar tumbada encima del suelo se debería efectuar, tal como se indica, una medición en cinco puntos.

    Se debería realizar un barrido del nivel de campo magnético a una altura de 0,2 m encima de la tierra o el suelo con el fin de obtener el valor y la posición de campo máximo.

El valor y la posición del segundo campo máximo deberían barrerse sobre un círculo de radio 0,5 m centrado en la posición del máximo. Otra medida debería realizarse en un punto simétrico al segundo máximo de campo. Adicionalmente deberían realizarse dos medidas a lo largo de la línea perpendicular a la línea que pasa por los tres puntos de medida precedentes, a las distancias de 0,5 m a uno y otro lado de la posición del campo máximo.

Debe calcularse el promedio de las tres medidas más elevadas de los cinco puntos.

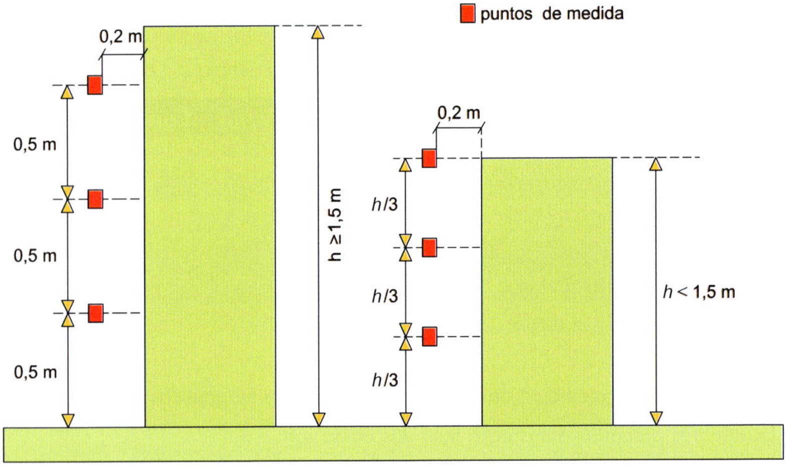

Figura 14.7. *Alturas de la medición en tres puntos. UNE-EN-62110.*

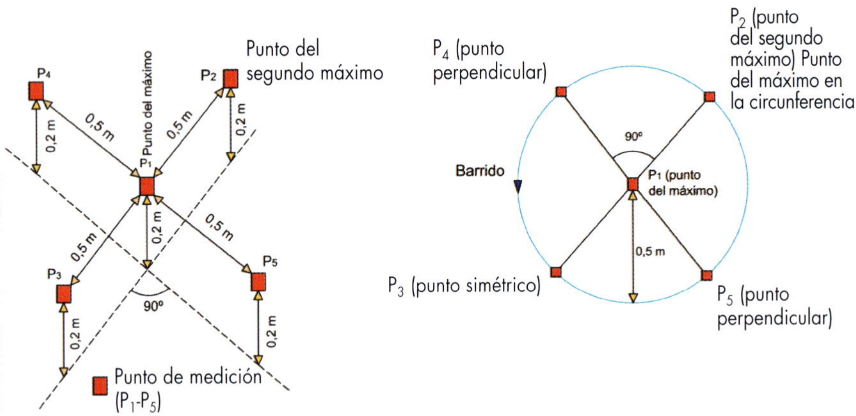

Nota: las líneas de puntos representan el nivel de tierra o suelo

Figura 14.8. *Mediciones en cinco puntos.*

Puntos de medida	Valor medio (índice)	Valor adoptado
P_1	10 μT	X
P_2	5 μT	X
P_3	1 μT	
P_4	2 μT	
P_5	3 μT	X

$$\frac{P_1 + P_2 + P_5}{3} = 6\ \mu T$$

Figura 14.8. *Mediciones en cinco puntos (Cont.).*

- Niveles y no uniformidades de campos magnéticos:

  En la Norma UNE-EN-62110:2013 y UNE-EN-62110:2013/AC: 2015 se indica una serie de ejemplos de distintos niveles y no uniformidades de campo magnético de distintas instalaciones de alta tensión.

  - **Ejemplo I.** Niveles y no uniformidades de campo magnético alrededor de un transformador.

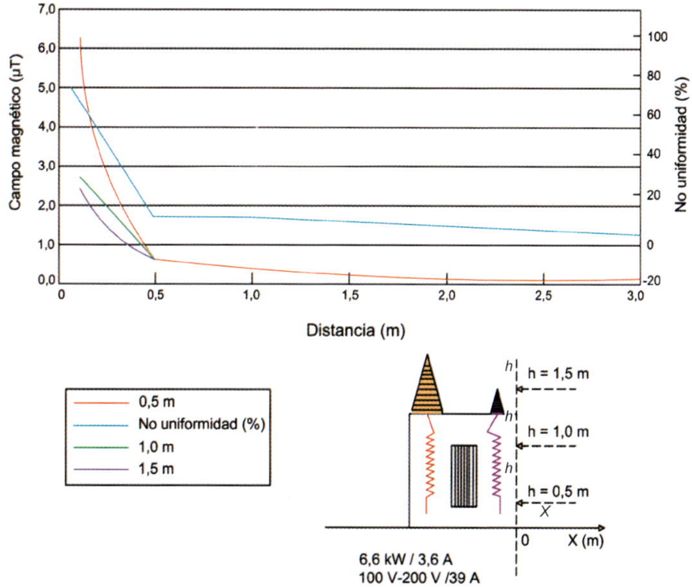

Figura 14.9. *Niveles y no uniformidades del campo magnético alrededor de un transformador de 6,6 kV.*

Los niveles de campo magnético están medidos en función de la distancia respecto a la superficie del equipo, a las alturas de 0,5 m, 1,0 m y 1,5 m por encima del suelo. El punto de medida más alto está enfrente del circuito de baja tensión a una altura de 1,5 m (Figura 14.9).

- **Ejemplo II.** Niveles y no uniformidades de campo magnético encima de los cables subterráneos. Efecto de la separación entre conductores.

  Los niveles de campo magnético están calculados en función de la distancia respecto al centro de los conductores, a las alturas de 0,5 m, 1,0 m y 1,5 m por encima del suelo. La corriente que circula a través de cada circuito está equilibrada a 200 A.

  Se trata de cables subterráneos que tienen una configuración en triple circuito consistente en tres hilos trenzados (cable tríplex; Figura 14.10).

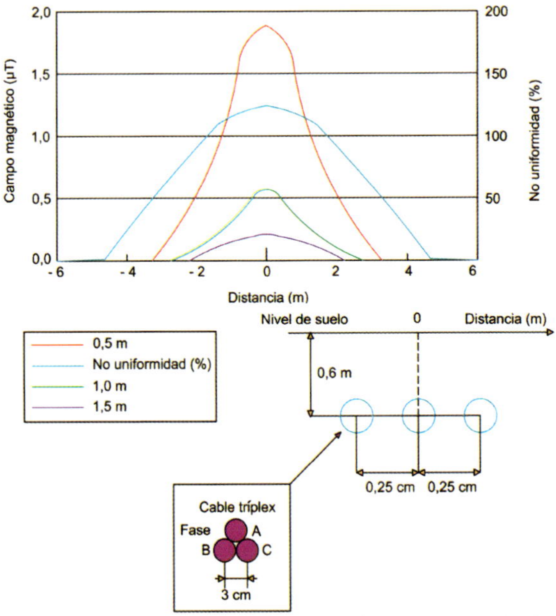

Figura 14.10. *Niveles y no uniformidades del campo magnético encima de los cables subterráneos. Efecto de la separación entre conductores.*

d) No se ubicarán cuadros de baja tensión sobre paredes medianeras con locales habitables y se procurará que el lado de conexión de baja tensión del transformador quede lo más alejado lo más posible de estos locales.

e) En el caso que por razones constructivas no se pudieran cumplir alguno de estos condicionantes de diseño, se adoptarán medidas adicionales para minimizar dichos valores.

NOTA

Disminución de los niveles de campo magnético

Existen varios métodos para disminuir el campo magnético creado por conductores eléctricos como son, por ejemplo:

- Secuencia adecuada de los cables múltiples por fase:

  La disposición de los cables en tresbolillo y en contacto es óptima para minimizar el campo magnético. Para cables en capa el campo magnético siempre es mayor que para cables en tresbolillo.

  En los transformadores de distribución de una determinada potencia la corriente en el secundario (BT) es elevada y se hace necesario utilizar en lugar de secciones grandes, varios conductores por fase en paralelo de menor sección. La razón es que resulta más incómodo trabajar con cables de gran sección.

  En la Figura 14.11 se muestra varios conductores por fase en el secundario de un transformador de distribución.

Figura 14.11. *Varios conductores por fase en paralelo en el secundario de un transformador de distribución.* Fuente: *Tecuni.*

En este caso, el campo magnético se ve afectado por la secuencia de fases utilizadas en la agrupación.

Existen distintas formas de ordenar las fases. En la Figura 14.12 se muestra un ejemplo de una de esas disposiciones. Se trata de una línea con tres conductores por fase y dos para el neutro.

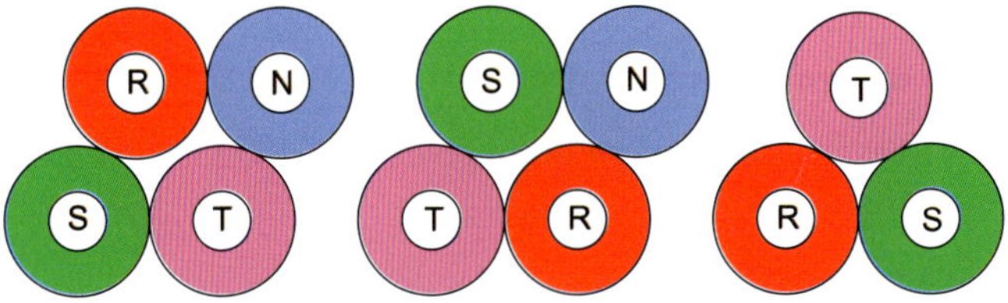

Figura 14.12. *Agrupación de cables en paralelo con 3 cables por fase y 2 para el neutro.*

- Blindaje de campos magnéticos:

  Los materiales buenos conductores eléctricos, no ferromagnéticos, tales como el cobre o el aluminio, son adecuados para apantallar a frecuencias altas o a radiofrecuencias, pero son mucho menos adecuados, o prácticamente inoperantes, a frecuencias bajas o ultra bajas, como por ejemplo, la de 50 Hz y menores.

  Para aislar los campos magnéticos de baja frecuencia generados por transformadores, líneas de alta tensión, y equipos eléctricos se necesitan aleaciones metálicas especiales de alta permeabilidad magnética (mu-metal, por ejemplo).

  Existen varios tipos de sistemas de apantallamiento como son las placas de apantallamiento, canal y placa, líneas de apantallamiento enterradas, cabinas, pinturas, entre otros (Figura 14.13).

Pared blindada

Cabina

Figura 14.13. *Ejemplos de algunos sistemas de apantallamiento.* Fuente: *SATI.*

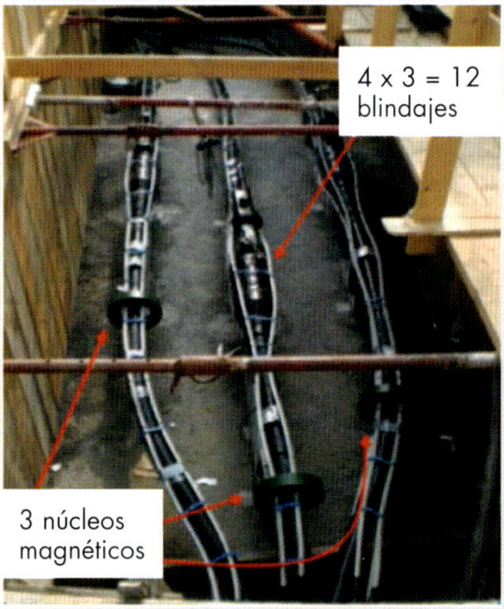

Línea subterránea de AT

Figura 14.13. *Ejemplos de algunos sistemas de apantallamiento.* Fuente: *SATI.*

Con objeto de verificar que en la proximidad de las instalaciones de alta tensión no se sobrepasan los límites máximos admisibles, la Administración Pública competente podrá requerir al titular de la instalación que se realicen las medidas de campos magnéticos por organismos de control habilitados o laboratorios acreditados en medidas magnéticas. Las medidas deben realizarse en condiciones de funcionamiento con carga, y referirse al caso más desfavorable, es decir, a los valores máximos previstos de corriente.

4.8. Limitación del nivel de ruido emitido por instalaciones de alta tensión

Con objeto de limitar el ruido originado por las instalaciones de alta tensión, estas se dimensionarán y diseñarán de forma que los índices de ruido medidos en el exterior de las instalaciones se ajusten a los niveles de calidad acústica establecidos en el Real Decreto 1367/2007, de 19 de octubre, por el que se desarrolla la Ley 37/2003, de 17 de noviembre, del Ruido, en lo referente a zonificación acústica, objetivos de calidad y emisiones acústicas.

Cuando el recinto donde se ubica la instalación de alta tensión se encuentre dentro de edificios de viviendas y no se pueda demostrar el cumplimiento de los límites mediante cálculos, se adoptarán medidas adicionales para cumplir dichos niveles.

NOTA

Medidas correctoras recomendables en los CT

Los centros que ubiquen transformadores dentro de la edificación son considerados recintos de instalaciones, por lo que en caso de ser colindantes con recintos protegidos (dormitorios, oficinas, salas de estar, etc.) o habitables requerirán un aislamiento acústico, tanto a ruido aéreo como a ruido estructural.

Es recomendable que, para cumplir estos niveles mínimos de aislamientos, se proyecten y ejecuten techos acústicos y suelos flotantes, así como trasdosados acústicos en caso de colindantes horizontales.

Las medidas de control pasivo habituales de estos centros son sistemas antivibratorios de apoyo de los transformadores, puertas acústicas de acceso y rejillas acústicas para la ventilación natural del recinto.

En caso de necesitar de ventilación forzada, esta deberá de incorporar silenciadores acústicos.

Asimismo, en caso de existir una pronunciada tonalidad en baja frecuencia, es recomendable el diseño de absorbentes acústicos de membrana para revestir las paredes del centro de transformación.

Con objeto de verificar que en la proximidad de las instalaciones de alta tensión no se sobrepasan los límites máximos admisibles, la Administración Pública competente podrá realizar, por control estadístico o a petición de parte interesada, inspecciones con sus propios medios o delegar dichas mediciones en organismos de control habilitados o laboratorios acreditados en medidas de ruido.

NOTA

Cálculo del nivel de ruido transmitido al exterior de la instalación de un centro de transformación prefabricado de hormigón

Se consideran las siguientes condiciones:

- El único emisor de ruido es el transformador de 630 kVA de potencia.
- La envolvente está constituida por cerramientos de hormigón armado, sin trasdosado ni acabado interior, con las características siguientes:
  - Densidad del hormigón y acero: 2,54 Tn/m^3.

– Resistencia característica mínima: 25 N/mm^2.

El aislamiento (R_a) en función de la masa por unidad de superficie (m) expresado en kg/m^2.

a) $m \leq 150$ kg/m^2.

$R_a = 16{,}6 \log m + 5$ (dBA)

b) $m > 150$ kg/m^2.

$R_a = 36{,}5 \log m - 38{,}5$ (dBA)

Considerando que la masa por unidad de superficie (m) siempre será superior a 300 kg/m^2. Por tanto, el valor mínimo de aislamiento será:

c) $m > 150$ kg/m^2.

$R_a = 36{,}5 \log 300 - 38{,}5 = 51{,}92$ dBA

Considerando que el valor límite de inmisión permitido de 40 dBA (valor más restrictivo de la Tabla B1 del R. D. 1367/2007) se verifica que el nivel de ruido transmitido al exterior de la instalación es bastante inferior al límite máximo reglamentario.

5. Otras prescripciones

5.1. Sistemas contra incendios

Para la determinación de las protecciones contra incendios a que puedan dar lugar las instalaciones eléctricas de alta tensión, además de otras disposiciones específicas en vigor, se tendrá en cuenta:

a) La posibilidad de propagación del incendio a otras partes de la instalación.

b) La posibilidad de propagación del incendio al exterior de la instalación, por lo que respecta a daños a terceros.

c) La presencia o ausencia de personal de servicio permanente en la instalación.

d) La naturaleza y resistencia al fuego de la estructura soporte del edificio y de sus cubiertas.

e) La disponibilidad de medios públicos de lucha contra incendios.

Para los edificios contemplados en el párrafo a) del apartado 2 de esta instrucción, destinados a albergar instalaciones de categoría especial, 1.ª y 2.ª categoría, se aplicarán las disposiciones reguladoras de la protección contra el incendio en los establecimientos industriales, y para los del párrafo c) las del Código Técnico de la Edificación, en lo que respecta a las características de los materiales de construcción, resistencia al fuego de las estructuras, compartimentación, evacuación y, en particular, sobre aquellos aspectos que no hayan sido recogidos en este Reglamento y afecten a la edificación.

Además, y con carácter general, se adoptarán las medidas siguientes:

a) Instalación de dispositivos de recogida del líquido dieléctrico en fosos colectores.

Si se utilizan aparatos o transformadores que contengan más de 50 litros de dieléctrico líquido, se dispondrá de un foso de recogida del líquido con revestimiento resistente y estanco, para el volumen total de líquido dieléctrico del aparato o transformador. En dicho depósito o cubeta se dispondrán cortafuegos tales como: lechos de guijarros, sifones en el caso de instalaciones con colector único, etc. Cuando se utilicen pozos centralizados, se dimensionarán para recoger la totalidad del líquido dieléctrico del equipo con mayor capacidad.

Cuando se utilicen dieléctricos líquidos con punto de combustión igual o superior a 300 °C será suficiente con un sistema de recogida de posibles derrames, que impida su salida al exterior.

NOTA

Instalación de dispositivos de recogida de aceite de líquido dieléctrico de aparatos o transformadores

En la Figura 14.14 se muestra un ejemplo de un sistema de recogida de aceite.

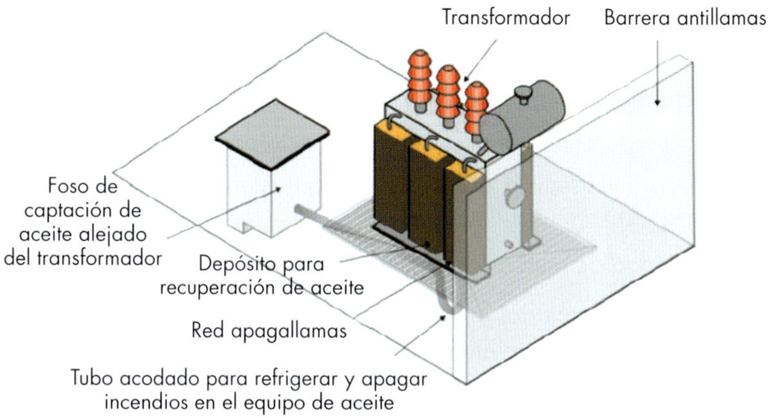

Figura 14.14. *Transformador con foso de recogida de aceite.* Fuente: *ABB.*

b) Sistemas de extinción.

b.1) Extintores móviles.

Se colocará como mínimo un extintor de eficacia mínima 89B, en aquellas instalaciones en las que no sea obligatoria la disposición de un sistema fijo, de acuerdo con los niveles que se establecen en b.2). Este extintor deberá colocarse siempre que sea posible en el exterior de la instalación para facilitar su accesibilidad y, en cualquier caso, a una distancia no superior a 15 metros de la misma. En caso de instalaciones ubicadas en edificios destinados a otros usos la eficacia será como mínimo 21A-113B.

Si existe un personal itinerante de mantenimiento con la misión de vigilancia y control de varias instalaciones que no dispongan de personal fijo, este personal itinerante deberá llevar, como mínimo, en sus vehículos dos extintores de eficacia mínima 89B, no siendo preciso en este caso la existencia de extintores en los recintos que estén bajo su vigilancia y control.

b.2) Sistemas fijos.

En aquellas instalaciones con transformadores cuyo dieléctrico sea inflamable o combustible de punto de combustión inferior a 300 °C y potencia instalada de cada transformador mayor de 1000 kVA en cualquiera o mayor de 4000 kVA en el conjunto de transformadores, deberá disponerse un sistema fijo de extinción automático adecuado para este tipo de instalaciones. Asimismo, en aquellas instalaciones con otros equipos cuyo dieléctrico sea inflamable o combustible de punto de combustión inferior a 300° C y con volumen de aceite en cada equipo mayor de 600 litros o mayor de 2400 litros en el conjunto de aparatos también deberá disponerse un sistema fijo de extinción automático adecuado para este tipo de instalaciones. Se dispondrá de un sistema de alarma que prevenga al personal de la actuación del sistema contra incendios, provisto de un tiempo de retardo suficiente para poder evacuar el recinto.

Si la instalación de alta tensión está integrada en un edificio de uso de pública concurrencia y tiene acceso desde el interior del edificio dichas potencias se reducirán a 630 kVA y 2520 kVA y los volúmenes a 400 litros y 1600 litros, respectivamente. La actuación de estos sistemas fijos de extinción de incendios será solamente obligatoria en los compartimentos en los que existan aparatos con dieléctrico inflamable o combustible.

Si los transformadores o equipos utilizan un dieléctrico de punto de combustión igual o superior a 300 °C podrán omitirse las anteriores disposiciones, pero deberán instalarse de forma que el calor generado no suponga riesgo de incendio para los materiales próximos.

Las instalaciones fijas de extinción de incendios podrán estar integradas en el conjunto general de protección del edificio. Deberá existir un plano detallado de dicho sistema, así como instrucción de funcionamiento, pruebas y mantenimiento.

En el proyecto de la instalación se recogerán los criterios y medidas adoptadas para alcanzar la seguridad contra incendios exigida.

c) Resistencia al fuego de la envolvente.

Las instalaciones eléctricas ubicadas en el interior de locales o recintos situados en el interior de edificios destinados a otros usos constituirán un sector de incendios independiente.

d) Pantallas y sectores de incendios.

En todas las instalaciones, cuando se instalen juntos varios transformadores, y a fin de evitar el deterioro de uno de ellos por la proyección de aceite al averiarse otro próximo, se instalará una pantalla entre ambos de las dimensiones y resistencia mecánica apropiadas.

El proyecto de diseño de las instalaciones de interior de categoría especial, 1.ª y 2.ª categoría ubicadas en el interior de un casco urbano definirá los sectores de incendios necesarios para limitar la propagación del incendio. La sectorización definida en el proyecto tendrá como mínimo los siguientes sectores de incendio independientes:

1) Para cada transformador de potencia.
2) Para todas las celdas del mismo nivel de tensión.
3) Para la galería de cables en su punto de acceso a la subestación. El foso de cables situado debajo de la sala de celdas podrá ser el mismo sector de incendios que la sala de celdas.
4) Para la sala de equipos (condensadores, baterías de acumuladores y servicios auxiliares, etc.).

La resistencia al fuego de cada sector será al menos de 90 minutos, excepto para los sectores de transformadores y galerías de cables que será al menos de 120 minutos.

En el caso de modificaciones de instalaciones existentes se tratará de cumplir estos requisitos en la medida de lo posible teniendo en cuenta las limitaciones físicas y de espacio de la instalación existente.

NOTA

Sistemas de extinción de incendios

En la Figura 14.15 se muestra un sistema de extinción contra incendio en un CT.

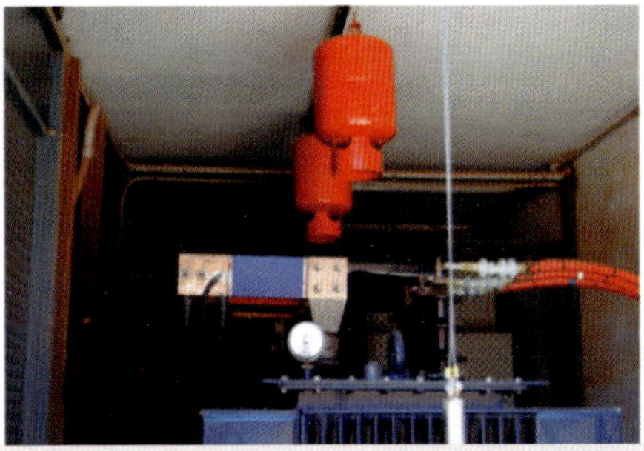

Figura 14.15. *Extinción de incendio en un CT con sistema móvil y fijo.* Fuente: *Electricidad Badenes.*

5.2. Alumbrados especiales de emergencia

En las instalaciones que tengan personal permanente para su servicio de maniobra, así como en aquellas otras que por su importancia lo requieran deberán disponerse los medios propios de alumbrados especiales de emergencia de acuerdo con el Reglamento Electrotécnico para Baja Tensión.

5.3. Elementos y dispositivos para maniobra

Para la realización de las maniobras en las instalaciones eléctricas de alta tensión y de acuerdo con sus características, se utilizarán los elementos que sean necesarios para la seguridad del personal. Todos estos elementos deberán estar siempre en perfecto estado de uso, lo que se comprobará periódicamente.

5.4. Instrucciones y elementos para prestación de primeros auxilios

En todas las instalaciones se colocarán placas con instrucciones sobre los primeros auxilios que deben prestarse a los accidentados por contactos con elementos en tensión.

En toda instalación que requiera servicio permanente de personal, se dispondrá de los elementos indispensables para practicar los primeros auxilios en casos de accidente, tales como botiquín de urgencia, camilla, mantas ignífugas, etc., e instrucciones para su uso.

5.5. Almacenamiento de materiales

Los locales o recintos que albergan la instalación eléctrica no podrán usarse como lugar de almacenamiento de materiales. Los materiales de reposición necesarios se dispondrán en un recinto o local habilitado a tal fin.

NOTA

Servicios auxiliares de una instalación de alta tensión

Los servicios auxiliares, en general, pueden ser (Figura 14.16):

- Servicios auxiliares de una subestación:

  Los distintos elementos pueden ser:

  - Cuadro de servicios auxiliares de CA.
  - Conmutación automática.
  - Servicios auxiliares de 110 Vcc.
  - Servicios auxiliares de 48 Vcc.
  - Servicios auxiliares de corriente alterna segura.

- Servicios auxiliares de un CT:

  Los servicios auxiliares de un CT de interior son (Figura 14.17):

  - Renovación de aire.
  - Alumbrado normal y de emergencia.

- Equipo de corrección del factor de potencia.
- Extracción de aguas.
- Insonorización y medidas antivibratorias.

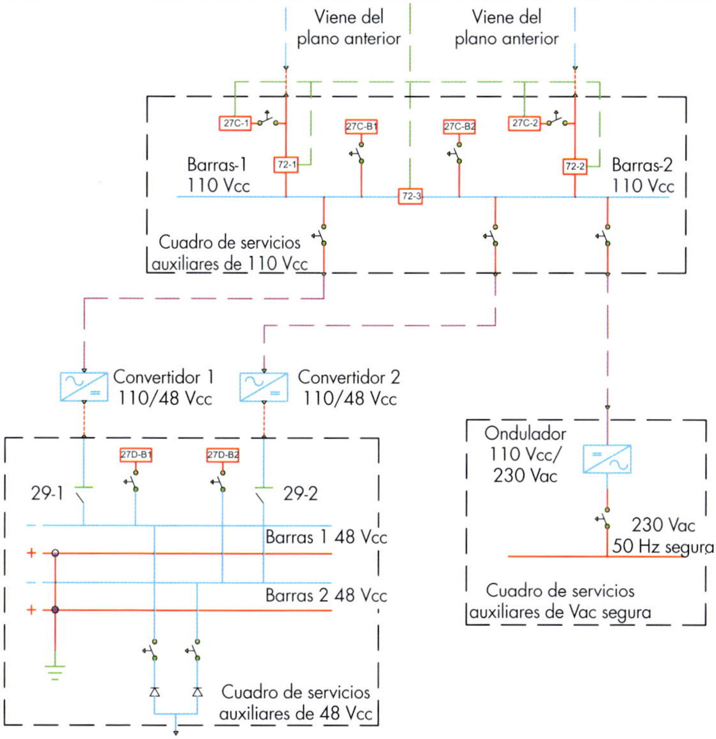

Figura 14.16. *Cuadros de servicios auxiliares de una subestación eléctrica.*

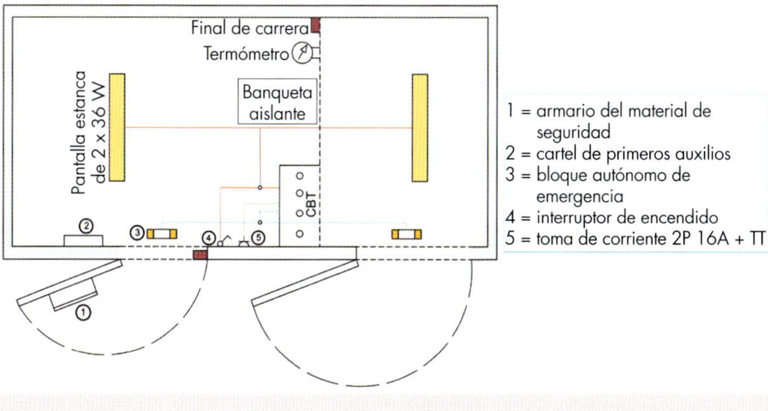

Figura 14.17. *Esquema de la distribución de los servicios auxiliares de un CT.*

6. Pasillos y zonas de protección

6.1. Pasillos de servicio

6.1.1. La anchura de los pasillos de servicio tiene que ser suficiente para permitir la fácil maniobra e inspección de las instalaciones, así como el libre movimiento por los mismos de las personas y el transporte de los aparatos en las operaciones de montaje o revisión de los mismos.

Esta anchura no será inferior a la que a continuación se indica según los casos:

a) Pasillos de maniobra con elementos en alta tensión a un solo lado 1,0 m.

b) Pasillos de maniobra con elementos en alta tensión a ambos lados 1,2 m.

c) Pasillos de inspección con elementos en alta tensión a un solo lado 0,8 m.

d) Pasillos de inspección con elementos en alta tensión a ambos lados 1,0 m.

En cualquier otro caso, la anchura de los pasillos de maniobra no será inferior a 1,0 m, y la de los pasillos de inspección a 0,8 m.

Los anteriores valores deberán ser totalmente libres, es decir, medidos entre las partes salientes que pudieran existir, tales como mando amovibles de aparatos, barandillas, etc. El ancho libre del pasillo será al menos de 0,5 m cuando las partes móviles o las puertas abiertas de los equipos, interfieran en la ruta hacia la salida.

NOTA

En las Figuras 14.18 a 14.21 se muestran varios esquemas de centros de transformación con las anchuras de los pasillos de maniobra.

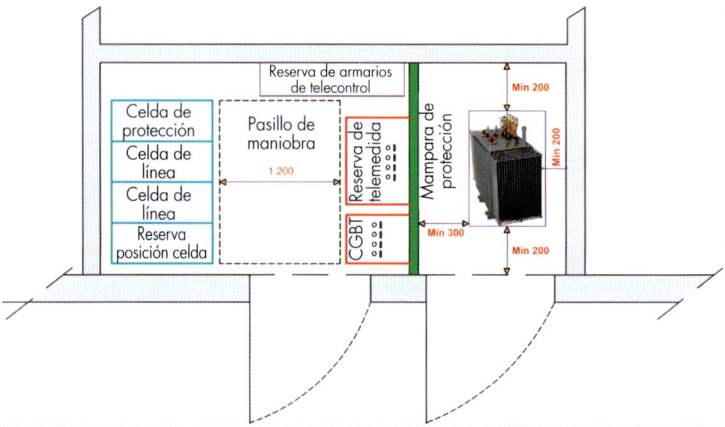

Figura 14.18. *Pasillo de maniobra en un CT en edificio no prefabricado (I).*

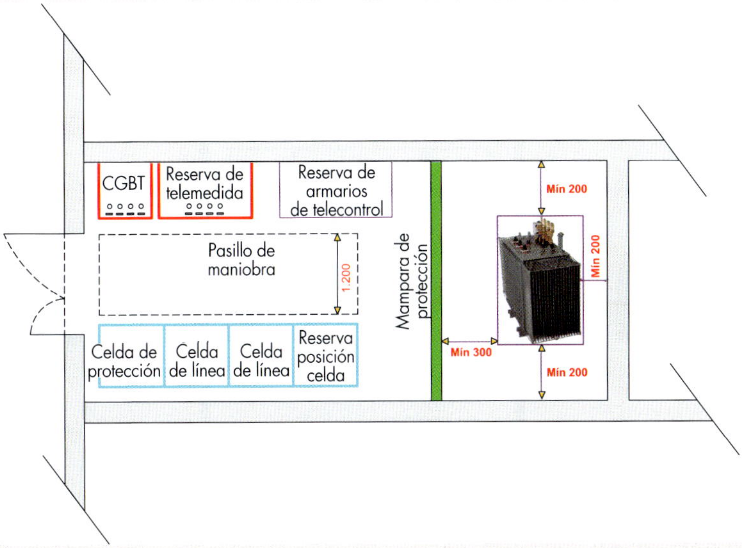

Figura 14.19. *Pasillo de maniobra en un CT en edificio no prefabricado (II).*

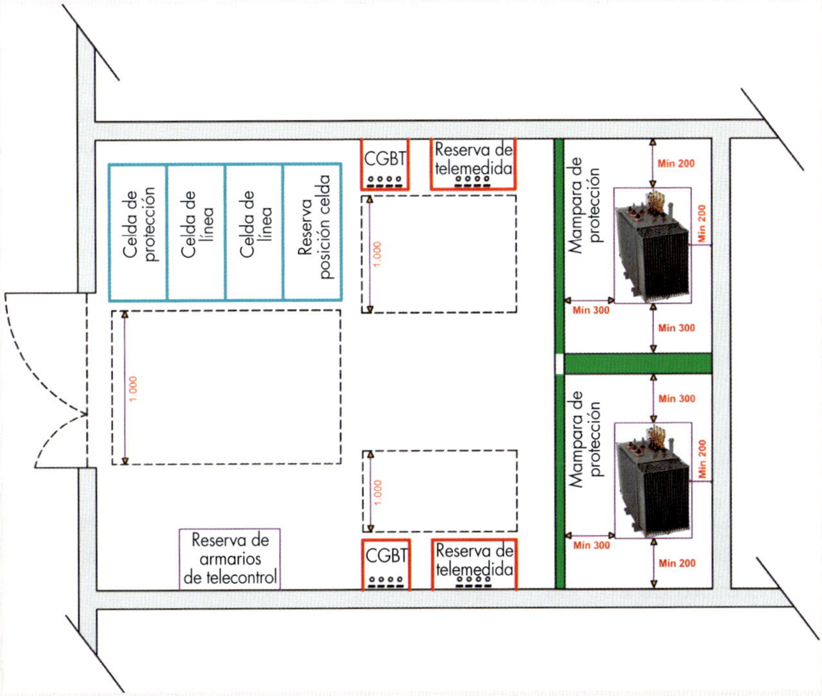

Figura 14.20. *Pasillo de maniobra en un CT en edificio no prefabricado (III).*

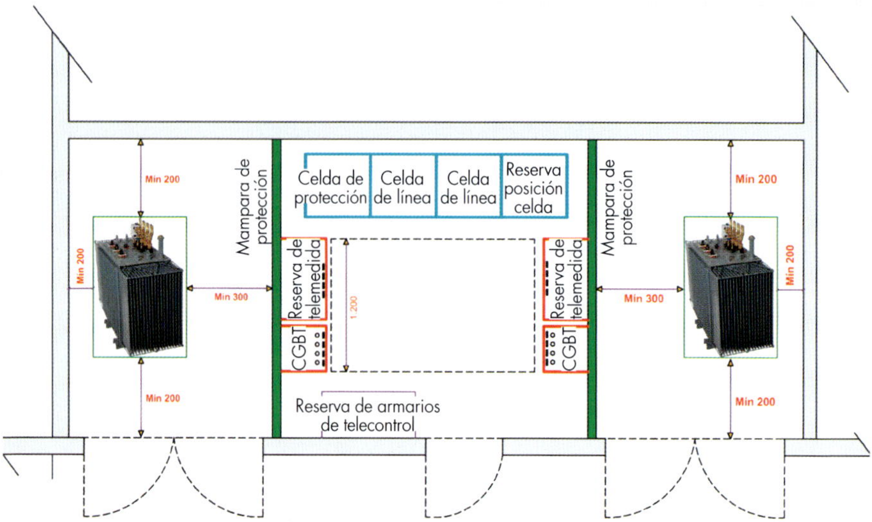

Figura 14.21. *Pasillo de maniobra en un CT en edificio no prefabricado (IV).*

6.1.2. Los elementos en tensión no protegidos que se encuentren sobre los pasillos deberán estar a una altura mínima *h* sobre el suelo medida en centímetros, igual a 250 + *d*. El valor de la distancia *d* es la distancia mínima de aislamiento fase-tierra para instalaciones de interior, expresada en cm, según la tabla siguiente:

Tabla 1.

Tensión nominal de la instalación kV (*Ur*)	≤ 20	30	45	66	110	132	220	400
d en centímetros	22	32	48	63	110	130	210	340

6.1.3. En las zonas de transporte de aparatos deberá mantenerse una distancia, entre los elementos en tensión y el punto más próximo del aparato en traslado, no inferior a *d*, con un mínimo de 40 centímetros.

6.1.4. En cualquier caso, estos pasillos deberán estar libres de todo obstáculo hasta una altura de 230 cm.

A estos efectos no se considerarán pasillos los sótanos de cables o servicio. Cuando se trate de sótanos de cables la altura mínima de los mismos deberá ser tal que se respete la curvatura máxima admisible de los cables, y permita labores de instalación y mantenimiento.

6.2. Zonas de protección contra contactos accidentales

Este apartado es aplicable a celdas abiertas no prefabricadas.

6.2.1. Las celdas abiertas de las instalaciones interiores deben protegerse mediante pantallas macizas, enrejados, barreras, bornas aisladas, etc., que impidan el contacto accidental de las personas que circulan por el pasillo con los elementos en tensión de las celdas.

Entre los elementos en tensión y dichas protecciones deberán existir, como mínimo, las distancias que a continuación se indican en función del tipo de la protección, medidas en horizontal y expresadas en centímetros (*véanse* Figuras 1 y 2).

1.° De los elementos en tensión a pantallas o tabiques macizos de material no conductor:

$A = d$.

2.° De los elementos en tensión a pantallas o tabiques macizos de material conductor:

$B = d + 3$.

3.° De los elementos en tensión a pantallas de enrejados:

$C = d + 10$.

4.° De los elementos en tensión a barreras (barandillas, listones, cadenas, etc.):

$E = d + 20$, con un mínimo de 125 cm.

siendo *d* el valor indicado en la Tabla 1 del apartado 6.1.2 de esta instrucción.

6.2.2. Para la aplicación de los anteriores valores es preciso tener en cuenta lo siguiente:

a) Las pantallas, los tabiques macizos y los enrejados, deberán disponerse de modo que su borde superior esté a una altura mínima de 180 cm sobre el suelo del pasillo. Podrán realizarse de forma que dicho borde superior esté a una altura mínima de 100 cm, pero, si no alcanza los 180 cm, se aplicarán las distancias correspondientes a las barreras indicadas en 6.2.1. El borde inferior deberá estar a una altura máxima sobre el suelo de 40 cm. En el caso de utilizarse el enrejado este proporcionará un grado de protección mínimo de IP1X según la Norma UNE-20324 (Nota: anulada por UNE-EN 60529).

b) Las barreras de listones, barandillas o cadenas deberán colocarse de forma que su borde superior esté a una altura *X* mínima sobre el suelo de 100 cm. Además, deberá disponerse más de un listón o barandilla para que la altura del mayor hueco libre por debajo del listón superior no supere el 30 % de X con un máximo de 40 cm (véanse Figuras 1 y 2).

6.2.3. Cuando en la parte inferior de la celda no existan elementos en tensión, podrá realizarse una protección incompleta, es decir, que no llegue al suelo, a base de pantallas o rejillas, chapas, etc. En este caso, el borde superior de la protección quedará a una altura mínima sobre el suelo según lo indicado en los aparatos 6.2.1 y 6.2.2 anteriores y el borde inferior quedará a una altura sobre el suelo que será como máximo 25 cm menor que la altura del punto en tensión más bajo.

6.2.4. En las instalaciones de celdas abiertas debe establecerse una zona de protección entre el plano de las protecciones de las celdas y los elementos en tensión. La forma y dimensiones mínimas de dichas zonas de protección se representan rayadas en la Figuras 1 y 2, con las precisiones que siguen, referidas a la altura y naturaleza de la protección y a las distancias de seguridad indicadas anteriormente.

Tipo de protección	*X* (cm) según 6.2.1	*Y* (cm) según 6.2.1	*R* (cm) según 6.2.1	Zona de protección
Pantallas o tabiques macizos NO CONDUCTORES	≥ 200	A	–	ABCD Figura 1
	< 200 ≥ 180	A	C	ABCEFD Figura 2
	< 180 ≥ 100	E	–	ABCD Figura 1
Pantallas o tabiques macizos CONDUCTORES	≥ 200	B	–	ABCD Figura 1
	< 200 ≥ 180	B	C	ABCEFD Figura 2
	< 180 ≥ 100	E	–	ABCD Figura 1
Enrejados	≥ 180	C	–	ABCD Figura 1
	< 180 ≥ 100	E	–	ABCD Figura 1
Barreras	≥ 100	E	–	ABCD Figura 1

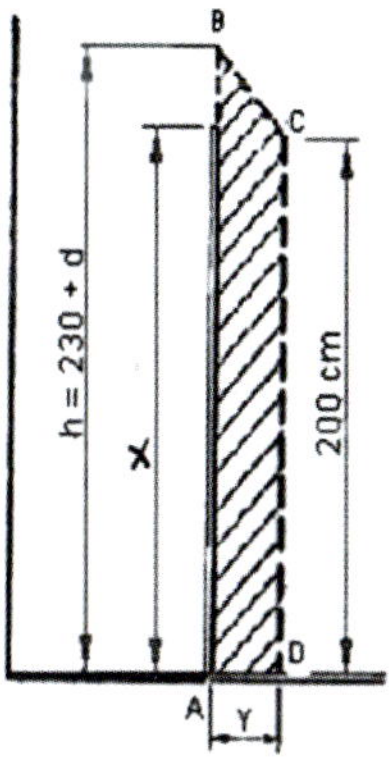

Figura 1.

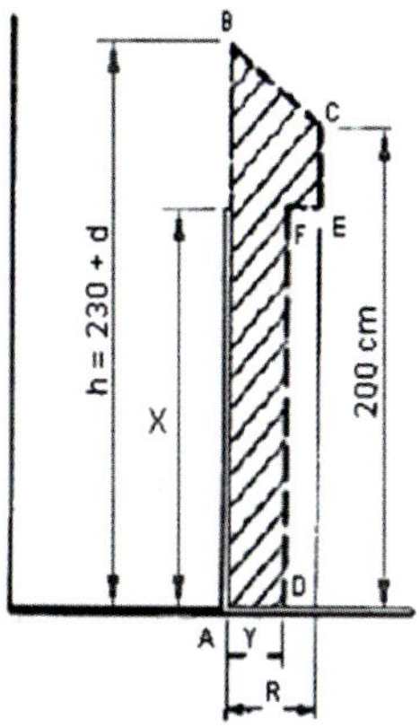

Figura 2.

6.3. Zonas de protección para instalaciones eléctricas en el interior de edificios industriales

En recintos no independientes cuando se trate de locales en el interior de edificios industriales siempre que sean instalaciones eléctricas de tercera categoría en celdas bajo envolvente metálica y grado de protección IP 41 (UNE-20-324) (Nota: anulada por UNE-EN 60529) e IK 10 (UNE-EN-50102) y que no contengan aparatos o transformadores con líquidos combustibles podrán situarse en cualquier punto del local, siempre que se cumplan las siguientes condiciones:

a) No estar situadas bajo las áreas barridas por puentes-grúas monocarriles, y otros aparatos de manutención.

b) Estar rodeadas de una barandilla de protección de un metro de altura y separada horizontalmente un mínimo de un metro de la citada envolvente, de forma que impida la aproximación involuntaria a la instalación.

6.4. Distancias para garantizar la evacuación de gases en caso de defectos internos

Para garantizar la seguridad de los operadores, y cuando proceda del público en general, en casos de defectos internos en alta tensión, se respetarán las condiciones de instalación establecidas por el fabricante en su manual de instrucciones como, por ejemplo, las distancias mínimas entre las celdas y las paredes traseras y laterales.

7. Instalaciones móviles de alta tensión

Para subestaciones móviles, y en general para instalaciones móviles de alta tensión previstas para su conexión a la red, se podrán permitir excepciones a los requisitos

EJEMPLO DE APLICACIÓN

Distancias mínimas (mm) de las celdas con aislamiento en SF6 a las paredes:

En la Figura 14.22 se muestra las distancias mínimas a las paredes de celdas aisladas con gas, indicadas en el manual de instrucciones del fabricante.

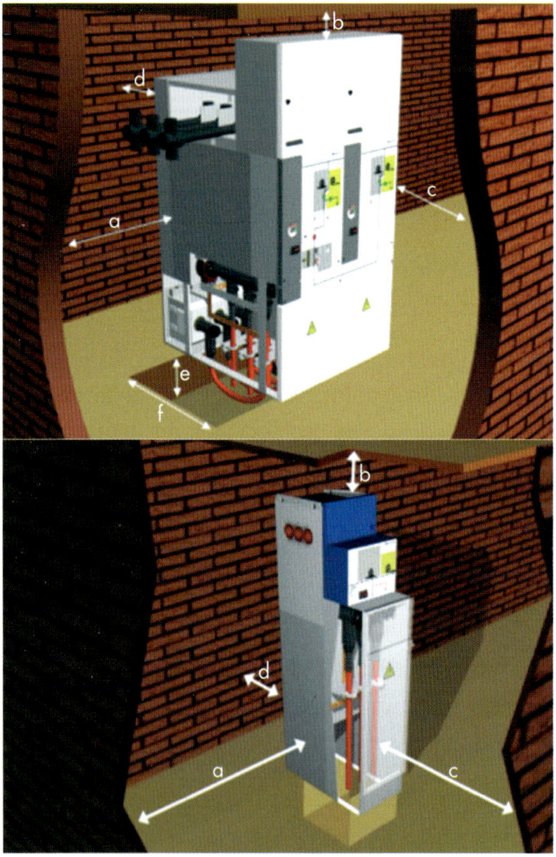

Celda:

a = pared lateral ≥ 100

b = techo ≥ 600

c = pasillo frontal:

- Maniobra ≥ 1000
- Extracción de celda ≥ 1500 o 2100.

d = pared trasera ≥ 100

Foso:

e = profundidad = 750

f = fondo = 750

Las dimensiones del foso dependen de los cables empleados.

En caso de que la celda tenga conducto de expansión de gases posterior, la distancia *(d)* = 0

Figura 14.22. *Distancias (mm) de las celdas con aislamiento en gas a las paredes, indicadas por el fabricante.* Fuente: *Ormazabal.*

establecidos en los apartados 3.1 sobre condiciones de acceso y paso, 3.5 sobre canalizaciones eléctricas, 5.1 sobre sistemas contra incendios, y 6 sobre pasillos y zonas de protección, siempre que el correspondiente diseño justificado por el proyectista o fabricante adopte las medidas apropiadas que permitan garantizar la seguridad de la instalación.

8. Documentación de la instalación

En las instalaciones de alta tensión se guardarán a disposición del personal técnico, en la propia instalación, las instrucciones de operación y el libro de instrucciones de control y mantenimiento.

No será necesario conservar la documentación en la propia instalación si se dispone de un procedimiento interno que fije estructura de la documentación y el lugar donde se conserva, utilizando por ejemplo sistemas de almacenamiento informático con acceso remoto que garanticen que está fácilmente disponible para el personal técnico encargado de la instalación.

ANOTACIONES

ITC-RAT-15

INSTALACIONES ELÉCTRICAS DE EXTERIOR

Índice

1. Generalidades

Esta instrucción tiene como objeto establecer los requisitos que deben cumplir las instalaciones de alta tensión previstas para funcionar en intemperie.

2. Disposición de las instalaciones

Las instalaciones eléctricas de exterior podrán ir dispuestas:

a) En parques convenientemente vallados en su totalidad.

b) En centros de transformación sobre apoyos, en terrenos sin vallar, en los que el transformador se ubica sobre el apoyo.

c) En centros de transformación a pie de apoyo. En este caso la aparamenta de maniobra y protección se ubica en el apoyo y el transformador al pie del apoyo en el interior de una envolvente. La instalación bajo envolvente, prefabricada o no, cumplirá con lo dispuesto en la ITC-RAT-14. Dicha envolvente impedirá el acceso a las partes con tensión y elementos de protección y maniobra, evitando que estas sean accesibles desde el exterior.

d) En subestaciones móviles.

3. Condiciones generales

3.1. Vallado

Todo el recinto de los parques destinados a instalaciones señaladas en el párrafo a) del apartado anterior deberá estar protegido por una valla, enrejado u obra de fábrica de una altura k de 2,20 metros como mínimo, medida desde el exterior, provista de señales de advertencia de peligro por alta tensión en cada una de sus orientaciones, con objeto de advertir sobre el peligro de acceso al recinto a las personas ajenas al servicio.

La construcción del vallado debe ser adecuada para disuadir de su escalada.

3.2. Clases de instalaciones

Las instalaciones dentro del recinto vallado de los parques pueden comprender equipos de intemperie, así como conjuntos prefabricados. Igualmente pueden existir edificios destinados a instalaciones de alta tensión de tipo interior.

Las instalaciones de exterior podrán incluir transformadores de potencia protegidos parcialmente por paredes o techo, siempre que estas protecciones no lleguen a constituir una envolvente.

3.3. Terreno

El terreno deberá ser explanado en uno o varios planos, debiendo protegerse para evitar la emanación del polvo, utilizando para ello los medios que se consideran convenientes: suelo de grava, césped, asfáltico, hormigón, u otros análogos.

Deberán tomarse precauciones para evitar encharcamientos de agua en la superficie del terreno, dando una pendiente al suelo o estableciendo un sistema de drenaje adecuado, cuando sea necesario.

Igualmente se deberán tomar disposiciones de drenaje en el caso de emplear canales y conductos de cables, tanto de potencia como de mando, señalización, control, comunicaciones u otros.

3.4. Condiciones atmosféricas

3.4.1. Deberán tenerse en cuenta las condiciones atmosféricas del lugar donde se prevea el emplazamiento de la instalación a efectos de la influencia de la temperatura, hielo, viento, humedad, contaminación, etc., sobre el equipo y demás elementos que componen la instalación.

3.4.2. Los efectos de la temperatura, del hielo y del viento se tendrán en cuenta, tanto por lo que se refiere a los esfuerzos que provoquen sobre los elementos de las instalaciones, como por las vibraciones que en algunos elementos pudieran producirse, así como por la dificultad de sus maniobras. Los esfuerzos correspondientes se calcularán tomando como base lo que a estos efectos señalan el Reglamento sobre Condiciones Técnicas y Garantías de Seguridad en Líneas Eléctricas de Alta Tensión y las normas aplicables incluidas en la ITC-RAT-02.

3.5. Protección contra la corrosión

Se tomarán medidas contra la corrosión que pueda afectar a los elementos metálicos por su exposición a la intemperie, debiendo utilizarse protecciones adecuadas, tales como galvanizado, pintura u otros recubrimientos.

3.6. Conducciones y almacenamiento de fluidos combustibles

3.6.1. Las conducciones de fluidos combustibles, cuyas posibles averías puedan originar escapes de fluido que, por sus características puedan dar lugar a la formación de atmósferas con riesgo de incendio o explosión, cumplirán los reglamentos específicos que les sean de aplicación, deberán estar alejadas de las canalizaciones eléctricas de alta tensión, prohibiéndose terminantemente la colocación de ambas en una misma atarjea o galería de servicio.

3.6.2. El almacenamiento de fluidos combustibles se situará en lugares específicamente habilitados a tal efecto, fuera del paso habitual de personal, y se tendrán en cuenta los requisitos exigidos en los Reglamentos que les afecten.

3.6.3. En el almacenamiento y manipulación de fluidos combustibles se preverán las medidas necesarias para minimizar el impacto ambiental de derrames o fugas accidentales.

3.7. Conducciones y almacenamiento de agua

Las conducciones y depósitos de almacenamiento de agua se instalarán suficientemente alejados de los elementos en tensión de tal forma que su rotura no pueda provocar averías en las instalaciones eléctricas. A estos efectos, se recomienda disponer las conducciones principales de agua en un plano inferior a las canalizaciones de energía eléctrica, especialmente cuando estas se construyan a base de conductores desnudos sobre aisladores.

Quedan exentos del cumplimiento de estos requisitos las instalaciones necesarias para el sistema de extinción de incendios de la propia instalación eléctrica.

3.8. Alcantarillado

La red general de alcantarillado, si existe, deberá estar situada en un plano inferior al de las instalaciones eléctricas subterráneas, pero si por causas especiales fuera necesario disponer en un plano inferior alguna parte de la instalación eléctrica, se adoptarán las disposiciones adecuadas para proteger a esta de las consecuencias de cualquier tipo de filtración.

3.9. Canalizaciones

Para las canalizaciones se aplicará lo establecido en el apartado 5 de la ITC-RAT-05.

3.10. Protección contra sobretensiones transitorias

En general, las instalaciones de 1.ª, 2.ª y categoría especial situadas en el exterior, en los parques a que se refiere el párrafo a) del apartado 1 de esta instrucción, deberán estar protegidas contra los efectos de las posibles descargas de rayos directamente sobre las mismas o en sus proximidades. Para esta protección se podrán emplear, por ejemplo, conductores de tierra situados por encima de las instalaciones, o pararrayos atmosféricos debidamente distribuidos en función de sus características.

Se utilizarán pararrayos para la protección contra sobretensiones de transformadores, reactancias y aparatos similares, o en su defecto se realizará un estudio de coordinación de aislamiento para determinar la ubicación de los pararrayos en la instalación. En función del estudio de coordinación de aislamiento se utilizarán también estos dispositivos en las entradas de líneas. Los pararrayos cumplirán con la normativa aplicable según la ITC-RAT-02.

NOTA

Sistemas utilizados para la protección externa contra el rayo

En la actualidad los sistemas utilizados para la protección externa del rayo son:

- **Punta Franklin.** Su misión es provocar la excitación atmosférica por encima de cualquier otro punto de la estructura a proteger, para aumentar la probabilidad que la descarga incida en su zona de influencia y derivar a tierra la corriente de rayo.
- **Tendido.** Es una protección formada por uno o por múltiples conductores aéreos situados sobre la estructura a proteger. Los conductores se deberán unir a tierra mediante aterrizadores en cada uno de sus extremos. El área protegida es la formada por el conjunto de conductores aéreos.
- **Jaula de Faraday.** El sistema está formado por el conjunto de puntas captadoras unidas entre sí por un cable conductor, formando una malla derivada a tierra mediante una red de conductores.

Sistema de puntas Franklin

Sistema de tendido

Figura 15.1. *Protección externa contra el rayo en una subestación eléctrica.*

NOTA

- **Nivel del riesgo de impacto de un rayo y cálculo del nivel de protección**

  En este apartado se indica un ejemplo de la evaluación del riesgo de impacto de un rayo y del cálculo del nivel de protección de una subestación eléctrica.

  - **Datos de emplazamiento:**

    Para aplicar el cálculo del nivel de protección, se estima unas dimensiones estándar para una subestación eléctrica.

    En función de las dimensiones, ubicación y características de la subestación, los parámetros pueden verse modificados, afectando al nivel de protección.

  - **Evaluación del riesgo de impacto de un rayo y cálculo del nivel de protección:**

    Los parámetros que afectan al cálculo de nivel de protección son los siguientes:

Medidas de la estructura	
Longitud	
Anchura	
Altura	

Características de la estructura		
Riesgo de incendio y daños físicos	***rf***	**Factor reductor en función del riesgo de que una descarga provoque un incendio en la estructura**
	1	**Explosivo.** Estructura que contiene abundante material explosivo.
	0,1	**Riesgo alto.** Estructura de material altamente combustible (entoldado, techo de paja, etc.).
	0,01	**Riesgo normal.** Estructura de material en su mayoría combustible (madera).
	0,001	**Riesgo bajo.** Estructura con poco material combustible.
	0	**Ninguno.** No se aprecia riesgo de incendio.
Eficacia del apantallamiento de la estructura física	***Ks1***	**Eficacia del apantallamiento de la estructura externa, el SPCR, u otras pantallas en el límite de la zona de protección LPZ0/1**
	1	**Escasa.** Estructura de ladrillo, mampostería, o materiales de construcción no conductores, o sin bajantes.
	0,15	**Media.** Estructura de hormigón armado.
	0,01	**Buena.** Estructura de metal o recubierta de una malla metálica o con paneles de hormigón armado.

SPCR (sistema de protección contra el rayo). Sistema completo empleado para reducir los daños físicos por las descargas de rayos en una estructura. Consiste en la protección contra el rayo tanto interno como externo.
LPZ (zona de protección contra el rayo). Zona en la que está definido el ambiente electromagnético. Los límites entre las LPZ no son necesariamente los límites físicos (por ejemplo, paredes, techos y suelos).

Influencias ambientales		
Factor de localización	***Cd***	**Situación relativa de la estructura. Factor de altura basado en la topografía y en la altura relativa de la estructura u objetos próximos**
	0,25	Estructura situada junto a edificios o árboles más altos.
	0,5	Estructura situada junto a edificios o árboles de la misma altura o más bajos.
	1	Estructura aislada sin otras estructuras o árboles alrededor a una distancia de, como mínimo, 3 veces la altura de la estructura.
	2	Estructura aislada sobre colina o promontorio.
N.° de días de tormenta al año	***Td***	**Se utiliza para computar la densidad anual equivalente de impactos sobre el terreno**
	Ng	$Ng = 0{,}1 \cdot Td$

Línea eléctrica		
Tipo de línea de suministro eléctrico	**Cómo llega la línea a la estructura**	
	Aérea. La distribución eléctrica llega al edificio a través de cable aéreo.	
	Enterrado. La distribución eléctrica llega al edificio a través de cable enterrado.	
	No llega. Ningún tipo de suministro.	
Factor ambiente	**Ce**	**Factor ambiente**
	0	Edificios altos situados en casco urbano (altura > 20 m).
	0,1	Edificios situados en casco urbano (altura entre 10 m y 20 m).
	0,5	Estructuras situadas en polígonos industriales, zonas residenciales, situadas a las afueras del núcleo urbano.
	1	Estructuras situadas en zona rural.

Línea eléctrica		
Factor del transformador	***Ct***	**La existencia de un transformador MT/BT en la estructura influye en el riesgo de sobretensiones en las líneas eléctricas**
	0,2	Eficacia del transformador.
	1	Sin transformador.
Tipo de cable de suministro eléctrico	***PLDO***	**Probabilidad de que un impacto directo, o indirecto de rayo, que incida sobre la línea de suministro, cause fallos de los equipos eléctricos o electrónicos**
	0,4/0,2	**Apantallado.** Cable totalmente apantallado o cable en conducto metálico (unido a tierra en ambos lados).
	1	**Sin pantalla.** O con conducto metálico no unido a tierra.
Eficacia del tipo de cable interno	***Ks3***	**Probabilidad de que el rayo pueda causar una descarga peligrosa o sobretensión en función del cableado interior de la estructura**
	0,001	**Apantallado.** Cables con pantallas continuas o cables en conductos metálicos (conectados a tierra en ambos lados).
	1	**Sin pantalla.** Y sin preocupaciones especiales en su conducción.

Tipo 1. Pérdidas de vidas humanas		
Factor de peligrosidad especial	***hz1***	**Factor amplificador según la cantidad relativa de daños causados por riesgos especiales**
	1	Sin daño especial: 1.
	2	Nivel bajo de pánico (por ejemplo, estructuras destinadas a eventos culturales o deportivos con un número de personas inferior a 100).
	5	Nivel medio de pánico (por ejemplo, estructuras destinadas a eventos culturales o deportivos con un número de personas entre 100 y 1000) o edificios con dificultad de evacuación (por ejemplo, estructuras con personas invalidas, hospitales, residencias).
	10	Nivel alto de pánico (por ejemplo, estructuras destinadas a eventos, culturales o deportivos con un número de personas superior a 1000).
	20	Riesgo para el ambiente y alrededores.
	50	Contaminación de los alrededores o del ambiente.

Tipo 1. Pérdidas de vidas humanas		
Factor de pérdidas por incendio	***Lf1***	**Factor de pérdidas humanas a causa de un incendio. Este factor está relacionado con la ocupación y el tiempo que permanecen las personas en el establecimiento**
	0,01	Otro tipo de edificios.
	0,02	Centros de ocio, museos, iglesias.
	0,05	Edificios industriales, comerciales, escuelas, oficinas.
	0,1	Hospitales, hoteles, edificios públicos.
Factor de pérdidas por sobretensiones	***Lo1***	**Factor de pérdidas humanas a causa de sobretensiones. Este factor está relacionado con la ocupación y el tiempo que permanecen las personas en el establecimiento**
	0	No aplica. Estructuras sin sistemas eléctricos críticos (por ejemplo, vivienda unifamiliar).
	0,001	Establecimientos con equipamiento vital (por ejemplo, hospitales).
	0,1	Estructuras con riesgo de explosión.
Factor de pérdidas de vidas humanas por tensiones de paso y contacto	***Lt1***	**Factor de pérdidas de vidas humanas por tensiones de paso y de contacto**
	0,0001	Todo tipo de estructuras con personas en el interior.
	0,01	Todo tipo de estructuras con personas en el interior y en el exterior del edificio.
Tipo 2. Pérdidas de servicios esenciales		
Factor de pérdidas de servicios esenciales por incendio	***Lf2***	**Este factor solo se aplica a edificios que ofrecen servicios públicos**
	0	La estructura no está relacionada con ningún servicio especial.
	0,01	Radio, TV, comunicaciones, suministro eléctrico, ferrocarril.
	0,1	Suministro de gas y agua.

Tipo 2. Pérdidas de servicios esenciales		
Factor de pérdidas de servicios esenciales por sobretensiones	***Lo2***	**Este factor solo se aplica a edificios que ofrecen servicios públicos**
	0	La estructura no está relacionada con ningún servicio esencial.
	0,001	Radio, TV, comunicaciones, suministro eléctrico, ferrocarril.
	0,01	Suministro de gas y agua.
Tipo 3. Pérdidas de patrimonio cultural		
Factor de pérdidas por incendios	***Lf3***	**Pérdida de patrimonio cultural debido a incendios. Este factor se aplica a estructuras de significante valor cultural o patrimonial**
	0	Sin valor histórico o patrimonial.
	0,1	Museos, monumentos, bienes patrimoniales.
Tipo 4. Pérdidas económicas		
Factor de riesgos especiales	***hz4***	**Factor incremental para situaciones en las que existen riesgos medioambientales**
	1	Sin riesgo especial.
	20	Riesgo para el medioambiente y alrededores de la estructura.
	50	Contaminación del medioambiente y alrededores de la estructura.
Factor de pérdidas por incendios	***Lf4***	**Pérdidas económicas debidas a incendios. Este factor está relacionado con el valor monetario de las posibles pérdidas comparado con el valor monetario total de la estructura, su contenido y actividades**
	0,1	Otras estructuras.
	0,2	Hoteles, escuelas, oficinas, iglesias, centros de ocio, prisiones.
	0,5	Hospitales, edificios industriales, museos, propiedades agrarias.

Tipo 4. Pérdidas económicas		
Factor de pérdidas por sobretensiones	***Lo4***	**Pérdidas económicas debidas a sobretensiones. Este factor está relacionado con el valor monetario de las posibles pérdidas comparado con el valor monetario total de la estructura, su contenido y actividades**
	0,0001	Otras estructuras.
	0,001	Museos, propiedades agrícolas, escuelas, iglesias, prisiones, centros de ocio.
	0,01	Hospitales, edificios industriales, oficinas, hoteles.
	0,1	Estructura con riesgo de explosión.
Factor de daños potenciales por tensiones de paso y contacto	***Lt4***	**Pérdidas económicas debidas a tensiones de paso y contacto, dentro del edificio y fuera hasta 3 m de distancia de la estructura. Este factor es aplicable a propiedades agrarias con animales dentro o fuera de la estructura**
	0	No aplica.
	0,0001	Existen animales dentro de la estructura.
	0,01	Existen animales dentro y fuera de la estructura.

Medidas de protección		
Eficacia del SPCR en la estructura	***PB***	**Probabilidad de que una descarga en la estructura produzca daños físicos**
	1	Estructura no protegida por un SPCR.
	0,2	Estructura protegida por un SPCR de nivel de protección IV.
	0,1	Estructura protegida por un SPCR de nivel de protección III.
	0,05	Estructura protegida por un SPCR de nivel de protección II.
	0,02	Estructura protegida por un SPCR de nivel de protección I.

Medidas de protección		
Factor reductor del riesgo en la estructura	***rp***	**Medidas de protección tomadas para reducir las consecuencias del fuego. En estructuras con riesgo de explosión debe tomarse *rp* = 1 en todos los casos, independientemente de las medidas contra incendio**
	1	**Ninguna.** Sin medidas de protección contra incendios.
	0,5	**Manuales.** Extintores, alarmas manuales, compartimentos ignífugos.
	0,2	**Automatizadas.** Sistemas de rociado automáticos, materiales ignífugos, alarmas contra incendios protegidas con protectores.
Factor de protección contra sobretensiones	***PSPD***	**Probabilidad de que una descarga en una estructura produzca fallos en los sistemas internos**
	1	**Sin protección.** Sin ninguna medida de protección contra sobretensiones.
	0,03	**Protección entrada línea de servicios.** Sistema provisto de protectores en la entrada de las líneas de servicio cumpliendo los criterios de equipotencialización de la IEC 62305-3.
	0,01	**Protección coordinada.** Sistemas provistos de protección completa y coordinada según IEC 62305-4.
Medidas de protección complementarias	***PA***	**Probabilidad de que un impacto directo sobre la estructura produzca daños en los seres vivos**
	1	Sin medidas de protección.
	0,01	Aislamiento eléctrico de los conductores expuestos (por ejemplo, 3 mm de polietileno reticulado).
	0,01	Equipotencialización efectiva del terreno.
	0,1	Sistemas de aviso.

EJEMPLO DE APLICACIÓN 1

En este apartado se muestra un ejemplo del cálculo del riesgo de daños en una subestación eléctrica, situada en Lugo (Galicia, España).

Este ejemplo ha sido realizado por la compañía INGESCO LIGHTNING SOLUTIONS, que es especialista en soluciones integrales contra el rayo.

El proceso de la determinación del riesgo de daños en dicha subestación eléctrica es el siguiente:

- Dimensiones de la estructura:
  - Longitud de la estructura *L* (m): 50.
  - Anchura de la estructura *W* (m): 20.
  - Altura del plano del tejado *h* (m): 13.
  - Altura del mayor saliente del tejado *h'* (m): 0.
  - Área de captura equivalente A_d (m^2): 11 238,3624.
- Características de la estructura:
  - Riesgo de incendio y daños físicos *(rf):* 0,001.
  - Eficacia del apantallamiento de la estructura *Ks1:* 0,01.
- Influencias ambientales:
  - Situación estructura *Cd:* 1.
  - Número de días de tormenta *td:* 20.
  - Densidad anual equivalente de rayos *Ng:* 2.
- Líneas de conducción eléctrica:
  - Línea que llega a la estructura: cable aéreo.

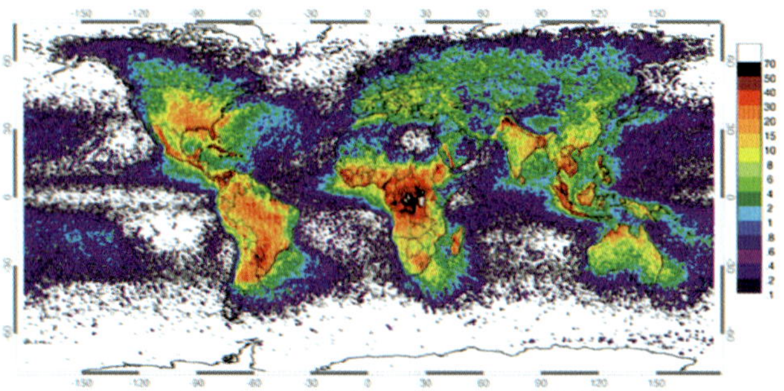

High Resolution Full Climatology Annual Flash Rate
Global distribution of lightning April 1995-February 2003 from the combined observations of the NASA OTD (4/95-3/00) and LIS (1/98-2/03) instruments

Figura 15.2 a). *Distribución y número de tormentas.*

- Factor ambiental *Ce:* residencial.
- Existencia de transformador MT/BT *(Ct):* transformador.
- Tipo de cable externo *PLDO:* apantallado.
- Tipo de cable interno *Ks3:* apantallado

- Otros servicios:
  - Tipo de cable externo: *PLD1*. No aplica.
  - Tipo de cable externo: *PLD2*. No aplica.

- Tipos de pérdidas:
  - Tipo 1. Pérdidas de vidas humanas.
    - Riesgos especiales para la vida *hz*1: 1.
    - Por incendios *Lf*1: 0,01.
    - Por sobretensiones *Lo*1: 0.
    - Por personas en el exterior del edificio *Lt*1: 0,01.
  - Tipo 2. Pérdidas de servicios esenciales:
    - Por incendios *Lf*2: 0,01.
    - Por sobretensiones *Lo*2: 0,001.
  - Tipo 3. Pérdidas de patrimonio cultural:
    - Por incendios *Lf*3: 0.
  - Tipo 4. Pérdidas económicas:
    - Riesgos económicos especiales *hz4:* 1.
    - Por incendios *Lf*4: 0,1.
    - Por sobretensión *Lo*4: 0,0001.
    - Por tensión de paso/contacto *Lt4:* 0.

- Medidas de protección:
  - Clase de *SPCR (PB):* nivel IV.
  - Protección contra incendios *rp:* sistemas automáticos.
  - Protección contra sobretensiones *PSPD*: coordinadas según IEC 62305-4.
  - Medidas de protección complementarias *PA*: sin medidas de protección adicionales.

- Resultados de las aéreas de captura y frecuencia anual de sucesos peligrosos:
  - Área de captura equivalente A_d (m^2): 11 238,3624.
  - Valor medio anual de sucesos peligrosos en una estructura: 0,0225.
  - Superficie de captura de descargas cercanas a la estructura: 232349,5408.
  - Densidad de descargas atmosféricas a tierra: 0,4422.

– Superficie de captura de las descargas que impactan en las líneas de servicio: 21 487,96.
– Superficie de captura de las descargas que impactan cerca de las líneas de servicio: 559 016,99.
– Valor medio anual de descargas en una línea de servicio: 0,0086.

- Cálculo del riesgo:
  – Tipo 1. Pérdidas de vidas humanas:

$$R_1 = R_{A1} + R_{B1} + R_{C1} + R_{M1} + R_{U1} + R_{V1} + R_{W1} + R_{Z1}$$

R_{A1}	Riesgo de daños en seres vivos, dentro y fuera de una estructura, producidos por impactos directos de un rayo sobre la estructura.	2.247672e-06
R_{B1}	Riesgo de daños físicos por incendio, en una estructura, a causa de impactos directos de un rayo sobre la estructura.	8.991e-09
R_{C1}	Riesgo de fallos en los sistemas internos a causa de impactos directos de un rayo sobre la estructura.	0.0
R_{M1}	Riesgo de fallos en los sistemas internos a causa de impactos indirectos de un rayo sobre la estructura.	0.0
R_{U1}	Riesgo de daños en seres vivos dentro y fuera de una estructura, producidos por impactos directos de un rayo en las líneas de servicio.	1.3838e-08
R_{V1}	Riesgo de daños físicos por incendio a causa de impactos directos de un rayo en las líneas de servicio.	2.77e-10
R_{W1}	Riesgo de fallos en los sistemas internos a causa de impactos directos de un rayo en las líneas de servicio.	0.0
R_{Z1}	Riesgo de fallos en los sistemas internos a causa de impactos indirectos de un rayo en las líneas de servicio.	0.0

  – Tipo 2. Pérdidas de servicios esenciales

$$R_2 = R_{B2} + R_{C2} + R_{M2} + R_{V2} + R_{W2} + R_{Z2}$$

R_{B2}	Riesgo de daños físicos por incendio, en una estructura, a causa de impactos directos de un rayo sobre la estructura.	8.991e-09
R_{C2}	Riesgo de fallos en los sistemas internos a causa de impactos directos de un rayo sobre la estructura.	2.24767e-07
R_{M2}	Riesgo de fallos en los sistemas internos a causa de impactos indirectos de un rayo sobre la estructura.	4.422224e-06
R_{V2}	Riesgo de daños físicos por incendio a causa de impactos directos de un rayo en las líneas de servicio.	2.77e-10
R_{W2}	Riesgo de fallos en los sistemas internos a causa de impactos directos de un rayo en las líneas de servicio.	1.38384e-07
R_{Z2}	Riesgo de fallos en los sistemas internos a causa de impactos indirectos de un rayo en las líneas de servicio.	1.861616e-06

– Tipo 3. Pérdidas de patrimonio cultural:

$$R_3 = R_{B3} + R_{v3}$$

R_{B3}	Riesgo de daños físicos por incendio, en una estructura, a causa de impactos directos de un rayo sobre la estructura.	0.0
R_{v3}	Riesgo de daños físicos por incendio a causa de impactos directos de un rayo en las líneas de servicio.	0.0

– Tipo 4. Pérdidas económicas:

$$R_4 = R_{A4} + R_{B4} + R_{C4} + R_{M4} + R_{U4} + R_{V4} + R_{W4} + R_{Z4}$$

R_{A4}	Riesgo de daños en seres vivos, dentro y fuera de una estructura, producidos por impactos directos de un rayo sobre la estructura.	0.0
R_{B4}	Riesgo de daños físicos por incendio, en una estructura, a causa de impactos directos de un rayo sobre la estructura.	8.9907e-08
R_{C4}	Riesgo de fallos en los sistemas internos a causa de impactos directos de un rayo sobre la estructura.	2.2477e-08
R_{M4}	Riesgo de fallos en los sistemas internos a causa de impactos indirectos de un rayo sobre la estructura.	4.42222e-07
R_{U4}	Riesgo de daños en seres vivos dentro y fuera de una estructura, producidos por impactos directos de un rayo en las líneas de servicio.	0.0
R_{V4}	Riesgo de daños físicos por incendio a causa de impactos directos de un rayo en las líneas de servicio.	2.768e-09
R_{W4}	Riesgo de fallos en los sistemas internos a causa de impactos directos de un rayo en las líneas de servicio.	1.3838e-08
R_{Z4}	Riesgo de fallos en los sistemas internos a causa de impactos indirectos de un rayo en las líneas de servicio.	1.86162e-07

Tipos	Riesgo tolerable *(Rt)*	Riesgo directo *(Rd)*	Riesgo indirecto *(Ri)*	Riesgo *(R)*
Tipo 1. Pérdidas de vidas humanas	1.0e-05	2.0e-06	0.0	2.0e-06
Tipo 2. Pérdidas de servicios esenciales	0.001	0.0	6.0e-06	6.0e-06
Tipo 3. Pérdidas de patrimonio cultural	0.001	0.0	0.0	0.0
Tipo 4. Pérdidas económicas	0.001	0.0	1.0e-06	1.0e-06

Rt: valor máximo de riesgo que puede admitirse para la estructura a proteger.
R: valor relativo de una pérdida anual media probable.

A partir del cálculo teórico para una subestación convencional estándar, el nivel de protección es IV.

El nivel de protección mínimo es IV. Este nivel es función de la característica específica de la instalación y de los parámetros establecidos por el proyectista.

- Modelo de protección:

Una vez tenemos calculado el nivel de protección, aplicaremos dos modelos recogidos por la normativa UNE-62305-3 para justificar la protección de las estructuras.

Existen tres modelos de protección:

- El método del ángulo de protección.
- El método de la esfera rodante.
- El método de la malla.

Para este caso, los dos modelos más adecuados son el de ángulo de protección y el de la esfera rodante. Para cada método y nivel de protección se nos presentan los diferentes radios de la esfera, tamaño de la malla y ángulo de protección.

Los valores máximos del radio de la esfera rodante, del tamaño de la malla y del ángulo de protección para clase de SPCR se indican en la tabla siguiente:

Clase de *SPCR*	Método de protección		
	Radio de la esfera rodante *(r)*, m	Tamaño de la malla *(Wm)*, m	Ángulo de protección (a^0)
I	20	5 x 5	Ver figura en el método de ángulo de protección (Figura 15.2c)
II	30	10 x 10	
III	45	15 x 15	
IV	60	20 x 20	

- Método de la esfera rodante:

  Para aplicar el método de la esfera rodante, es necesario dibujar una circunferencia con radio acorde al nivel de protección, para este caso, de 60 metros (nivel IV).

  Tal como se muestra en las siguientes figuras, colocamos las puntas Franklin en las zonas más altas y comprobamos que la esfera rodante no toque ningún punto de la estructura a proteger. Si la esfera tocara en algún punto, se tendría que solventar mediante más puntas para evitar el contacto.

- Método del ángulo de protección:

  Para aplicar el método del ángulo de protección, es necesario consultar el gráfico de la Figura 15.2c), donde en función de la altura y el nivel de protección, obtenemos un ángulo de protección. La altura para este caso se mediría desde la punta del cabezal hasta donde se encuentra el primer cable que queremos proteger (unos 4,5 metros aproximadamente).

  En la Figura 15.2c) para una altura de 4,5 metros y nivel IV de protección, obtenemos un ángulo de 75°, aproximadamente.

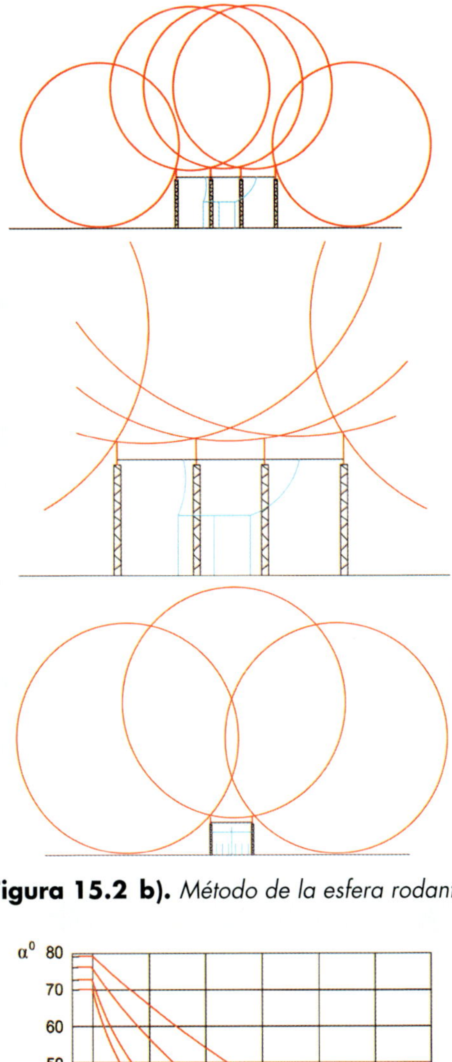

Figura 15.2 b). *Método de la esfera rodante.*

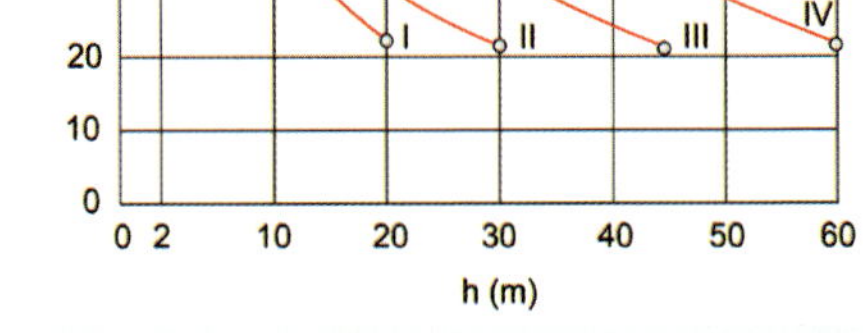

Figura 15.2 c). *Ángulos de protección correspondientes a las clases de los SPCR.*

Nota 1: no es aplicable para valores superiores a los marcados con ○. En estos casos solo se aplican los métodos de la esfera rodante y el de la malla.

Nota 2: *h* es la altura del captador por encima del plano de referencia de la zona a proteger.

Nota 3: el ángulo de protección no cambia para valores de *h* inferiores a 2 m.

Tal como se muestra en la Figura 15.3, por cada punta y en función del nivel de protección, ofrece un ángulo. Si quedara alguna zona desprotegida, se solventaría mediante más puntas o aumentando la diferencia de altura.

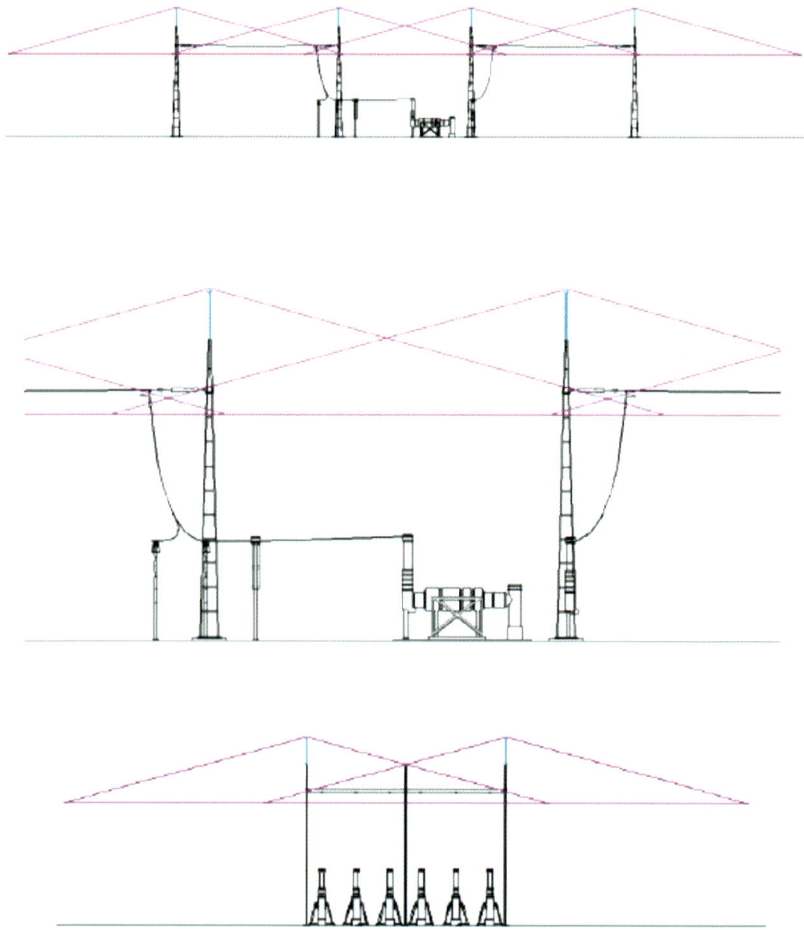

Figura 15.3. *Método del ángulo de protección.*

3.11. Centros de transformación en el interior de los parques de alta tensión

En las subestaciones donde se encuentran instalados centros de transformación queda prohibida la salida de líneas de baja tensión al exterior del recinto de estos parques salvo que se cumplan alguna de las condiciones siguientes:

a) Que los puntos alimentados tengan una red de tierra de protección común con la del parque de alta tensión, de forma que se consiga equipotencialidad entre las tierras.

b) Que la alimentación se realice a través de transformadores de aislamiento, en cuyo caso el secundario de estos transformadores no tendrá conexión alguna con tierra o estará conectado a la tierra de la instalación receptora.

3.12. Cuadros y pupitres de control

Los cuadros y pupitres de control de las instalaciones de alta tensión estarán situados en lugares de amplitud, refrigeración e iluminación adecuados, que cumplirán lo especificado en la ITC-RAT-10.

Se podrán instalar armarios de protección y control a la intemperie, próximos a la aparamenta a la que están asociados, siempre que incorporen las medidas adecuadas de protección contra los efectos atmosféricos.

3.13. Cuadros de distribución para BT en centros de transformación de distribución pública

Los cuadros deberán cumplir los requisitos establecidos en la ITC-RAT-14, excepto en el grado de protección mínimo que será IP 34D según UNE-20324. (Nota: anulada por UNE-EN 60529).

Cuando el cuadro se instale a una altura inferior a 2,5 m y resulte accesible a personal no autorizado el índice de protección contra impactos será IK 10 según UNE-EN-50102.

3.14. Interruptores de aceite o de otros líquidos inflamables maniobrados localmente

Los interruptores de aceite o de otros líquidos dieléctricos inflamables, sean o no automáticos, cuya maniobra se efectúe localmente y que no estén instalados sobre apoyos, dispondrán de envolventes o tabiques de material incombustible con una clase de reacción al fuego A1, según la clasificación europea de los productos para la construcción y mecánicamente resistente, con objeto de proteger al operario y al público en general, contra los efectos de una posible proyección de líquido o explosión en el momento de la maniobra.

3.15. Limitación de los campos magnéticos en la proximidad de instalaciones de alta tensión

En el diseño de las instalaciones de alta tensión se adoptarán las medidas adecuadas para minimizar, en el exterior de las instalaciones de alta tensión, los campos electromagnéticos creados por la circulación de corriente a 50 Hz en los diferentes elementos de las instalaciones cuando dichas instalaciones de alta tensión se encuentren próximas a edificios de otros usos.

La comprobación de que no se supera el valor establecido en el Real Decreto 1066/2001, de 28 de septiembre, por el que se aprueba el Reglamento que establece condiciones de protección del dominio público radioeléctrico, restricciones a las emisiones radioeléctricas y medidas de protección sanitaria frente a emisiones radioeléctricas, se realizará mediante los cálculos para el diseño correspondiente, antes de la puesta en marcha de las instalaciones que se ejecuten siguiendo el citado diseño y en sus posteriores modificaciones cuando estas pudieran hacer aumentar el valor del campo magnético. Dichas comprobaciones se harán constar en el proyecto técnico previsto en la ITC-RAT-20.

Con objeto de verificar que en la proximidad de las instalaciones de alta tensión no se sobrepasan los límites máximos admisibles, la Administración Pública competente podrá requerir al titular de la instalación que se realicen las medidas de campos magnéticos por organismos de control habilitados o laboratorios acreditados en medidas magnéticas. Las medidas deben realizarse en condiciones de funcionamiento con carga, y referirse al caso más desfavorable, es decir, a los valores máximos previstos de corriente.

3.16. Limitación del nivel de ruido emitido por instalaciones de alta tensión

Con objeto de limitar el ruido originado por las instalaciones de alta tensión, estas se dimensionarán y diseñarán de forma que los índices de ruido medidos en el exterior de las instalaciones se ajusten a los niveles de calidad acústica establecidos en el Real Decreto 1367/2007, de 19 de octubre, por el que se desarrolla la Ley 37/2003, de 17 de noviembre, del Ruido, en lo referente a zonificación acústica, objetivos de calidad y emisiones acústicas.

Con objeto de verificar que en la proximidad de las instalaciones de alta tensión no se sobrepasan los límites máximos admisibles, la Administración Pública competente podrá realizar, por control estadístico o a petición de parte interesada, inspecciones con sus propios medios o delegar dichas mediciones en organismos de control habilitados o laboratorios acreditados en medidas de ruido.

4. Pasillos y zonas de protección

4.1. Pasillos de servicio

4.1.1. Para la anchura de los pasillos de servicio es válido lo dicho en el apartado 6.1.1 de la ITC-RAT-14.

4.1.2. Los elementos en tensión no protegidos que se encuentran sobre los pasillos deberán estar a una altura mínima *H* sobre el suelo, medida en centímetros, igual a:

$$H = 250 + d$$

siendo *d* la distancia expresada en centímetros de las Tablas 1, 2 y 3 de la ITC-RAT-12, dadas en función de la tensión soportada nominal a impulsos tipo rayo adoptada por la instalación.

De la Tabla 3 de dicha ITC-RAT-12 se tomarán los valores indicados en la columna «Conductor-estructura».

En la determinación de esta distancia, se tendrá en cuenta la flecha máxima, por acumulación de nieve o por otros factores que pudieran reducir la distancia de seguridad, tomando como referencia lo indicado en el Reglamento sobre Condiciones Técnicas y Garantías de Seguridad en Líneas de Alta Tensión.

4.1.3. En las zonas donde se prevea el paso de aparatos o máquinas deberá mantenerse una distancia mínima entre los elementos en tensión y el punto más alto de aquellos, no inferior a:

$$T = d + 10$$

con un mínimo de 50 cm. Se señalizará la altura máxima permitida para el paso de los aparatos o máquinas.

4.1.4. En cualquier caso, los pasillos de servicio estarán libres de todo obstáculo hasta una altura de 250 cm sobre el suelo.

4.1.5. En las zonas accesibles, la parte más baja de cualquier elemento aislante, por ejemplo, el borde superior de la base metálica de los aisladores estará situado a la altura mínima sobre el suelo de 230 cm (ver Figuras 2, 3 y 4). En el caso en que dicha altura sea menor de 230 cm será necesario establecer sistemas de protección, tal como se indica en el apartado 4.2 (ver Figuras 1 y 5).

4.2. Zonas de protección contra contactos accidentales en el interior del recinto de la instalación

4.2.1. Los sistemas de protección que deban establecerse guardarán unas distancias mínimas medidas en horizontal a los elementos en tensión que se respetarán en toda zona comprendida entre el suelo y una altura de 200 cm que, según el sistema de protección elegido y expresadas en centímetros, serán:

1.° De los elementos en tensión a paredes macizas de 180 cm de altura mínima:

$$B = d + 3$$

2.° De los elementos en tensión a enrejados de 180 cm de altura mínima:

$$C = d + 10$$

3.° De los elementos en tensión a cierres de cualquier tipo (paredes macizas, enrejados, barreras, etc.) con una altura que en ningún caso podrá ser inferior a 100 cm:

$$E = d + 30, \text{ con un mínimo de } 125 \text{ cm.}$$

4.° Para barreras no rígidas y enrejados los valores de las distancias de seguridad en el aire deben incrementarse para tener en cuenta cualquier posible desplazamiento de la barrera o enrejado.

siendo *d* el mismo valor definido en el apartado 4.1.2 de esta instrucción.

La cuadrícula del enrejado, cuando la hubiere, será como máximo de 50 x 50 mm.

Para la aplicación de estos valores se tendrá en cuenta lo indicado en el apartado 6.2.2 de la ITC-RAT-14.

4.2.2. Teniendo en cuenta estas distancias mínimas, así como la altura libre en las zonas accesibles señaladas en el apartado 4.1.5, la zona total de protección que deberá respetarse entre los sistemas de protección y los elementos en tensión se representará rayada en la Figura 1, aplicándose la distancia de la Tabla 1.

Tabla 1.

Tipo de protección	*X* (cm)	*Y* (cm)
Tabiques macizos	≥ 180	$B = d + 3$
Enrejados	≥ 180	$C = d + 10$
Barreras, tabiques macizos o enrejados	< 180 ≥ 100	$E = d + 30$ (mín. 125)

4.3. Zonas de protección contra contactos accidentales desde el exterior del recinto de la instalación

4.3.1. Para evitar los contactos accidentales desde el exterior del cierre del recinto de la instalación con los elementos en tensión, deberán existir entre estos y el cierre las distancias mínimas de seguridad, medidas en horizontal y en centímetros, que a continuación se indican:

1.° De los elementos en tensión al cierre cuando este es una pared maciza de altura $k < 250 + d$ (cm).

$$F = d + 100 \text{ (Figura 2)}$$

2.° De los elementos en tensión al cierre cuando este es una pared maciza de altura $k \geq 250 + d$ (cm).

$$B = d + 3 \text{ (Figura 3)}$$

3.° De los elementos en tensión al cierre cuando este es un enrejado de cualquier altura $k \geq 220$ cm.

$$G = d + 150 \text{ (Figura 4)}$$

La cuadrícula del enrejado será como máximo de 50 x 50 mm.

4.3.2. Si la altura sobre el suelo a la parte más baja de cualquier elemento aislante, por ejemplo, el borde superior de la base metálica de los aisladores, es inferior a 230 cm, no podrán establecerse pasillos de servicio, a no ser que se disponga de una protección situada entre los aparatos y el cierre exterior de la instalación, de modo que se cumpla simultáneamente lo indicado en el apartado 4.2 (Figura 5).

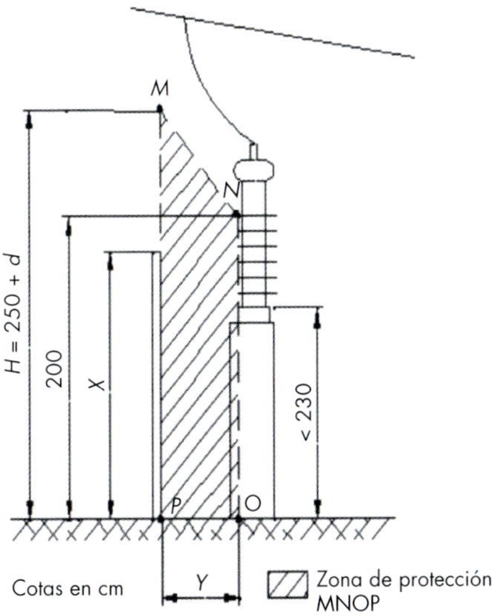

Figura 1.

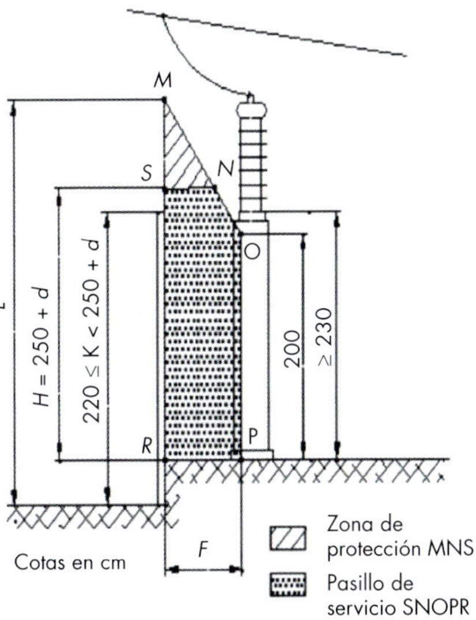

Figura 2.

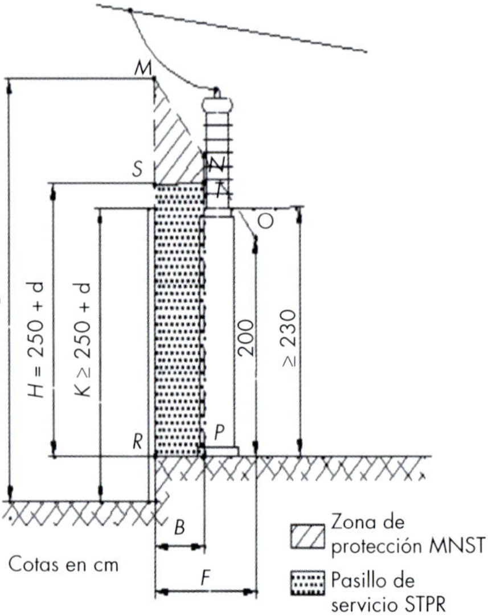

Figura 3.

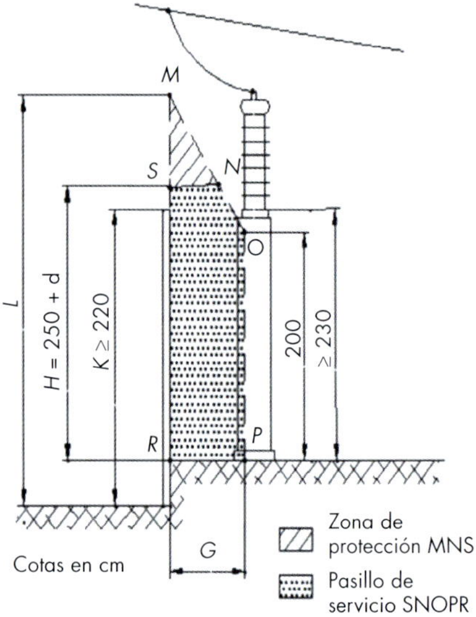

Figura 4.

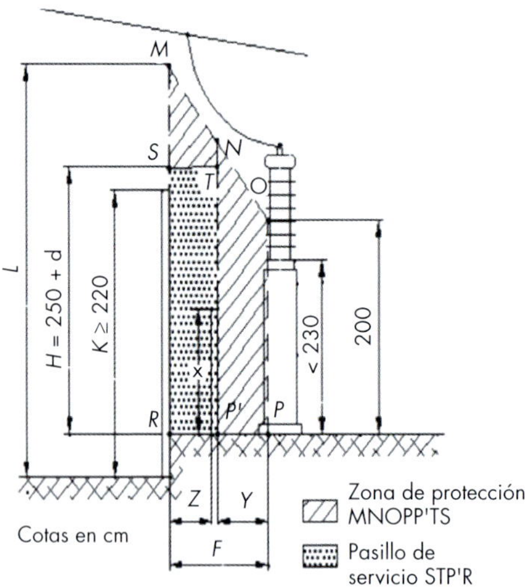

Z = ver apartado 5.1.1 MIE-RAT-14

Figura 5.

4.3.3. Teniendo en cuenta estas distancias mínimas, así como lo indicado a este respecto en las restantes prescripciones de esta Instrucción, las zonas de protección que deberán establecerse entre el cierre y los aparatos o elementos en tensión, se representan rayadas en las Figuras 2, 3, 4 y 5, a modo de ejemplo.

En todas ellas:

a) *L* es la altura mínima que deben tener los conductores sobre el suelo, de acuerdo con el Reglamento sobre Condiciones Técnicas y Garantías de Seguridad en Líneas Eléctricas de Alta Tensión.

b) *X* e *Y* según Figura 1 y aclaraciones del apartado 4.2.2. *Ver* también tabla 1.

c) *Z* es la anchura de pasillo de acuerdo con el apartado 6.1.1 de la ITC-RAT-14.

En cualquier caso, la distancia del aparato al cierre se determinará con la mayor distancia resultante: *F* o *G* o la suma de *Z* + *Y* + espesor del sistema de protección.

5. Instalaciones sobre apoyo o al pie del apoyo

5.1. Apoyos

Los apoyos podrán ser metálicos, de hormigón armado o combinaciones de estos materiales.

Se evitará el empleo de tirantes o vientos que dificulten las maniobras del personal de servicio.

Los apoyos deberán ser calculados teniendo en cuenta los pesos del equipo instalado, además de lo prescrito por el Reglamento sobre Condiciones Técnicas y Garantías de Seguridad en Líneas Eléctricas de Alta Tensión.

5.2. Disposiciones generales y condiciones de instalación

5.2.1. La altura y disposición de los apoyos serán tales que las partes que se encuentren bajo tensión y no estén protegidas contra contactos accidentales se sitúen como mínimo a 5 metros de altura sobre el suelo. La parte inferior de las masas del equipo (cuba de transformador, interruptor, condensadores, etc.) deberá estar situada respecto al suelo a una altura no inferior a 3 metros. En los casos en que no se cumpliesen estas alturas será necesario establecer un cierre de protección de acuerdo con lo prescrito en esta instrucción.

Se dispondrán en lugares visibles de los apoyos, carteles indicadores de peligro y se tomarán las medidas oportunas para dificultar su escalamiento en aquellos lugares que se consideren frecuentados.

5.2.2. Las puestas a tierra de todos los elementos de la instalación se ajustarán lo que establece en la ITC-RAT-13. Se cuidará la protección de los conductores de conexión a tierra en las zonas inmediatamente superior e inferior al nivel del terreno, de modo que queden defendidos contra golpes, robo, etc.

5.2.3. Los dispositivos para la maniobra en la alimentación de los centros de transformación deben disponerse de tal manera que puedan ser maniobrados sin peligro.

Estos dispositivos de seccionamiento se situarán, bien en el propio apoyo del transformador, o bien en un apoyo anterior, en cuyo caso deberán ser visibles desde el centro de transformación. Se admitirá también su instalación en un apoyo anterior, aun cuando no sean visibles desde el centro de transformación, siempre que en el accionamiento del seccionador exista un bloqueo, o bien que su cierre esté concebido de tal forma que requiera la utilización de herramientas especiales y, por tanto, su cierre no sea normalmente factible por personas ajenas al servicio.

Se admitirá un único dispositivo de corte para la maniobra de la alimentación común de varios transformadores, siempre que se cumplan las condiciones anteriores y cuando la potencia del conjunto de los transformadores no sea superior a 400 kVA.

NOTA

Apoyos con elementos de maniobra y protección

En este apartado se analiza una serie de recomendaciones indicadas, por algunas compañías eléctricas, en sus normas particulares.

El primer vano desde el apoyo de entronque hasta el primer apoyo de la derivación será un vano flojo, de menos de 20 metros. El primer apoyo de la derivación será de fin de línea y el apoyo de entronque deberá estar dotado de cadenas de amarre y en caso necesario deberá ser modificado o sustituido por otro.

Cuando no sea posible realizar un vano de menos de 20 metros, el apoyo de entronque deberá ser calculado con las solicitaciones mecánicas que corresponda y en caso necesario deberá ser modificado o sustituido por otro.

Los apoyos con elementos de maniobra y protección deberán situarse en zonas de fácil acceso, permanente y rodado. En todos estos apoyos los elementos de maniobra o protección (seccionadores unipolares, cortacircuitos fusibles de expulsión o cualquier otro) de accionamiento por pértiga aislante, no deberán instalarse a una altura superior a 12 m sobre la rasante del terreno.

- **Conexión a línea aérea**

  En general la conexión a una línea aérea puede ser en derivación en «T» o mediante conexión con entrada y salida.

Respecto a los elementos de maniobra y protección se distinguen tres tipos de conexión:

- Línea aérea derivada de otra línea aérea.
- Línea subterránea derivada de una línea aérea.
- Conexión mediante entrada y salida en línea aérea.

En la Tabla 15.1 se indica, de forma referencial, un resumen de conexión a la línea aérea.

Tabla 15.1. *Conexión a línea aérea (referencial)*

Conexión a línea aérea			
Longitud de la derivación	Potencia instalada (kVA)		
	≤ 250	250 < P ≤ 630	> 630
≤ 1 km	T-fusibles	T-fusibles	E/S-centro de seccionamiento
> 1 km *	T-fusibles	T-OCR	E/S-centro de seccionamiento

T: derivación en «T»
OCR: órgano de corte en red.
E/S: entrada/salida.
P: potencia instalada.
* En caso de derivaciones de longitud elevada y situaciones que puedan originar incidencias frecuentes, se deben instalar reconectadores.

Ejemplos de esquemas de conexión

En este apartado se muestra una serie de esquemas y figuras de conexión a línea aérea. Como indicamos anteriormente se trata de normas particulares de compañía eléctrica.

- Esquema 1. Derivación de línea aérea (I_{cc} < 8 kA); Figuras 15.4 y 15.5.

Figura 15.4. *Instalación eléctrica del esquema (1).*

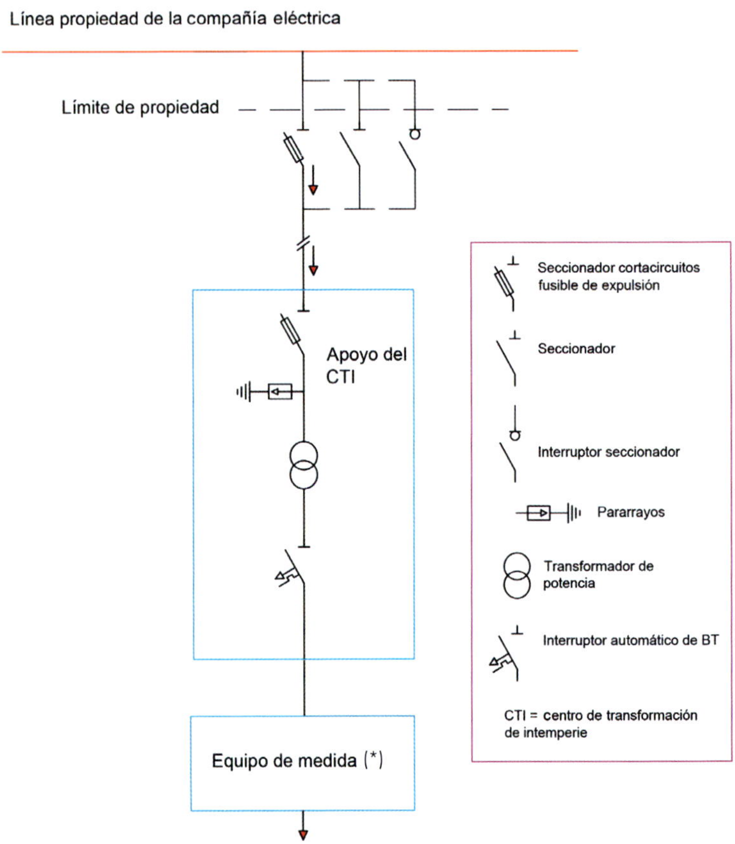

I_{cc}: intensidad de cortocircuito

Los seccionadores cortacircuitos fusibles de expulsión se instalarán en el propio CTI o en el apoyo anterior.

(*) Con tarifa en AT deberá aplicarse en la facturación las pérdidas de transformación.

En la derivación de la línea de la compañía eléctrica se utilizarán cortacircuitos fusibles de expulsión, seccionador o interruptor seccionador, según las condiciones del suministro.

Figura 15.5. *Esquema (1) de conexión a red. Derivación en «T».*

- Esquema 2. Derivación de línea aérea ($I_{cc} \geq 8$ kA); Figuras 15.6 y 15.7.

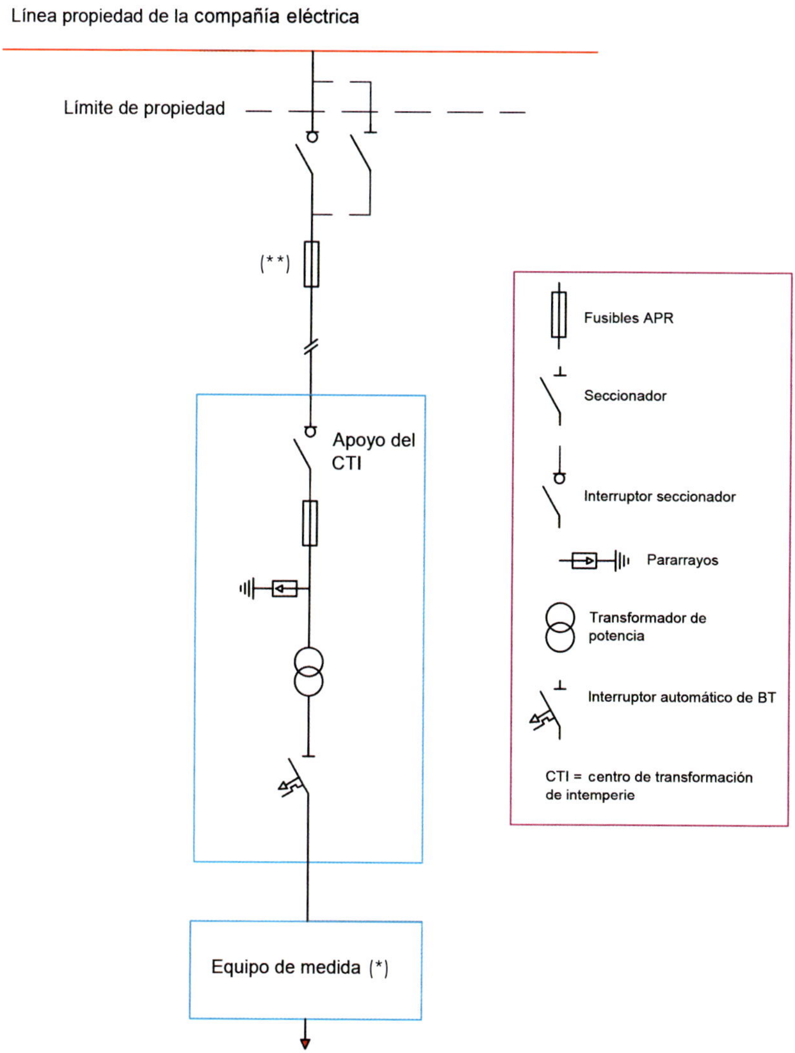

I_{cc}: intensidad de cortocircuito

Los cortacircuitos fusibles de APR se instalarán en el propio CTI o en el apoyo anterior.

(*) Con tarifa en AT deberán aplicarse en la facturación las pérdidas de transformación.

(**) A instalar si se desea protección en la derivación.

En la derivación de la línea de la compañía eléctrica se utilizará seccionador o interruptor seccionador, según las condiciones del suministro.

Figura 15.6. *Esquema (2) de conexión a red. Derivación en «T».*

Figura 15.7. *Instalación del CTI del esquema (2).*

- Esquema 3. Derivación de línea aérea a CTC con alimentación subterránea alimentando a uno o dos transformadores (Figuras 15.8 y 15.9).

Figura 15.8. *Instalación del esquema (3).*

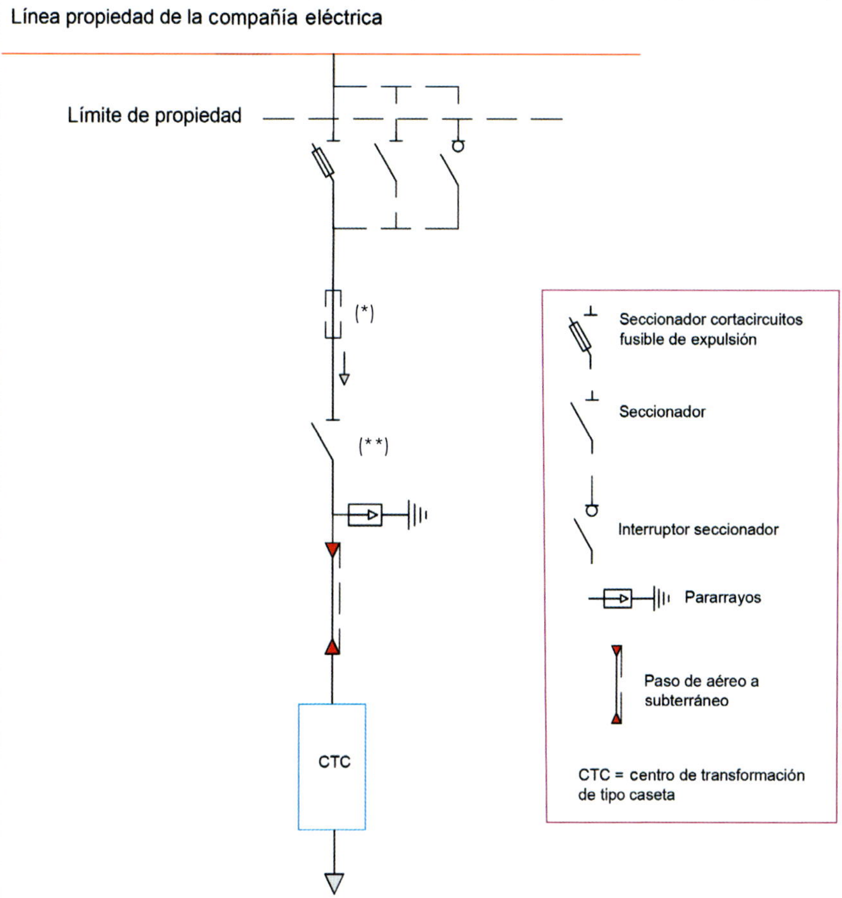

(*) Fusibles APR. A instalar en caso de Pcc (potencia de cortocircuito) de la línea principal elevada. En este caso deberán ir asociados al seccionador o al interruptor seccionador de cabecera.

(**) Se instalará, seccionador cortacircuitos fusibles de expulsión, seccionador o interruptor seccionador, cuando alguno de estos elementos de cabecera no sea visible desde el apoyo de paso de aéreo a subterráneo.

Figura 15.9. *Esquema (3) de conexión a red. Derivación en «T».*

- Esquema 4. Derivación de línea aérea y paso a subterráneo con entrada y salida alimentando a un transformador (Figura 15.10).

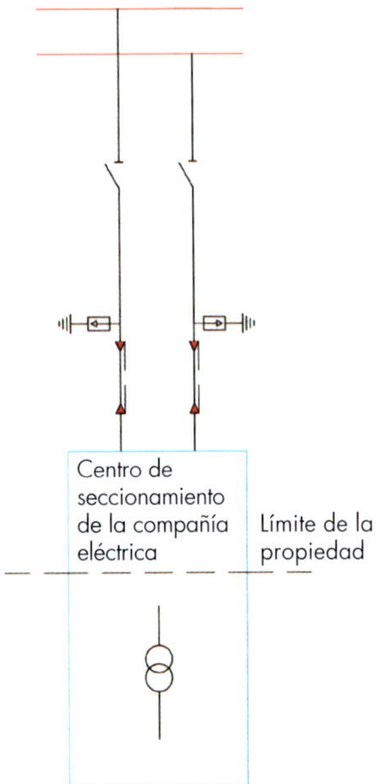

Figura 15.10. *Esquema (4) de conexión a red. Derivación con entrada y salida.*

- Seccionador con bloqueo:

  En la Figura 15.11 se muestra un apoyo con seccionadores accionados con palanca con sistema de bloqueo.

Figura 15.11. *Apoyo con seccionadores con sistema de bloqueo.*

5.2.4. En los casos en que la línea pueda tener alimentación por sus dos extremos deberán instalarse dispositivos de corte de la maniobra a ambos extremos de la instalación, de acuerdo con lo indicado en el párrafo anterior.

5.2.5. Cuando el elemento de maniobra del centro de transformación esté instalado sobre apoyo, el centro de transformación a pie de apoyo no estará separado más de 25 m del apoyo.

5.2.6. El transformador estará protegido contra sobretensiones mediante un pararrayos situado lo más cerca posible al mismo.

Cuando el transformador esté alimentado a través de un cable aislado desde un entronque de una línea aérea a subterránea, su protección contra sobretensiones se podrá efectuar mediante un pararrayos situado en el entronque, siempre que la distancia entre el pararrayos y el transformador no sea excesiva para garantizar la protección del transformador frente a sobretensiones atmosféricas y se garantice la coordinación de aislamiento según la Norma UNE-EN-60071-2.

EJEMPLO DE APLICACIÓN 2

En la Figura 15.12 e muestra la máxima distancia entre el apoyo con el elemento de maniobra y el CT a pie de apoyo.

Figura 15.12. *Distancia máxima entre el apoyo con el elemento de maniobra y el CT.*

6. Otras prescripciones

6.1. Sistemas contra incendios

1. Se deberán adoptar las medidas de protección pasiva y activa que eviten en la medida de lo posible la aparición o la propagación de incendios en las instalaciones eléctricas de alta tensión teniendo en cuenta:

a) La propagación del incendio a otras partes de la instalación.

b) La posibilidad de propagación del incendio al exterior de la instalación por lo que respecta a daños a terceros.

c) La gravedad de las consecuencias debidas a los posibles cortes de servicio.

2. Los riesgos de incendio se particularizan principalmente en los transformadores o reactancias aislados con líquidos combustibles, en los que se tomarán una o varias de las siguientes medidas, según proceda:

a) Dispositivos de protección rápida que corten la alimentación de todos los arrollamientos del transformador. No es necesario el corte en aquellos arrollamientos que no tengan posibilidad de alimentación de energía eléctrica.

b) Elección de distancias suficientes para evitar que el fuego se propague a instalaciones próximas a proteger, o colocación de paredes cortafuegos.

c) En el caso de instalarse juntos varios transformadores, y a fin de evitar el deterioro de uno de ellos por la proyección de aceite u otros materiales al averiarse otro próximo, se instalará una pantalla entre ambos de las dimensiones y resistencia mecánica apropiadas.

d) La construcción de fosas colectoras del líquido aislante:

Las instalaciones deberán disponer de cubas o fosas colectoras. Cuando la instalación disponga de un único transformador la fosa colectora debe tener capacidad para almacenar la totalidad del fluido y si hubiera más de un transformador la fosa debe estar diseñada para recibir, al menos, la totalidad del fluido del transformador más grande.

No obstante, cuando el transformador contenga líquido aislante, pero su potencia sea menor o igual de 250 kVA, la fosa podrá suprimirse. Asimismo, también podrá suprimirse cuando se utilice líquido aislante biodegradable que no puede derramarse a cauces superficiales o subterráneos o a canalizaciones de abastecimiento de aguas o de evacuación de aguas residuales.

Para los transformadores de distribución ubicados en el interior de una envolvente al pie de un apoyo les será de aplicación lo indicado en la ITC-RAT-14.

NOTA

Transformadores secos montados en poste

Con el fin de reducir el impacto medioambiental se utilizan los transformadores secos montados en poste. Se aplican en instalaciones de exterior como:

- Lugares con alto riesgo ambiental (parques y aéreas protegidas).
- Cerca de pozos, manantiales y aguas subterráneas.
- Cerca de ríos, lagos y arroyos.

En la Figura 15.13 se muestra un transformador de tipo seco montado en poste de la empresa Legrand.

Figura 15.13. *Transformador de tipo seco montado en poste*. Fuente: *Legrand*.

EJEMPLO DE APLICACIÓN 3

Protección contra incendios en un transformador de exterior

En las Figuras 15.14 y 15.15 se muestran algunos ejemplos de protección contra incendios en un transformador de exterior.

Figura 15.14. *Rociado de agua.* Fuente: *Francor.*

Figura 15.15. *Protección contra incendio por medio de inyección de nitrógeno.*

e) Instalación de dispositivos de extinción apropiados, cuando las consecuencias del incendio puedan preverse como particularmente graves, tales como la proximidad de los transformadores a inmuebles habitados.

En las instalaciones dotadas de sistemas de extinción de tipo fijo, automático o manual, deberá existir un plano detallado de dicho sistema, así como instrucciones de funcionamiento.

Los extintores, si existen, estarán situados de forma racional, según las dimensiones y la disposición del recinto que alberga la instalación y sus accesos.

En la elección de aparatos o equipos extintores móviles o fijos se tendrá en cuenta si van a ser usados en instalaciones en tensión o no, y en el caso de que solo puedan usarse en instalaciones sin tensión se colocarán los letreros de aviso pertinentes.

El proyectista deberá justificar que ha adoptado las medidas suficientes en cada caso.

6.2. Alumbrado de socorro

En las instalaciones que tengan personal permanente para su servicio y maniobra, así como en aquellas otras que por su importancia lo requieran, deberán disponerse los medios propios de alumbrado auxiliar que puedan servir como socorro en caso de faltar energía propia o procedente del exterior, a fin de permitir la circulación del personal y las primeras maniobras que se precisen.

La conmutación del alumbrado normal al de socorro se efectuará automáticamente.

6.3. Elementos y dispositivos para maniobras

Para la realización de las maniobras en las instalaciones eléctricas de alta tensión y de acuerdo con sus características, se utilizarán los elementos necesarios para la seguridad personal. Todos estos elementos deberán estar siempre en perfecto estado de uso, lo que se comprobará periódicamente.

6.4. Instrucciones y elementos para prestación de primeros auxilios

En todas las centrales, subestaciones y centros de transformación, se colocarán placas con instrucciones sobre los primeros auxilios que deban prestarse a los accidentados por contactos con elementos en tensión.

En toda instalación que requiera servicio permanente de personal, se dispondrá de los elementos indispensables para practicar los primeros auxilios en casos de accidente, tales como botiquín de urgencia, camilla, mantas ignífugas u otras instrucciones para su uso.

6.5. Proximidad de líneas aéreas a subestaciones

6.5.1. Líneas aéreas de entrada o salida a la subestación

Las líneas aéreas de entrada o salida a una subestación de exterior no sobrevolarán el parque eléctrico, de forma que se garantice que en caso de rotura de un conductor de la línea no se alcanzan partes en tensión de la subestación.

6.5.2. Otras líneas aéreas en proximidad de una subestación

Por motivos de seguridad no se permite la construcción de subestaciones de exterior bajo la franja del terreno definida por la servidumbre de vuelo de una línea aérea de alta tensión ajena a la subestación, incrementada a cada lado en la altura de los apoyos de la línea más 10 m. Por el mismo motivo, tampoco se permite la construcción de líneas eléctricas de alta tensión ajenas a la subestación, pero próximas a ella, si la franja de terreno definida anteriormente para la línea interfiere en el perímetro de la subestación.

7. Subestaciones móviles

Para subestaciones móviles, se podrán permitir excepciones a los requisitos establecidos en los apartados 3.3 sobre condiciones del terreno, 3.9 sobre canalizaciones eléctricas, 3.10 sobre protección contra sobretensiones transitorias, 4 sobre pasillos y zonas de protección y 6.1 sobre sistemas contra incendios, siempre que el correspondiente diseño justificado por el proyectista o fabricante adopte las medidas apropiadas que permitan garantizar la seguridad de la instalación.

8. Documentación de la instalación

En las instalaciones de alta tensión se guardarán a disposición del personal técnico, en la propia instalación, las instrucciones de operación y el libro de instrucciones de control y mantenimiento.

EJEMPLO DE APLICACIÓN 4

Subestaciones móviles de alta tensión

Las subestaciones transformadoras móviles se utilizan en entornos difíciles (selva, desierto) o agresivos (minas, canteras, túneles, obras, entre otros). Están pensadas para procesos donde el consumo puede ir cambiando su ubicación física.

También pueden ser usadas, en conjunto con grupos generadores, como subestaciones elevadoras para suministrar energía ante contingencias o suministros temporales (Figura 15.16).

Figura 15.16. *Estaciones transformadoras móviles.* Fuente: *Tadeo Czerweny.*

No será necesario conservar la documentación en la propia instalación si se dispone de un procedimiento interno que fije estructura de la documentación y el lugar donde se conserva, utilizando por ejemplo sistemas de almacenamiento informático con acceso remoto que garanticen que está fácilmente disponible para el personal técnico encargado de la instalación.

ANOTACIONES

ITC-RAT-16

CONJUNTOS PREFABRICADOS DE APARAMENTA BAJO ENVOLVENTE METÁLICA HASTA 52 KV

Índice

1. Generalidades

Se establece como norma de obligado cumplimiento para estas instalaciones la Norma UNE-EN-62271-200, con las modificaciones y adiciones contenidas en esta ITC.

Cuando las instalaciones a que se refiere esta ITC utilicen como aislamiento fluidos a presión quedan exentas de la aplicación del Real Decreto 769/1999, de 7 de mayo, por el que se dictan las disposiciones de aplicación de la Directiva del Parlamento Europeo y del Consejo, 97/23/CE, relativa a los equipos de presión y se modifica el Real Decreto 1244/1979, de 4 de abril, que aprobó el Reglamento de aparatos a presión.

NOTA

Definición de aparamenta bajo envolvente metálica

Conjunto de aparamenta con una envolvente metálica exterior destinada a ser puesto a tierra y completamente montado, excepto las conexiones exteriores.

2. Ámbito de aplicación

2.1. Se aplicará esta instrucción a los conjuntos prefabricados de aparamenta bajo envolvente metálica de tensión más elevada para el material de hasta 52 kV inclusive, para instalación interior o exterior. Estas instalaciones pueden incluir además de aparatos de conexión, su combinación con otros aparatos de alta tensión tales como transformadores de medida o protección, transformadores de potencia, fusibles, pararrayos, condensadores, reactancias, etc.

Los requisitos específicos de los conjuntos prefabricados para centros de transformación se consideran en la ITC-RAT-14.

2.2. Esta instrucción será aplicable tanto a instalaciones que utilicen como aislamiento aire a presión atmosférica como aquellas que usen gases (por ejemplo SF6) o líquidos. La presión relativa para los compartimentos rellenos de gas quedará limitada a un máximo de 3 bares. Los compartimentos rellenos de gas con una presión relativa mayor se diseñarán y ensayarán según los criterios de la ITC-RAT-18.

3. Concepción y construcción

3.1. La aparamenta bajo envolvente metálica deberá construirse de modo que las operaciones normales de explotación y mantenimiento puedan efectuarse sin

NOTA

Estructura de una celda con envolvente metálica aislada al aire

Las distintas partes de una celda de media tensión con aislamiento en aire se muestran en la Figura 16.1.

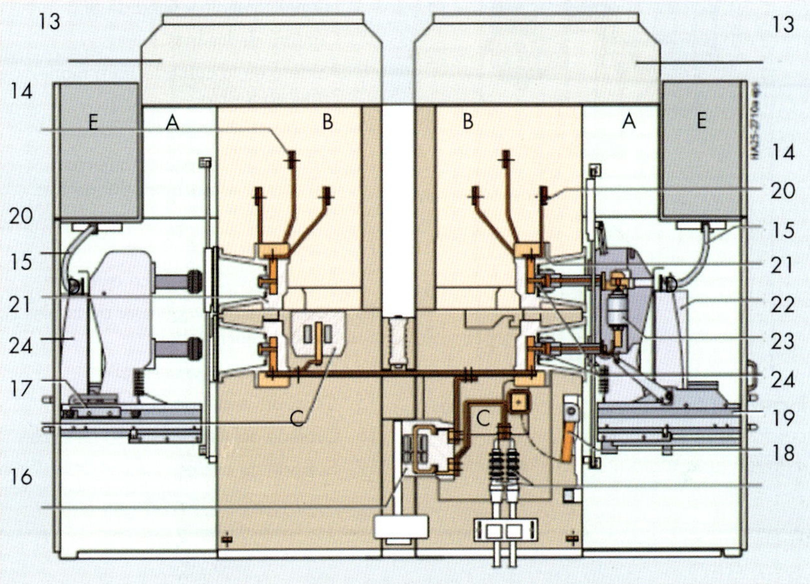

Figura 16.1. *Partes típicas de una celda con envolvente metálica aislada en aire.* Fuente: *Siemens.*

A: compartimento de dispositivo de maniobra

B: compartimento de embarrado

C: compartimento de conexión

D: interruptor de potencia extraíble

E: compartimento de baja tensión

Estructura de una celda con envolvente metálica aislada en gas

Las distintas partes de una celda de interruptor-seccionador con aislamiento en gas se muestran en la Figura 16.2.

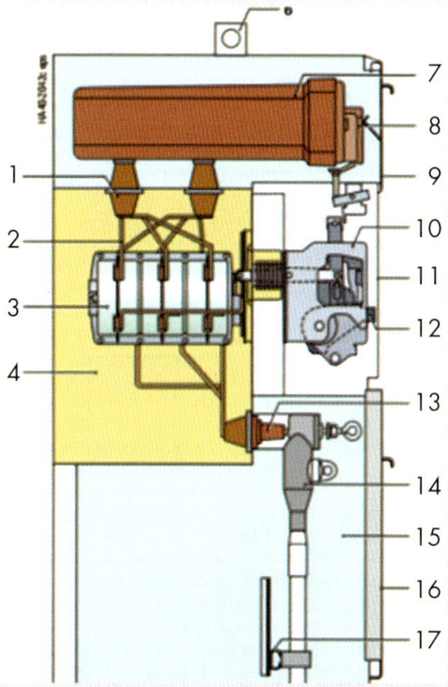

Figura 16.2. *Partes típicas de una celda de interruptor-seccionador con envolvente metálica y aislamiento en gas.* Fuente: *Siemens.*

1. Pasatapas superior hacia el módulo de fusibles
2. Barras conductoras dentro de la cuba
3. Interruptor-seccionador de tres posiciones con función de puesta a tierra con capacidad de cierre
4. Cuba de la celda, soldada herméticamente y llena de SF6
7. Cámara de fusibles
8. Asidero en la cubierta para manejar el cartucho fusible
9. Cubierta del módulo de fusibles
10. Mecanismo de funcionamiento del interruptor-seccionador de tres posiciones
11. Panel de mando
12. Mecanismo de palanca extraíble
13. Pasatapas para conector de cables con contacto enchufable
14. Conector de cables angular
15. Compartimento de cables
16. Cubierta del compartimento de cables
17. Soporte de cables

riesgo. Existirán dispositivos eficaces para impedir los contactos accidentales con puntos en tensión incluso cuando estén totalmente extraídas las partes amovibles de la instalación si las hubiere.

3.2. Se preverán los elementos de seguridad suficientes que eviten la explosión de la envolvente metálica en caso de defecto interno y se elegirán las direcciones de escape en su caso de los fluidos (gases, líquidos, etc.) para evitar posibles daños a las personas.

El fabricante deberá informar de las características de su producto en los catálogos e información técnica facilitada a los proyectistas y/o usuarios finales en cuanto a la intensidad de cortocircuito soportada y su duración en caso de arco interno.

Por su parte el proyectista deberá comprobar que las potencias de cortocircuito en el lugar de la instalación y los tiempos de actuación de las protecciones son compatibles con las intensidades de defecto interno y duración que pueden soportar los equipos de acuerdo con la información facilitada por el fabricante.

3.3. Se preverán sistemas de alarma por pérdida de gas (disminución de la densidad), salvo cuando el diseño de las celdas o conjuntos esté contrastado mediante los correspondientes ensayos, de forma que el fabricante pueda garantizar que las pérdidas de gas no influyen en su vida útil, siendo esta superior a treinta años. No obstante, si la presión absoluta mínima de funcionamiento referida a 20 °C que garantiza los valores asignados de la aparamenta es superior a 1,2 bares, será necesario al menos, un indicador de presión.

3.4. Cada conjunto prefabricado llevará en lugar visible una placa de características en español con los siguientes datos:

a) Nombre del fabricante o marca de identificación.

b) Número de serie o designación de tipo, que permita obtener toda la información necesaria del fabricante.

c) Tensión asignada.

d) Intensidades asignadas máximas de servicio de las barras generales y de los circuitos.

e) Frecuencia asignada.

f) Año de fabricación.

g) Intensidad máxima de cortocircuito soportable. La duración asignada del cortocircuito se indicará solo en caso de que sea diferente de 1s.

h) Nivel de aislamiento nominal. Puede ser suficiente indicar la tensión asignada soportada a impulsos tipo rayo.

i) Cualquier otra característica cuya inclusión sea requerida en la Norma UNE-EN-62271-200.

Además, es preciso que cada aparato de conexión tenga su placa de características según lo especificado en el apartado 5.10 de la Norma UNE-EN-62271-1. Los aparatos de conexión que por diseño y construcción formen parte integrante de una unidad funcional y sean fabricados específicamente para esta no necesitarán llevar una placa de características individual, sino que tendrán como placa de características la de la propia unidad funcional, la cual deberá incluir los datos que correspondan del aparato de conexión incorporado.

Si varias unidades funcionales están integradas en un conjunto, bastará con colocar una sola placa para todo el conjunto.

La placa de características se colocará preferentemente en una parte fija de la unidad funcional, de forma que sea visible durante el servicio normal.

Las partes desmontables como tapas o cubiertas, si existen, deben tener una placa o marca de identificación que permita asociarla con la parte fija. Si la ubicación de la placa de características estuviera en una tapa o cubierta desmontable se incorporará en la parte fija de la unidad funcional una marca o número de identificación que permita asociar la parte fija con la parte desmontable (por ejemplo, basta marcar el mismo número de serie en la parte fija y en la parte desmontable).

4. Condiciones de instalación

4.1. La conexión a tierra de las envolventes metálicas se realizará de la forma indicada en la Instrucción ITC-RAT-13.

4.2. Las instrucciones de mantenimiento estarán a disposición del personal de servicio de la instalación.

5. Condiciones de servicio

Las condiciones normales de servicio de los conjuntos prefabricados se ajustarán a las especificadas en la Norma UNE-EN-62271-200.

Estas instalaciones prefabricadas podrán estar previstas para servicio de interior o de exterior.

ANOTACIONES

ITC-RAT-17

CONJUNTOS PREFABRICADOS DE APARAMENTA BAJO ENVOLVENTE AISLANTE HASTA 52 KV

Índice

1. Generalidades

Se establece como norma de obligado cumplimiento para estas instalaciones la Norma UNE-EN-62271-201, con las modificaciones y adiciones contenidas en esta ITC.

Cuando las instalaciones a que se refiere esta ITC utilicen como aislamiento fluidos a presión quedan exentas de la aplicación del Real Decreto 769/1999, de 7 de mayo, por el que se dictan las disposiciones de aplicación de la Directiva del Parlamento Europeo y del Consejo, 97/23/CE, relativa a los equipos de presión y se modifica el Real Decreto 1244/1979, de 4 de abril, que aprobó el Reglamento de aparatos a presión.

NOTA

Definición de aparamenta bajo envolvente aislante

Conjunto de aparamenta con una envolvente aislante exterior, completamente montado con la excepción de las conexiones exteriores.

Este tipo de aparamenta es muy poco utilizado.

2. Ámbito de aplicación

2.1. Se aplicará esta instrucción a los conjuntos prefabricados de aparamenta instalados o montados bajo envolvente aislante, de tensión más elevada para el material de hasta 52 kV inclusive, para instalación interior. Estas instalaciones pueden incluir además de aparatos de conexión, su combinación con otros aparatos de alta tensión tales como transformadores de medida o protección, transformadores de potencia, fusibles, pararrayos, condensadores, reactancias, etc.

2.2. Esta instrucción será aplicable tanto a instalaciones que utilicen como aislamiento aire a presión atmosférica como aquellas que usen gases (por ejemplo SF6) o líquidos. La presión relativa para los compartimentos rellenos de gas quedará limitada a un máximo de 3 bares. Los compartimentos rellenos de gas con una presión relativa mayor se diseñarán y ensayarán según los criterios de la ITC-RAT-18.

3. Concepción y construcción

3.1. La aparamenta bajo envolvente aislante deberá construirse de modo que las operaciones normales de explotación y mantenimiento puedan efectuarse sin riesgo. Existirán dispositivos eficaces para impedir los contactos accidentales con puntos en tensión incluso cuando estén totalmente extraídas las partes amovibles de la instalación si las hubiere.

3.2. Se preverán los elementos de seguridad suficientes que eviten la explosión de la envolvente aislante en caso de defecto interno y se elegirán las direcciones de escape en su caso de los fluidos (gases, líquidos, etc.) para evitar posibles daños a las personas.

El fabricante deberá informar de las características de su producto en los catálogos e información técnica facilitada a los proyectistas y/o usuarios finales en cuanto a la intensidad de cortocircuito soportada y su duración en caso de arco interno.

Por su parte el proyectista de la instalación deberá comprobar que las potencias de cortocircuito en el lugar de la instalación y los tiempos de actuación de las protecciones son compatibles con las intensidades de defecto interno y duración que pueden soportar los equipos de acuerdo con la información facilitada por el fabricante.

3.3. Se preverán sistemas de alarma por pérdida de gas (disminución de la densidad), salvo cuando el diseño de las celdas o conjuntos esté contrastado mediante los correspondientes ensayos, de forma que el fabricante pueda garantizar que las pérdidas de gas no influyen en su vida útil, siendo esta superior a treinta años. No obstante, si la presión absoluta mínima de funcionamiento referida a 20 °C que garantiza los valores asignados de la aparamenta es superior a 1,2 bares, será necesario al menos, un indicador de presión.

3.4. Toda la aparamenta que constituye estos conjuntos estará recubierta por una envolvente aislante, a excepción de sus conexiones exteriores. La envolvente estará constituida por material aislante sólido y deberá poder resistir los esfuerzos mecánicos, eléctricos y térmicos, así como los efectos de humedad y envejecimiento que puedan producirse en el lugar de su instalación.

Las características de la envolvente serán tales que un contacto accidental con ella no represente riesgo para las personas.

3.5. Cada elemento del conjunto prefabricado llevará en lugar visible una placa de características en español con los siguientes datos:

a) Nombre del fabricante o marca de identificación.

b) Número de serie o designación de tipo, que permita obtener toda la información necesaria del fabricante.

c) Tensión asignada.

d) Intensidades asignadas máximas de servicio de las barras generales y de los circuitos.

e) Frecuencia asignada.

f) Año de fabricación.

g) Intensidad máxima de cortocircuito soportable. La duración asignada del cortocircuito se indicará solo en caso de que sea diferente de 1s.

h) Nivel de aislamiento nominal. Puede ser suficiente indicar la tensión asignada soportada a impulsos tipo rayo.

i) Cualquier otra característica cuya inclusión sea requerida en la Norma UNE-EN-62271-201.

Además, es preciso que cada aparato de conexión tenga su placa de características según lo especificado en la Norma UNE-EN-62271-1. Los aparatos de conexión que por diseño y construcción formen parte integrante de una unidad funcional y sean fabricados específicamente para esta no necesitarán llevar una placa de características individual, sino que tendrán como placa de características la de la propia unidad funcional, la cual deberá incluir los datos que correspondan del aparato de conexión incorporado.

Si varias unidades funcionales están integradas en un conjunto, bastará con colocar una sola placa para todo el conjunto.

La placa de características se colocará preferentemente en una parte fija de la unidad funcional, de forma que sea visible durante el servicio normal. Las partes desmontables como tapas o cubiertas, si existen, deben tener una placa o marca de identificación que permita asociarla con la parte fija. Si la ubicación de la placa de características estuviera en una tapa o cubierta desmontable se incorporará en la parte fija de la unidad funcional una marca o número de identificación que permita asociar la parte fija con la parte desmontable (por ejemplo, basta marcar el mismo número de serie en la parte fija y en la parte desmontable).

4. Condiciones de instalación

4.1. En la instalación de aparamenta o conjuntos de aparamenta protegidos por envolvente aislante deberá tenerse en cuenta que, dadas las peculiares características de los equipos con envolvente aislante, será necesario considerar la condensación y condiciones de humedad existentes en el interior del local donde se instalen.

4.2. Las puestas a tierra necesarias deberán efectuarse de acuerdo con la Instrucción ITC-RAT-13.

4.3. Las instrucciones de mantenimiento estarán a disposición del personal de servicio de la instalación.

5. Condiciones de servicio

Las condiciones normales de servicio para los conjuntos prefabricados bajo envolvente aislante se ajustarán a las especificaciones de la Norma UNE-EN-62271-201.

Estas instalaciones prefabricadas estarán previstas únicamente para servicio de interior.

ITC-RAT-18

APARAMENTA BAJO ENVOLVENTE METÁLICA CON AISLAMIENTO GASEOSO DE TENSIÓN ASIGNADA IGUAL O SUPERIOR A 72,5 KV

Índice

1. Generalidades

Se establece como norma de obligado cumplimiento para las instalaciones de tensión igual o superior a 72,5 kV la Norma UNE-EN-62271-203.

Las instalaciones a que se refiere esta ITC quedan exentas de la aplicación del Real Decreto 769/1999, de 7 de mayo, por el que se dictan las disposiciones de aplicación de la Directiva del Parlamento Europeo y del Consejo, 97/23/CE, relativa a los equipos de presión y se modifica el Real Decreto 1244/1979, de 4 de abril, que aprobó el Reglamento de aparatos a presión.

NOTA

Definiciones

- Aparamenta bajo envolvente metálica con aislamiento gaseoso

  Aparamenta bajo envolvente metálica en la cual se obtienen el aislamiento, al menos parcialmente, por un gas aislante distinto del aire a presión atmosférica, conocida como instalación de GIS.

- Compartimento

  Parte de la aparamenta bajo envolvente metálica con aislamiento gaseoso encerrada totalmente, excepto en lo que se refiere a las aberturas necesarias para la interconexión y control.

- Separación o separador

  Soporte aislante de la aparamenta bajo envolvente metálica con aislamiento gaseoso que separa un compartimento de los demás compartimentos.

- Presión de diseño de los separadores

  Presión relativa sobre el separador.

- Circuito principal

  Todas las partes conductoras de una aparamenta bajo envolvente metálica con aislamiento gaseoso incluidas en un circuito que se destina a transmitir energía eléctrica.

- Circuito auxiliar

  Todas las partes conductoras de una aparamenta bajo envolvente metálica con aislamiento gaseoso incluidas en un circuito (distinto del principal) destinadas al mando, medida, señalización y regulación.

- Puesta a tierra del circuito principal

  La puesta a tierra (para trabajos de mantenimiento) se puede realizar mediante:

  - Seccionadores de puesta a tierra con un poder de cierre igual al valor de cresta de la corriente admisible asignada, si existe todavía una posibilidad de que el circuito conectado está bajo tensión.

- Seccionadores de puesta a tierra sin un poder de cierre o con un poder de cierre inferior al valor de cresta de la corriente admisible asignada, si existe la certeza de que el circuito conectado no está bajo tensión.

Además, debe ser posible, después de abrir el compartimento, conectar los dispositivos desmontables de puesta a tierra mientras duren los trabajos en el elemento del circuito previamente puesto a tierra mediante un seccionador de puesta a tierra.

- Puesta a tierra de la envolvente

Se deben conectar las envolventes a tierra. Todas las partes metálicas que no pertenezcan a un circuito principal o auxiliar se deben conectar a tierra. Para la interconexión dentro de envolventes, bastidores, entre otros, es aceptable la sujeción (por ejemplo, por pernos o soldadura) que proporcione continuidad eléctrica.

Se debe asegurar la continuidad de los circuitos de puesta a tierra teniendo en cuenta las solicitaciones térmicas y eléctricas causadas por las corrientes susceptibles de atravesarlos.

Si se usa aparamenta monofásica, se debería instalar un circuito de bucle (destinado a evitar que las corrientes inducidas se deriven a los circuitos de puesta a tierra y a la red de tierra), es decir, una interconexión entre las envolventes de las tres fases, para las corrientes inducidas. Cada uno de estos circuitos de bucle debería unirse tan directamente como sea posible a la red general de tierra por un conductor capaz de conducir la corriente de defecto a tierra.

En la Figura 18.1 se muestra pletinas de cobre para conseguir la continuidad de compartimentos.

Figura 18.1. *Continuidad de compartimentos con pletinas de cobre.*

2. Ámbito de aplicación

2.1. Se aplicará esta instrucción a la aparamenta bajo envolvente metálica con aislamiento gaseoso distinto del aire a presión atmosférica (por ejemplo, SF6) para tensión de servicio igual o superior a 72,5 kV en las que las barras, interruptores automáticos, seccionadores, transformadores de medida, etc. estén aislados con gas en el interior de recipientes o envolvente metálicos, el cual sirve de elemento aislante. El gas puede ser también empleado como fluido extintor del arco en los interruptores.

2.2. Esta instrucción será aplicable tanto a las instalaciones en interior de edificios como a las de exterior.

3. Concepción y construcción

3.1. La aparamenta bajo envolvente metálica con aislamiento gaseoso deberá construirse de modo que las operaciones normales de explotación y mantenimiento puedan efectuarse sin riesgo.

3.2. Se preverán los elementos de seguridad suficientes que eviten la explosión de la envolvente metálica en caso de defecto interno y se elegirán las direcciones de escape en su caso de los fluidos (gases, líquidos, etc.) para evitar posibles daños a las personas.

El fabricante deberá informar de las características de su producto en los catálogos e información técnica facilitada a los proyectistas y/o usuarios finales en cuanto a la intensidad de cortocircuito soportada y su duración en caso de arco interno.

Por su parte el proyectista de la instalación deberá comprobar que las potencias de cortocircuito en el lugar de la instalación y los tiempos de actuación de las protecciones son compatibles con las intensidades de defecto interno y duración que pueden soportar los equipos de acuerdo con la información facilitada por el fabricante.

3.3. Se establecerán sistemas de compensación de la dilatación del juego de barras y de sus envolventes, en los casos precisos.

3.4. Para cada uno de los compartimentos estancos de la aparamenta se preverán sistemas de indicación de presión y de alarma por pérdida de gas (disminución de la densidad).

3.5. Cada conjunto prefabricado llevará en lugar visible una placa de características con los datos que exige la Norma UNE-EN-62271-203.

Además, es preciso que cada aparato de conexión tenga su placa de características según la Norma UNE-EN-62271-1. Los aparatos de conexión que por diseño y construcción formen parte integrante de una unidad funcional y sean fabricados específicamente para esta no necesitarán llevar una placa de características individual, sino que tendrán como placa de características la de

NOTA

Juntas de expansión

Las juntas de expansión permiten la conexión y desconexión de elementos en la barra y compensan las dilataciones térmicas en instalaciones GIS de muchas posiciones (Figura 18.2).

Figura 18.2. *Juntas de expansión.*

NOTA

Indicador de presión

En la Figura 18.3 se muestran un sinóptico y un monitor de gas (SF6) de una instalación GIS.

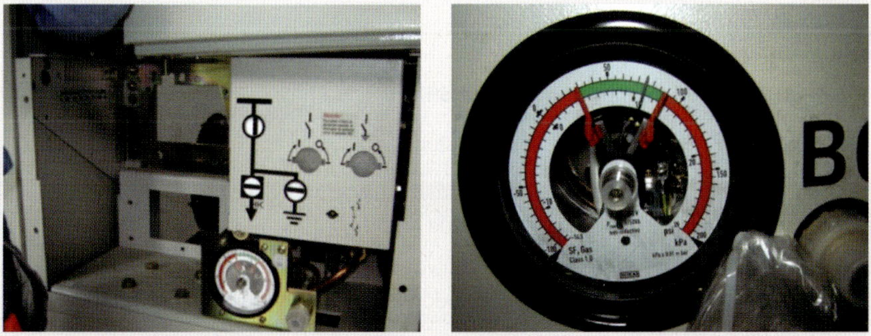

Figura 18.3. *Monitor de gas de una instalación GIS.* Fuente: *Ingelmec.*

la propia unidad funcional, la cual deberá incluir los datos que correspondan del aparato de conexión incorporado.

Si varias unidades funcionales están integradas en un conjunto, bastará con colocar una sola placa para todo el conjunto.

La placa de características se colocará preferentemente en una parte fija de la unidad funcional, de forma que sea visible durante el servicio normal. Las partes desmontables como tapas o cubiertas, si existen, deben tener una placa o marca de identificación que permita asociarlas con la parte fija. Si la ubicación de la placa de características estuviera en una tapa o cubierta desmontable se incorporará en la parte fija de la unidad funcional una marca o número de identificación que permita asociar la parte fija con la parte desmontable (por ejemplo, basta marcar el mismo número de serie en la parte fija y en la parte desmontable).

4. Condiciones de instalación

4.1. Las puestas a tierra necesarias deberán efectuarse de acuerdo con la Instrucción ITC-RAT-13.

4.2. Las instrucciones de mantenimiento estarán a disposición del personal de servicio de la instalación.

5. Condiciones de servicio

Las condiciones normales de servicio de los conjuntos prefabricados se ajustarán a las especificadas en la Norma UNE-EN-62271-203.

Estas instalaciones podrán estar previstas para servicio de interior o de exterior.

NOTA

Elementos característicos de una subestación GIS

Los principales componentes de una subestación GIS son:

- Envolventes (piezas de fundición, hechas de aleación de aluminio, con excepción de las uniones rectas, realizadas a partir de tubos extrusionados).
- Aisladores (los conductores y partes activas se soportan con aisladores moldeados de resina epoxi. Existen dos tipos de aisladores, aquellos que no limitan compartimentos estancos y los que sí).
- Interruptor (de cámara única por polo, con mando unipolar, mecánico o hidráulico).

- Seccionador (de línea, barra o de puesta a tierra lenta o rápida): el mando normalmente es tripolar. Las partes activas del seccionador están soportadas por aisladores cónicos de tipo abierto o estanco); Figuras 18.4 y 18.5.

Figura 18.4. *Polo abierto de un interruptor GIS.*

Figura 18.5. *Seccionador de puesta a tierra de tipo rápido.*

- Transformador de corriente (constituidos por toros colocados en el aire dentro de una envolvente cilíndrica. El conductor central principal constituye el primario. La segunda envolvente cilíndrica entre los toros y el conductor asegura la estanqueidad del SF6); Figura 18.6.

El TI se diseña lo más cercano posible al interruptor o incluso alojado en su compartimento. Esto es debido a la cercanía al punto de medida (distancias de cables) y a la facilidad a la hora del mantenimiento (para poder tener un punto de inspección o sustitución). En estos puntos suelen encontrase los *links* (también llamados puentes) los cuales son fáciles de sacar y así poder sustituir los TI.

El secundario puede estar alojado dentro o fuera del cubículo, según el diseño.

Figura 18.6. *Transformador de intensidad GIS.*

- Transformador de tensión (es de tipo inductivo). Está situado en el interior de un compartimento de gas independiente. La parte activa está constituida por un núcleo rectangular sobre el cual están colocados los devanados secundarios y la bobina de AT); Figura 18.7.

Figura 18.7. *Trafo de tensión GIS*. Fuente: *Arteche*.

En la Figura 18.8 se muestra un conjunto de una subestación GIS.

Figura 18.8. *Conjunto de una subestación GIS*. Fuente: *Chint*.

ITC-RAT-19

INSTALACIONES PRIVADAS PARA CONECTAR A REDES DE DISTRIBUCIÓN Y TRANSPORTE DE ENERGÍA ELÉCTRICA

Índice

1. Disposición de la instalación

Las instalaciones privadas deben ser compatibles y estar coordinadas con la red de distribución o transporte de energía eléctrica a la que están conectadas. Para cumplir estos objetivos ciertos elementos que pueden existir en la instalación privada deben cumplir una serie de requisitos. Estos elementos son los siguientes:

a) Aparamenta de entrada o salida de líneas.

b) El relé de protección general de la instalación privada y si existe el sistema de telecontrol.

c) Sistema de medida de energía eléctrica.

Se establecerán las medidas necesarias para evitar la manipulación de estos elementos por parte del propietario de la instalación privada, por ejemplo, por ubicación en recintos independientes, precintos, enclavamientos o bloqueos.

El personal de la instalación privada tendrá acceso directo para realizar las maniobras que precise al seccionador o al interruptor general de su instalación, así como a la lectura del contador de energía eléctrica.

Asimismo, el personal de la empresa de transporte y distribución de energía tendrá acceso inmediato al interruptor general de la instalación privada, al seccionador de separación de instalaciones y al equipo de medida.

2. Emplazamiento

El emplazamiento se escogerá de tal forma, que el personal perteneciente a la explotación de la red de transporte o distribución de energía eléctrica tenga en cualquier momento acceso directo y fácil a la parte de la instalación afecta a su explotación y, por tanto, la puerta de entrada deberá situarse preferentemente sobre una vía pública o, en otro caso, sobre una vía privada de libre acceso. En el caso de no poder cumplir esta condición, se dispondrá un centro de entrega de la energía en un punto que reúna las condiciones anteriores, en el que se instalará un dispositivo de corte que permita la separación de la instalación de la red de distribución o transporte de la privada.

3. Especificaciones particulares y proyectos tipo de las entidades de transporte y distribución de energía eléctrica

Con el fin de lograr una mayor estandarización en las redes, una mayor uniformidad de las prácticas de su explotación, así como la debida coordinación de aislamiento y protecciones y facilitar el control y vigilancia de dichas instalaciones, las entidades de transporte y distribución de energía eléctrica deberán proponer especificaciones particulares y proyectos tipo uniformes para todas las instalaciones privadas que se conecten a las redes ubicadas en el territorio en que desarrollen su actividad. Estas especificaciones o proyectos podrán ser propuestas por un grupo de empresas para conseguir una mayor homogeneización.

Dichas especificaciones o proyectos deberán ajustarse, en cualquier caso, a los preceptos del reglamento sobre condiciones y garantías de seguridad en líneas eléctricas de alta tensión, y su aprobación seguirá el procedimiento descrito en el artículo 14 del Reglamento.

El objeto de las especificaciones particulares y proyectos tipo es asegurar que se produce la normalización suficiente que permita evitar los mayores costes de mantenimiento que se producen cuando existe una excesiva variedad de repuestos, evitar o disminuir las interrupciones derivadas de una mayor dificultad en la coordinación de protecciones y disminuir los tiempos de reparación de averías al disminuir la tipología y variedad en la aparamenta.

Sin embargo, no deberán implicar por su especificidad barreras técnicas que aboquen al consumidor a un único proveedor. Por último, dichas especificaciones y proyectos deberán garantizar la uniformidad de los requisitos al menos por empresa y no deberán contener prescripciones de tipo administrativo o económico que supongan cargas para el titular de la instalación privada.

4. Datos que facilitarán las empresas de transporte y distribución de energía eléctrica

Las empresas de transporte y distribución de energía eléctrica deberán facilitar a los titulares de las instalaciones privadas, en servicio o en proyecto, los siguientes datos referidos al punto de suministro:

a) Tensión nominal de la red.

b) Nivel de aislamiento.

c) Intensidad máxima de cortocircuito trifásica y tiempo máximo de desconexión para dicha intensidad.

d) Intensidad de defecto a tierra y curva de tiempos de desconexión en caso de falta a tierra. Estos valores se facilitarán, en su caso, en forma de impedancia equivalente de red de forma que el proyectista pueda calcular la corriente de puesta a tierra y el tiempo de desconexión correspondiente.

e) Características mínimas requeridas para el sistema de protección, telecontrol y medida de energía eléctrica.

f) Procedimiento de puesta en servicio.

g) Cuantos datos sean precisos para la elaboración del proyecto y que dependan del funcionamiento de la red.

EJEMPLO DE APLICACIÓN

Especificaciones particulares para instalaciones de clientes en alta tensión

En este apartado se muestra un ejemplo resumido, de las especificaciones técnicas indicadas por una compañía eléctrica para autorizar la conexión a red de un cliente en AT.

- Características
  - Conexión en antena: las instalaciones receptoras empiezan a partir del amarre de fin de línea (acometida aérea) o a partir de la conexión de las botellas terminales con la red aérea (acometida subterránea).
  - Conexión en anillo: las instalaciones receptoras empiezan a partir de la conexión de las botellas terminales con la celda de seccionamiento/protección, (en función del tipo de esquema de conexión en cada caso), debiendo discurrir el trazado de la red por zonas o vías de dominio público.
  - Datos a fijar por el cliente: situación de la instalación, acompañando un plano de la misma, potencia a instalar y previsiones futuras y otros datos que se considere necesarios.
  - Datos a fijar por la compañía eléctrica: punto de entrega de la energía, tensión de servicio de la red (actual y futura), relación de transformación y tomas necesarias para la regulación de la tensión de los transformadores de potencia, nivel de aislamiento, intensidad máxima de cortocircuito trifásico y a tierra en el punto de entrega, tiempo máximo de desconexión en caso de defecto a tierra, tipo de conexión a la red: en antena o en anillo, modalidad de la alimentación: aérea o subterránea, características de los pararrayos a instalar en el caso de alimentación desde una red aérea, cualquier otro dato que sea necesario para la elaboración del proyecto y que dependan del funcionamiento de la red y características técnicas de las celdas de alta tensión, que forman parte de la red de distribución.
  - Emplazamiento: será elegido de mutuo acuerdo entre el cliente y la compañía eléctrica, de forma que el personal perteneciente a la explotación de la red de la compañía eléctrica, en cualquier momento, tenga acceso directo y fácil a la parte de la instalación que afecta a su explotación (celdas de entrada-salida, seccionamiento, protección general y equipo de medida) y, por tanto, la puerta de entrada deberá situarse preferentemente sobre una vía pública o, en otro caso, sobre una vía privada de libre acceso. En el caso de no poder cumplir esta condición, se dispondrá un centro de entrega de la energía en un punto que reúna las condiciones prefijadas, en el que se instalarán las celdas de entrada-salida, seccionamiento, aparatos de protección y equipo de medida, separado del resto de la instalación del cliente.
- Esquemas de conexión: los esquemas más usuales de conexión serán los siguientes
  - Conexión en antena desde una línea aérea de AT a CT particular (Figura 19.1).

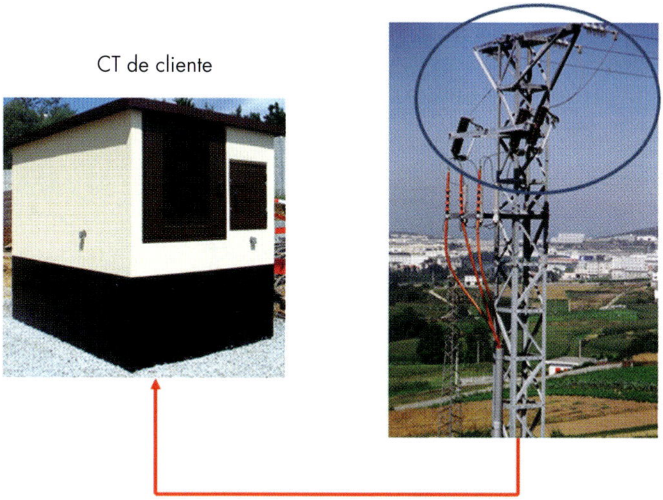

Figura 19.1. *Conexión en antena desde una línea aérea de AT.*

Nota: la línea aérea de AT, el apoyo y los cortacircuitos fusibles son de la compañía eléctrica.

- Conexión en anillo desde un centro de seccionamiento independiente al centro de transformación de cliente (Figura 19.2).

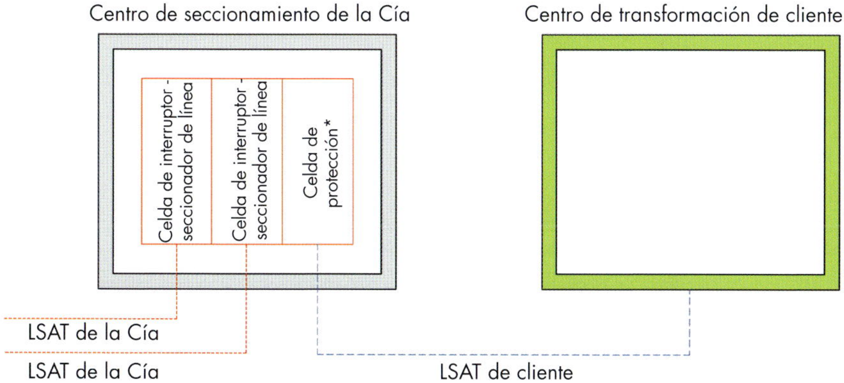

*Protección con interruptor-fusible cuando la potencia del transformador/es ≤ 630 kVA
*Protección con interruptor automático cuando la potencia del transformador/es > 630 kVA

Figura 19.2. *Conexión en anillo desde un centro de seccionamiento independiente al centro de transformación del cliente.*

– Conexión en anillo desde centro de seccionamiento en edificio compartido con el CT de cliente (enlace por barras); Figura 19.3.

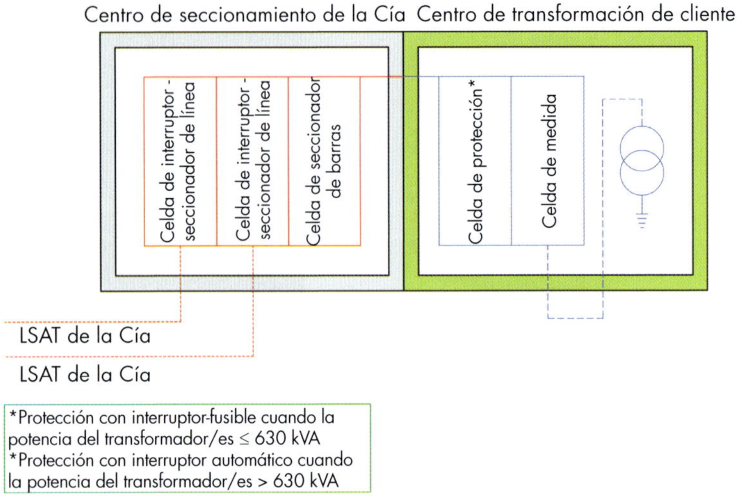

Figura 19.3. *Conexión en anillo desde centro de seccionamiento en edificio compartido con el CT de cliente (enlace por barras).*

– Conexión en anillo desde centro de seccionamiento en edificio compartido con el CT de cliente (enlace por cable); Figura 19.4.

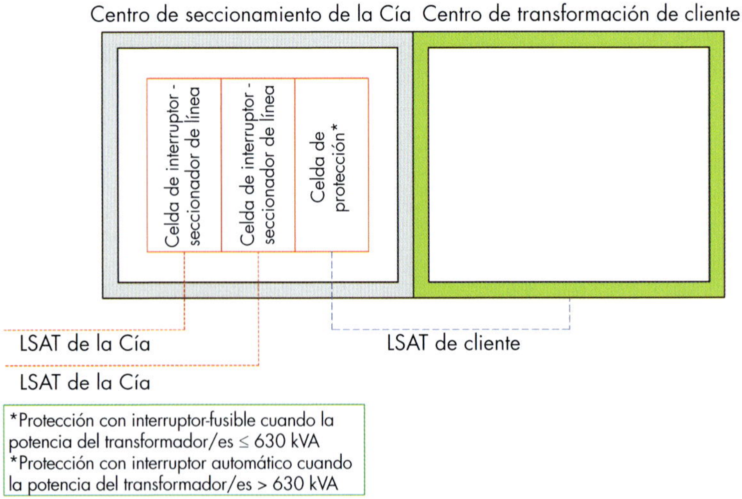

Figura 19.4. *Conexión en anillo desde centro de seccionamiento en edificio compartido con el CT de cliente (enlace por cable).*

– Conexión en anillo desde CT de la compañía eléctrica.

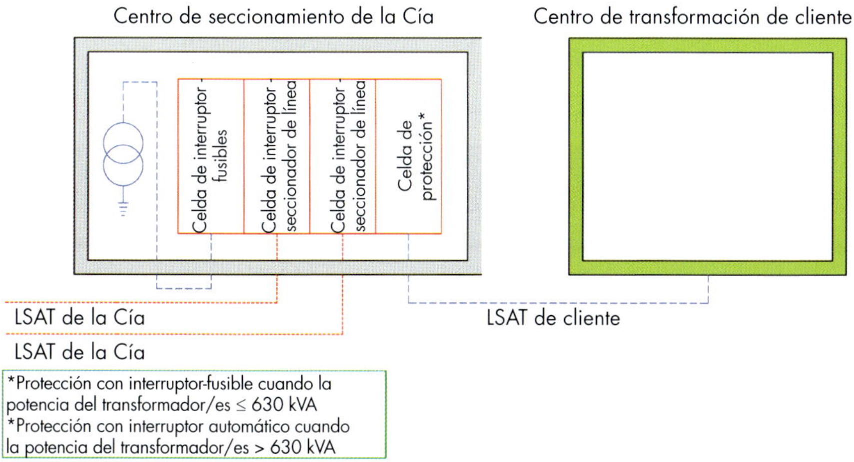

Figura 19.5. *Conexión en anillo desde CT de la compañía eléctrica.*

- Detalles constructivos

En el caso de conexión en antena, el acceso al local se efectuará a través de una puerta con cerradura «cliente», dejando una hornacina exterior con cerradura de la compañía eléctrica, en cuyo interior quedará una llave de la cerradura «cliente». La celda de entrada deberá disponer de un mando con dispositivo de enclavamiento por candado.

En el caso de conexión en anillo, el acceso al local donde están las celdas de entrada-salida y seccionamiento se efectuará a través de una puerta con cerradura de la compañía eléctrica; el acceso al resto de la instalación se efectuará a través de una puerta con cerradura «cliente» instalando una hornacina exterior con cerradura de la compañía eléctrica en cuyo interior quedará una llave de la cerradura «cliente», o mediante una puerta interior, con cerradura normalizada por la compañía eléctrica que delimite las instalaciones propiedad de la compañía eléctrica y del cliente.

Nota: en todos los casos, la celda de transformadores de medida será totalmente cerrada y la puerta de la misma precintable.

- Protecciones

Las instalaciones de alta tensión de los clientes deberán estar debidamente protegidas contra los efectos peligrosos, térmicos y dinámicos, que puedan originar las corrientes de cortocircuito y las de sobrecarga cuando estas puedan producir averías y daños en las citadas instalaciones.

Asimismo, deberán protegerse contra las sobretensiones peligrosas tanto de origen interno como de origen atmosférico.

– Protección contra sobreintensidades:

Cuando la protección se haga por fusibles, la intensidad nominal de los mismos para las tensiones de servicio más comúnmente utilizadas por la compañía eléctrica será la reflejada en la Tabla 19.1.

Tabla 19.1. *Valores de fusibles habitualmente utilizados por la compañía eléctrica*

Tensión de servicio (kV)	Potencia del transformador (kVA)	Intensidad asignada (A)
20-22-24	160	10
	250	16
	400	25
	630	40

Cuando la protección se haga por interruptores automáticos, los relés de protección serán electrónicos, con unidades de sobreintensidad $2F + N$ (mínimo). Tanto para fases como para neutro, dispondrán de:

- Características de tiempo inverso según la Norma IEC 60255-3, disponiendo al menos de la curva normalmente inversa.
- Puede disponer opcionalmente de característica de tiempo definido.
- De elemento instantáneo, con o sin tiempo de retardo.

La regulación de los mismos se hará de acuerdo con los criterios que fije la empresa eléctrica, que podrá precintarlos para evitar que un cambio en la regulación pueda dar lugar a falta de selectividad con la red general.

Los relés de protección podrán ir conectados:

- A los secundarios del núcleo de protección de los transformadores de medida, siendo la clase de precisión 5P10 con una potencia mínima de 25 VA.
- A otros dispositivos especiales basados en transformadores de intensidad toroidales, que permitan la desconexión del interruptor automático sin necesidad de una fuente de energía auxiliar.

– Protección contra sobretensiones:

Para evitar las sobretensiones de origen atmosférico, cuando la alimentación a la instalación del cliente se hiciese mediante red aérea o con cable aislado partiendo de una red aérea, en el caso de conexión en antena, el cliente instalará un conjunto de pararrayos de óxidos metálicos, provistos del correspondiente dispositivo de desconexión de la red para el caso de sobre solicitación o fallo del pararrayos.

El mantenimiento o reposición de los mismos en el caso de conexión en antena será realizado por el cliente, para lo cual deberá ponerse en contacto con el personal técnico de la compañía eléctrica de la zona correspondiente.

- Transformadores de potencia.

  Para el eventual intercambio, en el caso de avería, de los transformadores de potencia del cliente con los utilizados por la compañía eléctrica, será necesario que tengan la relación de transformación y las tomas necesarias para la regulación de la tensión fijadas por la compañía eléctrica.

ANOTACIONES

ITC-RAT-20

ANTEPROYECTOS Y PROYECTOS

Índice

1. Prescripciones generales

Para la elaboración de los anteproyectos y proyectos se utilizarán, como guía, las consideraciones indicadas en la Norma UNE-157001.

2. Anteproyecto

2.1. Finalidad

El anteproyecto es el documento o conjunto de documentos que definen las características generales de la instalación a ejecutar.

El anteproyecto de una instalación de alta tensión podrá utilizarse para la tramitación de la correspondiente autorización administrativa previa, caso de que el solicitante estime la necesidad de su presentación con anterioridad a la preparación del proyecto técnico administrativo.

2.2. Documentos que comprende

El anteproyecto de una instalación eléctrica de alta tensión constará, en general, al menos de los documentos siguientes:

a) Memoria.

b) Planos.

2.2.1. Memoria

El documento Memoria deberá incluir:

a) Justificación de la necesidad de la instalación.

b) Indicación del emplazamiento de la instalación.

c) Descripción del conjunto de la instalación con indicación de las características principales de la misma, señalando que se cumplirá lo preceptuado en la reglamentación que le afecte.

2.2.2. Planos

El documento Planos deberá incluir:

a) Plano de situación prevista, con escala suficiente para que el emplazamiento de la instalación quede perfectamente definido. En caso de no estar definido el emplazamiento definitivo, se presentarán planos con las opciones posibles.

b) Esquema unifilar simplificado del conjunto de la instalación, indicando, en su caso, las ampliaciones previstas, así como las instalaciones existentes y la potencia máxima prevista de la instalación.

c) Plano de planta general.

NOTA

Estructura de un proyecto de centros de transformación

En este apartado se presenta, de forma resumida, la estructura de un proyecto de un CT definida en la UNE-157751.

- Índice general: contiene todos los índices de los diferentes documentos básicos del proyecto.
- Memoria:
  - **0.** Hojas de identificación: 01 hoja de datos y 0 hoja índice de memoria.
  - **1.** Objeto.
  - **2.** Alcance.
  - **3.** Antecedentes.
  - **4.** Normas y referencias: disposiciones legales, normas aplicadas, bibliografía, programas de cálculo, programas y herramientas de diseño y otras referencias.
  - **5.** Definiciones y abreviaturas.
  - **6.** Requisitos de diseño.
  - **7.** Análisis de soluciones.
  - **8.** Descripción del CT objeto del proyecto: emplazamiento, obra civil, instalación eléctrica, instalaciones auxiliares (ventilación, protección contra incendios, telemando, telecontrol y telemedición, otras instalaciones auxiliares o complementarias).
  - **9.** Planificación.
  - **10.** Orden de prioridad entre los documentos básicos.
  - **11.** Resumen del presupuesto.
- Anexos:
  - **1.** Documentación de partida.
  - **2.** Otros documentos que justifiquen y aclaren conceptos expresados en el proyecto.
- Cálculos:
  - **1.** Dimensionado inicial del CT.
  - **2.** Obra civil.
  - **3.** Instalación eléctrica.
  - **4.** Instalaciones auxiliares: ventilación, protección contra incendios, telemando, telecontrol y telemedición y otras instalaciones auxiliares.
- Planos.
- Pliego de condiciones.
- Estado de mediciones.
- Presupuesto.
- Estudios con entidad propia.

3. Proyecto técnico administrativo

3.1. Finalidad

El proyecto técnico administrativo de una instalación de alta tensión tiene por finalidad la tramitación de la correspondiente autorización administrativa de construcción y registro por parte de la Administración Pública competente y sirve asimismo como documento básico para la realización de la obra.

Las directrices fundamentales para la redacción del proyecto técnico-administrativo son las siguientes:

a) Exponer la finalidad de la instalación a ejecutar, justificando su necesidad o conveniencia.

b) Describir y definir el conjunto de la instalación, los elementos que la componen y sus características de funcionamiento y operación.

c) Evidenciar el cumplimiento de las prescripciones técnicas impuestas por el Reglamento sobre Condiciones Técnicas y Garantías de Seguridad en Instalaciones Eléctricas de Alta Tensión, por las normas de la ITC-RAT-02 y por las especificaciones particulares de las empresas de transporte y distribución eléctrica que sean de aplicación.

d) Valoración clara y detallada de toda la instalación.

3.2. Documentos que comprende

El proyecto técnico administrativo de una instalación eléctrica de alta tensión constará, en general, al menos de los documentos siguientes:

a) Memoria.

b) Pliego de condiciones técnicas.

c) Planos.

d) Otros estudios de aplicación.

Para la tramitación de una autorización administrativa, no será exigible la presentación del Pliego de Condiciones.

3.2.1. Memoria

La Memoria que incluirá todas las explicaciones e informaciones precisas para la correcta descripción de la obra y los cálculos justificativos generales, comprenderá:

a) Justificación de la necesidad de la instalación, en caso de solicitar su autorización, exponiendo la finalidad de la instalación eléctrica y justificando su necesidad o conveniencia.

b) Indicación del emplazamiento de la instalación, incluyendo las coordenadas geográficas.

c) Descripción de la instalación, señalando sus características, así como las de los principales elementos que se vayan a utilizar.

d) Los cálculos eléctricos y mecánicos correspondientes que justifiquen que el conjunto de la instalación y todos sus elementos cumplen con los requisitos reglamentarios, sobre todo en lo que respecta a distancias, red de tierras y todos aquellos aspectos que pudieran llegar a comprometer la seguridad de personas e instalaciones.

e) Relación de normas de la ITC-RAT-02 y especificaciones particulares aplicables de las empresas de producción, transporte y distribución de energía eléctrica, dando evidencia del cumplimiento de las mismas. Justificación de que en el conjunto de la instalación se cumple la normativa que se establece en este Reglamento sobre Condiciones Técnicas y Garantías de Seguridad en Instalaciones Eléctricas de Alta Tensión. Cuando se propongan soluciones que no cumplan exactamente las prescripciones del reglamento deberá efectuarse una justificación detallada de la solución propuesta.

f) Un capítulo de planificación, definiendo las diferentes etapas, metas o hitos a alcanzar.

g) Estudio de los campos magnéticos en la proximidad de instalaciones de alta tensión.

EJEMPLO DE APLICACIÓN

Informe de medición de los campos electromagnéticos generados por un centro de transformación de tipo intemperie

- Campos electromagnéticos
  - Tipo de medición: medición ambiental de campo magnético de frecuencia industrial generados por centros de transformación.
  - Método de medición: procedimiento para la medición ambiental de campos eléctricos y magnéticos de frecuencia industrial generados por centros de transformación.
  - Fuente: el CT intemperie está situado en ....
  - Cliente: ....
- Índice

1. Características generales.

2. Datos del cliente.

3. Ubicación de la infraestructura eléctrica y zonas sometidas a medición.

4. Campos electromagnéticos generados por infraestructuras eléctricas y sus efectos potenciales:

4.1. Ideas generales.

4.2. Límites y recomendaciones para la exposición a campos eléctricos y magnéticos.

5. Procedimiento de medición:

5.1. Normativa y procedimientos de referencia.

5.2. Resumen básico del procedimiento.

6. Instrumentación utilizada.

7. Desviaciones y métodos no normalizados.

8. Incertidumbre.

9. Resultado y conclusiones:

Anexo A-1. Tabla de resultados de las medidas realizadas.

Anexo A-2. Planos.

Anexo A-3. Acreditación y certificado de calibración.

■ Descripción de los distintos apartados del índice

En este apartado se presentan, de forma resumida, los contenidos descritos en el índice que consideramos más relevantes, como son:

– Características generales:

Garantías: este informe ha sido realizado por .... , el cual garantiza la fidelidad de los datos que aparecen en este informe como resultado de las mediciones a que se han sometido las zonas de medición en las fechas y condiciones que se indican.

– Datos del cliente:

Empresa o razón:	CIF/NIF/Pasaporte:	
Dirección:		
Ciudad:	CP:	País:

– Ubicación de la infraestructura eléctrica y zonas sometidas a medición.

La medición se realizó en el centro de transformación de intemperie (45B543) situado en la calle..de ....

Estas mediciones tuvieron lugar el día.........de.................. de..........

La ubicación de la zona de medida se muestra en el plano de la Figura 20.1.

Figura 20.1. *Plano de situación de la zona de medida.*

En el momento de la realización de las medidas la instalación estaba en régimen normal de funcionamiento.

Las medidas fueron realizadas en los puntos indicados en el plano de Anexos.

En la Figura 20.2 se indica una vista del punto de medida.

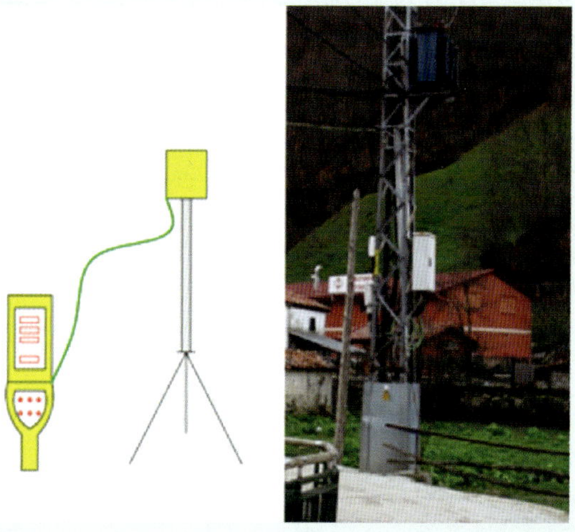

Figura 20.2. *Medidas de campo magnético en un CT de intemperie.*

- Campos electromagnéticos generados por infraestructuras eléctricas y sus efectos potenciales.

  Se indican a continuación los niveles máximos recomendados por la Comisión Internacional sobre Radiaciones No Ionizantes (ICNIRP), el Comité Europeo de Normalización Electrotécnica (CENELEC), la Junta Nacional de Protección Radiológica (NRPB, de Gran Bretaña), la Comunidad Europea (CE).

  Es necesario tener en cuenta que tanto la INCIRP coma la CE han emitido recomendaciones de no obligado cumplimiento.

Los valores eficaces de densidad CEM de frecuencia igual a 50 Hz que no deberán de ser superados en la exposición para público en general (exterior del centro de transformación), son los indicados en la Tabla 20.1.

Tabla 20.1. *Valores eficaces de densidad CEM*

Organismo	Campo eléctrico (V/m)	Campo magnético (μT)
ICNIRP	5000	100
CENELEC	10000	640
NRPB	12000	1600
CE (propuesta de directiva)	5000	100

- Procedimiento de medición:
  - Normativa y procedimientos de referencia:

    En la Tabla 20.2 se indican la normativa y procedimientos de referencia.

Tabla 20.2. *Normativa y procedimientos de referencia*

Norma/procedimiento	Fecha	Revisión
ANSI/IEEE Std 644-1994	1994/12/13	Rev. 3
Protocolo de medida de campo magnético. UNESA	2016	Versión actualizada
IEC 61.786	2014	Versión actualizada
Recomendación del Consejo de 12 de Julio de 1999, relativa a la exposición del público en general a campos electromagnéticos (0 Hz a 300 GHz)	1999/07/12	N/A

  - Resumen básico del procedimiento:

    Para realizar las medidas de campo eléctrico y magnético deben tenerse en cuenta las siguientes condiciones:

    a) Se mide tanto el valor RMS, máximo y mínimo del campo eléctrico (para líneas subterráneas de AT solo se mide el campo magnético, por estar el eléctrico apantallado) y magnético como las componentes axiales (X, Y, Z).

    b) Las mediciones se expresarán en V/m y submúltiplos en el caso de intensidad de campo eléctrico (*E*) y en teslas y submúltiplos en el caso del campo magnético (β).

    c) Las intensidades de campo eléctrico y magnético se miden a una altura de 1 m sobre el nivel del suelo.

  - Instrumentación utilizada:

    Las principales características del equipo de medida son las mostradas en la Tabla 20.3.

3.2.2. Pliego de Condiciones Técnicas

1. El Pliego de Condiciones Técnicas tiene como misión establecer las condiciones técnicas, económicas, administrativas y legales para que la instalación de alta tensión pueda ejecutarse en las condiciones especificadas, evitando posibles interpretaciones diferentes de las deseadas.

2. El Pliego de Condiciones Técnicas contendrá la información necesaria para definir los materiales, aparatos y equipos y su correcto montaje, e incluirá al menos:

   a) Las especificaciones de los materiales y elementos constitutivos.

   b) La reglamentación y normativa aplicable.

3.2.3. Planos

El documento Planos deberá incluir:

a) Planos de situación incluyendo los accesos al lugar de la instalación, a escala suficiente para que el emplazamiento de la instalación quede perfectamente definido.

b) Esquema unifilar de la instalación con indicación de las características principales de los elementos fundamentales que la integran, e interconexión con la red de alta tensión, indicando en su caso, las ampliaciones previstas, así como las instalaciones existentes, y la potencia máxima prevista de la instalación.

c) Plano o planos generales en planta y alzado suficientemente amplios, a escalas, convenientes y con indicación de las cotas esenciales, poniendo de manifiesto el emplazamiento y la disposición de los edificios, máquinas, aparatos, red de tierras y conexiones principales.

3.2.4. Otros estudios de aplicación

Comprenderán sin carácter limitativo los relativos a prevención de riesgos laborales.

4. Proyectos de ampliaciones y modificaciones

La ampliación o modificación de una instalación de alta tensión requiere la presentación a la Administración Pública competente de un proyecto de ampliación o modificación que recoja los conceptos que se indican en los capítulos 2 y 3 de esta instrucción, y en los que se justifiquen la necesidad de la ampliación o modificación en cuestión.

Excepto si suponen modificaciones de instalaciones de transporte, distribución o generación de energía eléctrica que impliquen cambios retributivos, no tendrán consideración de ampliaciones ni modificaciones y por tanto no precisarán de las autorizaciones previstas en la Ley 24/2013, de 26 de diciembre ni presentación de Proyecto Técnico los siguientes trabajos:

a) Los trabajos que no provoquen obras o instalaciones nuevas o un cambio sustancial en las características técnicas de la instalación, (por ejemplo, sustituir cables o conductores, aparamenta o relés por otros de similares características).

b) La colocación de fusibles, aparamenta o relés, en espacios, celdas o cabinas vacías previstas y preparadas inicialmente para realizar la ampliación.

c) Los trabajos de reparación, ampliación o adecuación que afectan solamente a los circuitos de medida, mando, señalización o protección, o a los aparatos asociados correspondientes.

d) Los trabajos de reparación, ampliación o adecuación que afecten solamente a los servicios auxiliares de baja tensión de la instalación de alta tensión.

e) La sustitución de aparatos, máquinas o elementos por otros de características técnicas similares.

Para estos trabajos no se precisará autorización administrativa ni presentación de Proyecto técnico de ejecución. La realización de estos trabajos quedará registrada en el libro de instrucciones de control y mantenimiento de la instalación.

5. Proyectos tipo

Los proyectos tipo son manuales técnicos que establecen y justifican todos los datos técnicos necesarios para el diseño y cálculo de las instalaciones a las que se refiere este Reglamento sobre Condiciones Técnicas y Garantías de Seguridad en Instalaciones Eléctricas de Alta Tensión.

Cuando las empresas de transporte y distribución eléctrica dispongan de proyectos tipo para determinadas instalaciones, el proyecto técnico administrativo de las mismas complementará al proyecto tipo en todos los aspectos particulares de la instalación a ejecutar, en especial en lo relativo a la instalación de puesta a tierra.

El proyecto tipo contendrá al menos las siguientes partes:

a) Memoria justificativa de los procedimientos de cálculo empleados para cumplir las condiciones reglamentarias.

b) Pliego de condiciones.

c) Relación de planos a incluir en cada proyecto técnico administrativo de la instalación.

d) Estudio de seguridad y salud para prevención de riesgos laborales.

ITC-RAT-21

INSTALADORES Y EMPRESAS INSTALADORAS PARA INSTALACIONES DE ALTA TENSIÓN

Índice

1. Objeto

1.1. La presente instrucción técnica complementaria tiene por objeto desarrollar las previsiones del artículo 18 del Reglamento sobre Condiciones Técnicas y Garantías de Seguridad en Instalaciones Eléctricas de Alta Tensión, estableciendo las condiciones y requisitos que deben cumplir las empresas instaladoras en el ámbito de aplicación de dicho reglamento.

2. Instalador y empresa instaladora de alta tensión

2.1.1. Instalador de alta tensión es la persona física que posee conocimientos teórico-prácticos de la tecnología de las instalaciones de alta tensión y de su normativa que le capacitan para el montaje, reparación, mantenimiento, revisión y desmontaje de las instalaciones de alta tensión correspondientes a su categoría, y que cumple los requisitos establecidos en el apartado 4 de esta ITC.

2.1.2. Empresa instaladora de alta tensión es toda persona física o jurídica que, ejerciendo las actividades de montaje, reparación, mantenimiento, revisión y desmontaje de instalaciones de alta tensión cumple los requisitos de esta instrucción técnica complementaria.

3. Clasificación de los instaladores y de las empresas instaladoras de alta tensión

Los instaladores y empresas instaladoras de alta tensión se clasifican en las siguientes categorías:

AT1: para instalaciones eléctricas de alta tensión cuya tensión nominal no exceda de 30 kV.

AT2: para instalaciones eléctricas de alta tensión sin límite de tensión.

En la declaración responsable de la empresa instaladora deberá constar expresamente la categoría en la que puede ejercer su actividad.

4. Instalador de alta tensión. Requisitos

Los conocimientos mínimos que debe tener un instalador de alta tensión están definidos en el anexo 2 de esta ITC. Los criterios y contenidos del mismo podrán ser actualizados periódicamente, a propuesta de instaladores, empresas instaladoras, distribuidoras, comercializadoras u operadoras y corporaciones que representen a los profesionales, titulares, técnicos, entidades de evaluación, así como por la Administración pública competente en materia de instalaciones eléctricas, para adaptarse a los avances tecnológicos.

El instalador de alta tensión deberá desarrollar su actividad en el seno de una empresa instaladora de alta tensión habilitada y deberá cumplir y poder acreditar ante la Administración pública competente cuando esta así lo requiera en el ejercicio de sus facultades de control, y para la categoría que corresponda, de las establecidas en el apartado 3 anterior, alguna de las siguientes situaciones:

a) Disponer de un título universitario cuyo ámbito competencial, atribuciones legales o plan de estudios cubra las materias objeto del Reglamento sobre condiciones técnicas y garantías de seguridad en instalaciones eléctricas de alta tensión, aprobado por el Real Decreto 337/2014, de 9 de mayo, y de sus instrucciones técnicas complementarias.

b) Disponer de un título de formación profesional o de un certificado de profesionalidad incluido en el Repertorio Nacional de Certificados de Profesionalidad, cuyo ámbito competencial incluya las materias objeto del Reglamento sobre condiciones técnicas y garantías de seguridad en instalaciones eléctricas de alta tensión, aprobado por el Real Decreto 337/2014, de 9 de mayo, y de sus instrucciones técnicas complementarias.

c) Tener reconocida una competencia profesional adquirida por experiencia laboral, de acuerdo con lo estipulado en el Real Decreto 1224/2009, de 17 de julio, de reconocimiento de las competencias profesionales adquiridas por experiencia laboral, en las materias objeto del Reglamento sobre condiciones técnicas y garantías de seguridad en instalaciones eléctricas de alta tensión, aprobado por el Real Decreto 337/2014, de 9 de mayo, y de sus instrucciones técnicas complementarias.

d) Tener reconocida la cualificación profesional de instalador de alta tensión adquirida en otro u otros Estados miembros de la Unión Europea, de acuerdo con lo establecido en el Real Decreto 581/2017, de 9 de junio, por el que se incorpora al ordenamiento jurídico español la Directiva 2013/55/UE del Parlamento Europeo y del Consejo, de 20 de noviembre de 2013, por la que se modifica la Directiva 2005/36/CE relativa al reconocimiento de cualificaciones profesionales y el Reglamento (UE) n.° 1024/2012 relativo a la cooperación administrativa a través del Sistema de Información del Mercado Interior (Reglamento IMI).

e) Poseer una certificación otorgada por entidad acreditada para la certificación de personas por ENAC o cualquier otro Organismo Nacional de Acreditación designado de acuerdo a lo establecido en el Reglamento (CE) n.° 765/2008 del Parlamento Europeo y del Consejo, de 9 de julio de 2008, por el que se establecen los requisitos de acreditación y vigilancia del mercado relativos a la comercialización de los productos y por el que se deroga el Reglamento (CEE) n.° 339/93, de acuerdo a la norma UNE-EN ISO/IEC 17024.

Todas las entidades acreditadas para la certificación de personas que quieran otorgar estas certificaciones deberán incluir en su esquema de certificación un sistema de evaluación que incluya los contenidos mínimos que se indican en el anexo 2 de esta instrucción técnica complementaria.

Cualquiera de las situaciones o titulaciones previstas (título universitario, título de formación profesional, experiencia laboral reconocida o certificación otorgada por entidad acreditada) son válidas indistintamente para las categorías AT1 y AT2, en función de los conocimientos acreditados.

De acuerdo con la Ley 17/2009, de 23 de noviembre, sobre el libre acceso a las actividades de servicios y su ejercicio, el personal habilitado por una Comunidad Autónoma podrá ejecutar esta actividad dentro de una empresa instaladora en todo el territorio español, sin que puedan imponerse requisitos o condiciones adicionales.

5. Empresa instaladora de alta tensión. Requisitos

5.1. Antes de comenzar sus actividades como empresas instaladoras de alta tensión, las personas físicas o jurídicas que deseen establecerse en España deberán presentar ante el órgano competente de la comunidad autónoma en la que se establezcan una declaración responsable en la que el titular de la empresa o el representante legal de la misma declare para qué categoría va a desempeñar la actividad, que cumple los requisitos que se exigen por esta ITC, que dispone de la documentación que así lo acredita, que se compromete a mantenerlos durante la vigencia de la actividad y que se responsabiliza de que la ejecución de las instalaciones se efectúa de acuerdo con las normas y requisitos que se establecen en el Reglamento sobre Condiciones Técnicas y Garantías de Seguridad en Instalaciones Eléctricas de Alta Tensión y sus respectivas instrucciones técnicas complementarias.

5.2. Las empresas instaladoras de alta tensión legalmente establecidas para el ejercicio de esta actividad en cualquier otro Estado miembro de la Unión Europea que deseen realizar la actividad en régimen de libre prestación en territorio español, deberán presentar, previo al inicio de la misma, ante el órgano competente de la comunidad autónoma donde deseen comenzar su actividad, una declaración responsable en la que el titular de la empresa o el representante legal de la misma declare para qué categoría va a desempeñar la actividad, que cumple los requisitos que se exigen por esta instrucción técnica complementaria, que dispone de la documentación que así lo acredita, que se compromete a mantenerlos durante la vigencia de la actividad y que se responsabiliza de que la ejecución de las instalaciones se efectúa de acuerdo con las normas y requisitos que se establecen en el Reglamento sobre condiciones técnicas y garantías de seguridad en instalaciones eléctricas de alta tensión y sus respectivas instrucciones técnicas complementarias.

Para la acreditación del cumplimiento del requisito de personal cualificado la declaración deberá hacer constar que la empresa dispone de la documentación que acredita la capacitación del personal afectado, de acuerdo con la normativa del país de establecimiento y conforme a lo previsto en la normativa de la Unión Europea sobre reconocimiento de cualificaciones profesionales, aplicada en España mediante el Real Decreto 581/2017, de 9 de junio. La autoridad competente podrá verificar esa capacidad con arreglo a lo dispuesto en el artículo 15 del citado real decreto.

5.3. Las comunidades autónomas deberán posibilitar que la declaración responsable sea realizada por medios electrónicos.

No se podrá exigir la presentación de documentación acreditativa del cumplimiento de los requisitos junto con la declaración responsable. No obstante, esta documentación deberá estar disponible para su presentación inmediata ante la Administración Pública competente cuando esta así lo requiera en el ejercicio de sus facultades de inspección, comprobación y control.

5.4. El órgano competente de la comunidad autónoma asignará, de oficio, un número de identificación a la empresa y remitirá los datos necesarios para su inclusión en el Registro Integrado Industrial, aprobado por Real Decreto 559/2010, de 7 de mayo.

5.5. De acuerdo con la Ley 21/1992, de 16 de julio, de Industria, la declaración responsable habilita por tiempo indefinido a la empresa instaladora, desde el momento de su presentación ante la Administración Pública competente, para el ejercicio de la actividad en todo el territorio español, sin que puedan imponerse requisitos o condiciones adicionales.

5.6. Al amparo de lo previsto en el apartado 3 del artículo 69 de la Ley 39/2015, de 1 de octubre, del Procedimiento Administrativo Común de las Administraciones Públicas, la Administración competente podrá regular un procedimiento para comprobar a posteriori lo declarado por el interesado.

En todo caso, la no presentación de la declaración, así como la inexactitud, falsedad u omisión, de carácter esencial, de datos o manifestaciones que deban figurar en dicha declaración habilitará a la Administración competente para dictar resolución, que deberá ser motivada y previa audiencia del interesado, por la que se declare la imposibilidad de seguir ejerciendo la actividad, sin perjuicio de las responsabilidades que pudieran derivarse de las actuaciones realizadas, y de la aplicación del régimen sancionador previsto en la Ley 21/1992, de 16 de julio, de Industria.

5.7. Cualquier hecho que suponga modificación de alguno de los datos incluidos en la declaración originaria, así como el cese de las actividades, deberá ser comunicado por el interesado al órgano competente de la comunidad autónoma donde presentó la declaración responsable en el plazo de un mes.

5.8. Las empresas instaladoras cumplirán lo siguiente:

a) Disponer de la documentación que identifique a la empresa instaladora, que en el caso de persona jurídica deberá estar constituida legalmente.

b) Contar con los medios técnicos y humanos necesarios para realizar su actividad en condiciones de seguridad, que, como mínimo serán los que se determinan en el anexo I de esta instrucción técnica complementaria.

c) Tener suscrito seguro de responsabilidad civil profesional u otra garantía equivalente que cubra los daños que puedan provocar en la prestación del servicio por una cuantía mínima de 1.000.000 de euros por siniestro. Esta cuantía mínima se actualizará por orden de la persona titular del Ministerio de Industria, Comercio y Turismo, siempre que sea necesario para mantener la equivalencia económica de la garantía y previo informe de la Comisión Delegada del Gobierno para Asuntos Económicos.

5.9. La empresa instaladora habilitada no podrá facilitar, ceder o enajenar certificados de instalación no realizadas por ella misma.

5.10. El incumplimiento de los requisitos y normas exigidos para el ejercicio de la actividad, una vez verificado y declarado por la autoridad competente mediante resolución motivada y previa audiencia del interesado, conllevará el cese automático de la actividad, salvo que pueda incoarse un expediente de subsanación del incumplimiento y sin perjuicio de las responsabilidades que pudieran derivarse de las actuaciones realizadas.

5.11. La comunidad autónoma dará traslado inmediato al Ministerio de Industria, Energía y Turismo de la inhabilitación temporal, las modificaciones y el cese de la actividad a los que se refieren los apartados precedentes para la actualización de los datos en el Registro Integrado Industrial regulado en el título IV de la Ley 21/1992, de 16 de julio, de Industria, tal y como lo establece su normativa reglamentaria de desarrollo.

6. Obligaciones de las empresas instaladoras habilitadas

Las empresas instaladoras habilitadas deben, en sus respectivas categorías:

a) Ejecutar, modificar, ampliar, mantener, reparar o desmontar las instalaciones que les sean adjudicadas o confiadas, de conformidad con la normativa vigente y con el proyecto de ejecución de la instalación, utilizando materiales y equipos que sean conformes a la legislación que les sea aplicable.

b) Comprobar que cada instalación ejecutada supera las pruebas y ensayos reglamentarios aplicables.

c) Realizar las operaciones de revisión y mantenimiento que tengan encomendadas, en la forma y plazos previstos.

d) Una vez finalizados los trabajos emitir los certificados de instalación o mantenimiento, en su caso.

e) Notificar a la Administración Pública competente los posibles incumplimientos reglamentarios de materiales o instalaciones, que observasen en el desempeño de su actividad. En caso de riesgo grave e inminente, darán cuenta inmediata de ello al propietario de la instalación y a la entidad de transporte o distribución, y pondrá la circunstancia en conocimiento de la Administración pública competente en el plazo máximo de 24 horas.

f) Asistir a las inspecciones realizadas por el organismo de control, o las realizadas de oficio por la Administración pública competente, cuando este así lo requiera. En ningún caso esta asistencia supondrá la realización de las operaciones de inspección, medición y control por parte del instalador.

g) Mantener al día un registro de las instalaciones ejecutadas o mantenidas.

h) Informar a la Administración Pública competente sobre los accidentes ocurridos en las instalaciones a su cargo.

i) Conservar a disposición de la Administración Pública, copia de los contratos de mantenimiento al menos durante los cinco años inmediatos posteriores a la finalización de los mismos.

Anexo 1. Medios mínimos, técnicos y humanos, requeridos para las empresas instaladoras para instalaciones de alta tensión

1. Medios humanos

1. Contar con el personal necesario para realizar la actividad en condiciones de seguridad, en número suficiente para atender las instalaciones que tengan contratadas con un mínimo de un instalador de instalaciones de alta tensión de categoría igual o superior a la categoría de la empresa instaladora, contratado en plantilla a jornada completa (salvo que se acredite que el horario de apertura de la empresa es menor, en cuyo caso se admitirá que este esté contratado a tiempo parcial para prestar servicios durante un número de horas equivalente al horario durante el que la empresa desarrolle su actividad).

Se considerará que también queda satisfecho el requisito de contar con un profesional habilitado en plantilla si se cumple alguna de las siguientes condiciones:

1.ª En el caso de las personas jurídicas, la cualificación individual, la ostente uno de los socios de la organización, siempre que trabaje para la empresa a jornada completa, o durante el horario de apertura de la misma.

2.ª En el caso de que la empresa instaladora sea una persona física dada de alta en el régimen especial de trabajadores autónomos, si esta dispone de la habilitación correspondiente.

La figura del instalador podrá ser sustituida por la de dos o más instaladores de la misma o mismas categorías, cuyos horarios laborales permitan cubrir la jornada completa o el horario de actividad de la empresa.

2. Medios técnicos

2.1. Equipos

Las empresas instaladoras deberán disponer de los siguientes equipos mínimos:

2.1.1. Equipos necesarios para cualquier categoría

Para cualquier categoría se dispondrá de un grupo electrógeno de potencia mínima de 5 kVA, así como llaves dinamométricas para asegurar los pares de apriete de las conexiones.

2.1.1.1. Telurómetro.

2.1.1.2. Medidor de aislamiento de, al menos, 10 kV.

2.1.1.3. Pértiga detectora de la tensión correspondiente a la categoría solicitada.

2.1.1.4. Pértigas de puesta a tierra y en cortocircuito.

2.1.1.5. Multímetro o tenaza, para las siguientes magnitudes.

- Tensión alterna y continua hasta 500 V.
- Intensidad alterna y continua hasta 20 A.
- Resistencia.

2.1.1.6. Miliohmímetro con fuente de intensidad de continua de 50 A.

2.1.1.7. Medidor de tensiones de paso y contacto con fuente de intensidad de 5 A para instalaciones de tercera categoría, y con fuente de intensidad de 50 A para instalaciones de categoría superior.

2.1.1.8. Cámara de termografía.

2.1.1.9. Equipo verificador de la continuidad de conductores.

2.1.2. Equipos complementarios para la categoría AT2

2.1.2.1. Sistema de medida de la corriente de excitación y pérdidas en vacío de transformadores de potencia.

2.1.2.2. Equipo medidor de relación de transformación y desfase.

2.1.2.3. Medidor de capacidad y tangente de delta en transformadores.

2.1.2.4. Medidor de rigidez dieléctrica de aislantes líquidos.

2.1.2.5. Medidor de tiempos de cierre y apertura de interruptores automáticos.

Para ciertas verificaciones, podrían ser necesarios otros equipos de ensayo y medida, en cuyo caso podrán ser subcontratadas a empresas especializadas o a laboratorios acreditados según la UNE-EN-ISO/IEC-17025.

En cualquier caso, los equipos se mantendrán en correcto estado de funcionamiento y calibración.

2.2. Herramientas, equipos y medios de protección individual

Estarán de acuerdo con la normativa vigente y las necesidades de la instalación.

Anexo 2. Conocimientos mínimos necesarios para los instaladores de alta tensión

A) Categoría AT1

A1) Conocimientos teóricos

1. Interpretación de planos y esquemas.

- **1.1.** Plano de alzado y planta de la instalación.
- **1.2.** Esquemas unifilares.
- **1.3.** Planos de detalles de los componentes de la instalación (transformadores, celdas, etc.).

2. Distancias de aislamiento y pasillos de seguridad.

3. Relación de legislación vigente (estatal y autonómica) sobre impacto ambiental de instalaciones de alta tensión.

4. Exigencias para los equipos y materiales utilizados en centros de transformación, centros de reparto y otras instalaciones de tercera categoría.

5. Seguridad para trabajos en instalaciones de alta tensión de tercera categoría.

5.1. Normativa y reglamentación vigente para prevención del riesgo eléctrico en trabajos realizados en instalaciones eléctricas.

5.2. Factores y situaciones de riesgo, incluso de origen no eléctrico.

5.3. Utilización de medios y equipos de protección individual. Procedimientos de prevención de riesgos laborales en trabajos con riesgo eléctrico.

5.4. Técnicas de primeros auxilios.

6. Protecciones de transformadores, motores, generadores y líneas de tercera categoría.

A2) Conocimientos prácticos

1. Montaje y puesta en servicio de Instalaciones de alta tensión de tercera categoría.

2. Verificación, mantenimiento y reparación de instalaciones de alta tensión de tercera categoría.

2.1. Verificación de instalaciones de acuerdo a la normativa vigente: verificación inicial y periódica de instalaciones realizando los ensayos necesarios, inspección visual, o con termografía.

2.2. Mantenimiento y reparación de instalaciones, delimitando la zona de trabajo y colocando las tierras de protección correspondientes.

2.3. Mantenimiento o reparación de la aparamenta de maniobra y protección instalada.

2.4. Gestión de maniobras, solicitando los descargos y reposiciones correspondientes, para realizar los trabajos de mantenimiento y reparación correspondientes.

3. Manejo de aparatos de medida y herramientas.

3.1. Herramientas utilizadas en instalaciones eléctricas de alta tensión: tipos y manejo.

3.2. Manejo de aparatos de medida de magnitudes eléctricas (telurómetros, megóhmetros, medidores de baja resistencia, medidores tensiones de paso y contacto).

B) Categoría AT2

B1) Conocimientos teóricos

1. Interpretación de planos y esquemas.

1.1. Tipos de subestaciones según su esquema unifilar, ubicación y tecnología de aislamiento. Interpretación de esquemas unifilares.

1.2. Plano de alzado y planta de la instalación.

1.3. Planos de detalles de los componentes de la instalación (transformadores de potencia, transformadores de medida y protección, aparamenta, pararrayos, celdas, GIS, etc.).

2. Distancias de aislamiento, pasillos, y zonas de protección para subestaciones con aislamiento al aire.

3. Relación de legislación vigente (estatal y autonómica) sobre impacto ambiental de instalaciones de alta tensión.

4. Exigencias para los equipos y materiales utilizados en subestaciones o instalaciones de categoría superior a la tercera categoría.

5. Seguridad en las instalaciones de alta tensión.

5.1. Normativa y reglamentación vigente para prevención del riesgo eléctrico en trabajos realizados en instalaciones eléctricas.

5.2. Técnicas de trabajos sin tensión, en proximidad y en tensión.

5.3. Factores y situaciones de riesgo, incluso de origen no eléctrico.

5.4. Utilización de medios y equipos de protección individual. Procedimientos de prevención de riesgos laborales en trabajos con riesgo eléctrico.

5.5. Técnicas de primeros auxilios.

6. Protecciones de transformadores de potencia, reactancias, líneas, GIS, protección de barras, etc.

B2) Conocimientos prácticos

1. Montaje y puesta en servicio de Instalaciones de alta tensión.

2. Verificación, mantenimiento y reparación de instalaciones de alta tensión.

2.1. Verificación de instalaciones de acuerdo a la normativa vigente: verificación inicial y periódica de instalaciones realizando los ensayos necesarios.

2.2. Prueba dieléctrica de subestaciones y medida de descargas parciales.

2.3. Técnicas predictivas para evaluar el estado de los transformadores de potencia.

2.4. Mantenimiento y reparación de instalaciones, delimitando la zona de trabajo y colocando las tierras de protección correspondientes.

2.5. Mantenimiento o reparación de la aparamenta de maniobra y protección instalada.

2.6. Gestión de maniobras, solicitando los descargos y reposiciones correspondientes, para realizar los trabajos de mantenimiento y reparación correspondientes.

3. Manejo de aparatos de medida y herramientas.

3.1. Herramientas utilizadas en instalaciones eléctricas de alta tensión: tipos y manejo.

3.2. Manejo de sistemas de medida para ensayo predictivo de transformadores de potencia.

3.3. Manejo de aparatos de medida de magnitudes eléctricas (telurómetros, megóhmetros, medidores de baja resistencia, medidores tensiones de paso y contacto).

ANOTACIONES

ITC-RAT-22

DOCUMENTACIÓN Y PUESTA EN SERVICIO DE LAS INSTALACIONES DE ALTA TENSIÓN

Índice

05 Tipo de acta de puesta en servicio * (márquese la/s que proceda/n)

- ☐ Provisional.
- ☐ Parcial.
- ☐ Definitiva.

Detalles o justificación de la solicitud:

06 Domicilio social de la empresa (si procede) *

Tipo vía *	Nombre de la vía pública *	Nº.	Bloq.	Portal	Esc.	Planta	Puerta	Pto Km.

Complemento (ej. Urbanización, Polígono Industrial, Centro Comercial, etc.)	Cód. Postal *

Municipio *	Provincia *

07 Datos generales de la instalación.

Nº de instalación (en caso de instalaciones existentes o en tramitación).

Ubicación (*)

Tipo de vía	Nombre	Número	Complemento (ej. Urbanización, Polígono Industrial, Centro Comercial, etc.)

Polígono	Parcela	Código Postal	Municipio	Provincia

Coordenadas UTM (en documento aparte si falta espacio y no consta en el proyecto)

Compañía propietaria de la red donde se vierte la energía *

1. Objeto

La presente instrucción tiene por objeto desarrollar las prescripciones del reglamento sobre condiciones técnicas y garantías de seguridad en instalaciones eléctricas de alta tensión, determinando la documentación técnica que deben tener las instalaciones para ser legalmente puestas en servicio, así como su tramitación ante el órgano competente de la administración pública competente.

2. Documentación de las instalaciones eléctricas

Las instalaciones en el ámbito de aplicación del Reglamento sobre Condiciones Técnicas y Garantías de Seguridad en Instalaciones Eléctricas de Alta Tensión deben ejecutarse según proyecto que deberá ser redactado y firmado por técnico titulado competente, quien será directamente responsable de que el mismo se adapte a las disposiciones reglamentarias que correspondan y a las especificaciones particulares de la entidad de transporte y distribución a la que se conecte.

Cuando se prevea que la instalación vaya a ser cedida a empresas de transporte o distribución de energía eléctrica el autor del proyecto podrá remitirlo a la misma para su revisión previa a la ejecución de la instalación. En el caso de que se produzca dicha remisión, la empresa de transporte o distribución tendrá la responsabilidad de revisar el proyecto con objeto de asegurar la correcta adaptación a las condiciones de explotación de su red. La revisión se realizará en el plazo más breve posible, y en caso de discrepancias entre las partes afectadas se atendrá a lo que resuelva la Administración Pública competente que intervenga en el procedimiento.

El contenido del proyecto seguirá lo indicado en la ITC-RAT-20.

3. Documentación y puesta en servicio de las instalaciones eléctricas propiedad de empresas de producción, transporte y distribución de energía eléctrica

La construcción, ampliación, modificación y explotación de las instalaciones eléctricas de alta tensión propiedad de entidades de producción, transporte y distribución de energía eléctrica se condicionará al procedimiento de autorización establecido por la legislación sectorial vigente sin perjuicio de las disposiciones autonómicas en esta materia.

Deberá elaborarse previamente a la ejecución un proyecto que defina las características de la instalación, según determina la ITC-RAT-20. La ejecución de las instalaciones deberá contar con la dirección de uno o varios técnicos facultativos competentes.

Al término de la ejecución de la instalación, la entidad titular de la instalación realizará las verificaciones previas a la puesta en servicio que resulten oportunas, en función de las características de aquella, según se especifica en la ITC-RAT-23.

Asimismo, finalizadas las obras, un técnico titulado competente deberá emitir un certificado final de obra, según modelo establecido por la Administración Pública competente, que deberá comprender, al menos, lo siguiente:

a) Los datos referentes a las principales características técnicas de la instalación según el proyecto aprobado, documentando, en su caso, las variaciones en la obra ejecutada respecto del proyecto.

b) Informe técnico con resultado favorable de las verificaciones previas a la puesta en servicio, realizado por la empresa de producción, transporte y distribución de energía eléctrica, según se especifica en la ITC-RAT-23.

c) Declaración expresa de que la instalación ha sido ejecutada de acuerdo con las prescripciones del presente Reglamento sobre Condiciones Técnicas y Garantías de Seguridad en Instalaciones Eléctricas de Alta Tensión y sus instrucciones técnicas complementarias y, en su caso, con las especificaciones particulares de la entidad de producción, transporte y distribución de energía eléctrica.

d) Copia de las correspondientes declaraciones de conformidad de los componentes de la instalación que estén obligados a ello según se establece en la ITC-RAT-03.

e) Identificación en su caso de la empresa instaladora responsable de la ejecución de la instalación.

La empresa de producción, transporte o distribución de energía eléctrica será la responsable de mantener la instalación en el debido estado de conservación y funcionamiento.

Las empresas de producción de energía eléctrica de origen eólico o solar de potencia menor de 100 MVA deberán presentar para la puesta en servicio de sus instalaciones certificado de instalación, contrato de mantenimiento y certificado de inspección inicial realizado por organismo de control.

4. Documentación y puesta en servicio de las instalaciones eléctricas que no sean propiedad de entidades de producción, transporte y distribución de energía eléctrica

La construcción, ampliación, modificación y explotación de las instalaciones que no sean propiedad de entidades de producción, transporte y distribución de energía eléctrica, correspondientes a instalaciones de producción cuyo aprovechamiento afecte a más de una comunidad autónoma, líneas directas, de evacuación y las acometidas de tensión superior a 1 kV se condicionará al procedimiento de autorización establecido por la legislación sectorial vigente sin perjuicio de las disposiciones autonómicas en esta materia.

Las instalaciones eléctricas de alta tensión que no sean propiedad de entidades de producción, transporte y distribución de energía eléctrica, y que no vayan a ser cedidas estarán sujetas al procedimiento de puesta en servicio descrito en este apartado, no siendo necesaria la autorización administrativa.

Todas las instalaciones que no sean propiedad de entidades de producción, transporte y distribución de energía eléctrica deben ser ejecutadas por Empresas Instaladoras a las que se refiere la ITC-RAT-21.

Deberá elaborarse previamente a la ejecución un proyecto que defina las características de la instalación, según determina la ITC-RAT-20. La ejecución de las instalaciones deberá contar con la dirección de uno o varios técnicos titulados competentes.

Si, en el curso de la ejecución de la instalación, la empresa instaladora considerase que el proyecto no se ajusta a lo establecido en el Reglamento sobre Condiciones Técnicas y Garantías de Seguridad en Instalaciones Eléctricas de Alta Tensión, deberá, por escrito, poner tal circunstancia en conocimiento del director de obra, y del titular. Si no hubiera acuerdo entre las partes se someterá la cuestión a la Administración Pública competente, para que esta resuelva en el plazo de un mes.

Al término de la ejecución de la instalación, la empresa instaladora realizará las verificaciones que resulten oportunas, en función de las características de aquella, según se especifica en la ITC-RAT-23, contando para ello con el técnico director de obra a fin de comprobar su correcta ejecución y funcionamiento seguro.

Las instalaciones de tensión nominal superior a 30 kV deberán ser objeto de la correspondiente inspección inicial por organismo de control, según lo establecido en la ITC-RAT-23.

Finalizadas las obras y realizadas las verificaciones e inspección inicial a que se refieren los párrafos anteriores, la empresa instaladora deberá emitir un Certificado de Instalación, según modelo establecido por la Administración Pública competente, que deberá comprender, al menos, lo siguiente:

a) Los datos referentes a las principales características técnicas de la instalación según el proyecto, documentando, en su caso, las variaciones en la obra ejecutada respecto del proyecto.

b) Informe técnico con resultado favorable, de las verificaciones previas a la puesta en servicio, realizado según se especifica en la ITC-RAT-23. Cuando proceda, la referencia del certificado del organismo de control que hubiera realizado, con calificación de resultado favorable, la inspección inicial.

c) Declaración expresa de que la instalación ha sido ejecutada de acuerdo con el proyecto, con las prescripciones del Reglamento sobre Condiciones Técnicas y Garantías de Seguridad en Instalaciones Eléctricas de Alta Tensión y sus instrucciones técnicas complementarias, y, cuando se prevea que las instalaciones vayan a ser cedidas a empresas de transporte y distribución de energía eléctrica, con las especificaciones particulares de la empresa de transporte y distribución de energía eléctrica. En su caso identificará y justificará las variaciones que en la ejecución se hayan producido con relación a lo previsto en el proyecto.

d) Copia de las correspondientes declaraciones de conformidad de los componentes de la instalación que estén obligados a ello según se establece en la ITC-RAT-03.

e) Identificación de la empresa instaladora responsable de la ejecución de la instalación.

El propietario de la instalación deberá suscribir, antes de su puesta en marcha, un contrato de mantenimiento suscrito con una empresa instaladora para instalaciones de alta tensión, en el que se haga responsable de mantener la instalación en el debido estado de conservación y funcionamiento. Este contrato o uno similar suscrito posteriormente con otra empresa instaladora deberán mantenerse en vigor mientras que la instalación esté en servicio. Si el propietario de la instalación, a juicio de la Administración Pública competente, dispone de los medios y organización necesarios para efectuar su propio mantenimiento, y asume su ejecución y la responsabilidad del mismo, será eximido de su contratación. Los medios humanos y técnicos necesarios serán los indicados en el Anexo 1 de la ITC-RAT-21.

Antes de la puesta en servicio de la instalación, el titular de la misma deberá presentar ante la Administración Pública competente, al objeto de su inscripción en el correspondiente registro, el certificado de instalación, al que se acompañará el proyecto, así como el certificado final de obra firmado por el correspondiente técnico titulado competente, el certificado acreditativo de la existencia de un contrato de mantenimiento suscrito con una empresa instaladora para instalaciones de alta tensión o el compromiso de realizarlo con medios propios y, en su caso, el certificado de inspección inicial, con calificación de resultado favorable, del organismo de control, en el plazo de un mes desde la fecha del certificado final de obra o en su caso de la inspección inicial.

Cuando el titular de la instalación solicite el enganche a la red de transporte o distribución, deberá entregar el correspondiente ejemplar del certificado de instalación y en su caso, el resguardo acreditativo de la presentación de la solicitud de la autorización administrativa. En este caso la entidad de transporte o distribución podrá solicitar al titular de la instalación un informe de las verificaciones realizadas por la empresa instaladora según lo previsto en la ITC-RAT-23, en lo que se refiere al cumplimiento de las prescripciones del Reglamento sobre Condiciones Técnicas y Garantías de Seguridad en Instalaciones Eléctricas de Alta Tensión y sus instrucciones técnicas complementarias, así como del proyecto, y, cuando corresponda, de sus especificaciones particulares, como requisito previo para la conexión de la instalación a la red eléctrica.

NOTA

Proceso para la puesta en servicio

En la Figura 22.1 se muestra, de forma resumida, el proceso para la puesta en servicio de una instalación eléctrica que no sea propiedad de entidades de producción, transporte y distribución de energía eléctrica.

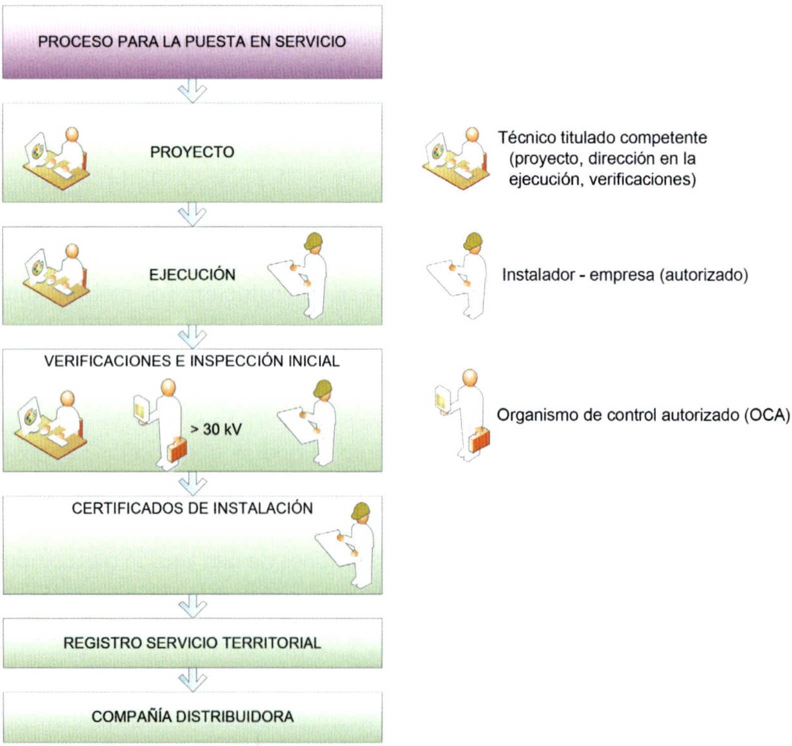

Figura 22.1. *Documentación técnica para la puesta en servicio.*

Si las verificaciones no son completas o los resultados no son favorables, la entidad de transporte o distribución podrá denegar provisionalmente la conexión a la red, mediante un acta en la que consten las deficiencias detectadas, la cual deberá ser firmada por el titular de la instalación, dándose por enterado. El resultado del acta se pondrá en conocimiento de la Administración Pública competente, en el plazo de un mes, para que determine lo que proceda.

Solo se admitirá la conexión provisional de la instalación en la red antes de su inscripción, para realizar las pruebas y verificaciones previas necesarias y siempre bajo la responsabilidad de la empresa instaladora.

5. Documentación y puesta en servicio de instalaciones eléctricas que vayan a ser cedidas a entidades de transporte y distribución de energía eléctrica

Las instalaciones promovidas por terceros, que vayan a ser cedidas antes de su puesta en servicio, y, por tanto, vayan a formar parte de la red de transporte y distribución, deberán someterse al procedimiento de autorización establecido por la legislación sectorial vigente sin perjuicio de las disposiciones autonómicas en esta materia.

Deberá elaborarse, previamente a la ejecución, un proyecto que defina las características de la instalación, según determina la ITC-RAT-20 y que deberá tener en cuenta las especificaciones particulares y en vigor de la empresa producción, transporte o distribución de energía eléctrica.

Al término de la ejecución de la instalación, la empresa instaladora realizará las verificaciones que resulten oportunas, en función de las características de aquella, según se especifica en la ITC-RAT-23, contando para ello con el técnico director de obra a fin de comprobar su correcta ejecución y funcionamiento seguro.

Para su puesta en servicio deberán presentar la documentación prevista en el apartado 4 de esta ITC-RAT-22, con la salvedad de que, para poder emitir el acta de puesta en servicio y autorización de explotación por parte de la Administración Pública competente, se debe aportar el contrato de cesión entre promotor y entidad de transporte y distribución de energía eléctrica, pero no se requerirá contrato de mantenimiento.

Antes de la cesión, la entidad podrá solicitar las verificaciones que considere oportunas, en lo que se refiere al cumplimiento de las prescripciones del Reglamento sobre Condiciones Técnicas y Garantías de Seguridad en Instalaciones Eléctricas de Alta Tensión y sus instrucciones técnicas complementarias, y, cuando corresponda, de sus especificaciones particulares, como requisito previo para la aceptación de la instalación, antes de la conexión a su red eléctrica. La entidad aceptará por escrito la cesión de la titularidad de la instalación cedida.

Si los resultados de las verificaciones no son favorables, la entidad deberá extender un Acta, en la que conste el resultado de las comprobaciones, la cual deberá ser firmada igualmente por el director de obra y el titular de la instalación, dándose por enterados. Dicha Acta en el plazo de un mes, se pondrá en conocimiento de la Administración Pública competente, quien determinará lo que proceda.

ANOTACIONES

ITC-RAT-23

VERIFICACIONES E INSPECCIONES

Índice

1. Prescripciones generales

La presente instrucción tiene por objeto desarrollar las previsiones del Reglamento sobre Condiciones Técnicas y Garantías de Seguridad en Instalaciones Eléctricas de Alta Tensión, en relación con las verificaciones e inspecciones previas a la puesta en servicio, o periódicas de las instalaciones eléctricas de alta tensión.

GUÍA-RAT-23

La ITC-RAT-23 establece el régimen de controles (verificaciones e inspecciones) que deben realizarse a las instalaciones de AT, en función de sus características, por los agentes que se indican en cada caso.

En la Tabla 1 se resumen los distintos casos que se contemplan en esta ITC.

Tabla 1. *Resumen de verificaciones e inspecciones*

Tipos de instalaciones de AT		Controles (verificaciones o inspecciones)	
Propietario	**Un**	**Control inicial**	**Control cada 3 años**
EPTD	Cualquiera	V_{EPTD} (1)	V_{EPTD} (2)
No EPTD	≤ 30 kV	V_{EI} (3)	I_{OC} (4)
	> 30 kV	V_{EI} (3) + I_{OC} (4)	I_{OC} (4)
Para ceder a EPTD	≤ 30 kV	V_{EI} (3) + C_{EPTD} (5)	V_{EPTD} (2) (6)
	> 30 kV	V_{EI} + I_{OC} (3) + C_{EPTD} (5)	V_{EPTD} (2) (6)

I: inspección.
V: verificación.
C: comprobación.
EPTD: empresa de producción, transporte y distribución (con personal propio o empresa instaladora habilitada mandatada de la EPTD, según artículo 17).
AP: Administración Pública.
EI: empresa instaladora.
OC: organismo de control.

(1) Si la EPTD contrata la ejecución de una instalación a una EI, las verificaciones iniciales podrán ser realizadas por la EI, junto con el director de obra.
(2) Las verificaciones pueden sustituirse por planes de actuación concertados con la AP que garanticen un mantenimiento adecuado de la instalación.
(3) Verificación inicial por EI que ejecute la obra, contando con el director de obra (Apartado 3 de ITC-RAT-23).
(4) El OC debe ser asistido por la empresa instaladora o mantenedora, según se trate de inspección inicial o periódica, respectivamente.
(5) Comprobación realizada por la EPTD a fin de comprobar que las instalaciones cumplen las especificaciones particulares de la EPTD aprobadas por la AP y vigentes en el momento de la cesión.
(6) Las instalaciones una vez cedidas a las EPTD estarán sujetas al mismo régimen de verificación periódica que las instalaciones propiedad de las EPTD.

Según el artículo 2 del RAT aprobado por el R. D. 337/2014, este Reglamento se aplica también «a las instalaciones existentes antes de su entrada en vigor, en lo referente al régimen de inspecciones que se establecen en el reglamento sobre periodicidad y agentes intervinientes, si bien los criterios técnicos aplicables en dichas inspecciones serán los correspondientes a la reglamentación con la que se aprobaron.» En este sentido cabe entender que el régimen de inspecciones se refiere tanto a las inspecciones propiamente dichas como a las verificaciones que las sustituyen en caso de instalaciones propiedad de empresas eléctricas. Como resultado de la verificación habrá que elaborar la correspondiente acta de verificación.

Serán incluso objeto de verificaciones o inspecciones las instalaciones que se encuentren fuera de servicio sin haber sido desmanteladas, con objeto de revisar el seccionamiento que garantiza la situación de fuera de servicio y garantizar que no se encuentran en un estado de abandono que comprometa la seguridad de las personas o de los bienes.

Las entidades de producción, transporte o distribución que realicen actividades de verificación y los organismos de control que realicen actividades de inspección deberán disponer de los mismos medios técnicos indicados en el anexo I de esta instrucción.

2. Verificación e inspección de las instalaciones eléctricas propiedad de entidades de producción, transporte y distribución de energía eléctrica

2.1. Verificación

Las verificaciones previas a la puesta en servicio de las instalaciones eléctricas de alta tensión deberán ser realizadas por el titular de la instalación o por una empresa mandataria. Si la verificación fuera realizada por empresas mandatadas, estas deberán ser empresas instaladoras habilitadas según ITC-RAT-21.

GUÍA-RAT-23

Al término de la ejecución de la instalación, el titular de la instalación o la empresa instaladora mandatada realizará las verificaciones que resulten oportunas contando para ello con el director de obra a fin de comprobar su correcta ejecución. Cuando se realicen ensayos o medidas la empresa instaladora garantizará el correcto estado de calibración de los equipos utilizados en las mismas.

GUÍA-RAT-23

Verificaciones previas a la puesta en servicio

Se efectuarán los ensayos previos a la puesta en servicio que establezcan las normas de obligado cumplimiento. En cualquier caso, en las instalaciones de alta tensión se efectuarán las siguientes verificaciones:

a) Medidas de las tensiones de paso y contacto, con la particularidad de que en las instalaciones de tercera categoría, se podrá aplicar lo indicado en la ITC-RAT-13.

b) Verificación de las distancias mínimas de aislamiento en aire entre partes en tensión y entre estas y tierra, siempre que no se hayan realizado previamente ensayos de aislamiento según lo establecido en la ITC-RAT-12.

c) Para instalaciones de tensión igual o superior a 220 kV, verificación del estado del aislamiento y en particular de la rigidez dieléctrica de los aislantes líquidos.

d) Verificación visual y ensayos funcionales del equipo eléctrico y de partes de la instalación.

e) Pruebas funcionales de los relés de protección y de los enclavamientos montados en obra.

f) Comprobación de que existen el esquema unifilar de la instalación y los manuales con instrucciones de operación y mantenimiento de los equipos y materiales.

GUÍA-RAT-23

Verificaciones periódicas

Las instalaciones eléctricas de alta tensión serán objeto de verificaciones periódicas, al menos una vez cada tres años, realizando las comprobaciones que permitan conocer el estado de sus diferentes componentes, y en particular para instalaciones de tensión nominal mayor o igual de 220 kV, la verificación del estado del aislamiento y en particular de la rigidez dieléctrica de los aislantes líquidos. La verificación periódica deberá llevarse a efecto antes de la finalización de la fecha de validez de la anterior verificación.

Durante la verificación periódica se revisarán las instalaciones de puesta a tierra a fin de comprobar su estado. Esta revisión consistirá en una inspección visual y en la medida de la resistencia de puesta a tierra, no requiriéndose la medida de la tensión de paso y contacto, salvo en aquellos casos en los que hayan variado las condiciones del proyecto original, debido a variaciones constructivas en el entorno inmediato de la instalación, por ejemplo por disminución de la resistividad superficial, como sucede en caso de ajardinamiento, o por la construcción de nuevos elementos metálicos próximos a la instalación (marquesinas de parada de autobuses, quioscos con elementos metálicos, etc.).

Las verificaciones se podrán sustituir por planes concertados con la Administración Pública competente, que garanticen que la instalación está correctamente mantenida.

Como resultado de la verificación, la entidad titular emitirá un Acta de Verificación, en la cual figurarán los datos de identificación de la instalación, la relación de las comprobaciones realizadas, y la posible relación de defectos, planes y plazos de corrección que en el caso de defectos graves o muy graves y para verificaciones periódicas no excederán de seis meses.

La entidad titular enviará una copia del Acta de Verificación a la Administración Pública competente en el plazo de un mes desde su ejecución. Este requisito no será necesario en el caso de que la entidad titular disponga de un proceso informático que permita a la Administración Pública competente listar y auditar los resultados de las verificaciones efectuadas.

GUÍA-RAT-23

En instalaciones existentes antes de la entrada en vigor del R. D. 337/2014 las verificaciones periódicas obligatorias a realizar serán las incluidas en la reglamentación anterior (R. D. 3275/1982), que concretamente exige la revisión de la instalación de puesta a tierra para comprobar su estado.

2.2. Inspección

La Administración Pública competente podrá efectuar inspecciones según establece la legislación sectorial vigente.

3. Verificación e inspección de las instalaciones eléctricas que no sean propiedad de entidades de producción, transporte y distribución de energía eléctrica

Todas las instalaciones de alta tensión deben ser objeto de una verificación previa a la puesta en servicio y de una inspección periódica, al menos cada tres años. La inspección periódica deberá llevarse a efecto antes de la finalización de la fecha de validez de la anterior inspección. Las instalaciones de tensión nominal superior a 30 kV deberán ser objeto, también, de una inspección inicial antes de su puesta en servicio.

Las verificaciones previas a la puesta en servicio de las instalaciones de alta tensión deberán ser realizadas por las empresas instaladoras que las ejecuten.

Sin perjuicio de las atribuciones que, en cualquier caso, ostenta la Administración Pública, los agentes que lleven a cabo las inspecciones de las instalaciones deberán tener la condición de organismos de control, acreditados para este campo reglamentario.

Si la instalación va a ser cedida a una entidad de transporte o distribución, el propietario que cede la instalación deberá justificar a la entidad de transporte o distribución que la puesta en servicio ha sido realizada según el Reglamento sobre condiciones técnicas y garantías de seguridad en instalaciones eléctricas de alta tensión. Además, en la verificación que se realice previamente a la cesión, tendrá que comprobarse también que la instalación está realizada conforme a las especificaciones particulares de la entidad de transporte o distribución, vigentes en el momento de la cesión. En caso de que la instalación no cumpla estos requisitos, la entidad de transporte o distribución podrá exigir al propietario las modificaciones o ensayos correspondientes para cumplir los requisitos.

3.1. Verificaciones

Para la verificación inicial previa a la puesta en servicio se efectuarán los ensayos previos a la puesta en servicio que se indican en el apartado 2.1.

GUÍA-RAT-23

Al finalizar la instalación, la empresa instaladora realizará las verificaciones que resulten oportunas contando para ello con el director de obra a fin de comprobar su correcta ejecución. Cuando se realicen ensayos o medidas de verificación la empresa instaladora podrá usar equipos propios o en su caso ajenos, siempre que garantice su correcto estado de calibración.

Se realizarán las mismas pruebas y ensayos indicados en el apartado 2.1 para las verificaciones previas a la puesta en servicio.

3.2. Inspecciones

3.2.1. Inspección inicial

En la inspección inicial se comprobará que los ensayos a realizar por la empresa instaladora, correspondientes a las verificaciones previas a la puesta en servicio se ejecutan correctamente, con los medios técnicos apropiados y en correcto estado de calibración, así como que el resultado obtenido es satisfactorio. También se comprobará que existe coincidencia entre las condiciones reales de la instalación y las condiciones de cálculo del proyecto, así como que la instalación cumple con las condiciones establecidas en este Reglamento sobre Condiciones Técnicas y Garantías de Seguridad en Instalaciones Eléctricas de Alta Tensión.

GUÍA-RAT-23

La entidad de inspección debe asegurar que las verificaciones realizadas por la empresa instaladora se ejecutan correctamente, para lo cual puede dirigir las medidas realizadas por el personal de la empresa instaladora o realizarlas con sus medios, completándolas, en su caso, con las medidas y ensayos necesarios establecidos en su procedimiento de inspección, ya que la responsabilidad de la realización de las operaciones de inspección, medición y control es de la entidad de inspección.

Se realizarán las mismas pruebas y ensayos indicados en el apartado 2.1 para las verificaciones previas a la puesta en servicio.

3.2.2. Inspección periódica

En las instalaciones se efectuarán, como mínimo, las medidas indicadas en el apartado 2.1 para las verificaciones periódicas.

GUÍA-RAT-23

Se realizarán las mismas pruebas y ensayos indicados en el apartado 2.1 para las verificaciones periódicas.

3.3. Procedimiento de inspección y verificación

Las inspecciones y verificaciones de las instalaciones se realizarán sobre la base de las prescripciones que establezca la norma de aplicación, y, en su caso, de lo especificado en el proyecto, aplicando los criterios para la clasificación de defectos que se relacionan en el apartado siguiente.

3.3.1. Procedimiento de inspección inicial o periódica

La empresa instaladora que haya ejecutada la instalación o la responsable del mantenimiento, según se trate de inspecciones iniciales o periódicas, deberá asistir al organismo de control en la realización de las pruebas y ensayos necesarios. En ningún caso esta asistencia supondrá la realización de las operaciones de inspección, medición y control por parte del instalador.

GUÍA-RAT-23

Las inspecciones iniciales o periódicas incluirán pruebas, ensayos y medidas. La responsabilidad de la realización de estos ensayos, pruebas o medidas es de la entidad de inspección para lo cual la entidad debe utilizar su propio procedimiento de inspección.

Durante los ensayos y medidas de inspección la entidad podrá usar equipos propios o, en su caso, ajenos, siempre que garantice que los equipos cumplen con los requisitos de calibración, incertidumbre y criterios de aceptación y rechazo establecidos en sus procedimientos. La empresa instaladora deberá asistir a las entidades de inspección durante la realización de los ensayos y medidas, cumpliendo para ello con la legislación de prevención de riesgos laborales.

Como resultado de la inspección, el agente encargado de la inspección emitirá un certificado de inspección, en el cual figurarán los datos de identificación de la instalación, la relación de las comprobaciones realizadas, la posible relación de defectos, con su clasificación, y la calificación de la instalación, planes y plazos de corrección que no excederán de seis meses, así como el registro de las últimas operaciones de mantenimiento realizadas por la empresa responsable del mantenimiento de la instalación.

NOTA

Estructura del procedimiento de inspección inicial o periódica

En la Figura 23.1 se muestra, de forma resumida, el procedimiento de inspección inicial o periódica.

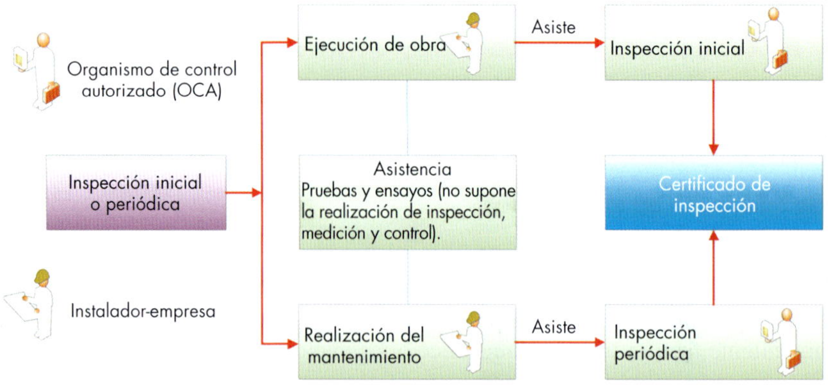

Figura 23.1. *Inspección inicial o periódica.*

3.3.2. Calificación de la instalación

La calificación de una instalación, como resultado de una inspección o verificación, podrá ser:

a) Favorable: cuando no se determine la existencia de ningún defecto muy grave o grave. En este caso, los posibles defectos leves se anotarán para constancia del titular.

b) Condicionada: cuando se detecte la existencia de, al menos, un defecto grave o defecto leve procedente de otra inspección anterior que no se haya corregido, pero que podría agravarse con el paso del tiempo y poner en riesgo la seguridad de la instalación.

En este caso:

b.1) Las instalaciones nuevas que sean objeto de esta calificación no podrán ser puestas en servicio en tanto no se hayan corregido los defectos indicados y puedan obtener la calificación de favorable.

b.2) A las instalaciones ya en servicio se les fijará un plazo para proceder a su corrección, que no podrá superar los seis meses. Transcurrido dicho plazo sin haberse subsanado los defectos, el organismo de control deberá remitir el certificado con la calificación negativa a la Administración Pública competente.

c) Negativa: cuando se observe, al menos, un defecto muy grave.

En este caso:

c.1) Las nuevas instalaciones no podrán entrar en servicio, en tanto no se hayan corregido los defectos indicados y puedan obtener la calificación de favorable.

c.2) A las instalaciones ya en servicio se les emitirá certificado negativo, que se remitirá inmediatamente, por el organismo de control a la Administración Pública competente.

4. Clasificación de defectos

Los defectos en las instalaciones se clasificarán en: defectos muy graves, defectos graves y defectos leves.

4.1. Defecto muy grave

Es todo aquel que la razón o la experiencia determina que constituye un riesgo grave e inminente para la seguridad de las personas o los bienes.

Se consideran tales los incumplimientos de las medidas de seguridad que pueden provocar el desencadenamiento de los peligros que se pretenden evitar con tales medidas, en relación con:

a) Reducción de distancias de seguridad o del grado de protección a la penetración de cuerpos extraños aplicable.

b) Reducción de distancias de aislamiento.

c) Degradación importante o defecto en el aislamiento.

d) Falta de continuidad del circuito de tierra.

e) Tensiones de paso y contacto superiores a los valores límites admisibles.

4.2. Defecto grave

Es el que no supone un riesgo grave e inminente para la seguridad de las personas o de los bienes, pero puede serlo al originarse un fallo en la instalación. También se incluye dentro de esta clasificación, el defecto que pueda reducir de modo sustancial la capacidad de utilización de la instalación eléctrica.

Dentro de este grupo, y con carácter no exhaustivo, se consideran los siguientes defectos graves:

a) Falta de conexiones equipotenciales, cuando estas fueran requeridas.

b) Degradación del aislamiento.

c) Falta de protección adecuada contra cortocircuitos y sobrecargas en los materiales, en función de la intensidad máxima admisible en los mismos, de acuerdo con sus características y condiciones de instalación.

d) Defectos en la conexión de los conductores de protección a las masas, cuando estas conexiones fueran preceptivas.

e) Sección insuficiente de los cables y circuitos de tierras.

f) Existencia de partes o puntos de la instalación cuya defectuosa ejecución o mantenimiento pudiera ser origen de averías o daños.

g) Naturaleza o características no adecuadas de los equipos utilizados.

h) Empleo de equipos y materiales que no se ajusten a las especificaciones aplicables.

i) Ampliaciones o modificaciones de una instalación que no se hubieran tramitado según lo establecido en la ITC-RAT-22.

j) No coincidencia entre las condiciones reales de la instalación con las condiciones de cálculo del proyecto.

k) Ausencia de las declaraciones de conformidad de los equipos, o falta de veracidad de las mismas.

l) La sucesiva reiteración o acumulación de defectos leves que por efecto de su combinación o acumulación supongan un peligro para la seguridad de las personas o de los bienes.

4.3. Defecto leve

Es todo aquel que no supone peligro para las personas o los bienes, no perturba el funcionamiento de la instalación y en el que la desviación respecto de lo reglamentado no tiene valor significativo para el uso efectivo o el funcionamiento de la instalación.

Anexo. Medios técnicos mínimos requeridos para la verificación o inspección de instalaciones eléctricas de alta tensión

1. Equipos

En este apartado se detallan los equipos de medida y ensayo mínimos.

Para ciertas verificaciones, podrían ser necesarios otros equipos de ensayo y medida, en cuyo caso podrán ser subcontratadas a empresas especializadas o a laboratorios acreditados según la UNE-EN-ISO/IEC-17025.

1.1. Equipos necesarios para cualquier categoría

Telurómetro.

Medidor de aislamiento de, al menos, 10 kV.

Pértiga detectora de la tensión correspondiente a la categoría solicitada.

Pértigas de puesta a tierra y en cortocircuito.

Multímetro o tenaza, para las siguientes magnitudes:

1. Tensión alterna y continua hasta 500 V.
2. Intensidad alterna y continua hasta 20 A.
3. Resistencia.

Miliohmímetro con fuente de intensidad de continua de 50 A.

Medidor de tensiones de paso y contacto con fuente de intensidad de 5 A para instalaciones de tercera categoría, y con fuente de intensidad de 50 A para instalaciones de categoría superior.

Cámara de termografía.

Equipo verificador de la continuidad de conductores.

1.2. Equipos complementarios para la categoría AT2 para comprobar el estado de los transformadores y de los interruptores automáticos

Sistema de medida de la corriente de excitación y pérdidas en vacío de transformadores de potencia.

Equipo medidor de relación de transformación y desfase.

Medidor de capacidad y tangente de delta en transformadores.

Medidor de rigidez dieléctrica de aislantes líquidos.

Medidor de tiempos de cierre y apertura de interruptores automáticos.

Los equipos se mantendrán en correcto estado de funcionamiento y calibración. Cuando se subcontraten ensayos y medidas especiales, el agente encargado de la verificación o inspección comprobará el correcto estado de calibración de los equipos.

2. Equipos y medios de protección individual

Estarán de acuerdo con la normativa vigente y las necesidades de la instalación.

GUÍA-RAT-23

Tabla 1.

Tipo de comprobación	Defectos muy graves o graves a evitar según ITC-RAT-23	Inicial			Periódica		
		$Un \leq 30$ kV	30 kV < Un < 220 kV	$Un \geq$ 220 kV	$Un \leq 30$ kV	30 kV < Un < 220 kV	$Un \geq 220$ kV
Medidas de la resistencia de puesta a tierra y de las tensiones de paso y contacto	– Tensiones de paso y contacto superiores a los valores máximos admisibles. – No coincidencia entre las condiciones reales de la instalación y las del proyecto.	(I1)	(I1)	(I1)	(P1)	(P1)	(P1)
Comprobación de las distancias mínimas de aislamiento en aire entre partes en tensión y entre estas y tierra, si no se han realizado previamente ensayos de aislamiento	– Reducción de distancias de aislamiento. – No coincidencia entre las condiciones reales de la instalación y las del proyecto.	(I2)	(I2)	(I2)	(P2)	(P2)	(P2)
Aislamiento de terminaciones de líneas con cables	– Degradación o defecto en el aislamiento.	(I3)	(I3)	(I3)	(P3)	(P3)	(P3)
Aislamiento de puentes de cables		(I3)	(I3)	(I3)	n.a.	n.a.	(P3)
Aislamiento de GIS y transformadores		n.a.	(I4) aplicable a $Un \geq 52$ Kv	(I4)	n.a.	n.a.	(P4)
Rigidez dieléctrica de los aislamientos líquidos		n.a.	n.a.	(I5)	n.a.	n.a.	(P5)

Tabla 1. *(Cont.)*

Tipo de comprobación	Defectos muy graves o graves a evitar según ITC-RAT-23	Inicial			Periódica		
		$Un \leq 30$ kV	30 kV < Un < 220 kV	$Un \geq$ 220 kV	$Un \leq 30$ kV	30 kV < Un < 220 kV	$Un \geq$ 220 kV
Comprobaciones visuales del circuito de puesta a tierra y de otras partes de la instalación	– Falta de continuidad del circuito de puesta a tierra. – Conexión defectuosa de los conductores de protección a las masas. – Sección insuficiente de los cables y circuitos de tierra. – Existencia de partes o puntos de la instalación cuya defectuosa ejecución o mantenimiento pudiera ser origen de averías o daños.	(I6)	(I6)	(I6)	(P6)	(P6)	(P6)
Comprobaciones documentales	– Ausencia de declaraciones de conformidad de los equipos o falta de veracidad de las mismas. – No coincidencia entre las condiciones reales de la instalación y las del proyecto.	(I7)	(I7)	(I7)	n.a.	n.a.	n.a.

Tabla 1. *(Cont.)*

Tipo de comprobación	Defectos muy graves o graves a evitar según ITC-RAT-23	Inicial			Periódica		
		$Un \leq 30$ kV	30 kV < Un < 220 kV	$Un \geq$ 220 kV	$Un \leq 30$ kV	30 kV < Un < 220 kV	$Un \geq 220$ kV
Ensayos funcionales del equipo eléctrico y de partes de la instalación	– Naturaleza o características no adecuadas de los equipos utilizados.	(I8)	(I8)	(I8)	n.a.	n.a.	n.a.
Pruebas funcionales de los relés de protección	– Falta de protección adecuada contra cortocircuitos y sobrecargas.	(I9)	(I9)	(I9)	n.a.	n.a.	n.a.
Pruebas funcionales de los enclavamientos montados en obra	– No coincidencia entre las condiciones reales de la instalación y las del proyecto.	(I10)	(I10)	(I10)	n.a.	n.a.	n.a.

COMPROBACIONES INICIALES

I1. Medidas de la resistencia de puesta a tierra y de las tensiones de paso y contacto

El alcance de las comprobaciones a realizar en las instalaciones de puesta a tierra se basa en lo indicado en la ITC-RAT-13 apartado 8.

Tal como indica la ITC-RAT-13 para instalaciones de tensión nominal menor o igual de 30 kV, como centros de transformación, las medidas de tensión de paso y contacto podrán sustituirse por medidas de resistencia de puesta a tierra, siempre que se haya establecido la correlación entra ambas, dicha correlación se haya comprobado en la práctica, y esté admitido por el Órgano territorial competente.

Medidas de la resistencia de puesta a tierra

Se deberá medir el valor de la resistencia de puesta a tierra de la instalación. La medida de la resistencia de puesta a tierra de una instalación se realiza desconectando de la instalación de puesta de tierra cualquier otro elemento conectado a tierra. Para vigilar su evolución en las comprobaciones periódicas se puede tomar como referencia el valor de resistencia de puesta a tierra del proyecto u otro valor cuya idoneidad se haya demostrado mediante mediciones de tensiones de paso y contacto.

En centros de transformación se medirán tanto la puesta a tierra general del centro como la puesta a tierra del neutro.

Las medidas de resistencia de puesta a tierra de instalaciones de gran extensión, tales como subestaciones, pueden realizarse por el método de inyección de alta corriente. La Norma UNE-EN-50522 incluye un resumen de técnicas de medida de resistencia de puesta a tierra.

Medidas de las tensiones de paso y contacto

La medida de la tensión de contacto se debe realizar antes de la puesta en servicio de cualquier instalación de alta tensión. No obstante, tal como indica la ITC-RAT-13 para instalaciones de tensión nominal menor o igual de 30 kV, como son los centros de transformación, las medidas de tensión de paso y contacto podrán sustituirse por medidas de resistencia de puesta a tierra siempre que se haya establecido la correlación entre ambas, se haya comprobado en la práctica que dicha correlación garantiza el cumplimiento de las tensiones de paso y contacto reglamentarias, y que todo ello esté admitido por el Órgano territorial competente.

Las medidas de las tensiones de paso y contacto se tratan en el Anexo 1 de esta GUÍA RAT 23.

I2. Comprobación de las distancias mínimas de aislamiento en aire entre partes en tensión y entre estas y tierra, si no se han realizado previamente ensayos de aislamiento

Se debe comprobar que las distancias de aislamiento en aire entre partes en tensión y entre partes en tensión y tierra cumplen con las que vienen definidas en la ITC-RAT-12, excepto para los equipos en los que se hayan realizado ensayos de comprobación del nivel de aislamiento.

Las distancias de aislamiento y las distancias de pasillos y zonas de protección indicadas en las ITC-RAT-14 y 15 no presuponen el cumplimiento con las distancias de seguridad necesarias para realizar trabajos con riesgo eléctrico en instalaciones de alta tensión. La reglamentación que establece las distancias para la realización de trabajos con riesgo eléctrico está definida en el R. D. 614/2001, de 8 de junio, sobre disposiciones mínimas para la protección de la salud y seguridad de los trabajadores frente al riesgo eléctrico, BOE n.° 148 21/06/2001 y en su guía técnica para la evaluación y prevención del riesgo eléctrico. Por ejemplo, en los pasillos de subestaciones que tengan elementos en tensión por encima, tales como embarrados, la altura libre de los pasillos (desde el suelo hasta los elementos en tensión) cuando se realicen trabajos con riesgo eléctrico debe cumplir los requisitos establecidos en el R. D. 614/2001 para trabajos sin tensión o al menos en proximidad en función de las distancias libres existentes.

En el caso de centros de transformación, cuando se utilicen bornas no enchufables, se comprobarán las distancias libres en aire entre las partes activas de las conexiones al transformador y los elementos puestos a tierra.

I3. Aislamiento de terminaciones de líneas con cables y puentes de cables

Conforme a lo prescrito en la ITC-LAT-05 del Reglamento de líneas de alta tensión (R. D. 223/2008) debe comprobarse el aislamiento principal de las terminaciones de las líneas con cables antes de su puesta en servicio. Para tal fin la guía de la ITC-LAT-05 recomienda la utilización de alguno de los métodos descritos en la Norma UNE-211006.

Los puentes con cables aislados de alta tensión que interconectan distintos elementos de la instalación que se ejecuten en obra y, por tanto, no se hayan podido ensayar en fábrica, deberán ensayarse también según uno de los métodos descritos en la Norma UNE-211006 para comprobar el estado del aislamiento principal y de la cubierta.

Para los casos en los que se compruebe el aislamiento principal mediante la medida de descargas parciales a la tensión de red durante 24 horas, este ensayo podrá realizarse con o sin carga.

Para la comprobación de la cubierta se utilizará el megóhmetro de 10 kV del Anexo 1 de la ITC-RAT-23, que deberá ser capaz de suministrar la corriente establecida en la Norma UNE-21006 por km de longitud de cable.

En caso de realizarse el ensayo opcional de medida de la resistencia del circuito principal o de la pantalla se utilizará el miliohmímetro de 50 A, indicado en el Anexo 1 de la ITC-RAT-23.

I4. Aislamiento de GIS y transformadores

La verificación inicial del estado del aislamiento en instalaciones de tensión nominal igual o superior a 220 kV debe realizarse mediante ensayos dieléctricos según la norma de producto aplicable (UNE-EN-62271-203 para GIS y UNE-EN-60076-3 para transformadores de potencia). Los ensayos se realizarán únicamente sobre las partes de la instalación que no se hayan podido ensayar en fábrica, cuando el montaje o una parte del montaje se realizan en obra, por ejemplo, los conjuntos GIS.

Para conjuntos GIS de tensión más elevada del material superior a 52 kV que se monten y acoplen in situ, la norma de obligado cumplimiento aplicable, UNE-EN-62271-203, establece los ensayos que deben realizarse en el lugar de la instalación después del montaje y antes de la puesta en servicio.

15. Rigidez dieléctrica de los aislamientos líquidos

Para instalaciones de tensión *Un* ≥ 220kV se determinará también la tensión de ruptura dieléctrica a frecuencia industrial del líquido dieléctrico según el método descrito en la Norma UNE-EN-60156. La toma de muestras del líquido aislante se realizará siguiendo el método descrito en la Norma UNE-EN-60475. Para analizar otras propiedades de los aceites minerales aislantes se utilizará la Norma UNE-EN-60422.

16. Comprobaciones visuales del circuito de puesta a tierra y de otras partes de la instalación

Las comprobaciones visuales a realizar para el circuito de puesta a tierra incluirán al menos las siguientes:

- Continuidad del circuito de puesta a tierra, especialmente en el punto de conexión con la línea de enlace con el electrodo de puesta a tierra y en zonas próximas al suelo expuestas a alteración por golpes, roces o vandalismo.
- Correcto estado de la conexión de cada masa o elemento metálico al circuito de puesta a tierra; por ejemplo, verificar la posible rotura o inexistencia del conductor de interconexión entre un apoyo, envolvente o estructura metálica y el electrodo de puesta a tierra.

  En caso de que la comprobación visual no se pueda realizar o pueda dar lugar a dudas sobre el estado de la conexión (por ejemplo, debido a existencia de deformaciones o signos de corrosión), se podrán realizar mediciones de continuidad, inyecciones de corriente o mediciones por otros métodos.
- Para instalaciones de tercera categoría sobre apoyo o a pie de apoyo, comprobar la existencia de una protección mecánica de los conductores de conexión a tierra de los apoyos en las zonas inmediatamente inferior y superior al nivel del terreno que los proteja contra golpes y roces.
- Inexistencia de signos de corrosión en las conexiones del circuito de puesta a tierra, o de corrosión grave en los apoyos, estructuras metálicas o pórticos.
- Estado correcto de los medios utilizados para evitar la escalada en los apoyos frecuentados.

Para otras partes de la instalación se realizará una comprobación visual de cada uno de sus componentes (aparamenta bajo envolvente metálica, transformadores de potencia y medida, pararrayos, puentes de conexión y sistemas auxiliares).

También se comprobará la coincidencia entre las características reales de la instalación (valores asignados que figuran en las placas de características) y las condiciones especificadas en el proyecto, además de las establecidas en la reglamentación aplicable.

Para celdas de tipo abierto no prefabricadas se verificarán las distancias de pasillos y zonas de protección indicadas en las ITC-RAT-14 y en la ITC-RAT-15. En instalaciones de exterior se comprobará que la altura de las vallas exteriores es como mínimo de 2,2 m. Se comprobará también la altura y anchura de los pasillos, así como las distancias a elementos en tensión.

17. Comprobaciones documentales

Se comprobará in-situ que la instalación realmente ejecutada se corresponde con la documentación del proyecto, así como que los manuales de operación y mantenimiento y las declaraciones de conformidad son los correspondientes a los equipos y materiales instalados. Se revisará el protocolo de ensayos del transformador y en particular su potencia de pérdidas, conforme a lo establecido en la ITC-RAT-07 GUÍA. En cualquier caso, no será necesario conservar la documentación en la propia instalación si se dispone, por ejemplo, de sistemas de almacenamiento informático con acceso remoto que garanticen que está fácilmente disponible para el personal técnico encargado de la instalación.

18. Ensayos funcionales del equipo eléctrico y de otras partes de la instalación

Se comprobará el correcto funcionamiento de los elementos de maniobra de la instalación, estando dichos elementos sin tensión, es decir, desconectados de la red.

Antes de la puesta en servicio de la instalación se realizarán los ensayos necesarios para comprobar que los distintos elementos de alta tensión, tales como transformadores de potencia, transformadores de medida y protección o interruptores automáticos de alta tensión no han sufrido problemas durante el transporte.

Para los transformadores de medida instalados en celdas de medida de alta tensión se comprobará que la carga de los circuitos secundarios está entre el 25 % y el 100 % de la carga de precisión para los transformadores de intensidad y entre el 50 % y el 100 % para los transformadores de tensión y que su sección es igual o superior a 6 mm^2.

19. Pruebas funcionales de los relés de protección

Se realizarán las pruebas de funcionamiento de los relés de protección que no hayan sido probados para las condiciones de explotación, provocando la apertura del interruptor. Se pueden realizar las pruebas funcionales siguientes:

- Comprobación del funcionamiento de cada protección eléctrica, es decir, sus tres componentes básicos: el sensor (transformador de tensión o de corriente generalmente), relé de protección y aparato de corte.
- Realización de su parametrización, carga de la lógica, carga de los ajustes, ensayo de las funciones de protección activas mediante inyección primaria en el caso de los transformadores de intensidad o desde las cajas secundarias de los sensores: TT, o TI, o bien, desde las bornas de prueba en las celdas de los relés de protección. Se verificarán las entradas y salidas de los relés de protección, sus alarmas y señalizaciones, locales y remotas.

I10. Pruebas funcionales de los enclavamientos montados en obra

Se comprobará que los enclavamientos montados en obra funcionan correctamente, de forma que se garantice la seguridad de los trabajadores.

COMPROBACIONES PERIÓDICAS

P1. Medidas de la resistencia de puesta a tierra y de las tensiones de paso y contacto

Medidas de resistencia de puesta a tierra.

En centros de transformación se medirán tanto la puesta a tierra general del centro como la puesta a tierra del neutro.

Se deberá medir el valor de la resistencia de puesta a tierra de la instalación, recomendándose que no sea superior en un 50 % del valor especificado en proyecto, salvo que se haya verificado con mediciones de paso y contacto un valor de resistencia límite diferente. Se deberá registrar su valor para poder vigilar su evolución en posteriores comprobaciones.

En ciertas ocasiones, por ejemplo, en el caso de múltiples centros de transformación cuyas instalaciones de puesta a tierra están interconectadas entre sí a través de las pantallas de los cables aislados, y con el objeto de no desconectar las pantallas de los cables de tierra durante las verificaciones o inspecciones periódicas, la medida de la resistencia de puesta a tierra de la instalación puede sustituirse por la medida de la resistencia de puesta a tierra global, combinada con la medida de la resistencia de puesta a tierra del bucle.

La resistencia de puesta a tierra global es la resistencia de tierra considerando la acción conjunta de la totalidad de las puestas a tierras y se mide con un telurómetro, sin necesidad de desconectar las pantallas. La resistencia del bucle es la resistencia de puesta a tierra del centro en serie con el equivalente paralelo de la totalidad de las resistencias de puesta a tierra, exceptuando la propia del centro y se mide con ayuda de una pinza amperimétrica adaptada para este fin que abraza el punto de conexión a tierra del centro. Con este método la resistencia de puesta a tierra del centro se calcula a partir de los valores de resistencia de puesta a tierra global y de la resistencia del bucle.

$$R_{bucle} = R_{centro} + R_{paralelo}$$

$$R_{global} = \frac{R_{centro} \cdot R_{paralelo}}{R_{centro} + R_{paralelo}}$$

Por tanto:

$$R_{centro} = R_{bucle} \cdot \left(\frac{1}{2} + \sqrt{\frac{1}{4} - \frac{R_{global}}{R_{bucle}}} \right)$$

Medidas de tensiones de paso y contacto

Se realizarán las medidas de las tensiones de contacto y, en su caso, de paso, cuando se produzcan cambios en la instalación que puedan afectar a su valor; por ejemplo, por presencia de nuevos elementos metálicos accesibles desde el exterior de un centro de transformación o por disminución de la resistividad superficial del terreno, debido por ejemplo al ajardinamiento de la instalación.

En el caso de centros de transformación, y con objeto de no desconectar de tierra las pantallas de los cables, las medidas de las tensiones de paso y contacto se realizarán preferentemente con los seccionadores de la caja de registro de tierras, cerrados. Se inyectará una corriente, *Im*, conectando la fuente a un punto de la tierra general en la caja de registro, lo que provocará que una corriente menor, *I´m*, circule por la puesta a tierra general del centro, tal como se muestra en la Figura 1.

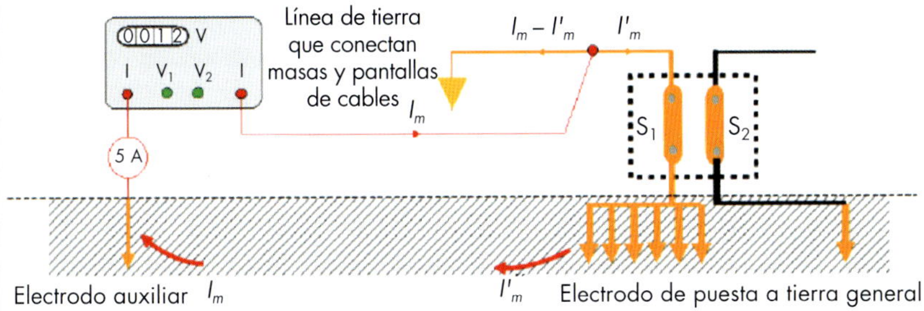

Figura 1. *Inyección de corriente en un CT para la medida de tensiones de paso y contacto.*

Con este montaje las medidas de la tensión de paso y contacto obtenidas se multiplicarán por el factor, I_F/Im.

P2. Comprobación de las distancias mínimas de aislamiento en aire entre partes en tensión y entre estas y tierra, si no se han realizado previamente ensayos de aislamiento

Se comprobarán las distancias mínimas de aislamiento en aire entre partes en tensión y entre estas y tierra, si se aprecia algún cambio respecto de la verificación anterior que pueda afectar a las distancias de aislamiento. No será necesario para los equipos en los que se hayan realizado ensayos de comprobación del nivel de aislamiento.

P3. Aislamiento de terminaciones de líneas con cables y puentes de cables

Conforme a lo prescrito en la ITC-LAT-05 del Reglamento de Líneas de Alta Tensión (R. D. 223/2008) las líneas eléctricas de alta tensión propiedad de empresas de transporte y distribución de energía eléctrica serán objeto de verificaciones periódicas, al menos una vez cada tres años, realizando las comprobaciones que permitan conocer el estado de los diferentes componentes de las mismas. Conforme a lo prescrito en la ITC-LAT-05 del Reglamento de Líneas de Alta Tensión (R. D. 223/2008) se comprobará al menos cada tres años el aislamiento principal y de la cubierta de las líneas eléctricas con conductores aislados que no sean propiedad de empresas de transporte y distribución de energía eléctrica. Se podrán utilizar los métodos de ensayo descritos en la Norma UNE-211006. Para instalaciones de tensión nominal mayor o igual de 220 kV se comprobará el estado del aislamiento de las terminaciones y de los puentes con cables aislados que interconectan distintos elementos de la instalación de alta tensión. Se podrán utilizar los métodos de ensayo descritos en la Norma UNE-211006.

P4. Comprobación del estado del aislamiento de GIS y transformadores

La comprobación del estado del aislamiento en instalaciones de tensión nominal igual o superior a 220 kV se realizará preferentemente en condiciones normales de explotación mediante la medida de descargas parciales por métodos electromagnéticos, ópticos, acústicos o químicos (por ejemplo, análisis de aceites).

Alternativamente pueden utilizarse técnicas de medida *off-line* en cuyo caso la tensión de prueba aplicada mediante un generador externo que permita una tensión de ensayo al menos igual a la tensión más elevada de la red.

P5. Comprobación de la rigidez dieléctrica de los aislamientos líquidos

Idéntica comprobación que en I5.

P6. Comprobaciones visuales del circuito de puesta a tierra y de otras partes de la instalación

La comprobación periódica del circuito de puesta a tierra se realizará igual que la inicial.

Se realizará una comprobación visual de cada uno de los componentes de la instalación (aparamenta bajo envolvente metálica, transformadores de potencia y medida, pararrayos, puentes de conexión y sistemas auxiliares).

Se comprobarán igualmente las distancias mínimas de pasillos y zonas de protección y el grado de protección de las envolventes prefabricadas, si existe alguna duda de que la instalación haya sido modificada desde la verificación o inspección anterior.

Se comprobará que existen el esquema unifilar de la instalación y los manuales con instrucciones de operación y mantenimiento de los equipos y materiales. En cualquier caso no será necesario conservar la documentación en la propia instalación si se dispone, por ejemplo, de sistemas de almacenamiento informático con acceso remoto que garanticen que está fácilmente disponible para el personal técnico encargado de la instalación.

ANEXO 1 GUÍA RAT 23

Medida de las tensiones de paso y contacto

La tensión de contacto aplicada admisible, U_{ca}, es la que se recoge en la Figura 1 y en la Tabla 1 de la ITC-RAT-13. Esta tensión admisible se refiere a una trayectoria de corriente entre cualquier mano y los pies. Cuando se trate de establecer la tensión de contacto aplicada admisible para otro trayecto de la corriente se habrá de tener en cuenta el denominado factor del corazón según la Norma UNE-IEC/TS-60479-1 referenciada en la propia ITC-RAT-13, del modo siguiente:

$$U_{ca,\ para\ otro\ trayecto\ de\ corriente} = \frac{U_{ca,\ MIE-RAT\ 13}}{F_c}$$

Por ejemplo, el factor del corazón para un trayecto de la corriente entre las dos manos es $F_C = 0{,}4$.

Para la medida de las tensiones de paso y contacto aplicadas debe inyectarse una corriente conocida entre la instalación de tierra a verificar y un electrodo auxiliar remoto, de modo que se genere una elevación de potencial de la instalación de tierra a verificar. La separación entre el electrodo de puesta a tierra a medir y el electrodo auxiliar remoto debe ser preferentemente mayor de cinco veces la dimensión del electrodo a medir.

La inyección de corriente se realiza con fuentes de alimentación de potencia adecuada para simular el defecto y corriente inyectada suficientemente alta, a fin de evitar que las medidas queden falseadas como consecuencia de corrientes vagabundas o parásitas circulantes por el terreno.

Si no se utiliza un método de ensayo que elimine el efecto de dichas corrientes parásitas, la intensidad inyectada debería ser mayor o igual al 1 % de la corriente de puesta a tierra de la instalación, por lo que resultaría una corriente muy elevada.

Para reducir el efecto de estas corrientes parásitas las fuentes integradas en los medidores de paso y contacto suelen recurrir a métodos especiales, tales como el método de impulsos o la inversión de polaridad de la corriente inyectada, en cuyo caso la corriente inyectada debe ser superior a 5 A para la medida en centros de transformación y a 50 A en subestaciones, sin la limitación de llegar al 1 % de la corriente de puesta a tierra de la instalación.

Incluso estos valores mínimos de corriente inyectada de 5 A para centros o de 50 A para subestaciones pueden resultar difíciles de lograr en la práctica, teniendo en cuenta que la resistencia de bucle sobre la que se inyecta la corriente puede ser relativamente elevada. En la práctica la potencia de la fuente de inyección depende no solo de la corriente inyectada sino también de la resistencia del circuito de bucle sobre el que se aplica la corriente, por lo que se recomienda utilizar fuentes capaces de inyectar estas corrientes de 5 A o 50 A sobre una resistencia de bucle de tierra mayor o igual de 4 Ω. Como opción para reducir la potencia de fuente y su peso la inyección de corriente se podrá realizar, en lugar de en permanencia, tan solo durante unos pocos ciclos de la frecuencia de red, los indispensables para que los voltímetros puedan realizar las medidas de tensiones de paso y contacto.

No obstante, la ITC-RAT-13 también admite medidores que inyecten una corriente inferior a 5 A o 50 A respectivamente, siempre que se demuestre mediante ensayos comparativos realizados por un laboratorio acreditado que disponen de filtros o sistemas especiales capaces de eliminar las tensiones de perturbación con el fin de lograr medidas con una fiabilidad y exactitud equivalente a la que se obtendría con una inyección de corriente elevada. En cualquier caso la incertidumbre asociada a las medidas de las tensiones de paso y contacto debe ser inferior al 20 %.

Las medidas de la tensiones de paso y contacto y de resistencia de puesta a tierra en mallas de grandes dimensiones, por ejemplo subestaciones, presenta una serie de dificultades, entre otras la necesidad de utilizar una enorme distancia de separación para clavar los electrodos auxiliares de inyección de corriente, cables de medida excesivamente largos y valores de tensiones muy pequeños y por tanto muy sensibles a las perturbaciones. Para solucionar estos problemas se puede recurrir a inyección de alta corriente (entre 100 A y 200 A) mediante una línea aérea de la subestación utilizando para ello el método descrito en la Norma UNE-EN-50522.

Los electrodos de medición para la simulación del contacto de los pies con el terreno de valor R_{a2} =1,5 ps, donde *ps* es la resistividad superficial del suelo, deberán tener cada uno un área de 200 cm^2 y estarán presionando sobre la tierra con una fuerza mínima de 250 N. Para la medición de la tensión de contacto en cualquier parte de la instalación, dichos electrodos deberán estar situados juntos y a una distancia de un metro de la parte expuesta de la instalación. Para suelo seco u hormigón conviene colocar entre el suelo y los electrodos un paño húmedo o una película de agua.

Para la simulación de la mano se empleará un electrodo capaz de perforar el recubrimiento de las partes metálicas para que no actúe como aislante. Las mediciones se realizarán con un voltímetro de resistencia interna 1000 Ω, que representa la impedancia del cuerpo humano, Z_B. Un terminal del voltímetro se conectará al electrodo que simula la mano y el otro terminal a los electrodos que simulan los pies.

Los equipos deberán tener la opción de medir tanto para el caso de que la persona esté descalza o calzada, mediante la inserción respectivamente de resistencias adicionales en serie con el voltímetro de 1000 Ω o 4000 Ω, según se mida tensión de contacto con calzado o tensión de paso con calzado. De esta forma, el voltímetro indicará directamente el valor de la medición de la tensión de contacto (o en su caso de paso) aplicada siempre que la intensidad inyectada fuera igual a la intensidad de puesta a tierra, es decir:

$$U'_{ca} = U_{voltímetro}$$

Sin embargo, en la práctica las tensiones de paso y contacto aplicadas medidas serán inferiores a las que realmente se presentarían en la instalación en caso de un defecto a tierra, ya que la corriente inyectada es generalmente muy inferior a la corriente de puesta a tierra real. Si la intensidad inyectada por el electrodo de puesta a tierra es I_m, y la intensidad de puesta a tierra es I_E, las tensiones de paso y contacto aplicadas se calcularán multiplicando las tensiones medidas por el factor multiplicador I_E/I_m. La mayoría de los medidores de tensiones de paso y contacto indican la tensión corregida, es decir multiplicando la tensión de medida con el voltímetro por el factor anterior. Para ello el valor de I_E, se debe de introducir mediante el teclado en la memoria del instrumento.

$$U'_{ca} = U_{voltímetro} \cdot \frac{I_E}{I_m}$$

No hay que confundir la intensidad de defecto a tierra, I_F, con la intensidad de puesta a tierra, I_E, ya que cuando existen otros elementos que salen fuera de la instalación y están conectados a tierra, como por ejemplo, las pantallas de los cables subterráneos, la segunda es tan solo una fracción de la primera. Sin embargo, si no se conoce el valor de I_E y se utiliza I_F, en lugar de I_E, los valores calculados de U'_{ca} serán superiores a los reales, por lo que si estos valores calculados son inferiores de los límites admisibles se cumplirán sobradamente las tensiones de contacto reglamentarias.

La empresa de transporte y distribución debe facilitar el valor de la intensidad de defecto a tierra en el punto de suministro. Sin embargo, como se desconoce el valor de la resistencia de puesta a tierra de la instalación, la empresa de transporte y distribución considera nulo su valor y la intensidad de defecto facilitada corresponde a su valor máximo. A partir del dato facilitado y del valor de la resistencia de puesta a tierra se puede calcular la intensidad de defecto a tierra para la instalación. El tiempo utilizado para determinar las tensiones de paso y contacto se obtendrá de la curva de tiempos de desconexión en caso de falta a tierra proporcionada por empresa de transporte o distribución, escogiendo el valor de tiempo que corresponda a la intensidad de defecto a tierra calculada para la instalación.

En aquellos casos en que no se consiga una resistencia de electrodo auxiliar suficientemente baja como para inyectar 5 A, se podrán utilizar como electrodo auxiliar bien los electrodos de otros centros conectados a través de las pantallas (puesta a tierra lejana) o el electrodo de neutro de baja tensión, para lo cual es necesario conectar la fuente de forma distinta tal y como se indica respectivamente en las Figuras 2 y 3.

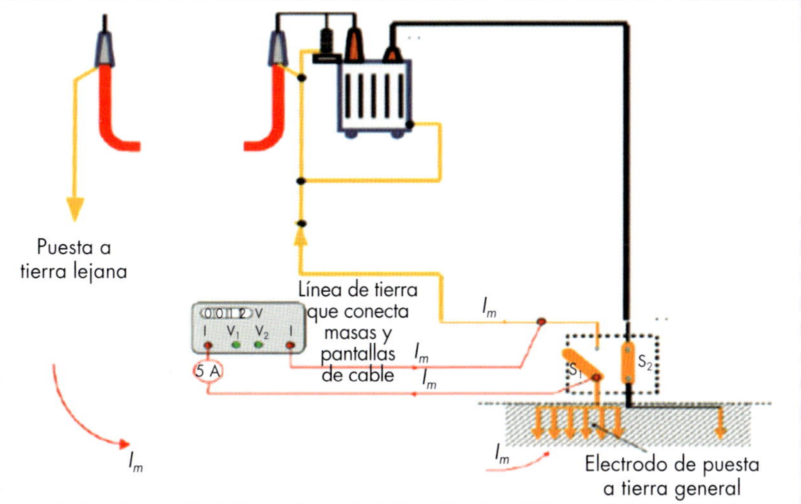

Figura 2. *Inyección de corriente entre el electrodo de puesta a tierra general y las pantallas.*

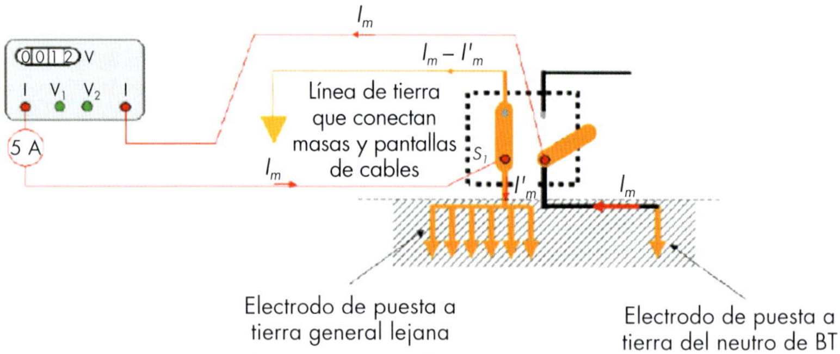

Figura 3. *Inyección de corriente entre el electrodo de puesta a tierra general y la puesta a tierra del neutro de BT.*

Cuando se recurra al empleo de medidas adicionales de seguridad que impidan el contacto con partes metálicas puestas a tierra o que hagan que la tensión de contacto sea nula (por ejemplo, plataformas equipotenciales enterradas y conectadas a los elementos metálicos que se pueden tocar) no será necesario medir la tensión de contacto aplicada pero sí la tensión de paso aplicada, siguiendo la misma metodología descrita anteriormente.

NOTA

Comprobaciones iniciales y periódicas

En este apartado se analizan algunas comprobaciones iniciales y periódicas indicadas anteriormente.

- Aislamiento de terminaciones de líneas con cables y puentes de cables:

  En la Figura 23.2 se muestra un esquema de los distintos ensayos previos a la puesta en servicio de sistemas de cables eléctricos de alta tensión en corriente alterna. UNE-211006.

- Aislamiento de GIS y transformadores:
  - Instalación GIS: después del montaje, y antes de la puesta en servicio, se debe ensayar la instalación GIS en el lugar de la ubicación a fin de verificar el correcto funcionamiento y la integridad dieléctrica del equipo.

    Los ensayos y verificaciones comprenden:

    - Ensayos dieléctricos de los circuitos principales.
    - Ensayos dieléctricos de los circuitos auxiliares.
    - Medida de la resistencia del circuito principal.

- Ensayos de estanqueidad al gas.
- Comprobaciones y verificaciones.
- Verificaciones de la calidad del gas.

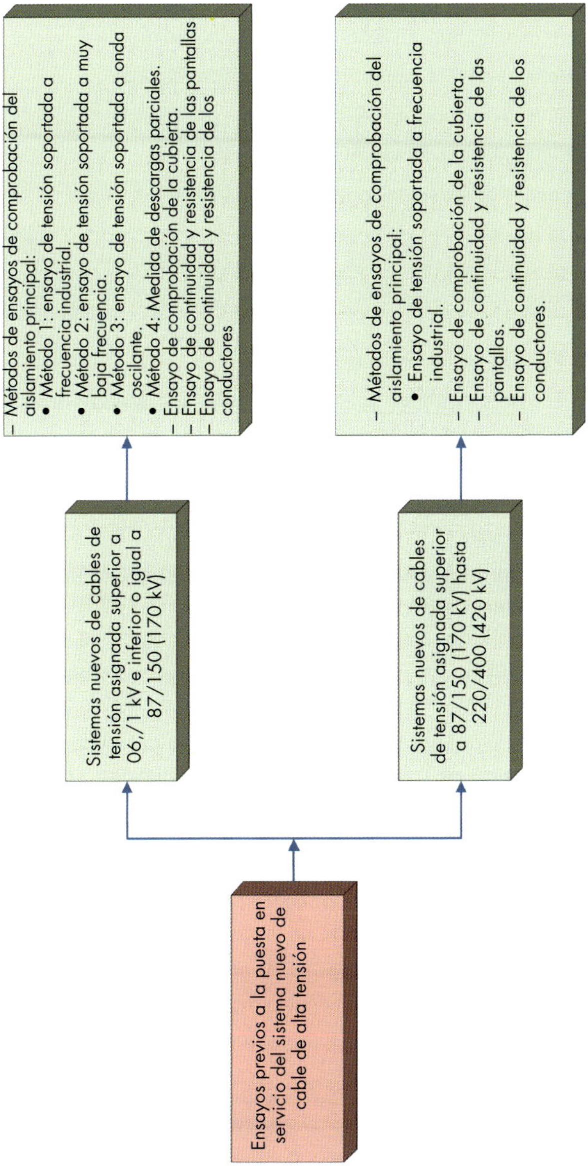

Figura 23.2. *Comprobaciones de terminaciones de líneas con cables y puentes de cables.*

- Transformadores de potencia: la capacidad dieléctrica del aislamiento de un transformador se verifica mediante ensayos dieléctricos.

  Los diferentes ensayos son:

  - Ensayo de impulso tipo rayo pleno para los bornes de línea.
  - Ensayo de impulso tipo rayo cortado para los bornes de línea.
  - Ensayo de impulso tipo rayo para el borne del neutro.
  - Ensayo de impulso tipo maniobra para el borne de línea.
  - Ensayo de tensión aplicada (AV).
  - Ensayo de tensión soportada AC del borne de línea.
  - Ensayo de tensión inducida soportada (IVW).
  - Ensayo de tensión inducida con medida de descargas parciales (IVPD).
  - Ensayo de aislamiento de los circuitos auxiliares.
  - Impulsos de tipo rayo aplicados a dos o más bornes simultáneamente.

- Rigidez dieléctrica de los aislamientos líquidos:

  El método de ensayo consiste en aplicar una tensión a la muestra del líquido una vez que se ha introducido en la célula de ensayo.

  La primera aplicación de la tensión se iniciará aproximadamente 5 minutos después del llenado y haber comprobado que no existen burbujas visibles entre la separación de los electrodos.

  Se aplica la tensión a los electrodos y aumentar uniformemente la tensión desde cero, hasta que se produzca la descarga disruptiva, a una velocidad de 2,0 kV/s ± ± 0,2 kV/s. La tensión de ruptura dieléctrica es el valor máximo alcanzado justo en el momento en el cual el circuito se abre bien automáticamente (se establece un arco) o manualmente (descarga detectada de forma audible o visible). Se registra el valor.

  Se realizan seis rupturas sobre la misma muestra en la célula de ensayo, permitiendo al menos una pausa de 2 minutos después de cada ruptura, antes de aplicar tensión de nuevo.

  Se calculará el valor medio de las seis rupturas dieléctricas, en kV.

- Ensayos funcionales del equipo eléctrico y de otras partes de la instalación:

  En este apartado se indican algunos de los típicos ensayos que se realizan a los principales equipos y partes de una instalación de alta tensión, como son:

  - Ensayos de puesta en servicio de un transformador de potencia de una subestación:
    - Resistencia de aislamiento de bobinados e índice de polarización.
    - Resistencia de aislamiento del núcleo.
    - Tensión de reabsorción o análisis de respuesta dieléctrica en frecuencia.
    - Relación de transformación (TTR).

- Resistencia óhmica estática y dinámica de bobinados.
- Impedancia de dispersión en frecuencia.
- Análisis fisicoquímico del aceite.
- Cromatografía de gases.
- Capacidad y factor de disipación de las bornas, en tensión y frecuencia (solo en borna con toma capacitiva).
- Capacidad y factor de disipación de bobinados en tensión y frecuencia.
- Características del paquete magnético en AT.
- Ensayo de respuesta en frecuencia (FRA).

En las Figuras 23.3 y 23.4 se muestran ejemplos de distintos tipos de ensayos en un transformador de potencia de subestación eléctrica.

– Pruebas y ensayos en transformadores de medida de una subestación eléctrica.

  Los ensayos de rutina en transformadores de medida de una subestación son (Figura 23.5):

  - Tensión soportada a frecuencia industrial sobre los bornes primarios.
  - Descargas parciales.
  - Tensión soportada a frecuencia industrial entre secciones.

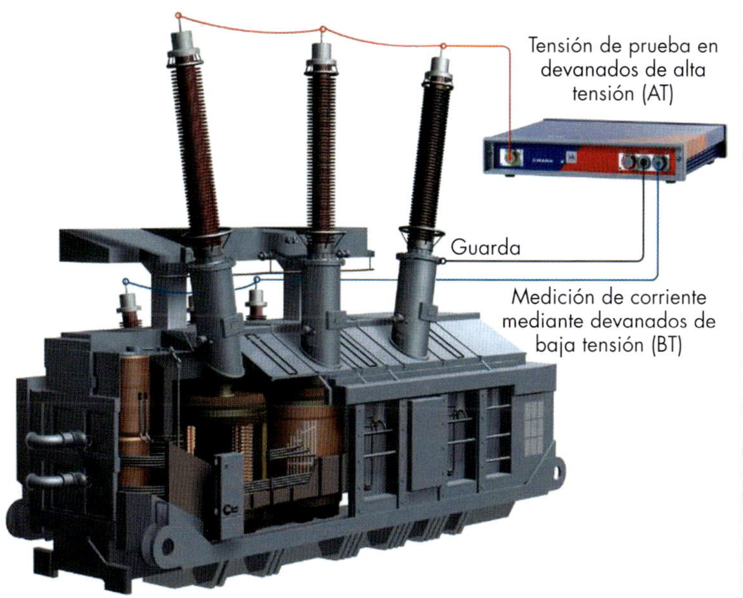

Figura 23.3. *Ensayo de respuesta dieléctrica de un transformador.* Fuente: *Omicron.*

Figura 23.4. *Ensayo de respuesta en frecuencia (FRA).* Fuente: *Omicron.*

Figura 23.5. *Pruebas en un transformador de corriente.* Fuente: *Omicron.*

- Tensión soportada a frecuencia industrial sobre los bornes secundarios.
- Precisión.
- Verificación del marcado.
- Estanqueidad de la envolvente a temperatura ambiente.

- Presión sobre la envolvente (transformadores aislados en SF6).
- Determinación de la resistencia del arrollamiento secundario (TI y combinados).
- Determinación de la constante de tiempo del bucle secundario (TI y combinados).
- Sobretensión entre espiras (TI y combinados).
- Control de ferrorresonancia (TTC).
- Ensayos para los accesorios de onda portadora (TTC con accesorios de onda portadora).

– Pruebas y ensayos en interruptores automáticos de una subestación eléctrica (Figura 23.6):

  Los ensayos de rutina en interruptores de potencia de una subestación son:

  - Ensayo dieléctrico en el circuito principal.
  - Ensayo dieléctrico en circuitos auxiliares y de control.
  - Medida de resistencia del circuito principal.
  - Ensayo de estanqueidad.
  - Prueba de operaciones mecánicas y eléctricas.

Figura 23.6. *Pruebas a un interruptor de tanque muerto.* Fuente: *Isoelectric.*

– Pruebas a seccionadores y seccionadores de puesta a tierra de una subestación eléctrica (Figura 23.7):

  Los ensayos de tipo y de rutina en seccionadores y seccionadores de puesta a tierra de una subestación eléctrica son los que se muestran en la Tabla 23.1.

Tabla 23.1. *Pruebas y ensayos en seccionadores y seccionadores de puesta a tierra de una subestación*

Pruebas y ensayos de seccionadores y seccionadores de puesta a tierra	
Ensayos de tipo	**Ensayos de rutina**
– Ensayos dieléctricos. – Ensayos de tensión de perturbación radioeléctrica. – Medida de resistencia de circuitos. – Ensayos de temperatura. – Ensayos de corriente de corta duración y valor de cresta de corriente admisible. – Verificación de la protección. – Ensayos de estanqueidad. – Ensayos de compatibilidad electromagnética (CEM). – Ensayos adicionales en circuitos auxiliares y de control. – Ensayos de maniobra y endurancia mecánica. – Ensayo para verificar el poder de cierre en cortocircuito en los seccionadores de puesta a tierra. – Ensayo para verificar el funcionamiento en condiciones severas (hielo).	– Ensayo dieléctrico del circuito principal. – Ensayo dieléctrico en circuitos auxiliares y de control. – Medida de resistencia del circuito principal. – Ensayo de estanqueidad. – Prueba de operaciones mecánicas.

Figura 23.7. *Inspección en subestación eléctrica.* Fuente: *REE.*

– Pruebas funcionales en los relés de protección (Figura 23.8):

Los ensayos en relés de protección de una subestación eléctrica, entre otros, son:

- Verificación de los circuitos de control, de corriente y de tensión.
- Verificación de la secuencia de fases.

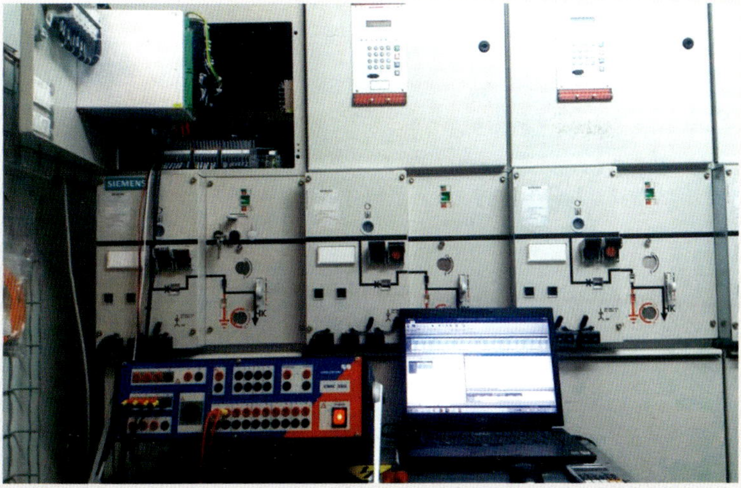

Figura 23.8. *Pruebas en relés de protección.* Fuente: *Selma.*

- Implementación de los ajustes de las protecciones, según el estudio de coordinación de protecciones.
- Pruebas de las funciones de protección mediante inyección secundaria.

– Pruebas y ensayos en subestaciones GIS (Figura 23.9):

Las principales pruebas y ensayos que se realizan en una subestación GIS son:

- Medida de resistencia del circuito principal.
- Prueba dieléctrica de alta tensión.
- Medida de descargas parciales.
- Prueba de temperatura.
- Prueba de gas (fugas, densidad, presión y degradación). Verificar tarado de los niveles de alarma y bloqueo.
- Pruebas en transformadores de tensión y de intensidad (relaciones de transformación, polaridad, orden y secuencia de fases).
- Pruebas mecánicas en aparamenta (apertura, cierre, enclavamientos, entre otros).
- Prueba sísmica.
- Medida de sincronismo, resistencia dinámica y microohmios.
- Prueba de la operatividad del conmutador bloqueo-local-remoto, contador de maniobras y las señales en el cuadro de control local (sinóptico y alarmas).

Figura 23.9. *Pruebas en una subestación GIS.* Fuente: *Varamont.*

- Descripción de pruebas y ensayos en equipos de una subestación eléctrica:

  En este apartado se muestran algunos ejemplos del proceso de realización de pruebas y ensayos de algunos equipos típicos de una subestación eléctrica como son:

  – Relación de transformación (TTR) en un transformador de potencia (Figura 23.10).

    • Objeto del ensayo: este ensayo permite detectar cortocircuitos entre espiras, cortes en los bobinados, defectos en los conmutadores de tomas en carga (CTC) y ajustadores de vacío, y problemas en el núcleo.

    • Características mínimas del equipo de ensayo: detección automática del grupo de conexión y rango de medidas:

      • Relación de transformación (rango de medida: 0,9 a 3000, escala automática).

      • Corriente (rango de medida de 3 a 2000 mA, escala automática).

      • Fase (rango de medida de –180° a 180°).

      • Precisión (relación de transformación de ± 0,5 %, corriente de ± 1 %, fase de ± 0,15°.

Figura 23.10. *Ensayo de relación de transformación.*

- Conexiones del ensayo: el ensayo se realizará en todas las posiciones del CTC, y en TP con cambiadores de tomas sin tensión en todas las posiciones del mismo con relación a la toma n.° 1 del CTC.

  La medida se realizará entre todas las combinaciones de bobinados:

  - AT/BT.
  - AT/terciario.
  - BT/terciario.

- Ensayos en instalaciones con GIS: los ensayos se realizarán de acuerdo a lo siguiente:

  - Disposición del GIS ante estos ensayos: en este tipo de instalaciones solo tenemos acceso a las fases de AT del TP en el seccionador de tierra aislable de tierra (preparado para ensayos), donde deben retirarse las tres piezas de cobre que une las pletinas del seccionador a la tierra del GIS y en esas pletinas conectar las pinzas de las conexiones de alta del equipo del ensayo a las fases (1U, 1V, 1W) previa su identificación.
  - El neutro de AT del TP debe unirse al cable correspondiente del equipo de ensayo. Posiblemente no lleguen los cables suministrados con el equipo de ensayos, por lo que será necesario hacer una prolongación del equipo al neutro (1N).

- Disposición del bobinado de baja ante estos ensayos: todos los cables con la conexión Pfisterer deben estar desconectados de la baja del TP. Se introduce en las conexiones hembras (también Pfisterer) correspondiente a cada una de las fases (2u, 2v, 2w) las bornas de prueba, para hacer los ensayos y a estas se unirán las pinzas del cable correspondiente a la BT del equipo de ensayos (Figura 23.11).

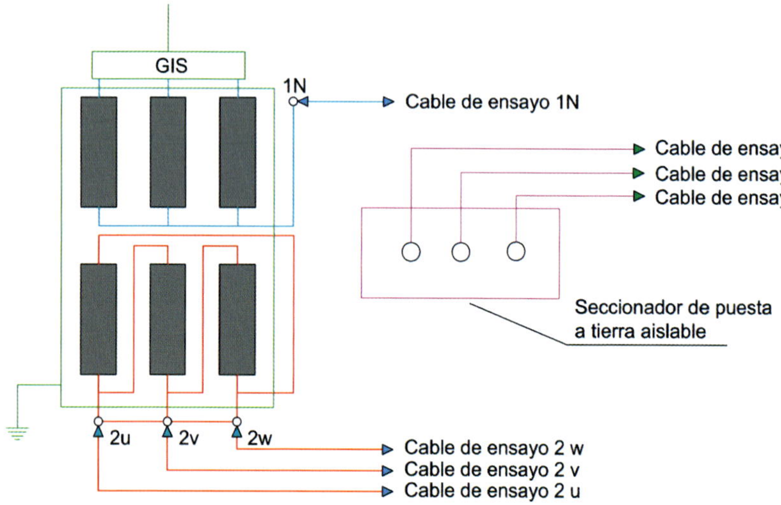

Figura 23.11. *Disposición del TP para el ensayo de relación de transformación.*

Los parámetros a medir son:

- Relación de transformación de cada fase AT/BT o combinación elegida.
- Desfase de tensión de entrada e intensidad absorbida.
- Grupo de conexión.

- Valores límites orientativos:

Error en relación:

- Entre fases ≤ 0,5 %.
- Valor individual ≤ 0,5 con respecto al teórico.

– Ensayo de descargas parciales.

Constituye un fenómeno posible en cualquier tipo de aislamiento (sólido, líquido o gas) basado en la existencia de pequeñas descargas en la superficie o en partes internas del aislamiento originadas por una discontinuidad del campo eléctrico.

Las descargas parciales producen una degradación de los aislamientos que termina generalmente en un fallo. En los transformadores de potencia o de medida que usan aceite como dieléctrico y tienen cuba de metal a potencial de tierra. Se puede detectar la presencia de descargas parciales por métodos acústicos con el transformador en servicio.

La concentración local de campo eléctrico genera una señal electromagnética acompañada de luz, sonido, calor y reacciones químicas.

Existen varios métodos de medida:

- Método acústico: mide los ultrasonidos que generan las descargas. Se puede realizar con el equipo en servicio (Figura 23.12).
- Método de frecuencia ultraalta (UHF): mide las ondas de alta frecuencia. La sonda transforma las vibraciones en impulsos eléctricos. La sonda debe estar instalada antes de energizar el equipo. De aplicación en GIS.
- Método de análisis de gases: detectan los productos de descomposición del aislamiento.
- Medida eléctrica: medida eléctrica de la señal a través de toroidales (usado en cables).

Figura 23.12. *Medida de descargas parciales con el método de ultrasonido.* Fuente: *Elind.*

- Esquema de conexión segura para realizar pruebas en interruptores de potencia de una subestación.

  En la Figura 23.13 se muestra un esquema con la conexión segura para el análisis de interruptores de potencia de alta tensión.

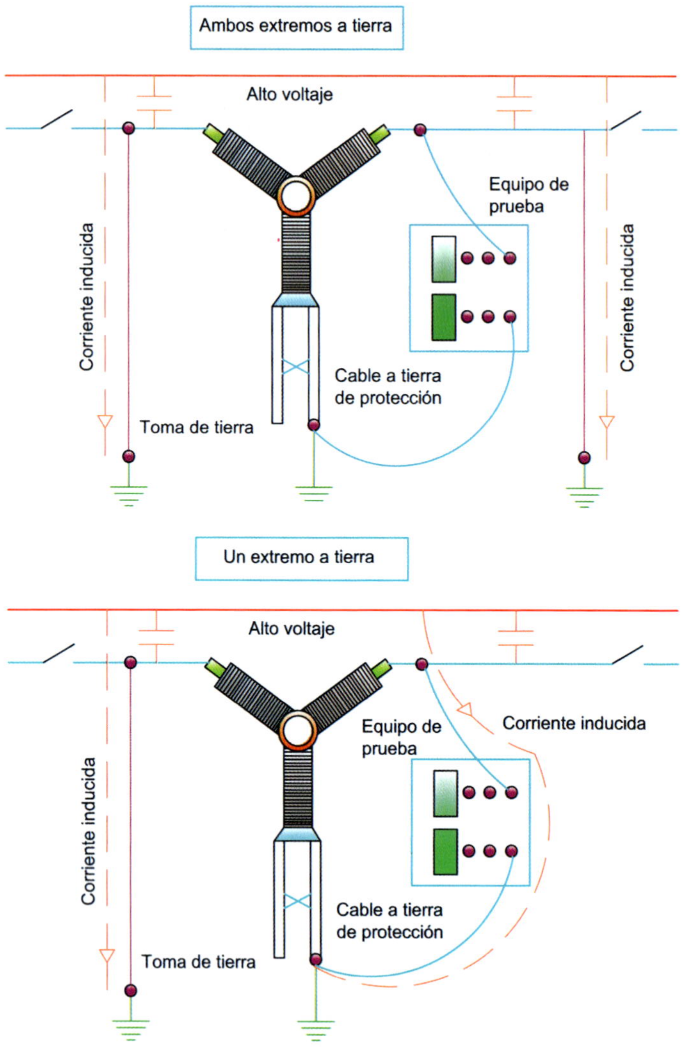

Figura 23.13. *Esquema de conexión segura en las pruebas de interruptores de potencia de AT.*

Contenido del MATERIAL web

- **Normativa particular de empresas eléctricas:** Endesa, Iberdrola.
- **Documentación técnica:** ajustes de diferenciales de compensación del ángulo de fase en la protección de un transformador; códigos ANSI; configuración de subestaciones eléctricas; criterios de seguridad en la red de alta tensión.
- **Planos y esquemas.**

Instrucciones para el acceso al MATERIAL WEB

Puedes descargar estos útiles recursos y materiales a través de la ficha web de la obra *RAT. Reglamento de Instalaciones Eléctricas de Alta Tensión* (en **http://www.paraninfo.es/catalogo/9788428340373/**) mediante un sencillo registro desde la sección de «Recursos previo registro».